3	9	10	11	12	13	14	15	16	17	18

型元素（非金属元素）
型元素（金属元素）
移元素（金属元素）

固体
液体
気体

（常温・常圧における単体の状態）

										2 He ヘリウム 4.003
					5 B ホウ素 10.81	6 C 炭素 12.01	7 N 窒素 14.01	8 O 酸素 16.00	9 F フッ素 19.00	10 Ne ネオン 20.18
					13 Al アルミニウム 26.98	14 Si ケイ素 28.09	15 P リン 30.97	16 S 硫黄 32.07	17 Cl 塩素 35.45	18 Ar アルゴン 39.95
	27 Co コバルト 58.93	28 Ni ニッケル 58.69	29 Cu 銅 63.55	30 Zn 亜鉛 65.38	31 Ga ガリウム 69.72	32 Ge ゲルマニウム 72.63	33 As ヒ素 74.92	34 Se セレン 78.97	35 Br 臭素 79.90	36 Kr クリプトン 83.80
	45 Rh ロジウム 102.9	46 Pd パラジウム 106.4	47 Ag 銀 107.9	48 Cd カドミウム 112.4	49 In インジウム 114.8	50 Sn スズ 118.7	51 Sb アンチモン 121.8	52 Te テルル 127.6	53 I ヨウ素 126.9	54 Xe キセノン 131.3
	77 Ir イリジウム 192.2	78 Pt 白金 195.1	79 Au 金 197.0	80 Hg 水銀 200.6	81 Tl タリウム 204.4	82 Pb 鉛 207.2	83 Bi ビスマス 209.0	84 Po ポロニウム —	85 At アスタチン —	86 Rn ラドン —
	109 Mt マイトネリウム —	110 Ds ダームスタチウム —	111 Rg レントゲニウム —	112 Cn コペルニシウム —	113 Nh ニホニウム —	114 Fl フレロビウム —	115 Mc モスコビウム —	116 Lv リバモリウム —	117 Ts テネシン —	118 Og オガネソン —

63 Eu ユウロピウム 152.0	64 Gd ガドリニウム 157.3	65 Tb テルビウム 158.9	66 Dy ジスプロシウム 162.5	67 Ho ホルミウム 164.9	68 Er エルビウム 167.3	69 Tm ツリウム 168.9	70 Yb イッテルビウム 173.0	71 Lu ルテチウム 175.0
95 Am アメリシウム —	96 Cm キュリウム —	97 Bk バークリウム —	98 Cf カリホルニウム —	99 Es アインスタイニウム —	100 Fm フェルミウム —	101 Md メンデレビウム —	102 No ノーベリウム —	103 Lr ローレンシウム —

量をもとに，日本化学会原子量専門委員会で作成されたものである。ただし，元素の原子量が確定できないものは―で示した。

本書の構成と利用法

　本書は，高等学校「化学」の学習書として，高校化学の知識を体系的に理解するとともに，問題解決の技法を確実に体得できるよう，特に留意して編集してあります。

　本書を平素の授業時間に教科書と併用することによって，学習効果を一層高めることができ，大学入試に備えて，着実な学力を養うための総仕上げ用としても有効に活用できます。

　知識・技能を問う問題には 知識，思考力・判断力・表現力を要する問題には 思考 を付しています。また，発展的な内容を含む問題には 発展，やや難しい問題には やや難，実験を扱った問題には 実験，論述問題には 論述，環境関連の問題には 環境，グラフの読み取りなどを扱った問題には グラフ を付し，利用しやすくしました。

まとめ	重要事項を図や表を用いて，わかりやすく整理しました。特に重要なポイントは赤色で示し，的確に把握できるようにしています。	
▼		
プロセス	用語の定義などの基礎的事項を確認するための空所補充問題を取り上げました。解答は下に示しています。	(105題)
▼		
ドリル	基本的な計算問題など，反復練習の必要な学習内容を含む節に設けました。解答は別冊解答編に掲載しています。	(13題)
▼		
基本例題	基本的な問題を取り上げ，「考え方」と「解答」を丁寧に示しました。また，どの問題に関連するものかを明示し，学習しやすくしました。	(43題)
▼		
基本問題	授業で学習した事項の理解と定着に効果のある基本的な問題を取り上げました。すべて創作問題で構成しました。	(232題)
セルフチェック	各章末に設けました。基本事項について，理解の到達目標を示していますので，習熟度の確認とともに，学習の指針を得ることができます。	
▼		
発展例題	やや発展的な問題を取り上げ，「考え方」と「解答」を丁寧に示しました。「基本例題」と同様に，問題との関連を示しました。	(35題)
▼		
発展問題	大学入試問題で構成しています。必要に応じて，選択「化学」の学習内容を含むものも取り上げました。	(134題)
▼		
共通テスト対策	各章末に設けました。過去のセンター試験の問題も取り上げています。	(32題)
▼		
総合問題	各章末に，各節では取り上げにくい広範な内容を扱った大学入試問題を取り上げました。問題には，必要に応じて「ヒント」を添えています。	(27題)
▼		
総合演習	巻末に設けました。大学入試問題で構成し，各節で扱っていない論述問題などを取り上げました。論述問題では，問題のレベルを★の数で示しています。	(73題)
▼		
解答	別冊解答を用意し，すべての問題に詳しい「解説」を記しています。	

（本書の大学入試問題の解答・解説は弊社で作成したものであり，大学から公表されたものではありません）

CONTENTS

■ 学習支援サイト「プラスウェブ」のご案内

スマートフォンやタブレット端末などを使用して,「大学入試問題の分析と対策」を閲覧することができます。また, 基本例題や発展例題の解説動画を視聴することができます。　https://dg-w.jp/b/4f80001

[注意] コンテンツの利用に際しては, 一般に, 通信料が発生します。

問題に取り組むにあたって

1 指数

$a=a^1$, $a\times a=a^2$, $a\times a\times a=a^3$, ……のように，a を n 個かけ合わせたものを a^n (a の n 乗)と示し，n を a^n の指数という。指数は，正の整数のほか，0 や負の整数の場合にも定められる。一般に，$a\neq0$ で，n を正の整数として，a^0 および a^{-n} を次のように定義する。

$$a^0=1 \qquad a^{-n}=\frac{1}{a^n} \qquad 〈例〉\quad 10^{-2}=\frac{1}{10^2}=0.01$$

$a\neq0$，$b\neq0$ で，m，n を整数として，次の関係が成立する。

$a^m\times a^n=a^{m+n}$ 　　　〈例〉　$10^2\times10^3=10^{2+3}=10^5$

$a^m\div a^n=a^{m-n}$ 　　　〈例〉　$10^5\div10^3=10^{5-3}=10^2$

$(a^m)^n=a^{m\times n}$ 　　　〈例〉　$(10^2)^3=10^{2\times3}=10^6$

$(ab)^n=a^nb^n$ 　　　〈例〉　$(2x)^3=2^3\times x^3=8x^3$

---

2 有効数字

測定で読み取った桁までの数字を有効数字という。図の場合，最小目盛り 0.1 mL の 1/10 までを読み取り，測定値 5.78 mL を得ることができる。このとき，5，7，8 が有効数字であり，「有効数字は 3 桁である」という。有効数字の桁数を明らかにする場合，通常 $a\times10^n$ の形を用いる($1\leqq a<10$)。

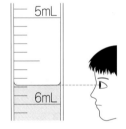

〈例〉　1500……1.5×10^3 —→ 有効数字は 2 桁

　　　1500……1.50×10^3 —→ 有効数字は 3 桁

●有効数字どうしの計算

①足し算や引き算では，和や差を求めたのちに，最も位取りの大きいものに合わせる。このとき，有効数字の桁数が変わる場合がある。

例　$15.2+7.59=22.79=22.8$　　　$5.2+7.59=12.79=12.8$　（有効数字 3 桁になる）
　　小数第1位　2位　　　　1位　　　　1位　2位　　　　1位

②かけ算や割り算では，途中計算で桁数の最も少ない有効数字よりも 1 桁多く求めたのち，最後に得られた数値を四捨五入して，有効数字の最も少ない桁数にそろえる。

例　$6.02\times10^{23}\times2.0=12.04\times10^{23}=1.2\times10^{24}$　　　$80\div22.4=3.57=3.6$
　　3桁　　　　　2桁　　　　　　　　　　　2桁　　　　2桁　3桁　　2桁

本書における有効数字の取り扱い

・問題文で与えられた場合を除き，原子量概数は有効数字として取り扱わない。

・途中計算の数値は，有効数字よりも 1 桁多く取り，数値を求める際には，最後の桁の数値を切り捨てている。

　例　有効数字 2 桁の場合の途中計算の数値　$2.0\div3.0=0.6666\cdots=0.666$　（0.667 としない）

③ 単位の取り扱い

①単位は，表のような接頭辞をつけて表す場合もある。

例　$1\,\mathrm{kg}=10^3\,\mathrm{g}=1000\,\mathrm{g}$

　　　$10\,\mathrm{mL}=10\times10^{-3}\,\mathrm{L}=0.010\,\mathrm{L}$

　　　$1.4\,\mathrm{nm}=1.4\times10^{-9}\,\mathrm{m}=1.4\times10^{-7}\,\mathrm{cm}$

②数値と同様に，単位どうしをかけ合わせたり，割ったりできる。

例　密度 $1.00\,\mathrm{g/cm^3}$ の水 $100\,\mathrm{cm^3}$ の質量〔g〕

　　　　$1.00\,\mathrm{g/cm^3}\times100\,\mathrm{cm^3}=100\,\mathrm{g}$

　　　　　　（単位についてみると，$\mathrm{g/cm^3}\times\mathrm{cm^3}=\mathrm{g}$）

　　　$2.0\,\mathrm{L}$ の気体が $4.0\,\mathrm{g}$ であったときの密度〔g/L〕

　　　　$4.0\,\mathrm{g}\div2.0\,\mathrm{L}=2.0\,\mathrm{g/L}$（単位についてみると，$\mathrm{g}\div\mathrm{L}=\mathrm{g/L}$）

③足し算や引き算は，同じ単位どうしで行う。

例　$1.000\,\mathrm{kg}$ の水に $50\,\mathrm{g}$ の食塩を加えたときの質量〔g〕

　　　$1.000\,\mathrm{kg}+50\,\mathrm{g}=1000\,\mathrm{g}+50\,\mathrm{g}=1050\,\mathrm{g}$

接頭辞	読み方	意味
M	メガ	10^6
k	キロ	10^3
h	ヘクト	10^2
d	デシ	10^{-1}
c	センチ	10^{-2}
m	ミリ	10^{-3}
μ	マイクロ	10^{-6}
n	ナノ	10^{-9}

ドリル　次の各問いに答えよ。

A 次の指数計算をせよ。

(1)　$10^2\times10^3$　　　(2)　$10^4\div10^2$　　　(3)　$(10^4)^2$　　　(4)　$(2\times10^{-3})^2$

B 次の数値を（　）で示した有効数字で表せ。必要に応じて，$a\times10^n$ の形にせよ。

(1)　6.02214　（3桁）　　　(2)　100000　（4桁）　　　(3)　100000　（2桁）

(4)　96485　（3桁）　　　(5)　0.000328　（2桁）

C 有効数字に注意して，次の計算をせよ。

(1)　6.0×1.2　　　　　(2)　$6.0\div1.2$　　　　　(3)　$2.0\times10^2\times3.50$

(4)　$5\times10^3\div2.5$　　　(5)　$2.0+1.20$　　　　　(6)　$2.0-1.20$

(7)　$2.0+8.92$　　　　　(8)　$22.4-22.26$

D 次の各問いに答えよ。

(1)　体積 $10\,\mathrm{cm^3}$ の物質の質量が $5.0\,\mathrm{g}$ のとき，その密度は何 $\mathrm{g/cm^3}$ か。

(2)　密度 $4.0\,\mathrm{g/cm^3}$ の物質が $2.0\,\mathrm{cm^3}$ あったとき，その質量は何 g か。

(3)　密度 $4.0\,\mathrm{g/cm^3}$ の物質が $2.0\,\mathrm{g}$ あったとき，その体積は何 $\mathrm{cm^3}$ か。

(4)　体積 $5.60\,\mathrm{L}$ の気体の質量が $14.0\,\mathrm{g}$ であったとき，その密度は何 $\mathrm{g/L}$ か。

(5)　密度 $1.25\,\mathrm{g/L}$ の気体が $2.40\,\mathrm{L}$ あったとき，その質量は何 g か。

(6)　密度 $1.25\,\mathrm{g/L}$ の気体が $2.40\,\mathrm{g}$ あったとき，その体積は何 L か。

1 物質の三態と状態変化

1 状態変化と熱量

一定圧力のもとで，熱を加えていくと，状態変化がおこる。

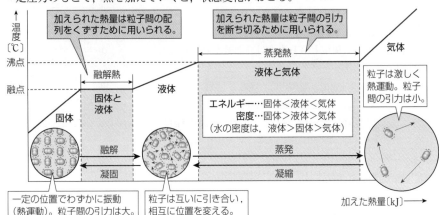

加えられた熱量は粒子間の配列をくずすために用いられる。

加えられた熱量は粒子間の引力を断ち切るために用いられる。

温度〔℃〕

沸点

融点

融解熱

蒸発熱

気体

液体と気体

液体

固体と液体

固体

エネルギー…固体＜液体＜気体
密度…固体＞液体＞気体
（水の密度は，液体＞固体＞気体）

粒子は激しく熱運動。粒子間の引力は小。

融解

凝固

蒸発

凝縮

加えた熱量〔kJ〕

一定の位置でわずかに振動（熱運動）。粒子間の引力は大。

粒子は互いに引き合い，相互に位置を変える。

融解熱：物質 1 mol が融解するときに吸収する熱量。〈例〉水：6.0 kJ/mol（0 ℃）

蒸発熱：物質 1 mol が蒸発するときに吸収する熱量。〈例〉水：41 kJ/mol（100℃）

● 比熱が c〔J/(g·℃)〕の物質 m〔g〕に一定の熱量を加えて温度が t〔℃〕変化したとき，加えた熱量 q〔J〕は次式で求められる。　　$q = mct$

2 気体分子の熱運動と圧力

❶熱運動のエネルギー　同じ温度でも，気体分子の速さには分布がある。高温ほど，速い分子の割合が大きく，エネルギーが大きい。

❷気体の圧力　分子が容器に衝突して単位面積あたりにおよぼす力。

$$1.013 \times 10^5 \, Pa = 1013 \, hPa = 760 \, mmHg = 1 \, atm$$

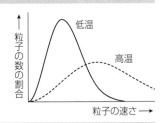

粒子の数の割合

低温

高温

粒子の速さ

3 飽和蒸気圧と蒸気圧曲線

❶気液平衡と飽和蒸気圧

(a)　気液平衡　容器内で，蒸発する分子の数と凝縮する分子の数が等しくなり，見かけ上変化がおこらなくなった状態。

(b)　飽和蒸気圧　気液平衡に達しているとき，蒸気が示す圧力（単に蒸気圧ともいう）。蒸気圧は，温度が一定であれば，容器の体積に関係なく，一定の値を示す。

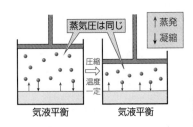

蒸気圧は同じ

↑蒸発
↓凝縮

圧縮⇒温度一定

気液平衡

気液平衡

❷**飽和蒸気圧の測定** 水銀柱の下端から適量の液体を入れると，その液体の蒸気圧の分だけ水銀柱が低くなる。

❸**沸騰と蒸気圧曲線**

（a） 沸騰 蒸気圧が外圧（大気圧）と等しいとき，液体の内部で気泡が形成され，液面が激しく泡立つ現象。沸騰する温度が沸点である。

（b） 蒸気圧曲線 温度と飽和蒸気圧の関係を示す曲線。

①温度が高いほど蒸気圧は大きくなる。

②外圧を大きくすると，沸騰する温度は高くなる。一方，外圧を小さくすると，沸騰する温度は低くなる。

③分子間力が大きい物質は蒸気圧が小さく，沸点が高い。

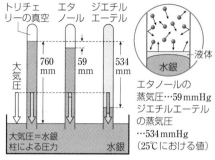

エタノールの蒸気圧…59mmHg
ジエチルエーテルの蒸気圧…534mmHg
（25℃における値）

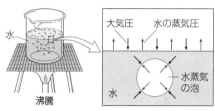

4 物質の状態図

状態図…温度・圧力に応じて，物質が三態のうち，どの状態をとるかを示す図。

三重点…固体，液体，気体の状態が共存する点。

臨界点…液体と気体が区別できなくなる点。

融解曲線…固体と液体の境界線。この曲線上の温度・圧力では，固体と液体が共存する。

昇華圧曲線…固体と気体の境界線。この曲線上の温度・圧力では，固体と気体が共存する。

蒸気圧曲線…液体と気体の境界線。この曲線上の温度・圧力では，液体と気体が共存する。

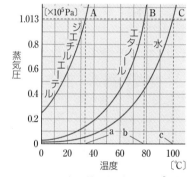

a, b, c は各物質の沸点（1.013×10^5Pa）
同温での蒸気圧 ：A＞B＞C
沸点 ：A＜B＜C
分子間力の大きさ：A＜B＜C

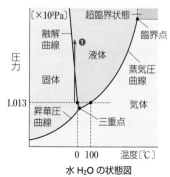

水 H_2O の状態図

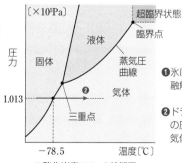

二酸化炭素 CO_2 の状態図

❶氷に圧力を加えると，融解して水になる。

❷ドライアイスは通常の圧力では昇華して気体になる。

5 分子間力

分子間に働く弱い引力や相互作用を分子間力という。

(a) ファンデルワールス力 すべての分子間に働く弱い引力。分子量が大きいほど強く作用する。

(b) 極性分子間に働く静電気的な引力 ファンデルワールス力よりも強い。ファンデルワールス力に分類されることもある。

(c) 水素結合 電気陰性度の大きい F, O, N の原子間に水素原子が介在し，静電気的な引力によって生じる結合。分子間力の中で最も強い。

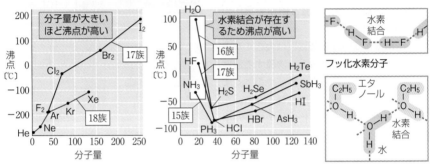

(d) ファンデルワールス力と物質の沸点　(e) 水素結合と物質の沸点　水分子とエタノール分子

6 物質の融点・沸点と化学結合

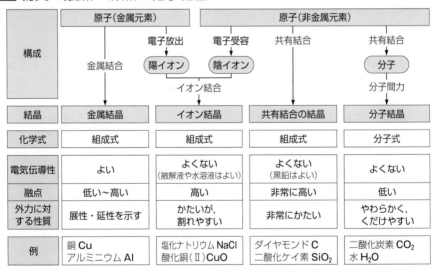

構成	原子（金属元素）		原子（非金属元素）	
	金属結合	電子放出→陽イオン　電子受容→陰イオン（イオン結合）	共有結合	共有結合→分子（分子間力）
結晶	金属結晶	イオン結晶	共有結合の結晶	分子結晶
化学式	組成式	組成式	組成式	分子式
電気伝導性	よい	よくない（融解液や水溶液はよい）	よくない（黒鉛はよい）	よくない
融点	低い～高い	高い	非常に高い	低い
外力に対する性質	展性・延性を示す	かたいが，割れやすい	非常にかたい	やわらかく，くだけやすい
例	銅 Cu アルミニウム Al	塩化ナトリウム NaCl 酸化銅（Ⅱ）CuO	ダイヤモンド C 二酸化ケイ素 SiO₂	二酸化炭素 CO₂ 水 H₂O

注 ❶結合力の強さ
　　共有結合，イオン結合，金属結合≫水素結合＞極性分子間に働く引力＞ファンデルワールス力
　❷一般に，結合力が強いほど，結晶はかたく，融点・沸点も高くなる。

≫≫プロセス　次の文中の（　　）に適当な語句，数値を入れよ。

1 固体では，粒子は一定の位置でわずかに（　ア　）している。気体では，粒子は空間中を自由に直進運動している。粒子のこのような（ア）や直進運動を（　イ　）という。

2 気体が液体になる変化を（　ウ　），液体が固体になる変化を（　エ　）という。

3 物質 1 mol が融解するときに吸収する熱量を（　オ　）といい，kJ/mol の単位で表される。また，物質 1 mol が蒸発するときに吸収する熱量を（　カ　）という。

4 気体分子が単位面積あたりにおよぼす力を気体の（　キ　）という。

5 760 mm の水銀柱が示す圧力は（　ク　）mmHg であり，これは（　ケ　）Pa に相当する。

6 温度一定の密閉容器内で，蒸発する分子の数と凝縮する分子の数が等しくなった状態を（　コ　）の状態という。このとき，蒸気の示す圧力が（　サ　）である。

7 多数の分子が規則正しく配列してできた固体を（　シ　）結晶という。氷の結晶では，水分子 H_2O 間にファンデルワールス力のほか，（　ス　）結合が作用している。

プロセスの解答 ⟩⟩

（ア）振動　（イ）熱運動　（ウ）凝縮　（エ）凝固　（オ）融解熱　（カ）蒸発熱　（キ）圧力
（ク）760　（ケ）$1.013×10^5$　（コ）気液平衡　（サ）飽和蒸気圧(蒸気圧)　（シ）分子　（ス）水素

基本例題 1　**三態変化とエネルギー**　➡問題 2·3

図は，$1.013×10^5$ Pa のもとで 36 g の氷を一様に加熱したときの時間と温度の関係を示したものである。次の各問いに答えよ。

(1)　図中の c における水の状態を答えよ。

(2)　t_1，t_2 の温度は，それぞれ何とよばれるか。

(3)　a で加えられた熱量は何 kJ か。ただし，氷（水）の融解熱は 6.0 kJ/mol とする。

(4)　b で加えられた熱量は何 kJ か。ただし，水の比熱を 4.2 J/(g·℃) とする。

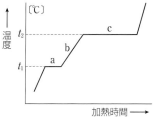

■ 考え方

a では氷の融解，c では水の蒸発がおこっている。水が状態変化している間は，加えられた熱量のすべてが状態変化に用いられるため，温度は一定に保たれる。t_1 は水の融点 0℃，t_2 は水の沸点 100℃ である。

(3)　氷の融解熱が 6.0 kJ/mol なので，氷 1 mol（18 g）の融解には 6.0 kJ の熱量が必要である。

(4)　必要な熱量 q〔J〕は，次式で求められる。

　q〔J〕=質量 m〔g〕×比熱 c〔J/(g·℃)〕×温度変化 t〔℃〕

■ 解答

(1)　**液体と気体が共存**

(2)　t_1：**融点**，t_2：**沸点**

(3)　水 H_2O のモル質量は 18 g/mol なので，氷（水）36 g は $\dfrac{36\,g}{18\,g/mol}$

　=2.0 mol である。したがって，

　6.0 kJ/mol×2.0 mol=**12 kJ**

(4)　q=36 g×4.2 J/(g·℃)×100℃
　=15120 J=**15 kJ**

例題
解説動画

|基|本|問|題|

思考
1. 三態間の変化●次の各記述に最も関係の深い状態変化の名称を答えよ。
- (1) 戸外に干しておいた洗濯物が乾いた。
- (2) アイスクリームの箱の中に入れておいたドライアイスがなくなった。
- (3) 熱いお茶を飲もうとしたら，眼鏡が曇った。
- (4) 冷蔵庫の製氷皿にぬれた指で触れるとくっついた。

思考 **論述** **グラフ**
2. 状態変化とエネルギー●図は，ある物質を
$1.013×10^5$ Pa のもとで加熱したときの，加えた
熱量と温度の関係を示したものである。
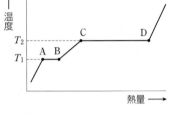
- (1) AB 間，BC 間および CD 間では，この物質
はそれぞれどのような状態で存在するか。
- (2) 温度 T_1，T_2 をそれぞれ何というか。
- (3) AB 間で温度が上昇していないのはなぜか。
- (4) この物質の質量および体積は，C 点と D 点ではそれぞれどちらが大きいか。

知識
3. 融解熱・蒸発熱●0℃の氷(水)180 g をすべて100℃の水蒸気にするのに必要な熱量は
何 kJ か。ただし，この操作は $1.013×10^5$ Pa のもとで行い，水の比熱を 4.2J/(g・℃)，
融解熱を 6.0kJ/mol，蒸発熱を 41kJ/mol とする。

思考
4. 気体分子の熱運動と圧力●次の記述のうちから，誤りを含むものを2つ選べ。
- （ア） 気体分子の熱運動は，温度が高いほど激しく，エネルギーが大きい。
- （イ） ある温度における気体分子の速さには分布がある。
- （ウ） He，Ne，O_2 のうち，同じ温度で平均の速さが最も大きいのは O_2 である。
- （エ） 気体の圧力は，単位面積あたりに衝突する分子の数が多いほど大きい。
- （オ） 気体の圧力は，温度が高いほど小さい。

思考
5. 飽和蒸気圧●水蒸気で飽和した容器(状態A)があ
る。温度を変えずに，ピストンを押し下げて容器の
内容積を半分にして十分な時間放置した(状態B)。
この実験に関する記述として正しいものを2つ選べ。
- （ア） A，Bとも，蒸発も凝縮もおこっていない。
- （イ） A，Bとも，単位時間に蒸発する分子の数と凝縮する分子の数が等しくなってい
る。
- （ウ） Bの蒸気圧は，Aの蒸気圧の2倍になっている。
- （エ） A，Bとも同じ蒸気圧を示す。

$$H=1.0 \quad C=12 \quad N=14 \quad O=16 \quad F=19 \quad Si=28 \quad S=32 \quad Cl=35.5$$

6. 知識　**水銀柱と蒸気圧** 次の文を読み，下の各問いに答えよ。

　　約1mの長さの一方を閉じたガラス管3本に水銀を満たし，これを水銀中に倒立させ，室温で放置した。はじめ，a～cでは水銀柱の高さが760mmであったが，bには下部から物質Bを，cには物質Cをそれぞれ適量入れると，気液平衡の状態に達し，水銀柱は図のような高さになった。

(1)　大気圧は水銀柱で何mmに相当するか。

(2)　物質B，Cの飽和蒸気圧はそれぞれ何mmHgか。

(3)　物質B，Cでは，分子間力はどちらが大きいか。

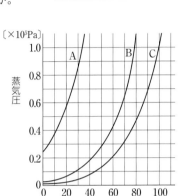

7. 思考　グラフ　**蒸気圧曲線** 図は，物質A～Cの蒸気圧曲線である。これをもとにして，次の各問いに答えよ。

(1)　最も沸点の高い物質はA～Cのうちどれか。

(2)　分子間力が最も強い物質はA～Cのうちどれか。

(3)　外圧が$0.8×10^5$Paのとき，Bは何℃で沸騰するか。

(4)　Cを80℃で沸騰させるには，外圧を何Paにすればよいか。

(5)　20℃で，$1.013×10^5$Paから圧力を下げていったとき，最初に沸騰する物質はA～Cのうちどれか。

8. 知識　グラフ　**水素化合物の沸点** 14～17族元素の水素化合物の沸点と分子量の関係を図に示した。次の(1)，(2)の理由として最も関係が深いと考えられるものを，下の①～⑤からそれぞれ選べ。

(1)　14族では，分子量が大きくなると水素化合物の沸点が高くなる。

(2)　15～17族では，分子量が最も小さい水素化合物の沸点が他の同族の水素化合物よりも著しく高い。

①　金属結合　　②　共有結合　　③　イオン結合

④　水素結合　　⑤　ファンデルワールス力

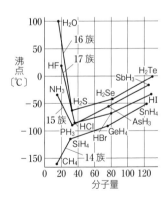

9. 思考　**分子と沸点の高低** 次の(1)～(3)の各物質の組み合わせのうち，融点・沸点が最も高いと考えられる物質の化学式をそれぞれ示せ。また，その理由を(ア)～(ウ)から選べ。

(1)　H_2，N_2，F_2　　(2)　CH_4，SiH_4，H_2S　　(3)　H_2O，H_2S，HCl

[理由]　(ア)　極性がある　　(イ)　分子量が大きい　　(ウ)　水素結合を形成する

知識

10. 分子結晶と共有結合の結晶●次に示す物質の結晶について，下の各問いに答えよ。

(ア) 塩化ナトリウム　　(イ) 銅　　(ウ) 二酸化ケイ素　　(エ) 二酸化炭素

(オ) アンモニア　　(カ) 塩化アンモニウム　　(キ) エタノール　　(ク) ヨウ素

(1) 分子結晶をすべて選び，記号で示せ。

(2) 水素結合を形成している分子結晶を2つ選び，記号で示せ。

(3) 共有結合の結晶を選び，記号で示せ。

知識

11. 結晶の分類●次の記述に該当するものを各群からそれぞれ選び，記号で答えよ。

(1) 原子が自由電子を共有してできる結晶。展性や延性に富む。

(2) 分子が規則正しく並んだ結晶。融点が低く，昇華しやすい。

(3) 粒子が静電気的に引き合ってできる結晶。融解液や水溶液は電気を導く。

(4) 巨大な分子ともみなすことができる結晶。極めてかたく，融点が非常に高い。

A群：(ア)　共有結合の結晶　　　　(イ)　金属結晶

　　　(ウ)　分子結晶　　　　　　　(エ)　イオン結晶

B群：(a)　ダイヤモンド　　(b)　金　　(c)　硝酸カリウム　　(d)　ドライアイス

発展例題1　二酸化炭素の状態図　　　➡問題12

図は，二酸化炭素の状態図を模式的に示したものである。次の各問いに答えよ。

(1) 領域Ⅰ，Ⅱ，Ⅲでは，二酸化炭素はそれぞれどのような状態にあるか。

(2) 1.013×10^5 Pa を表す線は，図中の(ア)～(ウ)のどれに相当するか。

(3) 状態図から，一定温度で液体に圧力を加えると，状態はどのように変化することがわかるか。

(4) 点A，Bの名称はそれぞれ何か。また，点Bよりも温度・圧力の高い状態は何とよばれるか。

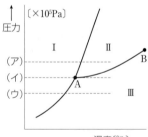

考え方

(1) 一定圧力で温度を高くすると，固体→液体→気体と変化する。

(2) 二酸化炭素は，1.013×10^5 Pa では昇華性を示し，固体から直接気体に変化する。

(3) Ⅰの固体とⅡの液体の境界線が右上がりなので，一定温度で圧力を高くしていくと，液体は固体に変化する。

(4) 点Aでは，固体，液体，気体の3つの状態が共存し，これを三重点という。点Bの温度と圧力を超えると，液体と気体の密度が同じになり，液体と気体を区別できなくなる。この点を臨界点といい，これよりも温度と圧力が高い状態を超臨界状態という。超臨界状態の物質を超臨界流体といい，物質を溶かし出す性質にすぐれる。

解答

(1) Ⅰ　**固体**

　　Ⅱ　**液体**

　　Ⅲ　**気体**

(2) **(ウ)**

(3) **固体になる。**

(4) A　**三重点**

　　B　**臨界点**

　　超臨界状態

例題
解説動画

発展問題

12. **物質の三態**　図に水の状態を模式的に示した。

(1) a点の温度の値が100のとき，圧力Pの値を4桁の数字で記せ。

(2) 領域Ⅱから領域Ⅰへの状態変化(A)，領域Ⅲから領域Ⅱへの状態変化(B)および領域Ⅰから領域Ⅲへの状態変化(C)の名称をそれぞれ記せ。

(3) 水に圧力を加えると沸点はどのように変化するか。

(4) 水に圧力を加えると融点はどのように変化するか。

(5) 点bを何というか。また，点bでは，水はどのような状態で存在するか。

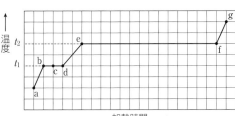

(11　岩手医科大　改)

13. **状態変化と熱量**　$1.013×10^5$ Paのもとで，氷(点a)を一定の割合で加熱し続けた場合の温度変化を，図に示した。次の各問いに答えよ。

(1) 点b，c，d，gはおもにどのような状態であるか。氷，水，水蒸気の語句を用いて答えよ。

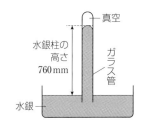

(2) 富士山頂で同様の実験を行ったときのt_2の値は，図のt_2の値に比べてどうなるか。

(3) 0℃の氷90gを加熱して50℃の水にした。何kJの熱量が必要か。ただし，氷の融解熱は6.0kJ/mol，水の比熱は4.2J/(g・℃)とする。

(4) ef間は，bd間よりも多くの熱量を必要とするのはなぜか。簡潔に記せ。

(11　広島工業大　改)

14. **蒸気圧**　外圧$1.01×10^5$ Pa，25℃で，一端を閉じたガラス管に水銀を満たし，水銀を入れた容器の中で倒立させたところ，水銀柱は容器の水銀面から760mmの高さになり，上部に真空の空間ができた。次の各問いに答えよ。

(1) ヘキサン(液体)をガラス管に少しずつ注入したところ，水銀面にヘキサンが残っているとき，水銀柱の高さは610mmであった。25℃におけるヘキサンの蒸気圧は何Paか。ただし，ヘキサンの体積は無視できる。

(2) 水銀の代わりに水を用いて，水を入れた容器に倒立させたとすると，水柱の高さは何mになるか。次のうちから，最も適当なものを1つ選べ。ただし，密度は，水が1.00 g/cm^3，水銀が13.6 g/cm^3，25℃の水の蒸気圧は$3.00×10^3$ Paとする。

① 9.80　② 10.0　③ 10.3　④ 12.0　⑤ 13.4　(20　松山大　改)

2 | 気体の性質

1 気体の法則

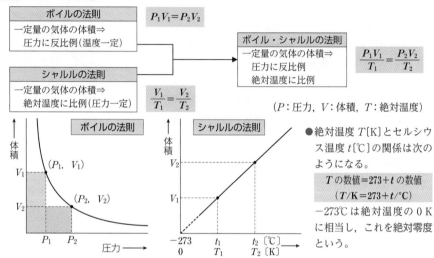

ボイルの法則	$P_1V_1 = P_2V_2$
一定量の気体の体積⇒ 圧力に反比例(温度一定)	

ボイル・シャルルの法則
一定量の気体の体積⇒ 圧力に反比例 絶対温度に比例

$$\frac{P_1V_1}{T_1} = \frac{P_2V_2}{T_2}$$

シャルルの法則
一定量の気体の体積⇒ 絶対温度に比例(圧力一定)

$$\frac{V_1}{T_1} = \frac{V_2}{T_2}$$

(P：圧力，V：体積，T：絶対温度)

ボイルの法則

シャルルの法則

●絶対温度 T[K]とセルシウス温度 t[℃]の関係は次のようになる。

T の数値＝273＋t の数値
($T/K = 273 + t/$℃)

−273℃ は絶対温度の 0 K に相当し，これを絶対零度という。

2 気体の状態方程式

❶気体の状態方程式と気体定数 n[mol]の気体が，P[Pa]，T[K]のもとで V[L]を占めるとき，次の関係が成立する。この式を気体の状態方程式という。

$$PV = nRT \quad (R：気体定数) \quad R = 8.3 \times 10^3 \mathrm{Pa \cdot L/(K \cdot mol)}$$

●$R = 8.3 \mathrm{J/(K \cdot mol)}$

❷気体の状態方程式と分子量 モル質量 M[g/mol]の気体 w[g]の物質量 n[mol]は，$n = w/M$ となる。また，気体の密度 d[g/L]は，$d = w/V$ である。

$$PV = \frac{w}{M}RT \quad または \quad M = \frac{wRT}{PV}, \quad M = \frac{dRT}{P}$$

3 混合気体

❶全圧と分圧 混合気体の示す圧力を全圧，各成分気体の示す圧力を分圧という。分圧は，各成分気体が単独で混合気体と同じ体積を占めるときの圧力である。

気体	物質量[mol]	圧力[Pa]	気体の状態方程式
気体A	n_A	分圧 p_A	$p_A V = n_A RT$
気体B	n_B	分圧 p_B	$p_B V = n_B RT$
混合気体	$n_A + n_B$	全圧 P	$PV = (n_A + n_B)RT$

分圧＝全圧×モル分率

$$p_A = P \times \underbrace{\frac{n_A}{n_A + n_B}}_{モル分率} \quad p_B = P \times \underbrace{\frac{n_B}{n_A + n_B}}_{モル分率}$$

注 混合気体の全物質量に対する各成分気体の物質量の割合をモル分率という。同温・同圧では，物質量の比＝体積の比なので，モル分率＝各成分気体の体積の割合(体積分率)になる。

❷**ドルトンの分圧の法則**　混合気体の全圧は，各成分気体の分圧の和に等しい。

$$P = p_A + p_B + \cdots\cdots \quad (P：全圧，\ p_A，\ p_B\cdots：分圧)$$

❸**水上置換と分圧**　水上置換で捕集した気体は，水蒸気との混合気体になっている。

大気圧〔Pa〕＝気体の分圧〔Pa〕＋水蒸気圧〔Pa〕

注　水面を一致させないと，水柱による圧力の補正をしなければならなくなる。

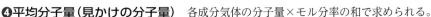

❹**平均分子量（見かけの分子量）**　各成分気体の分子量×モル分率の和で求められる。

$$平均分子量\ \overline{M} = M_A \times \frac{n_A}{n_A + n_B} + M_B \times \frac{n_B}{n_A + n_B}$$

$\begin{bmatrix} M_A：Aの分子量，n_A：Aの物質量 \\ M_B：Bの分子量，n_B：Bの物質量 \end{bmatrix}$

〈例〉　窒素（分子量28）と酸素（分子量32）が4:1の物質量の比で混合した気体

混合気体の平均分子量　　$\overline{M} = 28 \times \dfrac{4}{5} + 32 \times \dfrac{1}{5} = 28.8$

4 理想気体と実在気体

❶**理想気体**　分子間力が働かず，分子の体積を0と仮定した気体。気体の状態方程式が完全に成り立つ。

❷**実在気体**　分子間力が働き，分子自身に体積があるため，気体の状態方程式が完全には成立しない。

▷高温・低圧では，分子間力や分子自身の体積の影響が無視でき，気体の状態方程式が適用できる。

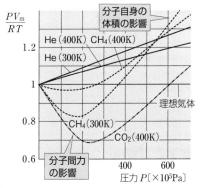

5 実在気体の状態変化と圧力・体積

実在気体では状態変化がおこるため，理想気体とは異なったふるまいをする。

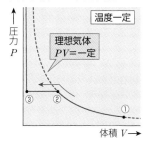

①から体積を小さくしていくと圧力は大きくなり，②で飽和蒸気圧に達し，凝縮がはじまる。③ですべて液体になる。

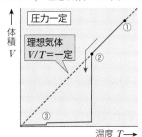

①から温度を下げていくと，②で飽和蒸気圧に達して凝縮しはじめ，体積が減少する。③で凝固がはじまる。

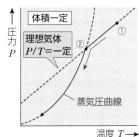

①から温度を下げていくと，②で飽和蒸気圧に達し，その後は蒸気圧曲線にしたがって圧力が小さくなる。

1 一定温度では，一定量の気体の体積は圧力に（　ア　）する。これを（　イ　）の法則という。一方，一定圧力では，一定量の気体の体積は（　ウ　）に比例する。これを（　エ　）の法則という。

2 n〔mol〕の気体が P〔Pa〕，T〔K〕のもとで V〔L〕を占めるとき，$PV=nRT$ の関係が成り立つ。この式を気体の（　オ　）といい，定数 R を（　カ　）という。

3 混合気体の示す圧力を（　キ　），各成分気体の示す圧力を（　ク　）という。混合気体では，（キ）は（ク）の和で表され，この関係を（　ケ　）の分圧の法則という。

≫ドリル≫ 次の各問いに答えよ。

A 次の(1)〜(3)を絶対温度〔K〕，(4)〜(6)をセルシウス温度〔℃〕にそれぞれ変換せよ。
  (1)　0℃　　(2)　−20℃　　(3)　127℃　　(4)　273K　　(5)　153K　　(6)　300K

B $1.0×10^5$ Pa で 50L の気体を，同温で $2.0×10^5$ Pa にすると，体積は何 L になるか。

C 圧力一定において，300K で 10L の気体を 600K にすると，体積は何 L になるか。

D 一定質量の気体について，圧力 P を $\dfrac{1}{2}$ 倍，絶対温度 T を 2 倍にすると，気体の体積はもとの体積の何倍になるか。

プロセスの解答

（ア）反比例　（イ）ボイル　（ウ）絶対温度　（エ）シャルル　（オ）状態方程式　（カ）気体定数
（キ）全圧　（ク）分圧　（ケ）ドルトン

基本例題2　ボイル・シャルルの法則　　　　　　　　　　　　　　⇒問題17

  (1)　27℃，$2.00×10^5$ Pa で 600 mL の気体（状態A）を，0℃，$1.00×10^5$ Pa にすると，体積は何 L になるか。

  (2)　(1)の状態Aの気体を，体積を変えずに $3.00×10^5$ Pa にするには温度を何℃にすればよいか。

■ 考え方

いずれもボイル・シャルルの法則を用いる。

$$\frac{P_1V_1}{T_1}=\frac{P_2V_2}{T_2}$$

温度には絶対温度を用いる。
　T〔K〕の値＝$273+t$〔℃〕の値
圧力と体積は両辺でそれぞれ単位をそろえる。

■ 解答

(1)　600 mL＝0.600 L なので，

$$V_2=\frac{P_1V_1T_2}{T_1P_2}=\frac{2.00×10^5\,\text{Pa}×0.600\,\text{L}×273\,\text{K}}{(273+27)\,\text{K}×1.00×10^5\,\text{Pa}}=\mathbf{1.09\,L}$$

(2)　体積が一定なので，$V_1=V_2$ である。

$$T_2=\frac{T_1P_2V_2}{P_1V_1}=\frac{T_1P_2}{P_1}=\frac{(273+27)\,\text{K}×3.00×10^5\,\text{Pa}}{2.00×10^5\,\text{Pa}}$$
$$=450\,\text{K}$$

$450−273=177$

したがって，**177℃**である。

基本例題3　気体の状態方程式　　→問題18・19

(1)　酸素 0.32 g を，27℃で 500 mL の容器に入れた。この容器内の圧力は何 Pa か。

(2)　ある気体は，27℃，$3.0×10^4$ Pa において，密度が 0.53 g/L であった。この気体の分子量はいくらか。

▌考え方

気体の状態方程式 $PV＝nRT$ を用いる。

(1)　気体の状態方程式を変形すると，$P＝nRT/V$ が得られる。

(2)　モル質量を M〔g/mol〕，質量を w〔g〕とすると，気体の状態方程式は，

$$PV＝\frac{w}{M}RT \qquad M＝\frac{wRT}{PV}$$

密度を d〔g/L〕とすると，$d＝w/V$ から，次のように変形できる。

$$M＝\frac{wRT}{PV}＝\frac{w}{V}×\frac{RT}{P}＝\frac{dRT}{P}$$

▌解答

(1)　酸素のモル質量は 32 g/mol なので，

$$P＝\frac{nRT}{V}$$

$$＝\frac{(0.32/32)\,\text{mol}×8.3×10^3\,\text{Pa·L/(K·mol)}×(273+27)\,\text{K}}{0.500\,\text{L}}$$

$$＝\boldsymbol{5.0×10^4\,\text{Pa}}$$

(2)　$M＝\dfrac{dRT}{P}$

$$＝\frac{0.53\,\text{g/L}×8.3×10^3\,\text{Pa·L/(K·mol)}×(273+27)\,\text{K}}{3.0×10^4\,\text{Pa}}$$

$$＝44\,\text{g/mol}$$

したがって，分子量は**44**である。

基本例題4　混合気体　　→問題23・24・25

図のように，3.0 L の容器Aに $2.0×10^5$ Pa の窒素を，2.0 L の容器Bに $1.0×10^5$ Pa の水素を入れ，コックを開いて両気体を混合した。温度は常に一定に保っておいた。混合後の気体について，次の各問いに答えよ。

(1)　窒素の分圧は何 Pa か。

(2)　全圧は何 Pa か。

(3)　各気体のモル分率はそれぞれいくらか。

(4)　混合気体の平均分子量はいくらか。

A 3.0L　　コック　　B 2.0L

▌考え方

(1)　混合後の気体の体積は，3.0 L＋2.0 L＝5.0 L である。

(2)　ドルトンの分圧の法則から，$P＝P_{N_2}＋P_{H_2}$

(3)　分圧＝全圧×モル分率から，

$$\text{モル分率}＝\frac{\text{成分気体の分圧}}{\text{混合気体の全圧}}$$

(4)　平均分子量 $\overline{M}$ は各成分気体の分子量×モル分率の和で求められる。N_2 の分子量は28，H_2 の分子量は2.0である。

▌解答

(1)　ボイルの法則から，窒素の分圧 P_{N_2} は，

$$P_{N_2}＝\frac{P_1V_1}{V_2}＝\frac{2.0×10^5\,\text{Pa}×3.0\,\text{L}}{5.0\,\text{L}}＝\boldsymbol{1.2×10^5\,\text{Pa}}$$

(2)　同様に，水素の分圧 P_{H_2} は，

$$P_{H_2}＝\frac{P_1V_1}{V_2}＝\frac{1.0×10^5\,\text{Pa}×2.0\,\text{L}}{5.0\,\text{L}}＝4.0×10^4\,\text{Pa}$$

したがって，全圧は，

$$P＝P_{N_2}＋P_{H_2}＝1.2×10^5\,\text{Pa}＋4.0×10^4\,\text{Pa}＝\boldsymbol{1.6×10^5\,\text{Pa}}$$

(3)　$N_2\cdots\dfrac{1.2×10^5\,\text{Pa}}{1.6×10^5\,\text{Pa}}＝\boldsymbol{0.75}$　　$H_2\cdots\dfrac{4.0×10^4\,\text{Pa}}{1.6×10^5\,\text{Pa}}＝\boldsymbol{0.25}$

(4)　$\overline{M}＝28×0.75＋2.0×0.25＝21.5≒\boldsymbol{22}$

例題
解説動画

|基|本|問|題|

知識
15. ボイルの法則・シャルルの法則●次の各問いに答えよ。
(1) $1.0×10^5$ Pa, 5.0L の気体は, 同じ温度で, $2.0×10^5$ Pa では何 L になるか。
(2) $3.0×10^5$ Pa, 4.0L の気体は, 同じ温度で, 6.0L では何 Pa になるか。
(3) 27℃, 12L の気体は, 同じ圧力で, 127℃では何 L になるか。
(4) 27℃, 15L の気体を, 同じ圧力で, 10L にするには, 何℃にすればよいか。

思考 グラフ
16. 気体の体積変化●図は, P_1〔Pa〕および P_2〔Pa〕の圧力下で, 一定質量の気体の体積と
温度の関係を示したものである。次の各問いに答えよ。
(1) この図は, 何という法則を示したものか。
(2) P_1 と P_2 ではどちらが高圧か。
(3) a 点の温度は何℃か。
(4) $1.013×10^5$ Pa, t℃での気体の体積を V〔L〕とする
と, 0℃, $1.013×10^5$ Pa での体積 V_0〔L〕はどうなるか。
t, V を用いて表せ。ただし, t は数値である。

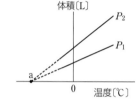

知識
17. ボイル・シャルルの法則●次の各問いに答えよ。760mmHg＝$1.0×10^5$ Pa とする。
(1) 27℃, 150mL で $1.0×10^5$ Pa の気体は, 77℃, 250mL では何 Pa になるか。
(2) 27℃, 500mL で $2.5×10^5$ Pa の気体は, 123℃, $5.0×10^5$ Pa では何 L になるか。
(3) 27℃, 600mL で 3800mmHg の気体は, 何 K にすれば 1.2L, $2.0×10^5$ Pa になるか。

知識
18. 気体の状態方程式●次の各問いに答えよ。
(1) 27℃, $3.0×10^5$ Pa で, 5.0L の体積を占める水素は何 mol か。
(2) 窒素 1.0mol を 7.0L の容器に入れ, 温度を 7℃にすると, 圧力は何 Pa になるか。
(3) 酸素 0.16g は, 27℃, $5.0×10^4$ Pa で何 mL の体積を占めるか。
(4) ある気体 1.0g は, 57℃, $1.2×10^5$ Pa で, 830mL の体積を占める。この気体の分
子量はいくらか。

思考
19. 気体の分子量・圧力・密度●次の各問いに答えよ。
(1) 同温・同圧で, 酸素に対する比重が 0.50 の気体の分子量はいくらか。
(2) 次の各気体を同じ質量とり, 同温・同体積下でその圧力を測定した。圧力の最も大
きい気体はどれか。
(ア) 水素   (イ) ネオン   (ウ) メタン   (エ) 窒素   (オ) 二酸化炭素
(3) 次の各気体が, 同温, 同圧下にあるとき, 密度が最も大きいものはどれか。
(ア) CO   (イ) NH_3 (ウ) NO_2 (エ) H_2S (オ) SO_2

思考 グラフ

20. 気体の性質とグラフ 理想気体について，次の(1)～(4)における x と y の関係は，それぞれ（ア）～（エ）のグラフのいずれで示されるか。

(1) 気体の物質量と温度が一定のとき，圧力 x と体積 y

(2) 温度と圧力が一定のとき，気体の物質量 x と体積 y

(3) 気体の物質量が一定のとき，セルシウス温度 x℃と(圧力×体積)y

(4) 気体の物質量が一定のとき，圧力 x と{(圧力×体積)/絶対温度}y

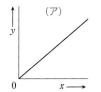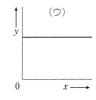

知識 実験 論述

21. 気体の分子量 ボンベに入っている気体Xの一定体積を，水平に固定した注射器にはかりとり，次の実験データから，分子量を計算した。

[ボンベから取り出した気体Xの質量：0.28g，温度27℃
捕集した気体の体積：249mL，大気圧：$1.0×10^5$ Pa]

(1) 下線部について，注射器を水平に保つのはなぜか。

(2) 気体Xの分子量を求めよ。

知識 実験

22. 揮発性液体の分子量測定 ある揮発性の液体の分子量を求めるために，次の実験操作①～③を行った。

①内容積 300 mL の丸底フラスコに小さい穴を開けたアルミ箔をかぶせて質量を測定すると，134.50 g であった。

②このフラスコに液体の試料を入れ，アルミ箔でふたをした。これを図のように，77℃の湯につけ，液体を完全に蒸発させた。

③フラスコを湯から取り出し，室温20℃まで手早く冷やして，フラスコ内の蒸気を凝縮させた。フラスコのまわりの水をふき取り，アルミ箔とフラスコの質量を測定すると，135.33 g であった。

大気圧を $1.0×10^5$ Pa，液体の蒸気圧は無視できるものとして，次の各問いに答えよ。

(1) 操作②(図の状態)で，フラスコ内にある蒸気の質量は何 g か。

(2) 操作②(図の状態)で，フラスコ内の蒸気の圧力，および温度はそれぞれいくらか。

(3) この液体試料の分子量を求めよ。

知識

23. 全圧と分圧 27℃，8.3L の容器に，気体Aを 0.30mol，気体Bを 0.20mol 入れた。

(1) 混合気体の全圧は何 Pa か。

(2) 混合気体中のAおよびBのモル分率はそれぞれいくらか。

(3) 混合気体中のAおよびBの分圧はそれぞれ何 Pa か。

24. [知識] 混合気体の圧力◉2.0Lの容器Aに，$1.0×10^5$Paの窒素を入れ，3.0Lの容器Bに $5.0×10^4$Paの酸素を入れて，両容器を連結した。次に，コックを開いて両容器を一定温度に保ち，十分に時間が経過した。次の各問いに答えよ。

(1) 各気体の分圧はそれぞれ何Paになるか。

(2) 混合気体の全圧は何Paになるか。

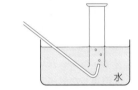

25. [思考] 平均分子量◉空気を，窒素と酸素が体積比4:1で混合した気体として，次の各問いに有効数字2桁で答えよ。

(1) 空気の平均分子量はいくらか。

(2) 10gの空気を5.0Lの容器に入れ，27℃に保った。容器内の全圧は何Paになるか。

26. [思考] [実験] [論述] 水上捕集◉図のように，水素を水上置換で捕集し，容器内の水位と水槽の水位を一致させて体積を測定したところ，350mLであった。また，温度は27℃，大気圧は1022hPaであった。次の各問いに答えよ。

(1) 下線部のようにする理由を答えよ。

(2) 捕集した水素の物質量は何molか。ただし，27℃での水蒸気圧を36hPaとする。

27. [思考] [論述] 理想気体と実在気体◉次の文中の（　）に適語を入れ，下の各問いに答えよ。

気体の状態方程式に完全にあてはまる仮想の気体を（　ア　）という。一方，実在気体は，気体の状態方程式に完全にはあてはまらない。これは，実在気体では，（　イ　）に引力が働き，また，分子自身が（　ウ　）をもつためである。

(1) 実在気体が，気体の状態方程式にあてはまるのは，次のどの条件か。

(a) 低温・低圧　　(b) 低温・高圧　　(c) 高温・低圧　　(d) 高温・高圧

(2) 水素と窒素では，どちらが気体の状態方程式にあてはまりやすいか。理由とともに答えよ。

28. [思考] [グラフ] 実在気体の状態変化◉図は，温度Tと気体の圧力Pの関係を表したものである。いま，ある気体の一定量をV[L]の容器に入れると①の状態になった。この容器をゆっくりと冷却すると，T_2[K]で気体の圧力が飽和蒸気圧の値と同じになった（②の状態）。その後，さらに，T_3[K]まで冷却した。次の各問いに答えよ。

(1) この気体の圧力変化は②→③，②→④のいずれか。

(2) T_3[K]での容器内の気体の物質量を，記号を用いて表せ。ただし，気体定数をR[Pa·L/(K·mol)]とし，液体が存在する場合でも液体の体積は無視できるものとする。

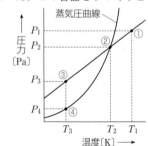

発展例題2　気体の燃焼

→問題31

0.50 mol のメタン CH_4 と 2.5 mol の酸素 O_2 を，5.0L の容器に入れた。容器内で電気火花を飛ばしてメタンを完全燃焼させたのち，容器の温度を17℃に保った。容器内の全圧は何 Pa になるか。ただし，生じた水の体積および水蒸気圧は無視できるものとする。

考え方
化学反応式を書き，反応後の気体の全物質量を求める。このとき，水は液体であり，水蒸気圧は無視できるので，水の物質量は考えない。
全圧は，気体の状態方程式 $PV=nRT$ から求める。

解答
メタンの完全燃焼は次の化学反応式で表される。
$$CH_4+2O_2 \longrightarrow CO_2+2H_2O$$
0.50 mol の CH_4 がすべて反応し，CO_2 が 0.50 mol 生成する。また，O_2 は 2.5 mol−0.50 mol×2＝1.5 mol 残るので，燃焼後の混合気体の全物質量は 0.50 mol＋1.5 mol＝2.0 mol となる。
したがって，混合気体の全圧は，気体の状態方程式から，
$$P=\frac{nRT}{V}=\frac{2.0\,\text{mol}\times 8.3\times 10^3\,\text{Pa}\cdot\text{L}/(\text{K}\cdot\text{mol})\times(273+17)\text{K}}{5.0\text{L}}$$
$$=\mathbf{9.6\times 10^5\,Pa}$$

発展例題3　水蒸気との混合気体

→問題32・33・34

ピストン付きの容器に窒素と少量の水を入れ77℃に保つと，容器内の圧力は 9.0×10^4 Pa になった。このとき，容器内に液体の水が存在していた（状態Ⅰ）。次に，温度を77℃に保ってピストンを押し，気体部分の体積をはじめのちょうど半分の 0.83L にした（状態Ⅱ）。77℃における水蒸気圧を 4.0×10^4 Pa，液体の体積は無視できるものとする。
(1) 状態Ⅰで，窒素の分圧は何 Pa か。
(2) 状態Ⅱで，容器内の全圧は何 Pa か。
(3) 状態Ⅱで存在する水蒸気の物質量は何 mol か。

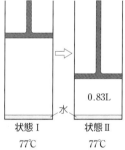

状態Ⅰ　　　状態Ⅱ
77℃　　　　77℃
0.83L
水

考え方
(1) 液体の水が残っているとき，上部の空間には水蒸気が飽和しており，その分圧は水蒸気圧に等しい。
(2) 窒素の分圧はボイルの法則にしたがって変化する。水蒸気の分圧は，液体の水が共存していれば，水蒸気圧に等しい。
(3) 水蒸気に関しても，気体の状態方程式が成立する。

解答
(1) 水蒸気圧が 4.0×10^4 Pa なので，窒素の分圧は，
$$9.0\times 10^4\,\text{Pa}-4.0\times 10^4\,\text{Pa}=\mathbf{5.0\times 10^4\,Pa}$$
(2) 体積を半分にすると，ボイルの法則から，窒素の分圧は 2 倍になるので，
$$5.0\times 10^4\,\text{Pa}\times 2=1.0\times 10^5\,\text{Pa}$$
　一方，水蒸気の一部は凝縮し，水蒸気圧は 4.0×10^4 Pa に保たれる。したがって，全圧は次のようになる。
$$1.0\times 10^5\,\text{Pa}+4.0\times 10^4\,\text{Pa}=\mathbf{1.4\times 10^5\,Pa}$$
(3) 水蒸気の物質量は，気体の状態方程式から，
$$n=\frac{PV}{RT}=\frac{4.0\times 10^4\,\text{Pa}\times 0.83\text{L}}{8.3\times 10^3\,\text{Pa}\cdot\text{L}/(\text{K}\cdot\text{mol})\times(273+77)\text{K}}$$
$$=\mathbf{1.1\times 10^{-2}\,mol}$$

発 展 問 題

 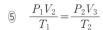

29. ボイル・シャルルの法則 図は，理想気体 1 mol について，圧力 P，体積 V，絶対温度 T の関係を示したものである。次の ① ～ ⑤ のうちから，この図に関する式として適切でないものを 1 つ選べ。

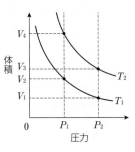

① $T_1 < T_2$

② $\dfrac{V_2}{T_1} = \dfrac{V_4}{T_2}$

③ $P_1 V_4 = P_2 V_1$

④ $P_1(V_2 + V_4) = P_2(V_1 + V_3)$

⑤ $\dfrac{P_1 V_2}{T_1} = \dfrac{P_2 V_3}{T_2}$

(21　神戸学院大)

30. 混合気体 27℃において，1.0L の容器Aと 0.50L の容器Bがコックで接続されている。容器Aに $1.0 \times 10^5\,\mathrm{Pa}$ の二酸化炭素，容器Bに $2.0 \times 10^5\,\mathrm{Pa}$ の窒素を充填した。その後，コックを開き，両気体を混合した。接続部の内容積は無視できるものとして，次の各問いに答えよ。

(1) 混合気体の全圧を求めよ。

(2) 二酸化炭素および窒素のモル分率をそれぞれ求めよ。

(3) 混合気体の密度は何 g/L か。

(10　法政大　改)

31. 水素の燃焼 27℃で，10L の密閉容器に，①水素 1.0g と酸素 32g の混合気体を入れた。次に，混合気体に点火し，水素を完全燃焼させたのち，②容器内の温度が127℃になるまで放置した。最後に容器を冷却し，27℃にしたところ，③容器内に水滴が生じた。なお，水滴の体積，水滴への気体の溶解は無視できるものとし，水の飽和蒸気圧は27℃で $4.0 \times 10^3\,\mathrm{Pa}$，127℃で $2.5 \times 10^5\,\mathrm{Pa}$ とする。

(1) 下線部①に関して，混合気体の平均分子量を求めよ。

(2) 下線部②に関して，127℃のときの容器内の水蒸気の分圧を求めよ。

(3) 下線部③に関して，27℃のときの容器内の全圧を求めよ。

(17　北里大　改)

32. 水の凝縮と蒸気圧 シリンダーの中に水を 0.090g 入れ，ピストンを固定して体積を 8.3L，温度を27℃に保った。27℃における水の蒸気圧を $3.6 \times 10^3\,\mathrm{Pa}$ とし，液体の水の体積は無視できるものとして，次の各問いに答えよ。

(1) シリンダー内の圧力は何 Pa か。

(2) 温度を27℃に保ったまま，ピストンを押しこんで体積を 2.075L にすると，水蒸気の一部が凝縮した。このとき，凝縮した水は何 g か。

(15　玉川大　改)

思考 グラフ

33. **水蒸気圧のグラフ**■ピストン付きの密閉容器に一定量の水を入れ，気液平衡に達したのち，次の(1)，(2)の操作を別々に行ったところ，いずれも途中で水はすべて蒸発した。体積 V または温度 T と，圧力 P の関係として，最も適当なものをそれぞれ選べ。

(1)　T を一定に保ちながらピストンを引き，V を大きくしていったときの P と V

(2)　V を一定に保ちながら加熱し，T を上げていったときの P と T

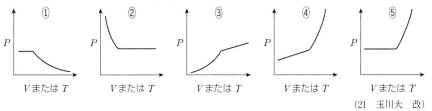

（21　玉川大　改）

思考 グラフ

34. **混合気体と蒸気圧**■8.3 L の容器にアルゴンとベンゼンを 0.110 mol ずつ入れ，温度を 27℃ に保つと，ベンゼンの一部が液体になった。次に，この容器をゆっくりと77℃まで加熱した。ベンゼンの蒸気圧は，27℃ で $1.4×10^4$ Pa，77℃ で $9.2×10^4$ Pa であり，液体の体積は無視できるものとし，次の各問いに答えよ。

(1)　27℃ では，液体のベンゼンは何 mol 存在するか。

(2)　77℃ におけるアルゴンとベンゼンの分圧はそれぞれ何 Pa か。

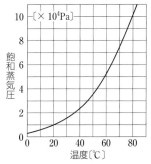

(3)　下線部の操作において，ベンゼンがすべて蒸発するおよその温度を，図のベンゼンの蒸気圧曲線に適切な線を加えることによって求めよ。

（09　静岡大　改）

思考 論述 グラフ

35. **理想気体と実在気体**■気体の圧力を P [Pa]，体積を V [L]，温度を T [K]，物質量を 1 mol とする。図は，400 K における 3 種類の実在気体 A，B，C について，$Z＝PV/(RT)$ の値と P の関係を示したものである。

(1)　$2×10^7$ Pa において，体積が最も大きい気体はどれか。

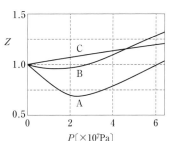

(2)　気体 A と B では，圧力の増加とともに Z の値がいったん減少したのちに増加している。その理由を述べよ。

(3)　気体 A，B，C に該当するものをメタン，ヘリウム，二酸化炭素の中からそれぞれ選び，その理由を述べよ。

(4)　実在気体のふるまいを理想気体に近づけるためには，温度，圧力をそれぞれどのようにすればよいか。理由とともに述べよ。

（13　愛知教育大　改）

3 | 固体の構造

1 粒子間の結合と結晶

❶**結晶**　固体のうち，構成粒子が規則正しく配列しているもの。

❷**結晶の種類**　構成粒子間の結合の種類によって，4種類に大別。

　金属結晶（金属結合）　　　　共有結合の結晶（共有結合）

　イオン結晶（イオン結合）

　分子結晶（ファンデルワールス力，水素結合）

❸**結晶格子**　結晶の粒子配列を示したもの。

❹**単位格子**　結晶格子の最小の繰り返し単位。

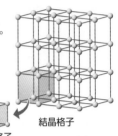

結晶格子

単位格子

2 金属結晶

❶**金属結晶の単位格子**　金属原子が金属結合によって規則正しく配列。

単位格子 （六方最密構造 は赤の部分）	$\frac{1}{8}$個　1個	$\frac{1}{8}$個　$\frac{1}{2}$個	$\frac{1}{6}$個　$\frac{1}{2}$個
格子名	体心立方格子	面心立方格子	六方最密構造
含まれる粒子数	$(1/8$個$)\times8+1=2$個	$(1/8$個$)\times8+(1/2$個$)\times6=4$個	6個（単位格子：2個）
配位数❶	8	12	12
充填率❷	68%	74%（最密充填）	74%（最密充填）
例	Li，Na，Fe	Al，Cu，Ag	Mg，Zn，Co

❶結晶格子内で，1つの原子に隣接する原子の数を**配位数**という。

❷単位格子の体積に占める金属原子の割合〔%〕を**充填率**という。面心立方格子（立方最密構造）と六方最密構造は，いずれも最密充填構造であるが，層の重なり方が異なる。

❷単位格子と原子半径・充填率

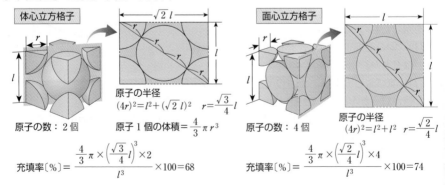

体心立方格子

原子の半径
$(4r)^2=l^2+(\sqrt{2}\,l)^2$　$r=\frac{\sqrt{3}}{4}l$

原子の数：2個　　原子1個の体積$=\frac{4}{3}\pi r^3$

充填率〔%〕$=\dfrac{\frac{4}{3}\pi\times\left(\frac{\sqrt{3}}{4}l\right)^3\times2}{l^3}\times100=68$

面心立方格子

原子の半径
$(4r)^2=l^2+l^2$　$r=\frac{\sqrt{2}}{4}l$

原子の数：4個

充填率〔%〕$=\dfrac{\frac{4}{3}\pi\times\left(\frac{\sqrt{2}}{4}l\right)^3\times4}{l^3}\times100=74$

3 イオン結晶

❶イオン結晶の結晶格子　多数のイオンがクーロン力で規則正しく配列した結晶。

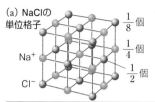

(a) NaClの
単位格子

$\frac{1}{8}$個
$\frac{1}{4}$個
$\frac{1}{2}$個

Na⁺

Cl⁻

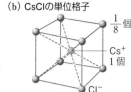

(b) CsClの単位格子

$\frac{1}{8}$個

Cs⁺
1個

Cl⁻

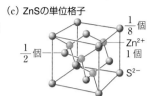

(c) ZnSの単位格子

$\frac{1}{8}$個
Zn^{2+}
1個
$\frac{1}{2}$個
S^{2-}

Na^+ $(1/4$ 個$)\times12+1$ 個$=4$ 個	
Cl^- $(1/8$ 個$)\times8+(1/2$ 個$)\times6=4$ 個	
配位数　Na^+：6　Cl^-：6	

Cs^+ 1 個
Cl^-　$(1/8$ 個$)\times8=1$ 個
配位数　Cs^+：8　Cl^-：8

Zn^{2+} 4 個
S^{2-}　$(1/8$ 個$)\times8+(1/2$ 個$)\times6=4$ 個
配位数　Zn^{2+}：4　S^{2-}：4

単位格子中に含まれる陽イオンと陰イオンの数の比は, 組成式で示されるイオンの数の比と等しい。
イオン結晶における配位数は, あるイオンを取り囲む反対の電荷のイオンの数で示す。

❷単位格子とイオン半径

Na⁺　Cl⁻

l

r_- r_+

l

$l=(r_++r_-)\times2$

イオン半径比

$0.41<\dfrac{r_+}{r_-}<0.73$

NaCl 型

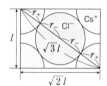

r_+　Cl⁻

r_- Cs⁺

$\sqrt{3}\,l$

l

r_+

$\sqrt{2}\,l$

$\sqrt{3}\,l=(r_++r_-)\times2$

イオン半径比

$0.73<\dfrac{r_+}{r_-}$

CsCl 型

イオン半径比が

$\dfrac{r_+}{r_-}<0.41$ のと

き, ZnS 型になる。

4 共有結合の結晶

すべての原子が共
有結合によって規
則正しく配列した
結晶。

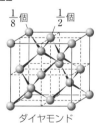

$\frac{1}{8}$個　$\frac{1}{2}$個

ダイヤモンド

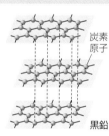

炭素
原子

黒鉛

Si

O

二酸化ケイ素

5 分子結晶

多数の分子がファンデルワー
ルス力や水素結合で集合し,
規則正しく配列した結晶。

氷が水になると, 分子の配列がく
ずれ, すき間の少ない構造となる
ため, 密度が大きくなる。

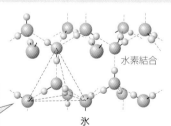

水素結合

氷

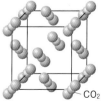

CO_2

ドライアイス

6 非晶質

構成粒子の配列が不規則なものを非晶質(アモルファス, 無定形固体)という。

（例）　アモルファスシリコン, 石英ガラス, ソーダ石灰ガラス, アモルファス合金

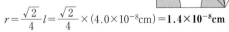

プロセス 次の文中の( )に適当な語句，数値を入れよ。

1 結晶の粒子配列を示したものを(ア)格子，その最小の単位を(イ)格子という。

2 金属結晶のおもな結晶格子に体心立方格子，(ウ)立方格子，(エ)構造がある。

3 単位格子に含まれる原子の数を数えるとき，単位格子の頂点にある原子は(オ)，面の中央にある原子は(カ)と数える。

4 金属結晶において，1個の原子に隣接する原子の数を(キ)という。また，単位格子の体積に占める金属原子の体積の割合[%]を(ク)という。

5 イオン結晶では，多数のイオンが(ケ)力で規則正しく配列している。

6 塩化ナトリウムでは，単位格子に含まれるナトリウムイオンと塩化物イオンの数の比が(コ)：(サ)なので，組成式は NaCl と表される。

7 固体のうち，構成粒子の配列が不規則なものを(シ)という。

プロセスの解答

(ア) 結晶　(イ) 単位　(ウ) 面心　(エ) 六方最密　(オ) $\frac{1}{8}$　(カ) $\frac{1}{2}$　(キ) 配位数　(ク) 充填率

(ケ) クーロン　(コ) 1　(サ) 1　(シ) 非晶質(アモルファス，無定形固体)

基本例題5　金属の結晶格子

→問題 36・37

アルミニウム Al の結晶は面心立方格子であり，図のように単位格子の一辺の長さは 4.0×10^{-8} cm である。

(1) この格子中に含まれる Al 原子の数はいくらか。

(2) 1個の Al 原子は，何個の原子と隣接しているか。

(3) Al 原子の半径は何 cm か。$\sqrt{2}=1.4$ とする。

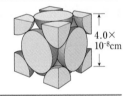

4.0×10^{-8}cm

■考え方

(1) 単位格子に含まれる原子の数は次のようになる。

立方体の各頂点：$\frac{1}{8}$ 個

各面の中心　　：$\frac{1}{2}$ 個

(2) 面の中心にある原子から，距離の等しいところでいくつの原子が存在するかを考える。

(3) 原子がどのように接しているかを考え，原子の半径 r と単位格子の一辺の長さ l の間で三平方の定理を適用する。

■解答

(1) $\frac{1}{8}$ 個×8＋$\frac{1}{2}$ 個×6＝**4個**

(2) 単位格子を2つ並べて考える。図から，面の中心の原子●に注目すると，配位数は12と求められるので，隣接する原子の数は**12個**である。

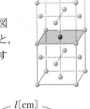

(3) 各原子は面内で図のように接しているので，三平方の定理から，原子の半径 r[cm]は，

$$(4r)^2 = l^2 + l^2$$

l[cm]

l[cm]

$$r = \frac{\sqrt{2}}{4}l = \frac{\sqrt{2}}{4} \times (4.0 \times 10^{-8}\text{cm}) = \mathbf{1.4 \times 10^{-8}\text{cm}}$$

例題
解説動画

基本例題6　イオン結晶と組成式　→問題 41

元素Aの陽イオンと元素Bの陰イオン，および元素Cの陽イオンと元素Dの陰イオンからなるイオン結晶の単位格子①，②を図に示す。次の各問いに答えよ。

(1)　単位格子①，②に含まれる陽イオンと陰イオンの個数は，それぞれいくらか。

(2)　単位格子①，②のイオン結晶の組成式をそれぞれ求めよ。

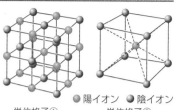

● 陽イオン　● 陰イオン
単位格子①　　　　　　単位格子②

考え方

(1)　各頂点のイオンは 1/8 個，面の中心のイオンは 1/2 個，辺の中心は 1/4 個，格子内のイオンは 1 個が単位格子に含まれる。

(2)　単位格子に含まれる各イオンの数の比と，組成式で表される各イオンの数の比は等しい。

解 答

(1)①　A：$\dfrac{1}{4}$ 個×12+1 個=**4 個**

　　　B：$\dfrac{1}{8}$ 個×8+$\dfrac{1}{2}$ 個×6=**4 個**

　②　C：**1 個**　D：$\dfrac{1}{8}$ 個×8=**1 個**

(2)　①は A：B=4：4=1：1 であり，組成式は **AB** となる。また，②は C：D=1：1 であり，組成式は **CD** となる。

基本問題

[知識]

36. 体心立方格子 ある金属の結晶は体心立方格子である。次の各問いに答えよ。

(1)　この単位格子に含まれる原子の数は何個か。

(2)　1 個の原子は，何個の原子と隣接しているか。

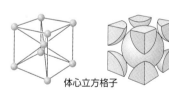

体心立方格子

[知識]

37. 金属の結晶格子 図は，金属A，Bの結晶における単位格子を示したものである。次の各問いに答えよ。

(1)　金属A，Bについて，次の①〜③を答えよ。

　①　単位格子の名称

　②　単位格子中の原子の数

　③　配位数

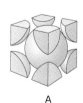

A　　　　　　B

(2)　金属A，Bそれぞれについて，単位格子の一辺の長さを l [cm]として，原子の中心間距離 R [cm]を l を用いて表せ。ただし，無理数は $\sqrt{2}$ や $\sqrt{3}$ のままでよい。

38. 金属結晶の充填率●図は，金属A
～Cにおける原子の配列を示したもの
である。次の各問いに答えよ。

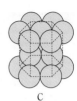

A   B   C

(1) 各配列において，配位数はそれ
ぞれいくつか。
(2) 各配列における充填率(結晶中で，
原子の占める体積の割合)を a ％，b ％，c ％としたとき，a ～ c の大小関係として正
しいものはどれか。

(ア) $a<b<c$ (イ) $a=b<c$ (ウ) $a<b=c$ (エ) $b<a<c$
(オ) $b<a=c$

【知識】
39. 塩化ナトリウムの結晶格子●図は，塩化ナトリウムの単位格子
を示している。Na^+ と Cl^- は互いに接しており，それぞれのイオ
ン半径を r_+[cm]，r_-[cm]とする。次の各問いに答えよ。

(1) 1つの Na^+ に接している Cl^- は何個か。
(2) 1つの Cl^- に接している Na^+ は何個か。
(3) Na^+ に着目すると，その配列は金属の結晶における何という
結晶格子に相当するか。

○ Na^+ ● Cl^-

(4) 単位格子中に含まれる Na^+，Cl^- はそれぞれ何個か。
(5) 単位格子の一辺の長さを，r_+，r_- を用いて表せ。
(6) 最も近い Na^+ 間の距離(イオンの中心間の距離)を r_+，r_- を用いて表せ。

【知識】
40. 塩化セシウムの結晶格子●図は，塩化セシウムの単位格子を示し
ている。Cs^+ と Cl^- は互いに接しているものとする。

(1) 1つの Cs^+ に接している Cl^- は何個か。
(2) 1つの Cl^- に接している Cs^+ は何個か。
(3) 単位格子中に含まれる Cs^+，Cl^- はそれぞれ何個か。

○ Cs^+ ● Cl^-

(4) Cl^- のイオン半径を $0.17\,nm$，単位格子の一辺の長さを $0.41\,nm$
として，Cs^+ のイオン半径を求めよ。$\sqrt{3}=1.73$ とする。

【知識】
41. イオン結晶の組成式●図Ⅰ，Ⅱは，それ
ぞれ元素Aの陽イオンと元素Bの陰イオン，
元素Cの陽イオンと元素Dの陰イオンから
なるイオン結晶の単位格子である。

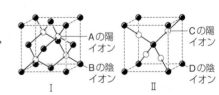

Aの陽イオン
Bの陰イオン
Cの陽イオン
Dの陰イオン
Ⅰ   Ⅱ

(1) 各イオン結晶の組成式を求めよ。
(2) 各単位格子において，陽イオンは何個の陰イオンと，また陰イオンは何個の陽イオ
ンとそれぞれ隣接しているか。

知識

42. いろいろな固体 次の記述のうちから，下線部に誤りを含むものを2つ選べ。

（ア）　ダイヤモンドでは，各炭素原子に結合する4個の原子が<u>正四面体形の頂点に位置している</u>。

（イ）　黒鉛では，炭素原子が共有結合してできた<u>平面構造がいくつも重なり合っている</u>。

（ウ）　二酸化ケイ素 SiO_2 では，1個のOのまわりを<u>4個のSiが取り囲んでいる</u>。

（エ）　氷が融解して水になると，<u>すき間の多い構造となり，密度が小さくなる</u>。

（オ）　ガラスは高温の融解液を急冷してつくられ，構成粒子が規則正しく配列する前に固まってできた<u>非晶質</u>である。

発展例題4　結晶格子と原子量　　→問題43・44

鉄の結晶は体心立方格子であり，その単位格子の一辺は a [cm] である。この結晶の密度を d [g/cm³]，アボガドロ定数を N_A [/mol]，円周率を π として，次の各問いに答えよ。ただし，$\sqrt{}$ や π はそのまま用いてよい。

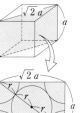

(1)　鉄原子の半径は何 cm か。

(2)　この結晶格子の充填率 [%] を求めよ。

(3)　鉄原子1個の質量は何 g か。

(4)　鉄のモル質量を求めよ。

▌考え方

(1)　1つの面内の対角線で立方体を切断すると，各原子は切断面内の対角線方向で接している。三平方の定理から，原子半径を求める。

(2)　体心立方格子には2個の原子が含まれる。また，半径 r の球の体積は $\frac{4}{3}\pi r^3$ で求められる。

充填率 [%] =

$\dfrac{\text{単位格子中の原子の総体積}}{\text{単位格子の体積}}$

$\times 100$

(3)　単位格子に含まれる原子の総質量は，密度×単位格子の体積で求められる。

(4)　モル質量は，原子1個の質量×アボガドロ定数で求められる。

▌解答

(1)　原子半径 r [cm] は，図から，

$$(4r)^2 = a^2 + (\sqrt{2}\,a)^2$$

$$r = \frac{\sqrt{3}}{4}a \text{ [cm]}$$

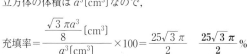

(2)　単位格子には2個の原子が含まれるので，原子の体積は，

$$\frac{4}{3}\pi r^3 \text{ [cm}^3\text{]} \times 2 = \frac{\sqrt{3}\,\pi a^3}{8} \text{ [cm}^3\text{]}$$

立方体の体積は a^3 [cm³] なので，

$$\text{充填率} = \frac{\dfrac{\sqrt{3}\,\pi a^3}{8} \text{ [cm}^3\text{]}}{a^3 \text{ [cm}^3\text{]}} \times 100 = \frac{25\sqrt{3}\,\pi}{2} \quad \boldsymbol{\frac{25\sqrt{3}\,\pi}{2}\text{ \%}}$$

(3)　単位格子の質量は，密度×単位格子の体積で求められ，これが原子2個の質量に相当するので，原子1個の質量は，

$$\frac{d \text{ [g/cm}^3\text{]} \times a^3 \text{ [cm}^3\text{]}}{2} = \boldsymbol{\frac{a^3 d}{2} \text{ [g]}}$$

(4)　モル質量 $= \dfrac{a^3 d}{2}$ [g] $\times N_A$ [/mol] $= \boldsymbol{\dfrac{a^3 d N_A}{2} \text{ [g/mol]}}$

例題
解説動画

第Ⅰ章

物質の状態

思考

43. 金属結晶の単位格子 アルミニウムの結晶の単位格子は面心立方格子であるのに対し，ナトリウムの結晶の単位格子は体心立方格子である。次の各問いに答えよ。

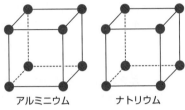

アルミニウム　　ナトリウム

(1) 図に原子を黒丸で書き加え，それぞれの単位格子を完成させよ。

(2) 次の記述が正しければ○，誤っていれば×を記入せよ。

　(a) 単位格子中の原子の数はナトリウムの結晶の方が多い。

　(b) 1つの原子を囲んでいる原子の数はナトリウムの結晶の方が多い。

　(c) 充填率が大きいのはアルミニウムの結晶である。

　(d) アルミニウムの結晶の単位格子の一辺の長さは 0.405 nm，ナトリウムの結晶の単位格子の一辺の長さは 0.428 nm である。金属原子の半径が短いのはアルミニウムである。ただし，$\sqrt{2}=1.41$，$\sqrt{3}=1.73$ とする。　　　　　(11　大分大　改)

思考

44. 六方最密構造 次の文中の（　　）に適当な数値を入れよ。

六方最密構造を図に示す。これは3つの単位格子が合わさって正六角柱の形をしているので，単位格子中には原子が（　ア　）個存在することになる。また，図中の $a=3.2\times10^{-8}$ cm，$c=5.2\times10^{-8}$ cm，この金属の密度を $1.7\,\mathrm{g/cm^3}$ とすると，この金属 1 mol の質量は（　イ　）g となる。$\sqrt{3}=1.7$ とする。

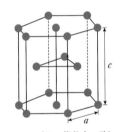

(21　龍谷大　改)

思考

45. 閃亜鉛鉱型格子 ヒ化ガリウム GaAs は，DVD などの読み取り用発光ダイオードとして広く用いられる物質である。ヒ化ガリウムの結晶におけるイオンの配置は，イオンをすべて炭素原子で置き換えるとダイヤモンドの結晶における原子の配置と同じで，結晶内のイオンの位置の半分をガリウムイオン Ga^{3+} が，残りの半分をヒ化物イオン As^{3-} が占めている。単位格子は一辺が 0.57 nm の立方体で，ガリウムイオンには4個のヒ化物イオンが接している。

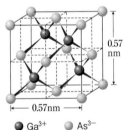

● Ga^{3+}　　○ As^{3-}

(1) ガリウムイオン，ヒ化物イオンは単位格子にそれぞれ何個含まれるか。

(2) ヒ化物イオンには何個のガリウムイオンが接しているか。

(3) ガリウムイオンの半径を 0.047 nm として，ヒ化物イオンの半径〔nm〕を小数第3位まで求めよ。ただし，$\sqrt{3}=1.73$ とする。

(4) ヒ化ガリウムの結晶の密度は $5.2\,\mathrm{g/cm^3}$ である。ガリウムの原子量を70として，ヒ素の原子量を有効数字2桁で求めよ。$0.57^3=0.185$ とする。

(20　芝浦工業大　改)

思考

46. 限界半径比
次の文中の（　）に適当な数値を入れよ。$\sqrt{2}=1.41$，$\sqrt{3}=1.73$とする。

イオン結晶が3種類の結晶構造(NaCl型，CsCl型，ZnS型)のいずれをとるかを，陽イオン半径r_+と陰イオン半径r_-の大きさに着目して考えてみる。

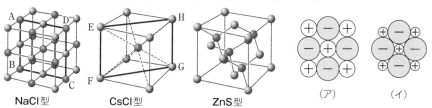

NaCl型　　CsCl型　　ZnS型　　　(ア)　　(イ)

図の(ア)のように陽イオンと陰イオンのみが接している場合，安定である。しかし，r_+が小さくなると，(イ)のように陰イオンどうしも接するようになる(このときのイオン半径の比r_+/r_-を限界半径比という)。さらに小さくなると，陰イオンどうしだけが接して不安定となり，配位数の小さい別の結晶構造をとるようになる。

この考え方を図の四角形ABCDおよびEFGHについてあてはめると，限界半径比は，NaCl型では(　X　)，CsCl型では(　Y　)となり，r_+/r_-が(Y)以上ではCsCl型，(Y)と(X)の間ではNaCl型，(X)以下ではZnS型の構造をとると推測できる。

(20　関西学院大　改)

思考

47. 分子結晶と密度
次の文中の（　）に適当な数値，文字式を入れよ。

ヨウ素の結晶は，図のような直方体の単位格子からなり，8つの頂点と6つの面の中央にヨウ素分子が位置している。この単位格子中のヨウ素の原子数は(　ア　)個である。

また，ヨウ素原子のモル質量をA g/molとすると，ヨウ素の結晶の密度は(　イ　)g/cm^{3}と表される。

(20　神戸薬科大　改)

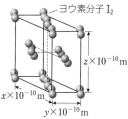

思考

48. 共有結合の結晶
図は，ダイヤモンドの結晶の単位格子を示している。最も近い粒子どうしは接しているものとして，次の各問いに答えよ。

(1) 単位格子中に含まれる炭素原子は何個か。

(2) 単位格子の一辺の長さa[cm]が3.6×10^{-8} cmであるとき，炭素原子の原子半径は何cmか。$\sqrt{3}=1.7$として，有効数字2桁で示せ。

(3) 単位格子の一辺の長さをa[cm]，アボガドロ定数をN_A[/mol]，結晶の密度をd[g/cm^3]として，炭素原子の原子量をa，N_A，dを用いて表せ。
(17　長崎県立大)

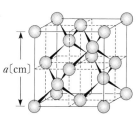

4 | 溶液の性質

1 溶解と水和

❶物質の溶解

極性溶媒（水など）…イオン結晶や極性の大きい分子を溶解。

無極性溶媒（ベンゼン，ヘキサンなど）…無極性分子を溶解。

❷水和　溶質粒子が水分子と結合する現象。

イオン結晶…イオンと水分子が静電気的な引力によって水和。

極性分子…アルコールなどは，水分子と水素結合によって水和。

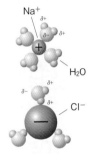

水和イオン

2 溶解度と溶液の濃度

❶飽和溶液と溶解平衡

(a) 飽和溶液　一定量の溶媒に溶質が限界まで溶けた溶液。

(b) 溶解平衡　飽和溶液中に溶質の結晶が存在するとき，単位時間あたりに溶解する粒子の数と析出する粒子の数が等しくなり，見かけ上，溶解が停止している状態。

❷固体の溶解度　溶媒 100 g に最大限まで溶けた溶質の質量 [g] の数値。一般に，固体の溶解度は温度が高くなるほど大きくなる。

注 結晶水を含む物質では，無水物の質量 [g] の数値で表す。

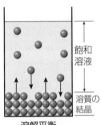

溶解平衡

❸気体の溶解度　気体の圧力が 1.013×10^5 Pa のとき，溶媒 1 L に溶ける気体の物質量 [mol] または気体の体積 [mL] で表される。一般に，温度が高くなるほど小さくなる。

ヘンリーの法則　一定温度で，一定量の溶媒に溶けうる気体の物質量（または質量）はその気体の圧力に比例。混合気体では，各気体の分圧に比例。

3 希薄溶液の性質

❶蒸気圧降下　溶液の蒸気圧は，純粋な溶媒の蒸気圧よりも低くなる（蒸気圧降下）。蒸気圧降下度は，溶液の濃度に比例する。

❷沸点上昇と凝固点降下　溶液では，溶媒よりも沸騰する温度は上昇し（沸点上昇），凝固する温度は降下する（凝固点降下）。沸点上昇度または凝固点降下度は溶液の質量モル濃度に比例する。この関係を用いると，溶質のモル質量 M [g/mol] が求められる。

$$\Delta t = Km = K \times \frac{w/M}{W} \qquad M = \frac{Kw}{\Delta t W}$$

$\left[\begin{array}{l} \Delta t：沸点上昇度（凝固点降下度）[K]，\ K：モル沸点上昇（モル凝固点降下）[K \cdot kg/mol]， \\ m：質量モル濃度 [mol/kg]，\ W：溶媒の質量 [kg]，\ w：溶質の質量 [g] \end{array} \right]$

注 K は溶媒 1 kg に溶質（非電解質）1 mol が溶けたときの沸点上昇度（凝固点降下度）であり，モル沸点上昇（モル凝固点降下）とよばれ，溶媒に固有の値である。

質量モル濃度 [mol/kg]　溶媒 1 kg に含まれる溶質の物質量で表す。

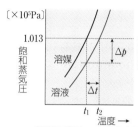

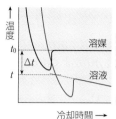

〔×10⁵Pa〕

1.013

飽和蒸気圧

溶媒の沸点：t_1
溶液の沸点：t_2
沸点上昇度：Δt
$\Delta t = t_2 - t_1$

蒸気圧降下Δpと沸点上昇

溶媒の凝固点：t_0
溶液の凝固点：t
凝固点降下度：Δt
$\Delta t = t_0 - t$

(注)溶媒の凝固点 t_0, 溶液の凝固点 t は, 破線で示すようにして求める。

冷却曲線と凝固点

❸**浸透圧** 半透膜を通って，溶媒が溶液中に浸入しようとする現象（浸透）をおさえるために溶液側に加える圧力。浸透圧 Π[Pa]は次のようになる（ファントホッフの法則）。

$$\Pi = cRT = \frac{n}{V}RT \qquad \Pi V = nRT$$

c：溶液のモル濃度[mol/L]，V：溶液の体積[L]，
n：溶質の物質量[mol]，T：絶対温度[K]，
R：気体定数$=8.3 \times 10^3$ Pa·L/(K·mol)

❹**電解質溶液** 溶質が電解質の場合，電離してイオンを生じ，粒子数が増加するため，同一濃度の非電解質溶液よりも沸点上昇度，凝固点降下度，浸透圧が大きくなる。

4 コロイドとコロイド溶液

❶**コロイド** $10^{-9} \sim 10^{-7}$m（1〜100 nm）の大きさのコロイド粒子が液体中に分散したものをコロイド溶液（ゾル），ゾルが流動性を失って固体状になったものをゲルという。

分散媒…コロイド粒子を分散させている物質　　分散質…分散しているコロイド粒子

構成粒子による分類と定義		例
分子コロイド	高分子1個がコロイド粒子として分散したもの。	デンプン，タンパク質
分散コロイド	固体などの小さい粒子がコロイド粒子として分散したもの。	硫黄，水酸化鉄(Ⅲ)
ミセルコロイド	界面活性剤がミセルを形成して分散したもの。	セッケン，合成洗剤

(a) **疎水コロイド** 少量の電解質で沈殿するコロイド溶液。

(b) **親水コロイド** 多量の電解質で沈殿するコロイド溶液。

(c) **保護コロイド** 疎水コロイドを安定化させる（保護作用）ために加える親水コロイド。〈例〉 墨汁…炭素（疎水コロイド）にニカワ（親水コロイド）を加えたもの

注 0.1 nm 程度の大きさの粒子を含む溶液を真の溶液という。

❷**コロイド溶液の性質**

チンダル現象	コロイド粒子が光を散乱させるため，光の通路が明るく見える現象
ブラウン運動	コロイド粒子が分散媒分子に衝突されておこる不規則な運動
透析	半透膜を用いてコロイド溶液を精製する操作
凝析	疎水コロイドが少量の電解質で沈殿する現象
塩析	親水コロイドが多量の電解質で沈殿する現象
電気泳動	直流電圧をかけると陰極または陽極にコロイド粒子が移動する現象

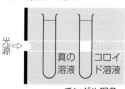

光源⇨　　真の溶液　コロイド溶液

チンダル現象

ブラウン運動

プロセス　次の文中の（　　）に適当な語句を入れよ。

1 水は極性の（　ア　）い溶媒であり，塩化ナトリウムのような（　イ　）結晶や，アンモニアのような（　ウ　）性分子をよく溶かす。一方，ベンゼンやヘキサンは（　エ　）性溶媒であり，ヨウ素やナフタレンのような無極性分子をよく溶かす。

2 溶解度が小さい気体では，一定量の溶媒に溶ける気体の物質量は（　オ　）に比例する。これを（　カ　）の法則という。温度が高くなるほど，気体の溶解度は（　キ　）なる。

3 不揮発性の非電解質を含む水溶液の蒸気圧は，水の蒸気圧よりも（　ク　）なるため，沸点は（　ケ　）なる。このとき，沸点上昇度は溶液の（　コ　）濃度に比例する。

4 コロイド溶液は真の溶液と異なり，横から強い光をあてると光の通路が明るく見える（　サ　）現象や，コロイド粒子が不規則な運動をする（　シ　）運動などを示す。また，コロイド粒子が（　ス　）膜を通過できないことを利用してコロイド溶液を精製する操作を（　セ　）という。

プロセスの解答

（ア）大き　（イ）イオン　（ウ）極　（エ）無極　（オ）圧力　（カ）ヘンリー　（キ）小さく　（ク）小さく　（ケ）高く　（コ）質量モル　（サ）チンダル　（シ）ブラウン　（ス）半透　（セ）透析

基本例題7　固体の溶解度と濃度　⇒問題50

水 100 g に対する硝酸カリウム KNO_3 の溶解度は，25℃で36，60℃で110である。硝酸カリウム水溶液について，次の各問いに答えよ。

(1)　25℃における硝酸カリウムの飽和水溶液の濃度は何％か。

(2)　(1)の水溶液のモル濃度を求めよ。ただし，飽和水溶液の密度を $1.15\,g/cm^3$ とする。

(3)　60℃の硝酸カリウム飽和水溶液 100 g を25℃に冷却すると，結晶が何 g 析出するか。

考え方

(1)　飽和溶液では，溶質が溶解度まで溶けている。

(2)　次式から，質量と密度を用いて体積を求めることができる。

$$体積[cm^3]＝\frac{質量[g]}{密度[g/cm^3]}$$

(3)　水 100 g を含む飽和水溶液を冷却すれば，溶解度の差に相当する質量の結晶が析出する。

解答

(1)　25℃では，水 100 g に 36 g の KNO_3 が溶けて飽和するので，質量パーセント濃度は，次のようになる。

$$\frac{36\,g}{100\,g＋36\,g}×100＝26.4　　\textbf{26\%}$$

(2)　(1) の水溶液の体積は $\dfrac{136\,g}{1.15\,g/cm^3}＝118.2\,cm^3＝118.2$ $×10^{-3}\,L$，KNO_3（＝101 g/mol）の物質量は 36/101 mol なので，そのモル濃度は，

$$\frac{36/101\,mol}{118.2×10^{-3}\,L}＝3.01\,mol/L＝\textbf{3.0\,mol/L}$$

(3)　水 100 g を含む60℃の飽和水溶液は 100 g＋110 g＝210 g なので，この水溶液を25℃に冷却すると，溶解度の差に相当する質量 110 g－36 g＝74 g の結晶が析出する。したがって，飽和水溶液 100 g では，74 g×100/210＝**35 g** となる。

例題
解説動画

基本例題8　気体の溶解度　　　→問題51・52

水素は，0℃，1.0×10^5 Pa で，1 L の水に 22 mL 溶ける。次の各問いに答えよ。
(1)　0℃，5.0×10^5 Pa で，1 L の水に溶ける水素は何 mol か。
(2)　0℃，5.0×10^5 Pa で，1 L の水に溶ける水素の体積は，その圧力下で何 mL か。
(3)　水素と酸素が 1：3 の物質量の比で混合された気体を 1 L の水に接触させて，0℃，1.0×10^6 Pa に保ったとき，水素は何 mol 溶けるか。

▌考え方

ヘンリーの法則を用いる。
(1)　0℃，1.0×10^5 Pa における溶解度を物質量に換算する。溶解度は圧力に比例する。
(2)　気体の状態方程式を用いる。

▌別解▌　溶解する気体の体積は，そのときの圧力下では，圧力が変わっても一定である。

(3)　混合気体の場合，気体の溶解度は各気体の分圧に比例する。

▌解答

(1)　0℃，1.0×10^5 Pa で溶ける水素の物質量は，
$$\frac{2.2\times10^{-2}\text{L}}{22.4\text{L/mol}}=9.82\times10^{-4}\text{mol}$$
気体の溶解度は圧力に比例するので，5.0×10^5 Pa では，
$$9.82\times10^{-4}\text{mol}\times\frac{5.0\times10^5}{1.0\times10^5}=4.91\times10^{-3}\text{mol}=\textbf{4.9}\times\textbf{10}^{-3}\textbf{mol}$$

(2)　気体の状態方程式 $PV=nRT$ から V を求める。
$$V=\frac{4.91\times10^{-3}\text{mol}\times8.3\times10^3\text{Pa}\cdot\text{L/(K}\cdot\text{mol)}\times273\text{K}}{5.0\times10^5\text{Pa}}$$
$$=2.2\times10^{-2}\text{L}=\textbf{22 mL}$$

▌別解▌　圧力が 5 倍になると，溶ける気体の物質量も 5 倍になる。しかし，この圧力下で溶ける気体の体積は，ボイルの法則から 1/5 になるので，結局，同じ体積 **22 mL** になる。

(3)　水素の分圧は 1.0×10^6 Pa×1/4＝2.5×10^5 Pa なので，溶ける水素の物質量は，
$$9.82\times10^{-4}\text{mol}\times(2.5\times10^5/1.0\times10^5)=\textbf{2.5}\times\textbf{10}^{-3}\textbf{mol}$$

基本例題9　希薄溶液の性質　　　→問題54〜57

次の各問いに答えよ。ただし，水のモル凝固点降下を 1.85 K・kg/mol とする。
(1)　2.4 g の尿素 $CO(NH_2)_2$ を水 100 g に溶かした水溶液の凝固点は何℃か。
(2)　1.8 g のグルコース $C_6H_{12}O_6$ を水に溶かして 100 mL にした水溶液の浸透圧は，27℃で何 Pa か。

▌考え方

(1)　$\Delta t=Km$ から凝固点降下度を求める。
(2)　グルコースの物質量を n [mol]，溶液の体積を V [L]，絶対温度を T [K] とすると，ファントホッフの法則 $\varPi V=nRT$ が成り立つ。

▌解答

(1)　尿素（＝60 g/mol）は（2.4/60）mol，溶媒の水は 100 g＝0.100 kg なので，凝固点降下度は，
$$\Delta t=1.85\text{K}\cdot\text{kg/mol}\times\frac{(2.4/60)\text{mol}}{0.100\text{kg}}=0.74\text{K}$$
したがって，凝固点は 0℃－0.74℃＝**−0.74℃** となる。

(2)　グルコース（＝180 g/mol）は（1.8/180）mol，水溶液の体積は 0.100 L なので，$\varPi=(n/V)RT$ から，
$$\varPi=\frac{(1.8/180)\text{mol}}{0.100\text{L}}\times8.3\times10^3\text{Pa}\cdot\text{L/(K}\cdot\text{mol)}\times(273+27)\text{K}=\textbf{2.5}\times\textbf{10}^5\textbf{Pa}$$

例題
解説動画

|基|本|問|題|

49. 溶解性●次の記述(1)〜(3)に該当する物質を，下の(ア)〜(オ)からすべて選べ。
（1）　水にはよく溶けるが，ヘキサンには溶けにくい。
（2）　ヘキサンにはよく溶けるが，水には溶けにくい。
（3）　水にもヘキサンにもよく溶ける。
　　（ア）　塩化ナトリウム NaCl　　　（イ）　エタノール C_2H_5OH　　　（ウ）　ヨウ素 I_2
　　（エ）　ナフタレン $C_{10}H_8$　　　（オ）　スクロース $C_{12}H_{22}O_{11}$

50. 溶解度曲線と溶解度●図は硝酸カリウム KNO_3 の溶解度曲線である。次の各問いに答えよ。
（1）　20℃の硝酸カリウムの飽和溶液の濃度は何％か。
（2）　20℃の硝酸カリウムの飽和溶液 200g から水を完全に蒸発させると，何 g の結晶が得られるか。
（3）　60℃の硝酸カリウムの飽和溶液 100g を20℃に冷却すると，何 g の結晶が得られるか。
（4）　60℃の硝酸カリウムの飽和溶液 200g から水 50g を蒸発させたのち，20℃まで冷却すると，何 g の結晶が得られるか。

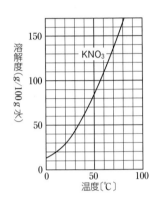

51. 気体の溶解度●次の文中の（　）に適する語句または数値を記入せよ。
　　水に溶けにくい気体は一般に（　ア　）の法則にしたがって水に溶ける。0℃で，圧力が $1.0×10^5$ Pa の窒素は水 1 mL に 0.024mL 溶ける。したがって，窒素は，0℃，$1.0×10^5$ Pa において 5.0L の水に（　イ　）L 溶け，このとき溶けた窒素の物質量は，（　ウ　）mol となる。0℃で窒素の圧力を $3.0×10^5$ Pa にすると，5.0L の水に（　エ　）g 溶け，その体積は 0℃，$3.0×10^5$ Pa のもとで（　オ　）L を占める。

52. 気体の溶解度●$1.0×10^5$ Pa において，酸素，窒素は 0℃の水 1L にそれぞれ 49mL，24mL 溶ける。空気における酸素と窒素の体積比を 1：4 として，次の各問いに答えよ。
（1）　0℃で，$1.0×10^5$ Pa の酸素に接している水 1L に溶ける酸素の質量は何 g か。
（2）　0℃，$1.0×10^5$ Pa のもとで，1L の水に空気を接触させておいたとき，溶けこむ窒素の質量は何 g か。
（3）　0℃，$1.0×10^5$ Pa のもとで，1L の水に空気を接触させておいたとき，溶けている酸素の体積を 0℃，$1.0×10^5$ Pa に換算して表すと，何 mL になるか。
（4）　水に溶存している気体を追い出すのに，最も効果的な方法を次のうちから選べ。
　　（ア）　かくはんする　　（イ）　冷却する　　（ウ）　冷却して圧力を上げる
　　（エ）　加熱して圧力を下げる　　　　　　（オ）　加熱して圧力を上げる

53. **沸点上昇**●次の各問いに答えよ。ただし，水のモル沸点上昇を 0.52 K·kg/mol，二硫化炭素のモル沸点上昇を 2.3 K·kg/mol とする。

(1)　水 500 g に 30 g のグルコース $C_6H_{12}O_6$ を溶かした水溶液の沸点は何℃になるか。

(2)　硫黄の結晶 0.32 g を二硫化炭素 25 g に溶かした溶液の沸点は，純粋な二硫化炭素よりも 0.115℃高かった。硫黄の分子量はいくらか。

54. **凝固点降下**●電解質は完全に電離しているものとして，次の各問いに答えよ。

(1)　2.56 g のナフタレン $C_{10}H_8$ をベンゼン 100 g に溶かした溶液の凝固点は何℃か。ただし，ベンゼンの凝固点を5.5℃，モル凝固点降下を 5.0 K·kg/mol とする。

(2)　3.0 g の尿素 $CO(NH_2)_2$ を水 500 g に溶かした水溶液の凝固点は −0.18℃であった。ある非電解質 2.7 g を水 100 g に溶かした水溶液の凝固点が −0.27℃であったとき，この非電解質の分子量はいくらになるか。

(3)　ある非電解質 36 g を水 1.0 kg に溶かした溶液の凝固点を測定すると，質量モル濃度 0.10 mol/kg の塩化ナトリウム水溶液の凝固点と一致した。この非電解質の分子量を求めよ。

55. **冷却曲線**●図はスクロース $C_{12}H_{22}O_{11}$ の希薄水溶液を冷却していく場合の，冷却時間と温度の関係を示した冷却曲線である。次の各問いに答えよ。

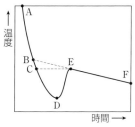

(1)　凝固点は，図中の A〜F のどの点の温度か。

(2)　D から E へ急激に温度が上昇するのはなぜか。

(3)　図中の直線 EF が右下がりになる理由を記せ。

(4)　水 200 g にスクロース 4.00 g を溶かした水溶液の凝固点は何℃か。ただし，水のモル凝固点降下を 1.85 K·kg/mol とする。

56. **浸透圧**●図のように，U字管の中央を半透膜で仕切り，(a)には純粋な水(純水)を，(b)にはグルコース水溶液を，同時に両方の液面が同じ高さになるように入れ，27℃に保って放置した。

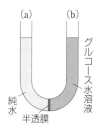

(1)　(a)，(b)いずれの液面が上昇するか。

(2)　このグルコース水溶液は，1.2 g のグルコース $C_6H_{12}O_6$ を水に溶かして 200 mL にしたものである。この水溶液の液面を上昇させないために加える圧力(浸透圧)は何 Pa か。

57. **浸透圧と分子量の測定**●あるタンパク質 0.059 g を溶かした水溶液 10 mL がある。この水溶液の浸透圧は，27℃で 2.1×10^2 Pa であった。このタンパク質の分子量を求めよ。

知識

58. 電解質水溶液の性質●次の(ア)～(エ)の物質をそれぞれ溶かした 0.10 mol/L 水溶液について，下の各問いに答えよ。ただし，電解質は完全に電離しているものとする。

(ア) 尿素 (イ) 塩化ナトリウム (ウ) 塩化カルシウム (エ) 硫酸アルミニウム

(1) 水溶液の蒸気圧が最も低いものはどれか。記号で示せ。

(2) 水溶液の浸透圧が 2 番目に高いものはどれか。記号で示せ。

思考

59. 希薄溶液の性質●次の記述のうちから，誤りを含むものを 1 つ選べ。

(ア) 水 1 kg にグルコース 0.1 mol を溶かした溶液の沸点は，水 1 kg に水酸化ナトリウム 0.05 mol を溶かした溶液の沸点とほぼ等しい。

(イ) 水 1 kg にグルコース 0.1 mol を溶かした溶液の凝固点は，水 1 kg にグルコース 0.2 mol を溶かした溶液の凝固点よりも高い。

(ウ) 赤血球を純水に入れると，細胞膜が半透膜として働き，水分を失って縮む。

(エ) 漬物をつくるとき，野菜に食塩をふりかけておくと，野菜から水分が出る。

知識

60. コロイド溶液の性質●次の記述に該当する現象や操作名を，下の①～⑤から選べ。

(1) デンプン水溶液に強い光をあてると，光の通路が輝いて見える。

(2) 水酸化鉄(Ⅲ)のコロイド溶液に直流電圧をかけると，コロイド粒子が陰極側に移動する。

(3) 限外顕微鏡で観察すると，コロイド粒子は不規則な運動をしている。

(4) 豆乳やゼラチン溶液に，多量の電解質を加えると，沈殿が生じる。

(5) 硫黄のコロイド溶液に，少量の電解質を加えると，沈殿が生じる。

① 塩析 ② 凝析 ③ チンダル現象 ④ ブラウン運動 ⑤ 電気泳動

知識

61. コロイド溶液●次の文を読み，下の各問いに答えよ。

塩化鉄(Ⅲ)水溶液を沸騰水中に入れると，水酸化鉄(Ⅲ)のコロイド溶液を生じる。この溶液をセロハン袋に入れ，蒸留水中に浸しておくと前よりも純度の高い溶液が得られる。この操作を(ア)という。このとき，セロハン袋の外の水溶液は(イ)性を示す。操作後のコロイド溶液の一部をとり，少量の電解質水溶液を加えて放置すると沈殿が生じる。この現象を(ウ)といい，水酸化鉄(Ⅲ)のコロイドは(エ)コロイドといえる。水酸化鉄(Ⅲ)のコロイド溶液に直流電圧をかけると，コロイド粒子が陰極側に移動するので，このコロイドは(オ)に帯電していることがわかる。

純水　糸　水酸化鉄(Ⅲ)の
コロイド溶液

(1) 文中の(　)に適語を入れよ。

(2) 下線部について，同じモル濃度の次の電解質水溶液のうち，最も少量で沈殿を生じさせるものを選べ。

① NaCl ② Na_2SO_4

③ $Ca(NO_3)_2$ ④ $CaCl_2$

発展例題5　結晶の析出

→問題 62

硫酸銅(Ⅱ) $CuSO_4$ の33℃における飽和水溶液 100 g を 2℃まで冷却すると，何 g の結晶が析出するか。ただし，硫酸銅(Ⅱ)の水に対する溶解度は，33℃で25，2℃で15であり，析出する結晶は $CuSO_4 \cdot 5H_2O$ である。

■ 考え方

飽和水溶液を冷却すると結晶が析出する。この結晶中には結晶水(水和水)が含まれるが，結晶水は溶媒の一部が取りこまれたものである。このため，溶媒の質量が減少する。

結晶の析出した上澄み液は，その温度において飽和溶液になっている。

■ 解 答

33℃の飽和水溶液 100 g 中に含まれる $CuSO_4$ の質量は，

$$100\,g \times \frac{25}{100+25} = 20\,g$$

一方，析出する結晶の質量を x [g] とすると，この結晶に含まれる $CuSO_4$ の質量は，

$$x \times \frac{CuSO_4 \text{の式量}}{CuSO_4 \cdot 5H_2O \text{の式量}} = x\,[g] \times \frac{160}{250} = 0.640x\,[g]$$

2℃における上澄み液が飽和水溶液となっているので，

$$\frac{\text{溶質}[g]}{\text{飽和水溶液}[g]} = \frac{20\,g - 0.640x\,[g]}{100\,g - x\,[g]} = \frac{15\,g}{100\,g + 15\,g} \qquad \boldsymbol{x = 14\,g}$$

発展例題6　浸透圧

→問題 67・68

3.6 mg のグルコース $C_6H_{12}O_6$ を含む水溶液 100 mL の浸透圧を，図のような装置を用い，30℃で測定した。水溶液および水銀の密度をそれぞれ 1.0 g/cm³, 13.5 g/cm³, 1.0×10^5 Pa＝760 mmHg として，次の各問いに答えよ。ただし，水溶液の濃度変化はないものとする。

(1) 水溶液の浸透圧は何 Pa か。

(2) 液柱の高さ h は何 cm か。

■ 考え方

(1) ファントホッフの法則 $\Pi V = nRT$ を利用する。

(2) 単位面積あたりの液柱の質量と水銀柱の質量が等しい。このとき，単位面積あたりの質量は次の関係式から求められる。

質量 [g/cm²]＝
密度 [g/cm³] × 高さ [cm]

■ 解 答

(1) $\Pi V = nRT$ に各値を代入する。$C_6H_{12}O_6$＝180 から，

$$\Pi\,[Pa] \times 0.100\,L = \frac{3.6 \times 10^{-3}}{180}\,mol \times 8.3 \times 10^3\,Pa \cdot L/(K \cdot mol) \times 303\,K$$

$\Pi = 5.02 \times 10^2\,Pa = \boldsymbol{5.0 \times 10^2\,Pa}$

(2) 1.0×10^5 Pa は 760 mmHg に相当し，水銀柱で 76.0 cm である。76.0 cm の水銀柱の単位面積あたりの質量は，

13.5 g/cm³ × 76.0 cm＝1026 g/cm² となる。

一方，高さ h [cm] の液柱の単位面積あたりの質量は，

1.0 g/cm³ × h [cm] であり，その圧力が 5.02×10^2 Pa なので，次の比例式が成り立つ。

1.0 g/cm³ × h [cm] : 5.02×10^2 Pa＝1026 g/cm² : 1.0×10^5 Pa

$h = \boldsymbol{5.2\,cm}$

例題
解説動画

発 展 問 題

思考

62. 硫酸銅(Ⅱ)の溶解度 20℃および60℃における硫酸銅(Ⅱ)無水塩 $CuSO_4$ の溶解度を，それぞれ20と40として，次の各問いに答えよ。

(1) 60℃で水100gに硫酸銅(Ⅱ)五水和物 $CuSO_4 \cdot 5H_2O$ を30g溶解させた。この溶液の質量パーセント濃度は何％か。

(2) 60℃で $CuSO_4$ 飽和水溶液100gをつくるには，$CuSO_4 \cdot 5H_2O$ は何g必要か。

(3) 60℃の $CuSO_4$ 飽和水溶液100gを20℃まで冷却すると，$CuSO_4 \cdot 5H_2O$ の結晶が何g析出するか。

(21 大阪府立大 改)

思考

63. 気体の溶解度 図のような容器に水1.00Lと酸素 O_2 を入れ，容器内を0℃，$1.00 \times 10^5 Pa$ に保ってしばらく放置すると，水に溶けていない酸素の体積は3.00Lになった。次に，容器内の温度を0℃，圧力を $3.00 \times 10^5 Pa$ に保ってしばらく放置した。ただし，0℃，$1.00 \times 10^5 Pa$ で，水1.00Lに酸素は49.0mL溶けるものとする。

(1) 下線部の状態で水1.00Lに溶けている酸素の体積は，0℃，$1.00 \times 10^5 Pa$ で何mLか。また，0℃，$3.00 \times 10^5 Pa$ では何mLの体積となるか。

(2) 下線部の状態の容器内の水に溶けていない酸素の体積は，0℃，$1.00 \times 10^5 Pa$ で何Lか。また，0℃，$3.00 \times 10^5 Pa$ では何Lの体積となるか。

(20 東京薬科大)

思考

64. 気体の溶解度 0℃，$1.00 \times 10^5 Pa$(標準状態とする)において，水1Lに窒素は24mL溶け，酸素は48mL溶ける。次の実験について，下の各問いに答えよ。

実験A：ある一定比の窒素と酸素からなる混合気体Xを，標準状態で水1Lと接触させた。このとき溶けた窒素を標準状態における体積に換算すると，18mLであった。

実験B：0℃，$3.00 \times 10^5 Pa$ で混合気体Xを水1Lと接触させた。

(1) 実験Aで溶けている窒素は何molか。また，窒素の分圧は何Paか。

(2) 実験Aで溶けている酸素の体積を標準状態に換算して表すと，何mLになるか。

(3) 実験Bでは，水1Lに窒素が何mg溶けているか。

(兵庫医療大 改)

思考 **グラフ**

65. 水溶液の蒸気圧 次の文中の( )に適切な語句，数値を入れよ。

図は，1.00kgの水に14.40gのグルコース(分子量180)，6.00gの尿素(分子量60.0)，20.52gのスクロース(分子量342)を溶かした水溶液と純水の蒸気圧曲線を示す。1013hPaで，温度 T_2 は(ア)の沸点である。T_1 と T_4 の差が0.052Kのとき，水のモル沸点上昇は(イ)K・kg/molで，T_3 は T_1 よりも(ウ)K高い。電離度0.800の1価のイオンからなる電解質の水溶液の沸点上昇度は，同じ質量モル濃度の尿素水溶液の(エ)倍である。

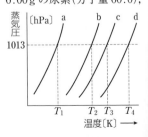

(近畿大 改)

H=1.0　C=12　O=16　Na=23　S=32　Cl=35.5

思考 グラフ

66. 凝固点降下■ビーカーに100gの水を入れ，非電解質Xを6.85g溶かしたのち，かき混ぜながらゆっくり冷却した。この水溶液の温度変化を示す冷却曲線は図のようになった。次の各問いに答えよ。

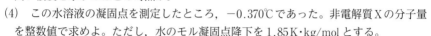

(1) 液体を冷却していくと凝固点になってもすぐには凝固しない。この現象を何というか。

(2) この水溶液の凝固点は図中の温度A～Dのうち，どの温度か。

(3) 図中の冷却時間a～eのうち，水溶液が最も高い濃度を示すのはどの時点か。

(4) この水溶液の凝固点を測定したところ，-0.370℃であった。非電解質Xの分子量を整数値で求めよ。ただし，水のモル凝固点降下を1.85 K·kg/molとする。

(5) 水100gに塩化ナトリウム NaCl を1.17g溶かした水溶液の凝固点は-0.666℃であった。水溶液中の塩化ナトリウムの電離度を有効数字2桁まで求めよ。

(6) 酢酸 CH_3COOH をベンゼン C_6H_6 に溶かすと，酢酸の一部は，2分子間で水素結合を形成し二量体となる。このとき，二量体を形成した酢酸の割合を会合度という。
　　いま，100gのベンゼンに酢酸を1.2g溶かした溶液の凝固点は4.93℃であった。ベンゼン中の酢酸の会合度を有効数字2桁まで求めよ。ただし，ベンゼンの凝固点は5.53℃，モル凝固点降下は5.12 K·kg/molとする。
　　　　　　　　　　　　　　　　　　　　　　　　　　　　　　　（20　北海道大　改）

思考

67. 浸透圧■37℃におけるヒトの血液の浸透圧を$7.4×10^5$ Paとし，次の各問いに答えよ。

(1) 37℃で，ヒトの血液と同じ浸透圧を示すグルコース $C_6H_{12}O_6$ 水溶液を1.0Lつくるには，グルコースは何g必要か。

(2) 塩化ナトリウム9.0gを水に溶かして1.0Lにした溶液は，37℃でヒトの血液と同じ浸透圧を示す。このとき，塩化ナトリウムは何％電離していることになるか。

　　　　　　　　　　　　　　　　　　　　　　　　　　　　　　　（08　兵庫医科大　改）

思考

68. 浸透圧■図のような断面積$1.0 cm^2$のU字管の中央に水分子だけを通す半透膜をおき，左側に1.34gのデンプンを含む水溶液10.0mL，右側に液面の高さが同じになるように純水を入れた。温度300Kで十分な時間放置したところ，液面の高さの差が6.8cmになった。大気圧は$1.00×10^5$ Pa，デンプン水溶液の密度は常に1.0g/cm³とする。

半透膜

(1) 液面が上昇するのは，U字管の左右どちら側か。

(2) 十分に時間が経過したのちのデンプン水溶液の浸透圧は何Paか。ただし，$1.00×10^5$ Paは76.0cmの水銀柱による圧力と等しく，水銀の密度は13.5g/cm³である。

(3) 十分に時間が経過したのちの，デンプン水溶液の体積は何mLか。

(4) このデンプンのモル質量は，何g/molになるか。

(5) 溶液の温度を高くすると，左右どちらの液面が上昇するか。

　　　　　　　　　　　　　　　　　　　　　　　　　　　　　　　（佐賀大　改）

1 **蒸気圧** ◆ 蒸気圧（飽和蒸気圧）に関する次の問い（ a・b ）に答えよ。

a エタノール C_2H_5OH の蒸気圧曲線を図に示す。ピストン付きの容器に $90℃$ で $1.0×10^5\,Pa$ の C_2H_5OH が入っている。この気体の体積を $90℃$ のままで5倍にした。その状態から圧力を一定に保ったまま温度を下げたときに凝縮が始まる温度を2桁の数値 | 1 | | 2 | $℃$ で表すとき，| 1 | と | 2 | に当てはまる数字を，次の①～⓪のうちから1つずつ選べ。ただし，温度が1桁の場合には | 1 | には⓪を選べ。また，同じものを繰り返し選んでもよい。

① 1 ② 2 ③ 3 ④ 4
⑤ 5 ⑥ 6 ⑦ 7 ⑧ 8
⑨ 9 ⓪ 0

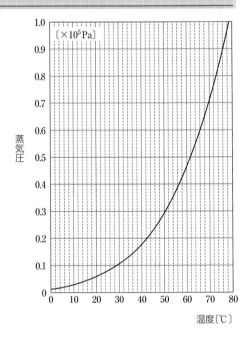

b 容積一定の $1.0\,L$ の密閉容器に $0.024\,mol$ の液体の C_2H_5OH のみを入れ，その状態を観測した。密閉容器の温度を $0℃$ から徐々に上げると，ある温度で C_2H_5OH がすべて蒸発したが，その後も加熱を続けた。蒸発した C_2H_5OH がすべての圧力状態で理想気体としてふるまうとすると，容器内の気体の C_2H_5OH の温度と圧力は，図の点A～Gのうち，どの点を通り変化するか。経路として最も適当なものを，次の①～⑤のうちから1つ選べ。ただし，液体状態の C_2H_5OH の体積は無視できるものとする。

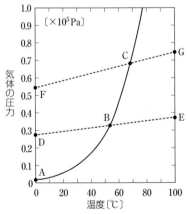

① A→B→C→G ② A→B→E ③ D→B→C→G
④ D→B→E ⑤ F→C→G

(21 共通テスト)

2 **実在気体**◆実在気体は，理想気体の状態方程式に完全には従わない。実在気体の理想気体からのずれを表す指標として，次のZが用いられる。

$$Z = \frac{PV}{nRT} \qquad (1)$$

ここで，P，V，n，T は気体の圧力，体積，物質量，絶対温度であり，R は気体定数である。300 K におけるメタン CH_4 のPとZの関係を図に示す。1 mol の CH_4 を 300 K で 1.0×10^7 Pa から 5.0×10^7 Pa にすると，V は何倍になるか。適当な数値を1つ選べ。

① 0.15 ② 0.20 ③ 0.27 ④ 0.73 ⑤ 1.4

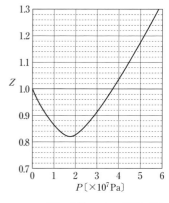

(22 共通テスト 追試 改)

3 **気体の溶解度**◆空気の水への溶解は，水中生物の呼吸(酸素の溶解)やダイバーの減圧症(溶解した窒素の遊離)などを理解するうえで重要である。1.0×10^5 Pa の N_2 と O_2 の溶解度(水 1 L に溶ける気体の物質量)の温度変化を図1に示す。N_2 と O_2 の溶解に関する問い(**a**・**b**)に答えよ。

a 1.0×10^5 Pa で O_2 が水 20 L に接している。同圧で温度を10℃から20℃にすると，水に溶解している O_2 の物質量はどのように変化するか。最も適当な記述を次のうちから選べ。

① 3.5×10^{-4} mol 減少する

② 7.0×10^{-3} mol 減少する

③ 変化しない

④ 3.5×10^{-4} mol 増加する

⑤ 7.0×10^{-3} mol 増加する

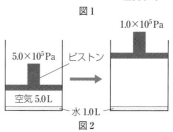

図1

図2

b 図2に示すように，ピストンの付いた密閉容器に水と空気(物質量比 N_2：O_2＝4：1)を入れ，5.0×10^5 Pa の圧力を加えると，20℃で水と空気の体積はそれぞれ 1.0 L，5.0 L になった。次に，温度を一定に保ったままピストンを引き上げ，圧力を 1.0×10^5 Pa にすると，水に溶解していた気体の一部が遊離した。このとき，遊離した N_2 の体積は0℃，1.013×10^5 Pa で何 mL か。最も近い数値を次のうちから1つ選べ。ただし，気体定数は 8.31×10^3 Pa・L/(K・mol) とする。また，密閉容器内の N_2 と O_2 の物質量の変化と水の蒸気圧は，いずれも無視できるものとする。

① 13 ② 16 ③ 50 ④ 63 ⑤ 78

(22 共通テスト)

総|合|問|題

グラフ

69. 蒸気圧　文中の（ア）～（オ）に当てはまる値を有効数字2桁で求めよ。また，《A》に当てはまる最も適切な温度範囲を①～⑤から選べ。ただし，気体はすべて理想気体，液体の体積および液体に対する気体の溶解は無視できるものとする。

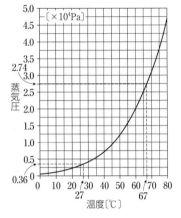

　体積と圧力と温度を変えることが可能な密閉容器に窒素（　ア　）molと水（　イ　）molを封入し，温度を27℃，圧力を5.00×10^4 Pa に保ったところ，体積は10L になった。このとき，容器内には液体の水が0.504g 残っていた。温度27℃のまま，体積を20L にすると，気体の全圧は（　ウ　）Pa となった。次に，体積を20L に固定したまま，温度を27℃から67℃までゆっくり上げていったところ，途中ですべての水が水蒸気になった。その温度は《　A　》の範囲にある。さらに，温度を67℃に保ったまま，圧力を8.00×10^4 Pa にしたところ，体積は（　エ　）L になった。その後，温度を67℃に保ったまま，容器内の圧力を1.60×10^5 Pa に調整したところ，体積は（　オ　）L になった。

① 27～32℃　　② 32～37℃　　③ 37～42℃　　④ 42～47℃　　⑤ 47～52℃

（21　青山学院大　改）

70. 混合気体と圧力　図のように，ピストン付きの容器Aと容器Bが内容積300 mL の容器Xに接続してある。次の操作を行い，容器内の圧力の変化を調べた。ただし，水滴およびコックと管の体積は無視できるものとする。

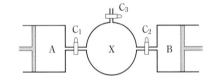

操作1　すべての容器の温度を67℃に保ち，内容積200 mL の容器Aに3.00×10^5 Pa のアルゴン，内容積150 mL の容器Bに1.40×10^5 Pa の酸素を封入した。次に，コック C_3 を開けて容器Xに2.00×10^4 Pa のメタンを封入し，コック C_3 を閉じた。

操作2　コック C_1 を開けてアルゴンをすべて容器Xに移動させコック C_1 を閉じた。次に，コック C_2 を開けて酸素をすべて容器Xに移動させコック C_2 を閉じた。このとき，容器X内の混合気体の全圧は（　ア　）Pa となった。

操作3　操作2の混合気体に点火し，①メタンを完全燃焼させた。燃焼後，温度を67℃に戻したところ，酸素の分圧は（　イ　）Pa，二酸化炭素の分圧は（　ウ　）Pa となった。なお，②容器内には水滴が観察され，容器内の全圧は2.77×10^5 Pa であった。

(1)　下線部①の反応を表す化学反応式を記せ。

(2)　文中の（ア）～（ウ）に適当な数字を有効数字2桁で入れよ。

(3)　下線部②をもとに，67℃における水の飽和蒸気圧[Pa]を有効数字2桁で求めよ。

（10　立命館大　改）

42

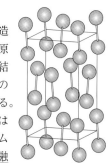

71. 論述 **ガリウムの結晶**　次の文を読み，下の各問いに答えよ。

　ガリウム Ga の固体は図のような結晶構造をもつ。この結晶構造では，距離の近いガリウム原子2個ずつが比較的強く結合して，原子対を形成している。この原子対は，隣接する対とは比較的弱い結合で結びついている。この結晶構造では，原子対の中心が直方体の単位格子の頂点と各面の中心に位置しているとみなすことができる。この単位格子には，（　ア　）個の原子が含まれており，充填率は（　イ　）％である。このように充填率が小さいことから，ガリウムは液体よりも固体の密度が小さいことが理解できる。ガリウムは融点が30℃と低いのに対して，沸点は約2400℃と高く，液体として存在する温度範囲が最も広い金属として知られている。

(1)　空欄に適する数値を記せ。ただし，ガリウムの原子対は原子どうしが接しており，原子の中心間距離は 0.250 nm，単位格子の体積は 0.157 nm³，円周率は3.14とする。

(2)　文中の下線部について，ガリウムの融点が極めて低い理由を，融解時のガリウム原子間の結合状態の変化に着目して考察し，50字以内で説明せよ。　　　　（12　京都大　改）

72. **気体の溶解度**　次の各操作に関する記述を読み，下の各問いに答えよ。なお，必要であれば，気体定数 $R=8.31\times10^3$ Pa・L/(K・mol)，27℃における水蒸気圧には 3.57×10^3 Pa を用いよ。

操作1　容積可変の容器に 0.100 mol の二酸化炭素と 0.250 mol の窒素を入れ，27℃において容積を 6.00 L にした。

操作2　27℃において，操作1の容器に水 1.00 L を入れ，容器の容積を 7.00 L に固定した。この操作において，水以外の物質の出入りはなかった。その後，二酸化炭素と窒素の水への溶解が平衡に達するまで放置した。

(1)　操作1における各気体の分圧[Pa]の値を求め，有効数字2桁で記せ。

(2)　操作2において，水に溶けている二酸化炭素と窒素の物質量[mol]の値を求め，有効数字2桁で記せ。ただし，各気体の水への溶解はヘンリーの法則にしたがうものとし，27℃，1.01×10^5 Pa において，各気体の水1Lに対する溶解度は，二酸化炭素が 3.30×10^{-2} mol，窒素が 6.54×10^{-4} mol とする。なお，窒素の溶解量は非常に小さいので，窒素が水へ溶解しても窒素の分圧は変化しないものとしてよい。

(3)　操作2の状態での容器内の気体の全圧[Pa]の値を求め，有効数字2桁で記せ。

（11　名古屋工業大　改）

ヒント　72　各気体では，空間中に存在する成分気体の物質量と水に溶解した成分気体の物質量の和は，最初にとった成分気体の物質量に等しい。

H=1.0 C=12 O=16

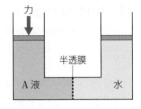

[論述]

73. 高分子と浸透圧 次の文を読み，下の各問いに答えよ。
ただし，気体定数 $R=8.31\times10^3\,\mathrm{Pa\cdot L/(K\cdot mol)}$ とする。

グリコーゲン $(C_6H_{10}O_5)_n$ は多数のグルコースからできた構造をしており，酵素の一種であるアミラーゼによって加水分解され，マルトース $C_{12}H_{22}O_{11}$ を生じる。

重合度 n のグリコーゲン $(C_6H_{10}O_5)_n$ 9.00 g を水に溶かして 50.0 mL（A液とする）とし，図のような装置の左側にA液，右側に水を入れた。半透膜は分子量300未満の分子は通過させるが，それ以上の分子は通過させない。左右の水面の高さを同じにするためにA液に加えた圧力は 55.4 Pa，水温は27℃であった。

(1) 下線部で用いたグリコーゲンの分子量を求め，重合度 n の値も求めよ。

(2) 図の状態で，水温を37℃に上昇させたとき，左右の槽の水面の高さを保つためにはA液に加える圧力は増大するか，減少するか，変わらないか，理由とともに記せ。

(3) 図の最初の状態において，右側の槽にマルトースを溶かすことで，圧力を加えることなく，左右の槽の水面の高さを同じにしたい。加えるマルトースは何 g か。

(11 名古屋市立大 改)

74. ラウールの法則 図の装置を用いて，次の操作Ⅰ～Ⅲを行った。下の各問いに答えよ。

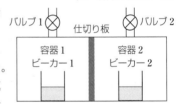

操作Ⅰ 密閉された容器1，2に希薄なグルコース水溶液の入ったビーカー1，2をそれぞれ入れた。

操作Ⅱ バルブ1，2を開け，各容器の気体を排気したのち，両方のバルブを閉じ，一定温度で十分長い時間放置した。このときのビーカー1，2内のグルコース水溶液の質量パーセント濃度をそれぞれ c_1 [%]，c_2 [%]とすると，$c_1<c_2$ であった。また，各水溶液の質量はそれぞれ 100 g であった。

操作Ⅲ 仕切り板を取り去り，十分な時間放置した。

なお，純水の蒸気圧を p_0 [Pa]，グルコースのモル質量を M [g/mol]，水のモル質量を m [g/mol]とする。また，容器中の水蒸気の物質量は，ビーカー中の水の物質量に比べて，無視できるほど小さいものとする。

(1) 操作Ⅱを行ったあとの容器1の蒸気圧を p_1 [Pa]とするとき，p_0-p_1 を c_1，m，M，p_0 を用いて表せ。ただし，p_1 と p_0 の間には，次の関係がある。

$$p_1=\frac{N}{N+n}\cdot p_0 \quad \left(\begin{array}{l}N：水の物質量[\mathrm{mol}]\\n：グルコースの物質量[\mathrm{mol}]\end{array}\right)$$

(2) 操作Ⅲによって一方のビーカーから他方のビーカーへ x [g]の水が移動した。水はどちらからどちらへ移動したか。また，x を c_1，c_2 を用いて表せ。 (18 広島大 改)

💡**ヒント** 73 $(C_6H_{10}O_5)_n$ の n は重合度とよばれ，$C_6H_{10}O_5$ の単位構造が n 個結びついていることを示す。

節	目標	関連問題	チェック
①	三態変化の名称を6つすべていえる。	1	
	三態間の変化を示すグラフ（温度－加熱時間）から，融点，沸点を読み取れる。	2	
	三態間の変化を示すグラフ（温度－加熱時間）について，ある区間で温度が上昇しない理由を答えられる。	2	
	物質の比熱，質量，温度変化の値から，物質に加えた熱量を求められる。	3	
	飽和蒸気圧の性質を理解している。	5	
	水銀柱の高さ〔mm〕から大気の圧力〔Pa〕を求めることができる。	6	
	水銀柱の高さの変化から蒸気圧を求めることができる。	6	
	蒸気圧曲線からある温度における蒸気圧や沸点を求めることができる。	7	
	分子間に働く力と沸点の関係を理解している。	8・9	
	各分子結晶について，分子間に働く力を答えることができる。	10	
	結晶をイオン結晶，共有結合の結晶，分子結晶，金属結晶に分類できる。	11	
②	ボイルの法則から，ある気体の圧力を求めることができる。	15	
	シャルルの法則から，ある気体の体積または絶対温度を求めることができる。	15	
	グラフからボイルの法則，シャルルの法則が判別できる。	16	
	ボイル・シャルルの法則から，気体の体積，圧力，絶対温度の関係が理解できる。	17	
	気体の状態方程式から，圧力，体積，絶対温度，物質量を求めることができる。	18	
	基準気体に対する比重から，気体の分子量を求めることができる。	19	
	気体の体積，圧力，温度の関係をグラフで示すことができる。	20	
	気体の分子量の実験データから，分子量を求めることができる。	21	
	揮発性液体の分子量測定から，液体の分子量を求めることができる。	22	
	ドルトンの分圧の法則を説明できる。	23	
	混合気体中のある1つの成分気体の分圧を求めることができる。	23・24・25	
	混合気体の全圧を求めることができる。	24・25	
	理想気体および実在気体がどのような気体なのか説明できる。	27	
	実在気体が理想気体とみなせる条件（温度・圧力）について説明できる。	27	
③	金属の体心立方格子に含まれる原子の数を答えることができる。	36・37	
	単位格子の一辺の長さから，原子半径を求めることができる。	37	
	単位格子の構造から，イオンの配位数を判断できる。	39・40	
	単位格子に含まれるイオンの数から組成式を求めることができる。	41	
④	溶解と水和について理解し，どのような物質が互いに溶けるか判断できる。	49	
	溶解度曲線から溶解度を読み取ることができる。	50	
	溶解度から冷却したときの結晶の析出量を求めることができる。	50	
	ヘンリーの法則から，ある溶媒に溶けた気体の物質量を求めることができる。	51・52	
	希薄溶液の沸点上昇を説明できる。	53	
	沸点上昇度から分子量を求めることができる。	53	
	凝固点降下度を質量モル濃度から求めることができる。	54	
	溶液の冷却曲線から作図によって凝固点を求めることができる。	55	
	ある溶液のモル濃度，絶対温度，気体定数から浸透圧を求めることができる。	56	
	浸透圧の実験の結果から，ある物質の分子量を計算することができる。	57	
	同濃度の電解質水溶液，非電解質水溶液の浸透圧の違いを理解している。	58	
	同濃度の電解質水溶液，非電解質水溶液の凝固点の違いを理解している。	59	
	コロイド溶液が示す性質を説明できる。	60	
	水酸化鉄（Ⅲ）溶液の製法と生成について説明できる。	61	

5 物質の変化と熱・光

■1 熱の出入りとエンタルピー変化

❶**エンタルピー**　圧力一定で物質のもつエネルギーを表す量。記号 H（単位：kJ）で表す。

❷**エンタルピー変化**　反応前後のエンタルピー H の変化量。記号 ΔH（単位：kJ）で表す。

一般に，25℃，$1.013 \times 10^5\,\mathrm{Pa}$ における，注目する物質 1 mol あたりの数値[kJ/mol]で表す。

発熱反応…熱を放出する反応（$\Delta H < 0$）　　　吸熱反応…熱を吸収する反応（$\Delta H > 0$）

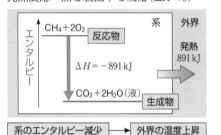

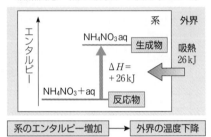

| 系のエンタルピー減少 | → | 外界の温度上昇 |

| 系のエンタルピー増加 | → | 外界の温度下降 |

注 本書では，外界に発熱がおきた場合の熱量 Q を正の値とする。系のエンタルピー変化 ΔH と，反応に伴って出入りする熱量 Q の間には $\Delta H = -Q$ の関係がある。

❸**エンタルピー変化の表し方**　エンタルピー変化 ΔH は，化学反応式に ΔH を添えて表すことができる。このとき，注目する物質の係数を 1 とする。

| 着目する物質の係数を 1 とする | 係数が分数となる場合もある | 物質の状態を示す（明らかな場合は省略可） | 発熱反応は−吸熱反応は+* |

注 係数は各物質の物質量[mol]を表す。

$$H_2 + \frac{1}{2}O_2 \longrightarrow H_2O（気） \quad \Delta H = -242\,\mathrm{kJ}$$

＊＋は省略してもよい。

❹**反応エンタルピー**　化学反応におけるエンタルピー変化。

種類	反応エンタルピーの内容	反応例
燃焼エンタルピー	物質 1 mol が完全燃焼するときのエンタルピー変化。必ず負。	C（黒鉛）$+O_2 \longrightarrow CO_2$　$\Delta H = -394\,\mathrm{kJ}$
生成エンタルピー	物質 1 mol が成分元素の単体から生成するときのエンタルピー変化。	C（黒鉛）$+2H_2 \longrightarrow CH_4$　$\Delta H = -75\,\mathrm{kJ}$ $1/2N_2 + 1/2O_2 \longrightarrow NO$　$\Delta H = +90\,\mathrm{kJ}$
中和エンタルピー	中和反応で水 1 mol を生じるときのエンタルピー変化。必ず負。	$HClaq + NaOHaq \longrightarrow NaClaq + H_2O（液）$ $\Delta H = -56\,\mathrm{kJ}$
溶解エンタルピー	物質 1 mol が多量の水に溶解するときのエンタルピー変化。	$KNO_3（固）+aq \longrightarrow KNO_3aq$　$\Delta H = +35\,\mathrm{kJ}$ $H_2SO_4（液）+aq \longrightarrow H_2SO_4aq$　$\Delta H = -95\,\mathrm{kJ}$

❺**状態変化におけるエンタルピー変化**

aq（アクア）は多量の水を表す。

融解エンタルピー	物質 1 mol が融解するときのエンタルピー変化	$H_2O（固）\longrightarrow H_2O（液）$　$\Delta H = +6.0\,\mathrm{kJ}（0℃）$
蒸発エンタルピー	物質 1 mol が蒸発するときのエンタルピー変化	$H_2O（液）\longrightarrow H_2O（気）$　$\Delta H = +41\,\mathrm{kJ}（100℃）$
昇華エンタルピー	物質 1 mol が昇華するときのエンタルピー変化	$H_2O（固）\longrightarrow H_2O（気）$　$\Delta H = +50\,\mathrm{kJ}（25℃）$

❻熱量の測定 熱の出入りに伴う温度変化 Δt[K]を測定し，ΔH を求める。

$$q = mc\Delta t \qquad q：熱量[J]，\ m：質量[g]，\ c：比熱[J/(g \cdot K)]，\ \Delta t：温度変化[K]$$

注 Δt は温度上昇したときに正の値である。このとき，$q>0$ であり $\Delta H<0$ となる。

2 ヘスの法則とその利用

❶ヘスの法則 反応の最初と最後の状態が定まれば，全体のエンタルピー変化は反応の経路によらず一定。

$C(黒鉛)+O_2$

$\Delta H = \boxed{?}kJ$

$CO + \dfrac{1}{2}O_2$

① $\Delta H = -394kJ$　② $\Delta H = -283kJ$

CO_2

（エンタルピー）

❷ヘスの法則の利用 ヘスの法則を利用して，種々の反応の未知のエンタルピー変化を求めることができる。

〈例〉 一酸化炭素 CO の生成エンタルピー

$$C(黒鉛)+\frac{1}{2}O_2 \longrightarrow CO \quad \Delta H = \boxed{?}kJ$$

黒鉛Cの燃焼エンタルピー：$C(黒鉛)+O_2 \longrightarrow CO_2 \quad \Delta H = -394kJ$ …①

一酸化炭素 CO の燃焼エンタルピー：$CO+\dfrac{1}{2}O_2 \longrightarrow CO_2 \quad \Delta H = -283kJ$ …②

①－②から，　$C(黒鉛)+\dfrac{1}{2}O_2 \longrightarrow CO \quad \Delta H = -111kJ$

❸生成エンタルピーの利用 反応に関与する物質の生成エンタルピーから，未知のエンタルピー変化 ΔH を求めることができる。

$$\Delta H = （生成物の生成エンタルピーの総和）-（反応物の生成エンタルピーの総和）$$

〈例〉 エタノール C_2H_6O の燃焼エンタルピー

$C_2H_6O(液)+3O_2 \longrightarrow 2CO_2+3H_2O(液) \quad \Delta H = \boxed{?}kJ$

したがって，表の生成エンタルピーの値から，ΔH は，

$\Delta H = （CO_2 の生成エンタルピー \times 2$

$\qquad +H_2O(液)の生成エンタルピー \times 3)$

$\qquad -（C_2H_6O(液)の生成エンタルピー^*)$

$\quad = -1369kJ$

物質	生成エンタルピー
$C_2H_6O(液)$	$-277kJ/mol$
CO_2	$-394kJ/mol$
$H_2O(液)$	$-286kJ/mol$

*反応物の O_2 の生成エンタルピーはその定義から 0 である。

3 結合エネルギーとその利用

❶結合エネルギー（結合エンタルピー）

気体状態の分子内の共有結合を切断して原子にするために必要なエネルギー。結合エネルギーは結合 6.0×10^{23} 個あたりのエネルギー[kJ/mol]で表される。結合を切断するときのエンタルピー変化は $\Delta H > 0$ である。

〈例〉 H−H の結合エネルギー

$H_2(気) \longrightarrow 2H(気)$

$\Delta H = +436kJ$

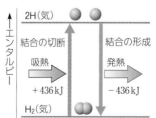

2H(気)

結合の切断　吸熱　+436kJ

結合の形成　発熱　−436kJ

$H_2(気)$

（エンタルピー）

結合	結合エネルギー
H−H	$436kJ/mol$
Cl−Cl	$243kJ/mol$
Br−Br	$194kJ/mol$
O=O	$498kJ/mol$
O−H	$463kJ/mol(H_2O)$
H−F	$570kJ/mol$
H−Cl	$432kJ/mol$
H−Br	$366kJ/mol$
N−H	$390kJ/mol(NH_3)$
C−H	$415kJ/mol(CH_4)$

❷結合エネルギーの利用　結合エネルギーから反応エンタルピー ΔH が求められる。

> $\Delta H =$（反応物の結合エネルギーの総和）
> 　　　 －（生成物の結合エネルギーの総和）

〈例〉　水素 H_2 と塩素 Cl_2 から塩化水素 HCl を生じるときの変化

$$H_2 + Cl_2 \longrightarrow 2HCl \quad \Delta H = \boxed{?}\,kJ$$
$$\Delta H = \{(H-H) + (Cl-Cl)\} - (H-Cl) \times 2$$
$$= (436\,kJ + 243\,kJ) - 432\,kJ \times 2 = -185\,kJ$$

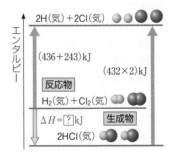

注 液体や固体が関わる反応の反応エンタルピーを求めるときは、結合エネルギーだけではなく、気体への状態変化に伴う蒸発エンタルピーや昇華エンタルピーも考慮する。

4 化学変化と光

❶化学発光（化学ルミネッセンス）　化学変化に伴って光が放出される現象。

〈例〉　ルミノール反応、ケミカルライト
　　　　ルミノール反応は血痕の検出などに利用される。

生物発光…生物による化学発光　〈例〉　ホタルやオワンクラゲの発光

❷光化学反応　光を吸収しておこる反応。

〈例〉　ハロゲン化銀の感光（光による分解）、水素と塩素の反応、光合成

光合成…植物が光を利用し、二酸化炭素と水から糖類などの有機化合物をつくる過程

$$6CO_2 + 6H_2O \xrightarrow{\text{光}} C_6H_{12}O_6 + 6O_2 \quad \Delta H = +2803\,kJ$$

5 エントロピー

❶エントロピー　粒子の乱雑さを表す度合い。その変化量をエントロピー変化 ΔS という。一般に、物質は、エントロピー S の増大する向き（$\Delta S > 0$）に変化しやすい。

$\Delta S > 0$ の変化	$\Delta S < 0$ の変化
・拡散、気体の発生	・凝縮、凝固
・物質の混合	・気体の溶解
・固体の溶解	・沈殿の生成
・融解、蒸発、昇華	・物質の分離
・気体分子数の増加	・気体分子数の減少

❷反応の進む向き　一般に、反応は発熱の向き（$\Delta H < 0$）に進みやすく、より乱雑になる向き（$\Delta S > 0$）に進みやすい。

〈例〉　$NaOH(固) + aq \longrightarrow NaOHaq$
$$\Delta H = -45\,kJ$$

$\Delta H < 0$ であり、固体の溶解は $\Delta S > 0$ となる（ケース1）ので、この変化は自発的におこることがわかる。

ケース	ΔH	ΔS	反応のおこりやすさ
1	$\Delta H < 0$	$\Delta S > 0$	自発的におこる
2	$\Delta H < 0$	$\Delta S < 0$	低温で進みやすい
3	$\Delta H > 0$	$\Delta S > 0$	高温で進みやすい
4	$\Delta H > 0$	$\Delta S < 0$	自発的におこらない

注 発展 反応が自発的に進むかどうかは、ギブズエネルギー変化 ΔG を導入するとわかりやすい。ΔG は ΔH, 絶対温度 T, ΔS を用いて、$\Delta G = \Delta H - T\Delta S$ と表される。$\Delta G < 0$ のときに反応は自発的に進む。ケース2, 3の結果については、この式で考えるとわかりやすい。

>> **プロセス** 次の文中の（　　）に適当，語句や数値，記号を入れよ。

1 外界に熱を放出する変化を（　ア　）反応といい，外界から熱を（　イ　）する変化を吸熱反応という。

2 系のエンタルピー変化は記号（　ウ　）で表される。エンタルピー変化は化学反応式に ΔH を添えて表され，原則，物質にはその状態を書き添える。エンタルピー変化は，発熱反応では（　エ　）の符号，吸熱反応では（　オ　）の符号をつける。

3 物質 1 mol を成分元素の（　カ　）から生成させたときのエンタルピー変化を（　キ　）エンタルピーという。また，物質 1 mol を完全燃焼させたときのエンタルピー変化を（　ク　）エンタルピーという。（ク）エンタルピーは必ず（　ケ　）の値となる。

4 水溶液中で，酸が放出した H^+ と，塩基が放出した OH^- から，水が（　コ　）mol 生じるときのエンタルピー変化を（　サ　）エンタルピーという。また，物質 1 mol が多量の水に溶解するときのエンタルピー変化を（　シ　）エンタルピーという。

5 反応の最初と最後の状態が定まれば，反応の経路にかかわらず，エンタルピー変化の総和は一定になる。これを（　ス　）の法則という。

6 化学変化に伴って光が放出される現象を（　セ　）という。また，光によって引きおこされる反応を（　ソ　）という。

7 粒子の乱雑さの度合いを（　タ　）といい，（タ）の変化量は ΔS で表される。一般に，化学反応は，ΔH が（　チ　）の値，ΔS が（　ツ　）の値をとる方向に進みやすい。

>> **ドリル** 次の各問いに答えよ。

A 次の(1)〜(3)の式の反応エンタルピーの種類を答えよ。

(1) $CO(気) + \frac{1}{2}O_2(気) \longrightarrow CO_2(気)$　$\Delta H = -283\,kJ$

(2) $\frac{1}{2}H_2(気) + \frac{1}{2}Cl_2(気) \longrightarrow HCl(気)$　$\Delta H = -92\,kJ$

(3) $H_2O(液) \longrightarrow H_2O(気)$　$\Delta H = +41\,kJ$　（100℃）

B 次の内容を，化学反応式に ΔH を添えて表せ。ただし，生じる水は液体とする。

(1) CH_4 の燃焼エンタルピー：$-891\,kJ/mol$　(2) CO の生成エンタルピー：$-111\,kJ/mol$

(3) $NaCl$ の溶解エンタルピー：$+3.9\,kJ/mol$

C 次の(1)〜(3)の式をエネルギー図で表せ。

(1) $C(黒鉛) + O_2(気) \longrightarrow CO_2(気)$　$\Delta H = -394\,kJ$

(2) $KNO_3(固) + aq \longrightarrow KNO_3\,aq$　$\Delta H = +35\,kJ$

(3) $H_2O(固) \longrightarrow H_2O(液)$　$\Delta H = +6.0\,kJ$

プロセスの解答

（ア）発熱　（イ）吸収　（ウ）ΔH　（エ）−(負)　（オ）+(正)　（カ）単体　（キ）生成　（ク）燃焼
（ケ）負(−)　（コ）1　（サ）中和　（シ）溶解　（ス）ヘス(総熱量保存)　（セ）化学発光
（ソ）光化学反応　（タ）エントロピー　（チ）−(負)　（ツ）+(正)

メタン CH_4 の完全燃焼について答えよ。水の比熱は $4.2J/(g \cdot K)$ とする。

$$CH_4 + 2O_2 \longrightarrow CO_2 + 2H_2O(液) \quad \Delta H = -891kJ$$

(1) 　0℃，$1.013 \times 10^5 Pa$ で112Lの体積を占める CH_4 を完全燃焼させると，放出される熱量は何 kJ か。

(2) 　25℃の水 5.0kg を100℃にするには，CH_4 を何 mol 燃焼させればよいか。

■ 考え方

(1) ΔH が負であることから，1 mol の CH_4 の燃焼で 891 kJ の熱が放出されることがわかる。

(2) $q = mc\Delta t$ を利用して，必要な熱量を求める。

■ 解答

(1) 　0℃，$1.013 \times 10^5 Pa$ で112Lのメタン CH_4 は，

$$\frac{112L}{22.4L/mol} = 5.00mol$$

したがって，$891kJ/mol \times 5.00mol = 4455kJ$ 　**$4.46 \times 10^3 kJ$**

(2) 　水の温度上昇に必要な熱量 $q[J]$ は，

$$q = mc\Delta t = 5.0 \times 10^3 g \times 4.2J/(g \cdot K) \times (100 - 25)K$$
$$= 1575 \times 10^3 J = 1575kJ$$

$x[mol]$ の燃焼で放出される熱量は，$891kJ/mol \times x[mol]$ なので，

$891kJ/mol \times x[mol] = 1575kJ$ 　$x = 1.76mol$ 　**1.8mol**

炭素（黒鉛）および一酸化炭素の燃焼エンタルピーは，$-394kJ/mol$，$-283kJ/mol$ である。次の式の ΔH を求めよ。

$$C(黒鉛) + CO_2 \longrightarrow 2CO \quad \Delta H = \boxed{?}kJ$$

■ 考え方

①各反応を式で表し，求める式中に存在する物質が残るように組み合わせる。

②エネルギー図を利用して，反応エンタルピーを求める。エネルギー図では，反応物，生成物のエンタルピーの大小を示し，反応の方向を示す矢印に ΔH の値を添える。

■ 解答

各反応エンタルピーは次式のように表される。

$$C(黒鉛) + O_2 \longrightarrow CO_2 \quad \Delta H_1 = -394kJ \quad \cdots ①$$

$$CO + \frac{1}{2}O_2 \longrightarrow CO_2 \quad \Delta H_2 = -283kJ \quad \cdots ②$$

$C(黒鉛) + CO_2 \longrightarrow 2CO$ となるように，①－②×2 を行うと，

$$C(黒鉛) + CO_2 \longrightarrow 2CO \quad \Delta H = +172kJ$$

■ 別解　反応にかかわる物質をすべて書くことに注意して，エネルギー図を描く。図から，次のように求められる。

$$\Delta H = 283kJ \times 2 - 394kJ$$
$$= +172kJ$$

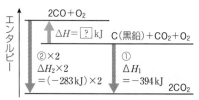

基|本|問|題

75. 反応エンタルピー [知識] 次の文中の(　)に適当な語句や数値を記入せよ。

　生成物のもつエンタルピーの総和から反応物のもつエンタルピーの総和を引いた値を
(　ア　)という。化学反応において，反応物のもつエンタルピーの総和が生成物のもつ
エンタルピーの総和よりも大きい場合は(　イ　)反応，小さい場合は(　ウ　)反応とな
る。化学反応におけるエンタルピー変化は(　エ　)とよばれ，その値は注目する物質
(　オ　)mol あたりで表される。

76. エンタルピー変化の表し方 [知識] 次の(1)～(4)の内容を，化学反応式に ΔH を添えて表
せ。

(1)　メタン CH_4 の生成エンタルピーは $\Delta H＝-75\,kJ/mol$ である。

(2)　プロパン C_3H_8 の燃焼エンタルピーは $\Delta H＝-2219\,kJ/mol$ である。

(3)　氷の融解エンタルピーは $\Delta H＝+6.0\,kJ/mol$ である。

(4)　0.20 mol の硝酸カリウム KNO_3 を水に溶かすと，7.0 kJ の熱が吸収される。

77. 反応エンタルピー [知識] 次の(1)～(5)の式が表す反応エンタルピーの種類を答えよ。

(1)　$2C(黒鉛)+2H_2 \longrightarrow C_2H_4 \quad \Delta H＝+52\,kJ$

(2)　$CH_4O(液)+\dfrac{3}{2}O_2 \longrightarrow CO_2+2H_2O(液) \quad \Delta H＝-726\,kJ$

(3)　$\dfrac{1}{2}H_2SO_4aq+NaOHaq \longrightarrow \dfrac{1}{2}Na_2SO_4aq+H_2O(液) \quad \Delta H＝-57\,kJ$

(4)　$H_2SO_4(液)+aq \longrightarrow H_2SO_4aq \quad \Delta H＝-95\,kJ$

(5)　$CO_2(固) \longrightarrow CO_2(気) \quad \Delta H＝+25\,kJ$

78. エタンの燃焼 [知識] 次のエタンの完全燃焼の式について，下の各問いに答えよ。

$$C_2H_6+\frac{7}{2}O_2 \longrightarrow 2CO_2+3H_2O(液) \quad \Delta H＝-1560\,kJ$$

(1)　0.25 mol のエタン C_2H_6 が完全燃焼したとき，外界に放出される熱量は何 kJ か。

(2)　外界に放出された熱量が 312 kJ のとき，生じた CO_2 は 0 ℃，$1.013×10^5\,Pa$ で何 L か。

(3)　外界に放出された熱量が 780 kJ のとき，生じた H_2O の質量は何 g か。

79. 発熱量 [知識] 次の各問いに答えよ。

(1)　マグネシウムの燃焼エンタルピーは $-602\,kJ/mol$ である。マグネシウム 1.2 g を
完全燃焼させたとき，外界に放出される熱量は何 kJ か。

(2)　薄い塩酸と薄い水酸化ナトリウム水溶液の中和は，次式で表される。

$$HClaq+NaOHaq \longrightarrow NaClaq+H_2O(液) \quad \Delta H＝-56\,kJ$$

0.10 mol/L の塩酸 500 mL と 0.10 mol/L の水酸化ナトリウム水溶液 500 mL とを混合
させたとき，外界に放出される熱量は何 kJ か。

　この節の反応は，すべて定圧条件のもとでの反応であるものとする。

思考

80. 混合気体の発熱量●体積比で水素 H_2 50%とメタン CH_4 50%の混合気体が 0℃，$1.013×10^5\,Pa$ で $112\,m^3$ ある。次の各式を利用して，下の各問いに答えよ。

$$H_2+\frac{1}{2}O_2 \longrightarrow H_2O(液)\quad \Delta H=-286\,kJ$$

$$CH_4+2O_2 \longrightarrow CO_2+2H_2O(液)\quad \Delta H=-891\,kJ$$

(1)　混合気体をすべて燃焼させるのに必要な酸素は，0℃，$1.013×10^5\,Pa$ で何 m^3 か。

(2)　混合気体をすべて燃焼させると，何 kJ の熱量が外界に放出されるか。

(3)　混合気体をすべて燃焼させると，何 kg の水が生じるか。

知識

81. 水の加熱●黒鉛を燃焼させて，水 1.0L の温度を 0℃から100℃まで上昇させるには，最低何 g の黒鉛が必要か。ただし，黒鉛の燃焼エンタルピーは $-394\,kJ/mol$，水の密度は $1.0\,g/cm^3$，比熱は $4.2\,J/(g・K)$ とする。

思考 **実験** **グラフ**

82. 熱量の測定●大型試験管に水を $50\,g$ 入れ，すばやく測りとった固体の水酸化ナトリウム $2.0\,g$ を加えてよくかき混ぜ，温度変化を調べた。図は，水溶液の温度を時間とともに記録したものである。水溶液の比熱は $4.2\,J/(g・K)$ とする。

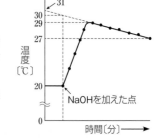

(1)　この実験から発熱量を求めるとき，図中のどの温度を反応後の温度として用いればよいか。

(2)　この実験で発生した熱量は何 kJ か。

(3)　水酸化ナトリウムの溶解エンタルピーは何 kJ/mol か。

知識

83. エネルギー図●エネルギー図を参照して，次の各問いに答えよ。

(1)　図中のBの変化におけるエンタルピー変化 $-283\,kJ$ は，次のどれに相当するか。

（ア）　CO の燃焼エンタルピー

（イ）　CO の生成エンタルピー

（ウ）　CO_2 の生成エンタルピー

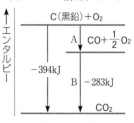

(2)　図から，Aの変化における反応エンタルピーを知ることができる。このとき利用する法則名を記せ。

(3)　Aの変化の反応エンタルピーを，化学反応式に ΔH を添えて表せ。

知識

84. ヘスの法則●次の式中の ? に適した数値を，下の①～③を用いて求めよ。

$$CH_4+H_2O(気) \longrightarrow CO+3H_2\quad \Delta H=?\,kJ$$

$$2H_2+O_2 \longrightarrow 2H_2O(気)\quad \Delta H=-484\,kJ\quad \cdots①$$

$$2CO+O_2 \longrightarrow 2CO_2\quad \Delta H=-566\,kJ\quad \cdots②$$

$$CH_4+2O_2 \longrightarrow CO_2+2H_2O(気)\quad \Delta H=-803\,kJ\quad \cdots③$$

思考

85. ヘスの法則◉次の各式を用いて，下の各問いに答えよ。

$$H_2 + \frac{1}{2}O_2 \longrightarrow H_2O（液）\quad \Delta H = -286\,kJ$$

$$H_2 + \frac{1}{2}O_2 \longrightarrow H_2O（気）\quad \Delta H = -242\,kJ$$

$$C（黒鉛）+ O_2 \longrightarrow CO_2 \quad \Delta H = -394\,kJ$$

$$CH_4O（液）+ \frac{3}{2}O_2 \longrightarrow CO_2 + 2H_2O（液）\quad \Delta H = -726\,kJ$$

(1)　水の蒸発に伴うエンタルピー変化は，1.0 g あたり何 kJ か。

(2)　メタノール CH_4O（液）の生成エンタルピーは何 kJ/mol か。

知識

86. 生成エンタルピーと反応エンタルピー◉二酸化炭素 CO_2，水 H_2O（液），プロパン C_3H_8 の生成エンタルピーは，$-394\,kJ/mol$，$-286\,kJ/mol$，$-107\,kJ/mol$ である。

(1)　CO_2，H_2O（液），C_3H_8 の生成エンタルピーを，化学反応式に ΔH を添えてそれぞれ表せ。

(2)　C_3H_8 の燃焼エンタルピーを $x\,[kJ/mol]$ として，C_3H_8 の完全燃焼を，化学反応式に ΔH を添えて表せ。

(3)　C_3H_8 の燃焼エンタルピーは何 kJ/mol か。

思考

87. 化学反応と熱・光◉文中の下線部が誤っているものを2つ選び，正しい記述に改めよ。

（ア）　反応エンタルピーは，生成物のもつエンタルピーから反応物のもつエンタルピーを引いた値に相当し，前者が後者よりも大きいときは，発熱反応になる。

（イ）　化学反応に伴って，エネルギーの一部が光として放出される反応を光化学反応という。

（ウ）　吸熱反応がおこると，その周囲の温度が下がる。

（エ）　$H_2 + O_2 \longrightarrow H_2O_2$（液）　$\Delta H = -188\,kJ$ で表される ΔH は，液体の過酸化水素の生成エンタルピーである。

（オ）　光合成では，光を吸収して，二酸化炭素と水から糖類と酸素がつくられる。

思考

88. 化学反応と熱・エントロピー◉次の記述のうち，誤っているものを3つ選べ。

（ア）　大きい吸熱を伴う反応は，自然に進行しやすい。

（イ）　発熱反応では，物質のもつエンタルピーが減少する。

（ウ）　鉄は乾いた空気中で酸化され Fe_2O_3 になる。このとき，まわりから熱を吸収する。

（エ）　エントロピーが増大する反応，すなわち乱雑さが増す反応は，自然に進行しやすい。

（オ）　反応エンタルピーを直接測定することが困難な場合，ヘスの法則が利用される。

（カ）　2 mol の水素と 1 mol の酸素から液体の水 2 mol が生成する反応エンタルピーは，気体の水 2 mol が生成するときの反応エンタルピーよりも，その絶対値は小さい。

メタン CH_4 の生成エンタルピーは $-75\,kJ/mol$，黒鉛 C の昇華エンタルピーは $+721\,kJ/mol$，水素分子中の $H-H$ の結合エネルギーは $436\,kJ/mol$ である。CH_4 中の $C-H$ の結合エネルギーを求めよ。

■ 考え方

ヘスの法則を用いる。与えられた値をそれぞれ式で表し，それらを組み合わせて，目的の式をつくる。

1分子の CH_4 には $C-H$ 結合が4個含まれることに注意する。

■ 別解　結合エネルギーを扱うときは，原子に分解した状態を経て変化が進むと仮定したエネルギー図を利用するとよい。

■ 解答

与えられた値は，それぞれ次式のように表される。

$$C(黒鉛)+2H_2(気) \longrightarrow CH_4(気) \quad \Delta H=-75\,kJ \quad ①$$
$$C(黒鉛) \longrightarrow C(気) \quad \Delta H=+721\,kJ \quad ②$$
$$H_2(気) \longrightarrow 2H(気) \quad \Delta H=+436\,kJ \quad ③$$

$C-H$ 結合の結合エネルギーを $x\,[kJ/mol]$ とすると，1分子の CH_4 に $C-H$ 結合は4個含まれるので，次式のようになる。

$$CH_4(気) \longrightarrow C(気)+4H(気) \quad \Delta H=4x\,[kJ]$$

$-①+②+③\times2$ から，ΔH を求めると，

$$\Delta H=4x=75\,kJ+721\,kJ+436\,kJ\times2=1668\,kJ \qquad x=417\,kJ$$

したがって，**417 kJ/mol**

■ 別解　$C-H$ の結合エネルギーを $x\,[kJ/mol]$ とすると，エネルギーの関係は図のように表される。エネルギー図から，

$$4x=75\,kJ+721\,kJ+436\,kJ\times2$$

したがって，**417 kJ/mol**

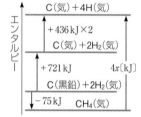

$NaCl$ の格子エネルギー $[kJ/mol]$ は，図の ΔH で表され，ヘスの法則を利用して図の $A\sim E$ のエンタルピー変化から求められる。

(1) $NaCl$(固)の生成エンタルピーは $A\sim E$ のうちのどれか。

(2) D の変化に必要なエネルギーを何というか。

(3) $NaCl$ の格子エネルギーを求めよ。

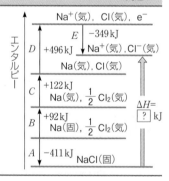

■ 考え方

A：$NaCl$(固)の生成エンタルピー
B：Na(固)の昇華エンタルピー
C：Cl_2(気)の結合エネルギーの値の $1/2$
D：Na(気)の第1イオン化エネルギー
E：Cl(気)の電子親和力

■ 解答

(1) A　(2) **Na(気)の第1イオン化エネルギー**

(3) エネルギー図から，

$$\boxed{?}=|A|+|B|+|C|+|D|-|E|$$
$$=411\,kJ+92\,kJ+122\,kJ+496\,kJ-349\,kJ=772\,kJ$$
$$\Delta H=+772\,kJ \qquad したがって，\textbf{772 kJ/mol}$$

例題
解説動画

━━━━━━━━━━━━ 発 展 問 題 ━━━━━━━━━━━━

思考
89. 反応エンタルピーと水の比熱■260 mg のアセチレン C_2H_2（気）を完全燃焼させたときに発生する熱をすべて 0℃ の氷 36.0 g に与えた。次の各問いに答えよ。

(1) C_2H_2（気）の燃焼エンタルピー[kJ/mol]を小数第 1 位まで求めよ。ただし，CO_2（気），H_2O（液），C_2H_2（気）の生成エンタルピーをそれぞれ $-393.5\,kJ/mol$，$-285.8\,kJ/mol$，$+226.7\,kJ/mol$ とする。

(2) C_2H_2（気）の燃焼で生じた熱は，すべて水の温度上昇と状態変化に使われるものとして，反応終了後の水の温度[℃]に最も近い数値を次のうちから選べ。ただし，水の比熱を $4.2\,J/(g\cdot K)$ とし，0℃ における氷の融解エンタルピーを $+6.00\,kJ/mol$ とする。
① 0　② 0.1　③ 6.6　④ 46　⑤ 86　⑥ 100　　(13 自治医科大 改)

思考
90. 混合気体の燃焼■水素 H_2，エタン C_2H_6，一酸化炭素 CO の燃焼エンタルピーを $-286\,kJ/mol$，$-1561\,kJ/mol$，$-283\,kJ/mol$ として，各問いに有効数字 2 桁で答えよ。

(1) 体積百分率でエタン50%，一酸化炭素20%，二酸化炭素30%からなる混合気体を 0℃，$1.013\times10^5\,Pa$ で 10 m³ 採取し，完全燃焼させた。発熱量は何 kJ か。

(2) 水素，エタン，一酸化炭素からなる混合気体を 0℃，$1.013\times10^5\,Pa$ で 22.4 L とり，これを完全燃焼させたところ，540 kJ の発熱があり，18 g の水が生成した。混合気体中の一酸化炭素の物質量は何 mol か。　　(15 工学院大 改)

思考 **実験** **論述** **グラフ**
91. 溶解エンタルピーと中和エンタルピー■次の文を読み，下の各問いに答えよ。ただし，水溶液の比熱はすべて $4.2\,J/(g\cdot℃)$，水および塩酸の 1 mL は 1.0 g とする。また，溶解や混合によって水溶液の体積は変化しないものとする。

ビーカーに水 100 mL を入れ，一定温度になっていることを確認したのち，水酸化ナトリウム 4.0 g を加え，撹拌して溶かしていくと温度が上昇した。この間の温度変化を図に示した。

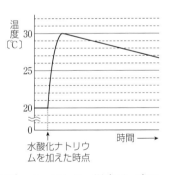

水酸化ナトリウムを加えた時点

この水酸化ナトリウム水溶液をちょうど半分だけ別のビーカーにとり，温度が一定になったのち，同じ温度の 1.0 mol/L の塩酸 50 mL を加えると，温度が 6.7℃ 上昇した。

(1) 下線部について，グラフから温度上昇を正しく読み取り，その値を求めよ。

(2) (1)で読み取った値から発熱量を求めると何 J となるか。

(3) 水酸化ナトリウムの溶解エンタルピー[kJ/mol]を求めよ。

(4) 水酸化ナトリウム水溶液と塩酸との中和エンタルピー[kJ/mol]を求めよ。

(5) 上の実験に続いて，さらに別の実験を追加してヘスの法則が成り立つことを確かめたい。どのような実験を追加するのが適当か。簡潔に記せ。　　(09 浜松医科大 改)

思考

92. 結合エネルギー■表とそれに関する次の記述を読み，空欄（ア），（イ）に当てはまる整数値，（ウ）に適語を入れよ。

化学反応において，反応物と生成物がすべて気体分子のとき，反応エンタルピーを結合エネルギーから求めることができる。したがって，表から求めたアンモニア（気体）の生成エンタルピーは（　ア　）kJ/mol であり，水分子（気体）の生成エンタルピーは（　イ　）kJ/mol となる。

一方，水分子（液体）の生成エンタルピーは $-286\,\text{kJ/mol}$ であり，気体の水分子の生成エンタルピーとの間には大きな隔たりがある。この差はおもに水の（　ウ　）エンタルピーが原因であると考えられる。

(17　北里大　改)

結合	結合エネルギー[kJ/mol]
H−H	436
N≡N	945
O=O	498
N−H	391
O−H	463

思考

93. エネルギー図と結合エネルギー■図のエネルギーの関係を利用して，次の各問いに答えよ。

(1)　メタンの生成エンタルピーは何 kJ/mol か。

(2)　黒鉛の燃焼エンタルピーは何 kJ/mol か。

(3)　メタン分子中の C−H の結合エネルギーは何 kJ/mol か。整数値で答えよ。ただし，水素分子中の H−H の結合エネルギーは 436 kJ/mol，黒鉛の昇華エンタルピーは 721 kJ/mol である。

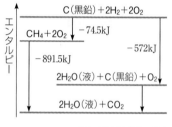

(09　岡山理科大　改)

思考

94. 結晶と結合エネルギー■12 g のダイヤモンド C の C−C 結合をすべて切断して，気体状態の炭素原子にするために必要なエネルギーが 708 kJ であるとすると，ダイヤモンド中の C−C 結合の結合エネルギーは何 kJ/mol と求められるか。有効数字 2 桁で答えよ。ただし，ダイヤモンドでは，各炭素原子は隣接する 4 個の炭素原子と結合しているものとする。

(20　静岡大)

思考

95. 化学反応と光■次の文を読み，下の各問いに答えよ。

化学反応におけるエンタルピー変化を反応エンタルピーという。反応エンタルピーは着目する物質（　A　）mol あたりのエンタルピー変化で表され，反応の経路によらず，反応のはじめの状態と終わりの状態で決まる。これはヘスの法則とよばれる。

化学反応には光の放出や吸収を伴う反応がある。たとえば，微量の血液を検出するために用いられる（　B　）反応は，反応の際に青い光を発する。また，ホタルなど生体内の化学反応によっておこる光の放出現象を（　C　）という。(a)光エネルギーを化学エネルギーに変換しているのが植物の（　D　）であり，デンプンなどの糖類を生成する。

(1)　（A）～（D）に入る適切な語句を記入せよ。

(2)　下線部(a)において，葉緑体が光を吸収し，光エネルギーによって水が酸化され，電子 e^- が生じる。この酸化反応を電子 e^- を含むイオン反応式で表せ。

(21　金沢大　改)

思考 **発展** **やや難**

96. **格子エネルギー**■次の文を読み，（ア）には適切な語句，（イ），（ウ）には有効数字3桁の数値，（エ），（オ）には下記の選択肢から選んだ記号を答えよ。

塩化ナトリウムのイオン結晶の生成と溶解について，下に示した式をもとに考える。
①式から，NaCl（固）の（　ア　）エネルギーは788kJ/molであることがわかる。

Na$^+$（気）が水和してNa$^+$aqとなる反応を⑦式に示した。ヘスの法則を利用して⑦式中のx[kJ]を求めると（　イ　）kJとなる。Cl$_2$（気）の結合エネルギーを244kJ/molとすると，Na（気）の第1イオン化エネルギーは（　ウ　）kJ/molとなる。以上から，下記の選択肢の中で，エネルギー的に最も不安定な状態は（　エ　）で，最も安定な状態は（　オ　）である。

式①～⑦

NaCl（固）$\longrightarrow$ Na$^+$（気）+Cl$^-$（気）	$\Delta H=+788$kJ	…①
Cl（気）+e$^-$ $\longrightarrow$ Cl$^-$（気）	$\Delta H=-354$kJ	…②
Na（固）+$\frac{1}{2}$Cl$_2$（気）$\longrightarrow$ NaCl（固）	$\Delta H=-411$kJ	…③
Na（固）$\longrightarrow$ Na（気）	$\Delta H=+107$kJ	…④
NaCl（固）+aq $\longrightarrow$ Na$^+$aq+Cl$^-$aq	$\Delta H=+4.0$kJ	…⑤
Cl$^-$（気）+aq $\longrightarrow$ Cl$^-$aq	$\Delta H=-364$kJ	…⑥
Na$^+$（気）+aq $\longrightarrow$ Na$^+$aq	$\Delta H=x$[kJ]	…⑦

選択肢
(a) Na$^+$aq+Cl$^-$aq
(b) Na（気）+Cl（気）
(c) Na$^+$（気）+Cl$^-$（気）
(d) NaCl（固）+aq
(e) NaCl（気）

(09　慶応義塾大　改)

思考

97. **燃焼エンタルピーと人間生活**■次の文章を読み，下の各問いに答えよ。

ヒトは食品から得られるエネルギー源として，おもに炭水化物と脂肪を利用している。炭水化物から得られる熱量は構成する糖類に由来し，脂肪から得られる熱量の大部分は脂肪のおもな構成成分である脂肪酸に由来する。

同じ質量の炭水化物と脂肪から，人体が得ることのできる熱量は異なる。それらから得られる熱量は，燃焼エンタルピーを使って求めることができる。そこで，人体が炭水化物と脂肪から得ることのできる熱量について，炭水化物の一種であるスクロース$C_{12}H_{22}O_{11}$と，脂肪酸の一種でスクロースと炭素原子の数が等しいラウリン酸$C_{11}H_{23}COOH$の燃焼エンタルピーをそれぞれ求めることで考える。

(1)　スクロースとラウリン酸の燃焼エンタルピー[kJ/mol]を，有効数字3桁でそれぞれ求めよ。なお，各化合物の生成エンタルピーは，表の値を用いよ。

(2)　スクロースとラウリン酸それぞれ1.00g

化合物	生成エンタルピー
水（液体）	-286kJ/mol
二酸化炭素（気体）	-394kJ/mol
スクロース（固体）	-2220kJ/mol
ラウリン酸（固体）	-730kJ/mol

が完全燃焼したときに得られる熱量の差[kJ/g]を有効数字3桁で求め，同じ質量から人体が得ることのできる熱量が大きいのはスクロースとラウリン酸のいずれかを答えよ。

(21　島根大　改)

6 | 電池と電気分解

1 電池

❶電池の構造
酸化還元反応によって放出されるエネルギーを，電流による電気エネルギーとして取り出す装置を電池という。電池の両極間の電位差を電池の起電力という。

$$\text{（負極）}M_1 \mid \text{電解質溶液} \mid M_2\text{（正極）}\cdots\text{金属のイオン化傾向}\quad M_1 > M_2$$

両極の反応：負極…金属M_1が陽イオンとなり，電極に電子を残す(酸化される)。

正極…周囲にある酸化剤が，電極から電子を受け取る(還元される)。

❷活物質
正極と負極でそれぞれ反応する酸化剤，還元剤。

負極活物質：極板の金属など　　正極活物質：金属の酸化物，溶液中の陽イオンなど

❸電池の種類
二次電池：充電して繰り返し使用できる。一次電池：充電できない。

種類	起電力	構造	負極(酸化)	正極(還元)
ボルタ電池❶	1 V	$(-)Zn \mid H_2SO_4aq$❷$\mid Cu(+)$	$Zn \longrightarrow Zn^{2+}+2e^-$	$2H^++2e^- \longrightarrow H_2$
ダニエル電池	1.1 V	$(-)Zn \mid ZnSO_4aq \mid CuSO_4aq \mid Cu(+)$	$Zn \longrightarrow Zn^{2+}+2e^-$	$Cu^{2+}+2e^- \longrightarrow Cu$
乾電池(マンガン乾電池)❸ (一次電池)	1.5 V	$(-)Zn \mid ZnCl_2aq,\ NH_4Claq \mid MnO_2\cdot C(+)$	$Zn \longrightarrow Zn^{2+}+2e^-$	MnO_2 が e^- を受け取り $MnO(OH)$ に変化する
鉛蓄電池 (二次電池)	2.0 V	$(-)Pb \mid H_2SO_4aq \mid PbO_2(+)$	$Pb+SO_4^{2-}$ $\underset{充電}{\overset{放電}{\rightleftharpoons}}$ $PbSO_4+2e^-$	$PbO_2+4H^++SO_4^{2-}+2e^-$ $\underset{充電}{\overset{放電}{\rightleftharpoons}}$ $PbSO_4+2H_2O$
燃料電池	1.2 V	$(-)Pt\cdot H_2 \mid H_3PO_4aq \mid O_2\cdot Pt(+)$	$H_2 \longrightarrow 2H^++2e^-$	$O_2+4H^++4e^- \longrightarrow 2H_2O$
リチウムイオン電池 (二次電池)	3.7 V	負極活物質：$LiC_6$❹ 正極活物質：$Li_{1-x}CoO_2$❺ 電解質溶液：Li 塩を溶かした有機溶媒	LiC_6 $\underset{充電}{\overset{放電}{\rightleftharpoons}}$ $Li_{1-x}C_6+xLi^++xe^-$	$Li_{1-x}CoO_2+xLi^++xe^-$ $\underset{充電}{\overset{放電}{\rightleftharpoons}}$ $LiCoO_2(0<x<0.5)$

❶ボルタ電池では，放電するとすぐに起電力が低下する。❷aq は多量の水を表す。

❸電解質に KOH を用いたものをアルカリマンガン乾電池という。

❹Li を含む黒鉛を指す。❺コバルト酸リチウム $LiCoO_2$ から一部の Li^+ が失われたものを指す。

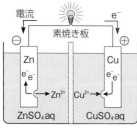

ダニエル電池
多孔質の素焼き板は，両液を混合しにくくしているが，電気的中性を保つため，イオンを通過させることができる。

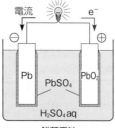

鉛蓄電池
放電すると，難溶性の硫酸鉛(Ⅱ)が両極に付着し，希硫酸がうすくなる。

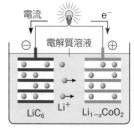

リチウムイオン電池
Li^+が負極と正極の層を出入りするだけなので，充放電を繰り返しても電池が劣化しにくい。

◾2 電気分解

❶電気分解（電解）　電解質水溶液や融解液に電極を入れて
直流電流を通じ，酸化還元反応をおこす操作。電池の負（正）
極に接続した電極を陰（陽）極という。

陰極：電子を受け取る反応（還元）がおこる。

陽極：電子を失う反応（酸化）がおこる。

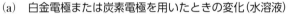

電解質水溶液

❷水溶液の電気分解　水溶液中には，電解質の電離で生じ
る陽イオンと陰イオン，多量の水が存在し，両極で酸化還元反応がおこる。

（a）　白金電極または炭素電極を用いたときの変化（水溶液）

陽極		陰極	
含まれる陰イオン	変化（酸化）	含まれる陽イオン	変化（還元）
酸化のされやすさ I^-	$2I^- \longrightarrow I_2+2e^-$	還元のされやすさ Ag^+	$Ag^++e^- \longrightarrow Ag$
Br^-	$2Br^- \longrightarrow Br_2+2e^-$	Cu^{2+}	$Cu^{2+}+2e^- \longrightarrow Cu$
Cl^-	$2Cl^- \longrightarrow Cl_2+2e^-$		
OH^-	$4OH^- \longrightarrow 2H_2O+O_2+4e^-$	H^+	$2H^++2e^- \longrightarrow H_2$
$SO_4{}^{2-}$	水 H_2O が変化する。	Al^{3+}, Mg^{2+}	水 H_2O が変化する。
$NO_3{}^-$	$2H_2O \longrightarrow O_2+4H^++4e^-$	Na^+, Ca^{2+} K^+, Li^+	$2H_2O+2e^- \longrightarrow H_2+2OH^-$

（b）　**陽極の変化**　陽極に金や白金以外の金属（Ni, Cu, Ag など）を用いると，陽極自体
が酸化され，陽イオンとなって溶け出す。　〈例〉 $Cu \longrightarrow Cu^{2+}+2e^-$

❸電気分解における量的関係

（a）　**電気量**　1C：1A の電流を 1 秒〔s〕間流したときの電気量

　　$Q〔C〕=i〔A〕 \times t〔s〕$　（C：クーロン　A：アンペア）

（b）　**ファラデー定数**　電子 1 mol のもつ電気量の絶対値。9.65×10^4 C/mol

（c）　**電気分解の法則（ファラデーの法則）**　　　　　　　　＊成り立たない反応も多い。

　　（1）　各電極で変化するイオンや物質の物質量は，流れた電気量に比例する。

　　（2）　同じ電気量で変化するイオンの物質量は，そのイオンの価数に反比例する。[＊]

　〈例〉　硝酸銀 $AgNO_3$ 水溶液の電気分解（陽極：白金 Pt, 陰極：白金 Pt）

　　　　電気量 3.86×10^5 C（4 mol の電子 e^- に相当）が流れたときの生成量は，

　　　　陰極：$Ag^++e^- \longrightarrow Ag$ から，Ag が 4 mol 析出。

　　　　陽極：$2H_2O \longrightarrow O_2+4H^++4e^-$ から，O_2 が 1 mol 発生，H^+ が 4 mol 生成。

◾3 電気分解の応用

❶イオン交換膜法　塩化ナトリウム NaCl 水
溶液を，陽イオン交換膜（陽イオンだけを通
す膜）で仕切って電気分解すると，陰極側で
純度の高い水酸化ナトリウム NaOH 水溶液
が得られる。

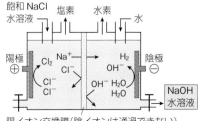

陽イオン交換膜（陰イオンは通過できない）

❷銅の電解精錬　粗銅(純度99%，金や銀，鉄，ニッケルなどを含む)を陽極，純銅を陰極にして，硫酸銅(Ⅱ)水溶液の電解を行うと，陰極に純銅(純度99.99%)が析出する。粗銅中の金や銀は溶解せず，陽極の下に沈殿する(陽極泥)。粗銅中の鉄やニッケルは，イオンとなって溶け出し，水溶液中に残る。

陰極：$Cu^{2+}+2e^- \longrightarrow Cu$

陽極：$Cu \longrightarrow Cu^{2+}+2e^-$

　　　$Fe \longrightarrow Fe^{2+}+2e^-$

　　　$Ni \longrightarrow Ni^{2+}+2e^-$

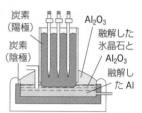

銅の電解精錬

❸アルミニウムの製錬　融解した氷晶石 Na_3AlF_6 に酸化アルミニウム Al_2O_3 を溶かし，炭素を電極にして電解を行うと，陰極にアルミニウムが析出する(溶融塩電解(融解塩電解))。

陽極：$C+O^{2-} \longrightarrow CO+2e^-$

　　　$C+2O^{2-} \longrightarrow CO_2+4e^-$

陰極：$Al^{3+}+3e^- \longrightarrow Al$

酸化アルミニウムの電気分解

注　イオン化傾向が大きい金属の単体は，水溶液の電気分解では析出しない。

プロセス　次の文中の(　　)に適当な語句や数値を入れよ。

1 2種類の金属を(　ア　)の水溶液に浸して導線で結ぶと電池ができる。このとき，(　イ　)が大きい方の金属が(　ウ　)となり，電子を放出して(　エ　)される。

2 電池の負極で(　オ　)される物質を負極(　カ　)，正極で(　キ　)される物質を正極(カ)という。電池では，導線を通って負極から正極に(　ク　)が流れる。

3 構成が$(-)Zn|ZnSO_4aq|CuSO_4aq|Cu(+)$で表される電池は(　ケ　)電池であり，$(-)Pb|H_2SO_4aq|PbO_2(+)$で表される電池は(　コ　)電池である。

4 電気分解において，電池の正極に接続した電極を(　サ　)，負極に接続した電極を(　シ　)という。(サ)では物質が(　ス　)され，(シ)では物質が(　セ　)される。

5 硫酸銅(Ⅱ)水溶液を白金電極で電気分解したとき，陽極に(　ソ　)が発生し，陰極に(　タ　)が析出する。

6 2.0Aの電流を10分間通じたとき，流れる電気量は(　チ　)Cである。

7 イオン化傾向の大きい金属の塩や酸化物などを融解し，これを電気分解して単体を得る操作を(　ツ　)という。

プロセスの解答
(ア) 電解質　(イ) イオン化傾向　(ウ) 負極　(エ) 酸化　(オ) 酸化　(カ) 活物質　(キ) 還元
(ク) 電子　(ケ) ダニエル　(コ) 鉛蓄　(サ) 陽極　(シ) 陰極　(ス) 酸化　(セ) 還元
(ソ) 酸素　(タ) 銅　(チ) $1.2×10^3$　(ツ) 溶融塩電解(融解塩電解)

基本例題12　ダニエル電池

➡問題99・100

図のダニエル電池について，次の各問いに答えよ。
(1)　この電池の負極は，亜鉛板と銅板のどちらか。
(2)　両極でおこる変化を，電子 e⁻ を用いた反応式で表せ。
(3)　素焼き板を通って，硫酸銅(Ⅱ)水溶液から硫酸亜鉛水溶液の方に移動するイオンを化学式で表せ。
(4)　亜鉛板と硫酸亜鉛水溶液の代わりにニッケル板と硫酸ニッケル(Ⅱ)水溶液を用いた。起電力はどのようになるか。

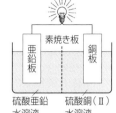

■ 考え方

(1)　イオン化傾向の大きい金属が負極になる。
(3)　陽イオンは負極で増加し，正極で減少する。このとき，硫酸イオンが素焼き板を通り，負極に移動するため，電気的な中性が保たれる。
(4)　このような電池の電位差(起電力)は，電極の金属のイオン化傾向の差が大きいほど，大きくなる。

■ 解答

(1)　イオン化傾向の大きさは Zn＞Cu なので，Zn が負極，Cu が正極となる。　**亜鉛板**
(2)　負極：$Zn \longrightarrow Zn^{2+}+2e^-$
　　正極：$Cu^{2+}+2e^- \longrightarrow Cu$
(3)　素焼き板は，両水溶液を混合しにくくしているが，硫酸イオン $SO_4{}^{2-}$ を負極側に，亜鉛イオン Zn^{2+} を正極側に通過させる。　**$SO_4{}^{2-}$**
(4)　イオン化傾向は Zn＞Ni＞Cu なので，Ni と Cu の電位差は，Zn と Cu の電位差よりも小さい。　**小さくなる**

基本例題13　電気分解の量的関係

➡問題106・107・108

白金電極を用いて，硫酸銅(Ⅱ)水溶液を1.00 A の電流で32分10秒間電気分解を行った。次の各問いに答えよ。
(1)　各電極でおこる変化を，それぞれイオン反応式で表せ。
(2)　流れた電気量は，何 mol の電子に相当するか。
(3)　陽極に発生する気体は，0 ℃，1.013×10⁵ Pa で何 L か。
(4)　水溶液の pH は大きくなるか，小さくなるか。

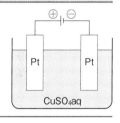

CuSO₄aq

■ 考え方

(2)　i〔A〕の電流を t〔s〕間通じると，流れる電気量は $i \times t$ である。電子 1 mol のもつ電気量は 9.65×10^4 C なので，流れた電子の物質量は
$$\frac{i〔A〕 \times t〔s〕}{9.65 \times 10^4 \, C/mol}$$
である。
(3)　電子の物質量から変化する物質の生成量を求める。

■ 解答

(1)　陽極：$2H_2O \longrightarrow O_2+4H^++4e^-$
　　陰極：$Cu^{2+}+2e^- \longrightarrow Cu$
(2)　$\dfrac{1.00\,A \times (60 \times 32+10)\,s}{9.65 \times 10^4\,C/mol} = \mathbf{2.00 \times 10^{-2}\,mol}$
(3)　流れた電子 1 mol で O_2 が 1/4 mol 発生するので，
$$22.4\,L/mol \times \frac{1}{4} \times 2.00 \times 10^{-2}\,mol = \mathbf{0.112\,L}$$
(4)　陽極では，水分子が電子を失う変化がおこり，H^+ を生じるので，$[H^+]$ が大きくなり，**pH は小さくなる。**

例題
解説動画

[知識]

98. 電池のしくみ●電解質水溶液に 2 種類の金属板を浸し，導線で結ぶと電池ができる。

このとき，イオン化傾向が大きい方の金属が（　ア　）極となり，（ア）極では電子が放出される（　イ　）反応がおこる。放出された電子は導線を通り，もう一方の金属に移動する。イオン化傾向が小さい方の金属は（　ウ　）極となり，（ウ）極では電子を受け取る（　エ　）反応がおこる。

(1)　文中の（　）に適当な語句を入れよ。

(2)　図の電池において，負極はどちらの金属板か。

[思考]

99. ダニエル電池●次の各問いに答えよ。

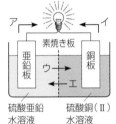

(1)　放電時に負極および正極でおこる変化を，それぞれ電子 e^- を用いた反応式で表せ。

(2)　電流の向きは，図中のア，イのどちらか。

(3)　素焼き板を通って，ウの向きおよびエの向きに移動するイオンはそれぞれどれか。

①　Zn^{2+}　　②　Cu^{2+}　　③　SO_4^{2-}

(4)　硫酸亜鉛水溶液および硫酸銅（Ⅱ）水溶液の濃度を変えてつくった電池 A ～ D のうち，最も長く電流が流れるものはどれか。

水溶液	A	B	C	D
硫酸亜鉛水溶液　〔mol/L〕	0.5	0.5	1	2
硫酸銅（Ⅱ）水溶液〔mol/L〕	0.5	2	1	0.5

[思考]

100. 電池の起電力●次の電池①～④のうちから，起電力が最も大きいものを 1 つ選べ。ただし，電解質の濃度はすべて同じ（0.5 mol/L）とする。

①　$(-)Zn|ZnSO_4aq|FeSO_4aq|Fe(+)$　　②　$(-)Zn|ZnSO_4aq|NiSO_4aq|Ni(+)$

③　$(-)Zn|ZnSO_4aq|CuSO_4aq|Cu(+)$　　④　$(-)Ni|NiSO_4aq|CuSO_4aq|Cu(+)$

[思考]

101. 鉛蓄電池●次の文を読んで，下の各問いに答えよ。

　鉛蓄電池は，（　ア　）を負極，（　イ　）を正極として希硫酸に浸したもので，自動車の電源などに広く使われている。

(1)　（ア），（イ）に適当な物質名を入れよ。

(2)　放電に伴う負極および正極での変化を電子 e^- を用いた反応式で表せ。

(3)　放電に伴う負極および正極での変化をまとめ，化学反応式で表せ。

(4)　充電するとき，外部電池の負極につなぐのは，鉛蓄電池の正極か，負極か。

(5)　充電するとき，希硫酸の濃度はどのように変化するか。

102. 🅢考 **燃料電池** 図は，水素と酸素を用いた燃料電池の模式
図である。次の各問いに答えよ。

(1) 電池の両極のA，Bを導線でつなぐと放電する。こ
のとき，A，Bのどちらが負極となるか。

(2) 放電時の負極および正極での変化を電子 e^- を用い
た反応式で表せ。

(3) 放電時の変化を，1つの化学反応式で表せ。

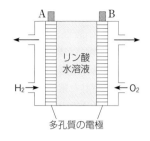

103. 🅢考 **電池式** 電池(a)～(e)に関する次の各問いに答えよ。

(a) $(-)Zn|H_2SO_4aq|Cu(+)$ (b) $(-)Zn|ZnSO_4aq|CuSO_4aq|Cu(+)$

(c) $(-)Pb|H_2SO_4aq|PbO_2(+)$ (d) $(-)Zn|ZnCl_2aq, NH_4Claq|MnO_2·C(+)$

(e) $(-)Pt·H_2|H_3PO_4aq|O_2·Pt(+)$

(1) 電池(a)～(e)の名称として，正しいものを選べ。

(ア) ボルタ電池 (イ) 燃料電池 (ウ) アルカリマンガン乾電池

(エ) マンガン乾電池 (オ) 鉛蓄電池 (カ) ダニエル電池

(2) 電池(a)～(c)のうち，放電したときに正極の質量のみが増加するものを1つ選べ。

104. 🅢識 **塩化銅(Ⅱ)水溶液の電気分解** 次の文中の( )に適
する語句を記入せよ。

電気エネルギーを利用して，酸化還元反応を引きおこす
操作を電気分解という。電気分解において，電池の負極に
接続した電極を(ア)極，正極に接続した電極を
(イ)極という。(ア)極では，電池から電子が流れこむ
ので(ウ)反応がおこり，(イ)極では，電子が流れ出る
ので(エ)反応がおこる。

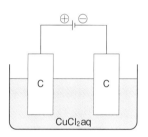

たとえば，炭素棒を電極として，塩化銅(Ⅱ) $CuCl_2$ 水溶液に電流を通じると，(ア)極
では(オ)が析出し，(イ)極では(カ)が発生する。

105. 🅢考 **電気分解による変化** 表の電解質水溶液を電気分解した。各極でおこる変化を電子
e^- を用いた反応式で記せ。

電解質水溶液	陰極	変化	陽極	変化
(1) 希硫酸	Pt	(ア)	Pt	(イ)
(2) 水酸化ナトリウム水溶液	Pt	(ウ)	Pt	(エ)
(3) 硫酸銅(Ⅱ)水溶液	Pt	(オ)	Pt	(カ)
(4) 硫酸銅(Ⅱ)水溶液	Cu	(キ)	Cu	(ク)
(5) ヨウ化カリウム水溶液	Pt	(ケ)	Pt	(コ)

106. 硝酸銀水溶液の電気分解●図のように，白金電極を用
いて，硝酸銀 $AgNO_3$ 水溶液を 1.0A の電流で 1 時間 4 分
20秒間電気分解した。次の各問いに答えよ。

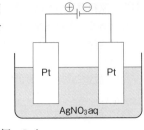

(1)　流れた電気量は何 C か。
(2)　流れた電気量は電子何 mol に相当するか。
(3)　各極での変化を電子 e^- を用いた反応式で表せ。
(4)　陰極に析出する物質の質量は何 g か。
(5)　陽極に発生する気体の体積は 0℃，$1.013×10^5 Pa$ で何 mL か。

107. 硫酸銅（Ⅱ）水溶液の電気分解●白金電極を用いて，硫酸銅（Ⅱ）$CuSO_4$ 水溶液を32
分10秒間電気分解すると，陽極から 0℃，$1.013×10^5 Pa$ で 336mL の気体が発生した。

(1)　各極での変化を電子 e^- を用いた反応式で表せ。
(2)　流れた電気量は何 C か。また，流れた電流は何 A か。
(3)　このとき陰極に析出する物質は何 g か。

108. 水酸化ナトリウム水溶液の電気分解●白金電極を用いて，うすい水酸化ナトリウム
NaOH 水溶液を電気分解すると，陽極と陰極にそれぞれ気体が発生し，その体積を合わ
せると，0℃，$1.013×10^5 Pa$ で 6.72L であった。次の各問いに答えよ。

(1)　各極での変化を電子 e^- を用いた反応式で表せ。
(2)　流れた電気量は何 C か。
(3)　この電気分解を 2.00A の電流で行うと，電流を何秒間通じる必要があるか。
(4)　この電気分解で発生した気体を混合し，完全に反応させたときに生じる物質の質
量は何 g か。

109. 直列電解●図のような電解装置を組
み立て，電解槽Ⅰに硫酸銅（Ⅱ）水溶液，
電解槽Ⅱに硫酸ナトリウム水溶液を入れ
た。この装置を用いて，電流を 10A に
保ちながら80分25秒間電気分解を行った。

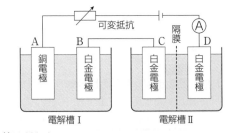

(1)　流れた電子は何 mol か。
(2)　電解槽Ⅰの電極Aにおいて，電気
分解後の電極の質量変化[g]に最も近い値はどれか。
　　（ア）－24　（イ）－16　（ウ）－8　（エ）±0　（オ）＋8　（カ）＋16　（キ）＋24
(3)　電解槽Ⅱの電極Cで発生した気体は，0℃，$1.013×10^5 Pa$ で何 L か。
(4)　電気分解後の電解槽Ⅱにおける電極D付近の水溶液は，何性を示すか。

思考

110. イオン交換膜法 図は，陽極に炭素，陰極に鉄を用いたイオン交換膜法による水酸化ナトリウムの工業的製法を示したものである。この装置を用いて，3.0 A の電流を9.0時間通じて電気分解した。

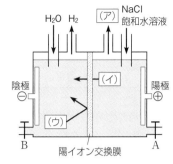

(1) 図中の（ア）～（ウ）に入れる化学式として最も適当なものを下の①～④から選べ。

	①	②	③	④
（ア）	O_2	Cl_2	O_2	Cl_2
（イ）	H^+	Cl^-	OH^-	Na^+
（ウ）	OH^-	H^+	Na^+	OH^-

(2) 水酸化ナトリウム水溶液は，図中のA，Bのいずれから取り出せるか。

(3) 陰極における変化を電子 e^- を用いた反応式で示せ。また，発生する気体の 0 ℃，$1.013×10^5$ Pa における体積は何 L か。

(4) 電気分解後の電解槽から得ることができる水酸化ナトリウムの質量は何 g か。

知識

111. 銅の電解精錬 次の文中の（　）に金属名を入れ，下の問いに答えよ。

　黄銅鉱を還元して得られる銅は粗銅とよばれ，亜鉛，鉄，金，銀のような不純物を含む。図のように，粗銅を陽極，純銅を陰極にして硫酸酸性硫酸銅（Ⅱ）水溶液を電気分解すると，粗銅から銅とともに（　ア　）や（　イ　）が陽イオンとなって溶け出すが，イオン化傾向が小さい（　ウ　）や（　エ　）は，陽極泥として沈殿する。また，陰極には，銅のみが析出する。

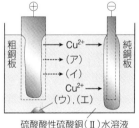

硫酸酸性硫酸銅（Ⅱ）水溶液

(問) 純銅 1.28 g を得るためには，何 C の電気量が必要か。ただし，流れた電流はすべて銅の溶解と析出に使われるものとする。

知識

112. アルミニウムの溶融塩電解 次の文を読み，各問いに答えよ。

　アルミニウムの単体は，次のような工程で製造される。まず，鉱石である（　ア　）から酸化アルミニウムを精製する。次に，加熱して融解させた（　イ　）に酸化アルミニウムを溶かし，図のように，炭素を電極に用いて溶融塩電解を行うと，（　ウ　）極でアルミニウムを生じる。

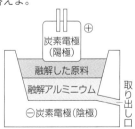

(1) 文中の（　）に適当な語句を入れよ。

(2) 両極でおこる変化を，e^- を用いた反応式で表せ。

(3) $3.0×10^4$ A の電流を100時間通じて溶融塩電解を行うと，何 kg のアルミニウムが得られるか。

第Ⅱ章　物質の変化と平衡

発展例題9　鉛蓄電池

➡問題113

37％の電解液100gからなる鉛蓄電池を用いて，5.00Aの電流を32分10秒間放電した。
(1)　放電後，正極の質量は，何g増加もしくは減少したか。有効数字2桁で答えよ。
(2)　放電後の鉛蓄電池の電解液は何％となるか。有効数字2桁で答えよ。

考え方

反応式の係数の比＝物質量[mol]の比になるため，流れたe^-の物質量を求めた後，反応式を書いて生成量を考える。
質量パーセント濃度[％]

$=\dfrac{溶質[g]}{溶液[g]}\times100$

溶液[g]
＝溶質[g]＋溶媒[g]
37％の電解液（溶液）100gに含まれる硫酸（溶質）の質量は37gである。

解答

流れたe^-は，$\dfrac{5.00A\times(60\times32+10)s}{9.65\times10^4C/mol}=0.100\,mol$ である。

(1)　正極：$PbO_2+SO_4{}^{2-}+4H^++2e^-\longrightarrow PbSO_4+2H_2O$
　　　　　$0.0500\,mol$　　　　　$0.100\,mol$　$0.0500\,mol$
　PbO_2（式量239）が$PbSO_4$（式量303）になると，式量が
　$303-239=64$ 増加するので，$64\,g/mol\times0.0500\,mol=$**3.2g増加**。

(2)　全体：$Pb+2H_2SO_4+PbO_2\longrightarrow 2PbSO_4+2H_2O$
　　　　$0.0500\,mol$ $0.100\,mol$　$0.0500\,mol$　　　$0.100\,mol$　$0.100\,mol$
　溶液100g中の溶質H_2SO_4（分子量98）37gのうちの0.100molが
　消費され，溶媒H_2O（分子量18）が0.100mol増加するので，

$$\frac{\overbrace{37g-98\,g/mol\times0.100\,mol}^{消費された硫酸[g]}}{\underset{消費された硫酸[g]\quad 生成した水[g]}{100g-\underbrace{98\,g/mol\times0.100\,mol}+\underbrace{18\,g/mol\times0.100\,mol}}}\times100=29.5\quad\textbf{30\%}$$

発展例題10　並列回路による電気分解

➡問題118·119

硫酸銅（Ⅱ）水溶液の入った電解槽Aと，希硫酸の入った電解槽Bに，それぞれ白金電極を浸し，図のように並列につないで500mAの電流を30分間流した。このとき，電解槽Aの陰極の質量が0.127g増加した。電解槽Bの両極で発生した気体の全体積は，0℃，$1.013\times10^5\,Pa$で何mLか。ただし，電気分解によって発生する気体の水への溶解は無視してよい。

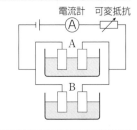

電流計　可変抵抗

考え方

並列回路では，電解槽AとBを流れた電気量の和が回路全体を流れた電気量である。Aの陰極では，銅が析出する。
$Cu^{2+}+2e^-\longrightarrow Cu$
また，Bでは，酸素と水素が発生する。
$2H_2O\longrightarrow O_2+4H^++4e^-$
$2H^++2e^-\longrightarrow H_2$

解答

回路全体を流れた電気量は$0.500A\times(60\times30)s=900C\cdots$①
Aの陰極では，1molの電子に相当する電気量（9.65×10^4C）で1/2molの銅が析出するので，流れた電気量をx[C]とすると，

$$63.5\,g/mol\times\frac{x[C]}{9.65\times10^4C/mol}\times\frac{1}{2}=0.127g\quad x=386C\cdots②$$

電解槽Bでは，9.65×10^4Cで1/4molの酸素と1/2molの水素が発生し，流れた電気量は①−②なので，

$$22.4\times10^3\,mL/mol\times\left(\frac{900-386}{9.65\times10^4}\right)mol\times\left(\frac{1}{4}+\frac{1}{2}\right)=\textbf{89.5mL}$$

例題
解説動画

■■■■■■■■■■ 発 展 問 題 ■■■■■■■■■■

113. 思考 **鉛蓄電池**■鉛蓄電池を一定時間放電させたのち，充電したところ，負極の質量が，充電前に比べて 7.20 g だけ減少した。次の各問いに答えよ。

(1) 充電中に負極および正極で進む変化を，電子 e⁻ を用いた反応式でそれぞれ示せ。

(2) 充電後の正極の質量は 50.0 g であった。充電前の正極の質量[g]，および充電する際に流れた電気量[C]をそれぞれ有効数字 3 桁で求めよ。

(3) 充電後の希硫酸の質量パーセント濃度と質量はそれぞれ29.0%および495 g であった。充電前の希硫酸の濃度は何%か。有効数字 3 桁で求めよ。　　(12　信州大　改)

114. 思考 **燃料電池の効率**■次の文章中の(A)〜(C)に適切な数値を有効数字 2 桁で答えよ。

固体高分子形燃料電池では，負極に水素を，正極に空気(酸素)を供給する。負極では H_2 から H^+ が生成し，正極側に移動し，正極では十分な O_2 が供給されて H_2O が生成する。1.0 mol の H_2 が反応すると，(A)mol の電子が発生する。毎秒 2.0×10^{-4} mol の H_2 を反応させると電圧が 0.70 V となる電池の発電出力は(B)W である。ただし，電気エネルギー[J]＝電圧[V]×電気量[C]＝電力[W]×時間[s]である。燃料電池のエネルギー変換効率は，水素 1.0 mol を使用したときに得られる電池の電気エネルギーを，水素 1.0 mol を燃焼させたときの発熱量 286 kJ に対する割合で表したものである。したがって，この電池のエネルギー変換効率は(C)%である。　　(21　早稲田大)

115. 思考 **リチウムイオン電池**■リチウムイオン電池は小型で軽量であるが，電池の放電容量(放電で電池から取り出すことができる電気量)が大きく，高い電圧が得られるので，パソコンやスマートフォンなどさまざまな製品で使用される。負極活物質には，リチウムを層間に取り入れた黒鉛 LiC_6，正極活物質には，コバルト酸リチウム $LiCoO_2$ の結晶中から一部の Li^+ が抜け出た $Li_{1-x}CoO_2(0<x<0.5)$ が用いられ，放電・充電すると，それぞれ次の変化がおこる。

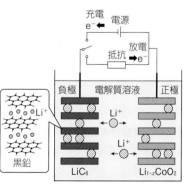

負極：$LiC_6 \underset{充電}{\overset{放電}{\rightleftharpoons}} Li_{1-x}C_6 + xLi^+ + xe^-$

正極：$Li_{1-x}CoO_2 + xLi^+ + xe^- \underset{充電}{\overset{放電}{\rightleftharpoons}} LiCoO_2$

(1) コバルト酸リチウム $LiCoO_2$ 中のコバルトの酸化数はいくらか。

(2) あるリチウムイオン電池を完全に充電すると，正極活物質の質量が 19.1 g となり，組成は $Li_{0.65}CoO_2$ となった。この電池の放電容量は何 mA・h か。1 mA・h の電池では 1 mA の電流を 1 時間流すことができ，負極活物質は十分あるものとして，有効数字 2 桁で答えよ。　　(20　兵庫医科大　改)

$H=1.0 \quad O=16 \quad S=32 \quad Cl=35.5 \quad Pb=207$

思考 **論述**

116. ファラデー定数　図のように，2つの電解槽がコックで連結された装置を用いて，少量のフェノールフタレインを含む塩化ナトリウム水溶液を白金電極で電気分解した。0.16 A の電流を10分間通じたのち，コックを閉じたところ，陰極側に0℃，1.013×10^5 Pa で 11.2 mL の気体が捕集された。また，陰極側の電解槽の水溶液だけが赤く変色していた。

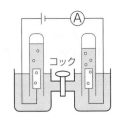

(1) 陰極および陽極でおこる変化を，それぞれ電子 e^- を用いた反応式で表せ。

(2) 陰極側の電解槽の水溶液だけが赤く変色した理由を説明せよ。

(3) この実験結果から，ファラデー定数および電子1個あたりの電気量を求めよ。

（大阪医科大　改）

思考

117. 電池と電気分解　鉛蓄電池を電源として，0.10 A の電流を一定時間流して塩化銅(Ⅱ)水溶液を電気分解すると，電極Cに銅が 0.32 g 析出した。次の各問いに答えよ。ただし，Cu の原子量は64とし，計算問題は有効数字2桁で答えよ。

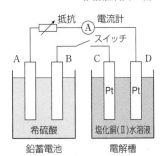

(1) 電極Aと電極Dでおこる反応を e^- を含むイオン反応式で示せ。

(2) 電気分解の前後で，電極Bの質量は増加するかまたは減少するか。また，その変化量は何 g か。

(3) 電気分解を行った時間は何秒か。

(4) 電気分解の前後で，鉛蓄電池内の溶液の質量は増加するか，または減少するか。また，その変化量は何 g か。

（17　九州工業大　改）

思考

118. 並列電解　硫酸銅(Ⅱ)水溶液に2枚の銅電極を浸した電解槽Aと，希硫酸中に2枚の白金電極を浸した電解槽Bを，図のように並列につなぎ，抵抗Rを調整して 0.400 A で1時間電気分解した。このとき，電解槽Aの陰極の質量が 0.127 g 増加していた。次の各問いに答えよ。ただし，Cu の原子量は63.5とする。

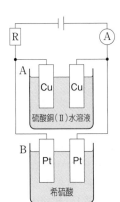

(1) 電解槽AおよびBの陽極，陰極でおこる変化を，e^- を用いた反応式でそれぞれ記せ。

(2) 電池から流れ出た全電気量は何Cか。

(3) 電解槽AおよびBを流れた電気量はそれぞれ何Cか。

(4) 電解槽Bの両極で発生した気体は合計何 mol か。

（09　大分大　改）

119. 思考 論述 **直列回路・並列回路**図の装置を組み
立て，外部電源から 1.00 A の電流を16分
5秒間流して電気分解を行ったところ，電
解槽のア槽の陰極には Ag が 0.810 g 析出
した。次の各問いに答えよ。ただし，計算
問題は有効数字 2 桁とする。

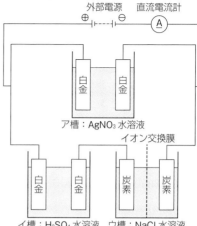

外部電源　直流電流計

ア槽：AgNO₃水溶液

イオン交換膜

(1) ア槽の陽極で発生した気体は，0℃，
1.013×10⁵ Pa で何 mL か。

(2) ア槽，イ槽，ウ槽で流れた電子は，そ
れぞれ何 mol か。

(3) イ槽の陰極で発生した気体の体積は，
0℃，1.013×10⁵ Pa で何 mL か。

イ槽：H₂SO₄水溶液　ウ槽：NaCl 水溶液

(4) 水酸化ナトリウム NaOH は，ウ槽の
構造を利用し，陽極側に飽和 NaCl 水溶液，陰極側にうすい NaOH 水溶液を入れ，こ
れらを陽イオン交換膜で仕切って電気分解することで製造される。このとき，陽イオ
ン交換膜で仕切らないと，NaOH が取り出しにくくなる。この理由を簡潔に述べよ。

(20　名古屋市立大　改)

120. 思考 **銅の電解精錬**不純物に金，銀，ニッケルなどを含む粗銅板を陽極，純銅板を陰極
として，硫酸銅(Ⅱ)水溶液を電解液にそれぞれ用い，0.2～0.5 V で電気分解を行うと，
純銅が得られる。いま，不純物として金とニッケルのみを均一に含む粗銅板を陽極，純
銅板を陰極として，硫酸銅(Ⅱ)水溶液中で電気分解を行った。0.965 A の電流を
1.80×10⁴ 秒間流したところ，陽極の質量が 5.87 g 減少し，両極からも気体の発生は見
られなかった。また，粗銅板に含まれるニッケルの質量パーセントは10.0％であった。

(1) この実験で得られた純銅は何 g か。有効数字 3 桁で答えよ。

(2) 電解液中の Cu²⁺ の濃度はどのように変化したか。次の(ア)～(ウ)から 1 つ選べ。

　(ア) 大きくなった　　　　(イ) 変化しなかった　　　　(ウ) 小さくなった

(3) この粗銅板に含まれる金の質量パーセント[％]を有効数字 2 桁で求めよ。

(20　千葉大)

121. 思考 論述 **アルミニウムの溶融塩電解**アルミニウム Al の単体は，融解した氷晶石に Al₂O₃
を少しずつ溶かし，溶融塩電解することで得られる。この溶融塩電解では，用いる電解
槽の内側を炭素で覆い，これを陰極とし，炭素棒を陽極としている。

(1) Al の単体は，Al³⁺ を含む水溶液の電気分解では得ることができない。その理由を
簡潔に説明せよ。

(2) 下線部において，陽極の炭素が 72.0 kg 消費され，陰極で Al が 180 kg 生成した。
また，陽極では CO と CO₂ が発生した。このとき，発生した CO₂ の質量は何 kg か。
有効数字 3 桁で答えよ。

(18　東京大)

7 | 化学反応の速さ

1 反応の速さ

❶速さの表し方 単位時間あたりの反応物の減少量，または生成物の増加量で表す。

Δt 秒間に濃度が Δc [mol/L] 変化するとき，反応速度 v は $|\Delta c/\Delta t|$ [mol/(L・s)]。

〈例〉 $H_2 + I_2 \longrightarrow 2HI$

H_2 の減少速度 $v_{H_2} = \left|\dfrac{\Delta c}{\Delta t}\right| = -\dfrac{c_2 - c_1}{t_2 - t_1}$

HI の増加速度 $v_{HI} = \left|\dfrac{\Delta c'}{\Delta t}\right| = \dfrac{c_2' - c_1'}{t_2 - t_1}$

$v_{H_2} = v_{HI} \times 1/2$

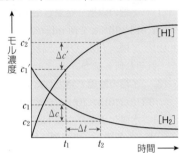

注 I_2 の減少速度も求めることができる。

❷反応速度式 反応速度と反応物の濃度の関係を表す式。

$aA + bB \longrightarrow cC$　　$v = k[A]^x[B]^y$　　（k：反応速度定数，$x+y$：反応の反応次数）

〈例〉 $2H_2O_2 \longrightarrow 2H_2O + O_2$　　$v = k[H_2O_2]$　（一次反応）

　　　$H_2 + I_2 \longrightarrow 2HI$　　　　$v = k[H_2][I_2]$　（二次反応）

注 ・反応速度定数は，一般に温度が 10 K 上昇すると 2〜3 倍になる。

　　・x や y の値は実験によって求められ，化学反応式の係数に必ずしも一致しない。

●多段階反応 発展 化学反応には，反応物から生成物にいたる過程をいくつかの個々の反応(素反応)に分けて考えることができるものがある。2 段階以上の反応過程からなる反応を多段階反応という。多段階反応において，全反応の速さは最も遅い素反応の段階に支配される。このような段階を律速段階という。

〈例〉 $2N_2O_5 \longrightarrow 4NO_2 + O_2$　　反応速度式 $v = k[N_2O_5]$　（一次反応）

$\begin{cases} 段階1 & N_2O_5 \longrightarrow N_2O_3 + O_2 & （最も遅い素反応）\cdots律速段階 \\ 段階2 & N_2O_3 \longrightarrow NO + NO_2 & （速い素反応） \\ 段階3 & N_2O_5 + NO \longrightarrow 3NO_2 & （速い素反応） \end{cases}$

❸反応の速さと活性化エネルギー

一般に，化学反応は，エネルギーの高い遷移状態を経て進行する。遷移状態になるのに必要なエネルギーを活性化エネルギー E_a といい，反応ごとに固有の値をとる。

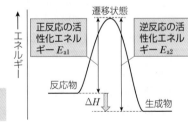

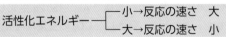

活性化エネルギー ── 小→反応の速さ　大
　　　　　　　　　── 大→反応の速さ　小

注 可逆反応(正逆どちらの向きにも進む反応)において，反応物のエネルギーが生成物のエネルギーよりも大きいとき，$E_{a1} < E_{a2}$ なので，正反応の方がおこりやすい。

2 反応の速さを変える条件

❶反応の速さを変える種々の条件

条件	反応速度の変化	おもな理由
濃度圧力	濃度が大きくなると大（気体の場合は圧力）	単位時間あたりの粒子の衝突回数の増加
温度	高温になると大（10K 上昇するごとに 2〜3 倍）	遷移状態になりうる粒子の数の増加
触媒	触媒によって大	活性化エネルギーの小さい別の経路を経て反応が進行

（その他の条件）　固体の表面積，光など

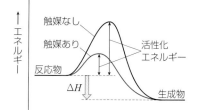

高温では，遷移状態になりうる分子が増える。

❷**触媒**　反応の速さを大きくするが，反応の前後でそれ自身は変化しない物質。触媒を用いると，活性化エネルギーの小さい別の経路を経て反応が進行する。このとき，反応エンタルピー ΔH は変化しない。

〈例〉　$2H_2O_2 \longrightarrow 2H_2O + O_2$　（触媒 MnO_2）

(a)　**均一触媒**　反応物と均一に混じり合って作用する触媒。

(b)　**不均一触媒**　反応物と混じり合わず，おもにその表面で作用する触媒。

(c)　**酵素**　生物の体内で触媒として働くタンパク質。

プロセス　次の文中の（　　）に適当な語句，式を入れよ。

1 化学反応 $2A \longrightarrow B$ において，Δt 秒間に A が Δc [mol/L] 変化したとき，A の減少の速さ v_A は $v_A =$（　ア　）と表され，B の増加の速さ v_B とは，$v_A =$（　イ　）の関係がある。

2 反応の速さ v と反応物の濃度との関係を表す $v = k[A]^x[B]^y$ のような式を（　ウ　）といい，（ウ）中の比例定数 k を（　エ　），$x+y$ の値をその反応の（　オ　）という。

3 化学反応の途中におけるエネルギーの高い状態を（　カ　）といい，その状態になるのに必要なエネルギーを（　キ　）という。

4 反応物の濃度を大きくすると，単位時間あたりの粒子の（　ク　）が増加するため，反応の速さは（　ケ　）なる。温度が高くなると，（　コ　）状態になりうる粒子の数が増加するため，反応の速さは（　サ　）なる。反応の速さを変化させるが，それ自身は変化しない物質を（　シ　）という。

プロセスの解答

（ア）$-\dfrac{\Delta c}{\Delta t}$　（イ）$2v_B$　（ウ）反応速度式　（エ）反応速度定数　（オ）反応次数

（カ）遷移状態　（キ）活性化エネルギー　（ク）衝突回数　（ケ）大きく　（コ）遷移
（サ）大きく　（シ）触媒

第Ⅱ章　物質の変化と平衡

基本例題14　反応速度式

→問題 123

A+B ⟶ C で表される気体反応がある。この反応について，次の(ア)〜(ウ)の実験事実が得られた。下の各問いに答えよ。

（ア）　25℃で，Aのモル濃度を2倍にすると，Cの生成速度は2倍になる。

（イ）　25℃で，Bのモル濃度を2倍にしても，Cの生成速度は2倍になる。

（ウ）　温度を10K上げるごとに，Cの生成速度は3倍になる。

(1)　A，Bのモル濃度をそれぞれ[A]，[B]，反応速度定数をkとして，Cの生成速度vを反応速度式で表せ。

(2)　25℃で，反応容器を圧縮して全圧を3倍にすると，Cの生成速度は何倍になるか。

(3)　この反応で，温度を30K上昇させると，Cの生成速度は何倍になるか。

考え方

(1)　反応速度式 $v=k[A]^x[B]^y$ について，x，yを求める。

(2)　全圧が3倍になると，各物質のモル濃度が3倍になる。

(3)　反応の速さは，10Kごとに3倍ずつ速くなる。

解答

(1)　vは[A]，[B]それぞれに正比例しているので，$x=y=1$である。　　　$v=k[A][B]$

(2)　[A]も[B]も3倍になるので，3×3=**9倍**

(3)　10K上昇後の速さは3倍になり，さらに10K上昇すると，その3倍の3×3=9倍になる。したがって，30K上昇すると，3×3×3=**27倍**

基本例題15　反応のエネルギー変化

→問題 127

図は，水素と酸素から水が生成する反応について，エネルギーの変化を表したものである。次の各問いに答えよ。

(1)　図中のXで示される状態を何というか。

(2)　水が分解して水素と酸素になるときの活性化エネルギーを，図中のa，bを用いて表せ。

(3)　触媒を用いてこの反応を行うと，反応の速さは著しく大きくなった。このとき，図中のa，bの値は，それぞれどのようになるか。次の(ア)〜(ウ)からそれぞれ選べ。

（ア）　大きくなる　　（イ）　変わらない　　（ウ）　小さくなる

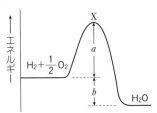

考え方

(1)　エネルギーの高い，不安定な状態で，遷移状態という。

(2)　出発物質とX点とのエネルギー差が活性化エネルギーである。

(3)　aは水を生じる反応の活性化エネルギー，bは反応エンタルピーである。

解答

(1)　**遷移状態**

(2)　H_2Oの状態とX点とのエネルギー差になる。　　　$a+b$

(3)　触媒を用いると，反応は活性化エネルギーの小さい別の経路を通って進行するが，反応エンタルピーは変わらない。　　　$a-(ウ)$，$b-(イ)$

例題
解説動画

基本問題

122. 〔知識〕**過酸化水素の分解速度**●1.00mol/L の過酸化水素水 10mL に酸化マンガン(Ⅳ)の粉末を少量加えると，過酸化水素は分解し，酸素が発生した。反応中の過酸化水素水の体積は変化しないものとして，次の各問いに答えよ。

$$2H_2O_2 \longrightarrow 2H_2O + O_2$$

(1) 過酸化水素の分解する速さは，酸素の発生する速さの何倍か。

(2) 反応開始から60秒間に発生した酸素は，1.5×10^{-3}mol であった。反応開始から60秒後の過酸化水素のモル濃度は何 mol/L か。

(3) 反応開始から60秒までの間の過酸化水素の平均分解速度は何 mol/(L·s)か。

123. 〔知識〕**反応の速さと濃度**●反応物AとBから生成物Cを生成する反応がある。25℃ では，Cの生成速度 v は，Aのモル濃度[A]だけを2倍にすると2倍に，Bのモル濃度[B]だけを1/2倍にすると1/4倍になった。次の各問いに答えよ。

(1) v の単位を記せ。ただし，時間の単位は分[min]とする。

(2) 反応速度定数を k として，v と[A]および[B]との関係を表す反応速度式を示せ。

(3) [A]と[B]をいずれも3倍にすると，v は何倍になるか。

124. 〔知識〕**反応の速さとエネルギー**●次の文中の(　　)に最も適当な語句を記せ。

2種の物質A，Bが反応するとき，反応の速さは，A，B両分子の単位時間あたりの（　ア　）回数が多いほど大きくなる。しかし，(ア)した分子がすべて反応するわけではなく，反応がおこるためには，ある値以上のエネルギーをもった分子どうしの(ア)が必要である。このように，反応をおこすために必要な最小のエネルギーを（　イ　）という。

温度を高くすると，反応の速さは（　ウ　）くなる。これは，温度上昇によって，遷移状態になりうる分子の割合が増えるためである。また，（　エ　）を用いると，(イ)が（　オ　）い別の経路を経て反応が進行するため，反応の速さは大きくなる。

125. 〔知識〕**反応の速さを変える条件**●次の(1)～(4)は，反応の速さと関係のある事項を示している。それぞれについて，最も関係の深いものを下の(ア)～(オ)から選べ。

(1) 過酸化水素水は低温で保存する。

(2) うすい過酸化水素水を皮膚につけても特に変化がみられないが，傷口につけると激しく発泡する。

(3) 1mol/L の塩酸と酢酸水溶液にそれぞれ亜鉛の小片を入れると，塩酸の方が激しく水素を発生する。

(4) 硝酸は，褐色びん中に保存する。

　(ア) 濃度　　(イ) 温度　　(ウ) 光　　(エ) 触媒　　(オ) 圧力

思考 論述

126. 反応の速さと温度●反応の速さと温度の関係について，次の各問いに答えよ。

(1) 一般に，温度が 10 K 上昇すると，反応の速さは数倍になるといわれている。温度の上昇によって，反応の速さが大きくなるのはなぜか。

(2) 温度が 10 K 上昇するごとに，反応の速さが 2 倍になる化学反応がある。この反応を10℃で行ったところ，反応終了までに20分要したとすると，40℃で行ったときでは，反応終了までに要する時間は何分か。

思考 論述 グラフ

127. 反応とエネルギー●図1は，触媒のない状態での，ある反応の進行度とエネルギーの関係を示している。次の各問いに答えよ。

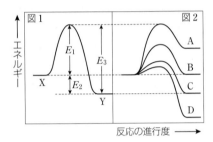

(1) 図1中のエネルギー差 E_1～E_3 に該当するものを下の①～③から選べ。

① 正反応(X→Y)の活性化エネルギー
② 逆反応(Y→X)の活性化エネルギー
③ 反応エンタルピー

(2) 図2に示した反応に伴うエネルギー変化A～Dのうち，触媒を加えてこの反応を行った場合の進行度とエネルギーの関係として適切なものを選べ。

(3) 断熱性の反応容器の中で反応させた場合，反応が進むにつれてこの化学反応の速さはどのようになると考えられるか。理由とともに述べよ。

知識

128. 触媒●触媒に関する次の各問いに答えよ。

(1) 次の記述のうちから，正しいものを 2 つ選べ。

（ア） 触媒は，反応の前後でそれ自身変化することがある。
（イ） 触媒には，反応の反応エンタルピーを小さくする働きがある。
（ウ） 触媒には，反応の速さを増大させる働きがある。
（エ） 触媒には，反応の活性化エネルギーを低下させる働きがある。

(2) 過酸化水素の分解反応に用いられる次の触媒（ア），（イ）は均一触媒か，不均一触媒か，それぞれ答えよ。

（ア） 酸化マンガン(Ⅳ)　　（イ） 塩化鉄(Ⅲ)水溶液

思考

129. 反応の速さ●化学反応に関する次の記述のうち，誤っているものを 2 つ選べ。

（ア） 反応物の粒子が衝突しても，必ず反応がおこるとは限らない。
（イ） 一般に，反応物の粒子の衝突回数が多いほど，反応速度は大きい。
（ウ） 一般に，一定温度における反応速度は，反応物の濃度には関係しない。
（エ） 化学反応を進行させるには，活性化エネルギー以上のエネルギーが必要である。
（オ） 活性化エネルギーが大きいほど，反応速度は大きい。
（カ） 化学反応の反応エンタルピーは，触媒を加えても変化しない。

発展例題11　反応速度式

→問題131

A＋B —→ C で表される反応がある。A
とBの濃度を変えて，それぞれその瞬間の
反応速度を求め，表のような結果を得た。
$[A]=0.40\,mol/L$，$[B]=0.90\,mol/L$ のとき
の瞬間の反応速度を求めよ。

実験	[A]〔mol/L〕	[B]〔mol/L〕	v〔mol/(L·s)〕
1	0.30	1.20	3.6×10^{-2}
2	0.30	0.60	9.0×10^{-3}
3	0.60	0.60	1.8×10^{-2}

考え方

反応速度式を
$v=k[A]^x[B]^y$ と
して，実験結果か
らx，y，kの値を
求める。

解答

実験2，3から，[B]が一定で[A]が2倍になると，vも2倍になるので，
$x=1$ となる。また，実験1，2から，[A]が一定で[B]が1/2倍になると，
vは1/4倍になるので，$y=2$ となる。したがって，反応速度式は
$v=k[A][B]^2$ となる。この式に実験1のデータを代入すると，

$$k=\frac{v}{[A][B]^2}=\frac{3.6\times10^{-2}\,mol/(L\cdot s)}{0.30\,mol/L\times1.20^2(mol/L)^2}$$

したがって，反応速度vは次のようになる。

$$v=k[A][B]^2=\frac{3.6\times10^{-2}\,mol/(L\cdot s)}{0.30\,mol/L\times1.20^2(mol/L)^2}\times0.40\,mol/L\times0.90^2(mol/L)^2$$
$$=\mathbf{2.7\times10^{-2}\,mol/(L\cdot s)}$$

発展例題12　五酸化二窒素の分解速度

→問題133

体積一定のもと，温度を320K
に保ち，五酸化二窒素の分解反
応 $2N_2O_5$ —→ $4NO_2+O_2$ を行
った実験データを表に示す。

(1)　表の(a)～(d)に適当な数
値を記せ。

時間 t〔min〕	濃度 $[N_2O_5]$〔mol/L〕	平均の反応速度 $v\left[\dfrac{mol/L}{min}\right]$	平均の濃度 $[N_2O_5]$〔mol/L〕	$\dfrac{v}{[N_2O_5]}$
0	5.01			
		(a)	4.61	(c)
4	4.20			
		0.17	(b)	(d)
8	3.52			

(2)　(c)と(d)がほぼ一定であることから，この反応の反応速度式は $v=k[\overline{N_2O_5}]$ と表す
ことができる。反応速度定数kの値を表の平均値から求め，単位とともに記せ。

考え方

(1)　平均の反応速度は，単
位時間あたりのモル濃度の
変化量である。平均の濃度
は，各時刻の濃度を平均し
たものである。

(2)　平均の反応速度vと
$[\overline{N_2O_5}]$の比が反応速度定
数である。kの単位は，反
応の速さの単位を濃度の単
位で割ったものになる。

解答

(1)　(a)　表から，五酸化二窒素の濃度は，0分では5.01
mol/L，4分では4.20mol/Lなので，平均の反応速度vは，

$$-\frac{c_2-c_1}{t_2-t_1}=-\frac{4.20-5.01}{4-0}=0.202≒\mathbf{0.20}$$

(b)　平均の濃度は$[\overline{N_2O_5}]=(4.20+3.52)/2=\mathbf{3.86}$

(c)　$v/[\overline{N_2O_5}]=0.202/4.61=4.38\times10^{-2}≒\mathbf{4.4\times10^{-2}}$

(d)　$v/[\overline{N_2O_5}]=0.17/3.86=4.40\times10^{-2}≒\mathbf{4.4\times10^{-2}}$

(2)　$k=v/[\overline{N_2O_5}]$であり，(c)，(d)から，表の値を平均すると，
$$k=\mathbf{4.4\times10^{-2}/min}$$

例題
解説動画

発展問題

130. 反応の速さ 〔思考〕 次の①〜⑤の記述のうち，誤っているものを2つ選べ。

① 一般に，反応物が固体である場合，細かく粉砕すると反応が速く進みやすい。
② 一般に，光を照射しても反応の速さは変化しない。
③ 一般に，反応物の濃度の増加に伴い，反応速度定数は大きくなる。
④ 一般に，反応の温度の上昇に伴い，反応速度定数は大きくなる。
⑤ 一般に，反応速度定数は触媒が存在すると変化する。 (10 福岡大 改)

131. 過酸化水素の分解 〔思考〕〔グラフ〕 少量の酸化マンガン(IV) MnO_2 に 1.00 mol/L の過酸化水素 H_2O_2 水溶液を 10.0 mL 加え，発生した酸素 O_2 の物質量を60秒ごとに測定した結果を次の表に示した。反応中の温度，水溶液の体積は一定として，下の各問いに答えよ。

時間〔秒〕	0	60	120	180	240	300	360
酸素の物質量〔mol〕	0	1.00×10^{-3}	1.85×10^{-3}	2.53×10^{-3}	3.01×10^{-3}	3.41×10^{-3}	3.69×10^{-3}

(1) 分解開始から60秒間の H_2O_2 の平均分解速度は何 mol/(L・秒)か。

(2) H_2O_2 のモル濃度を a〔mol/L〕，反応時間を b 秒としたとき，表の結果について a と b の関係を表すグラフ1，および60秒間ごとの平均分解速度を a〔mol/(L・秒)〕，その間における H_2O_2 濃度の単純平均値を b〔mol/L〕としたときの a と b の関係を表すグラフ2に該当するものはそれぞれどれか。次の(ア)〜(オ)から選べ。

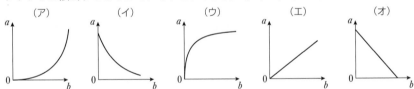

(3) 反応速度定数は反応温度や触媒の存在で変化するが，反応物の濃度には依存しないことから，反応速度定数をグラフ2から求めることができる。今回の実験結果から，0〜60秒間における反応速度定数を有効数字2桁で求めよ。 (東京理科大 改)

132. 一次反応の半減期 〔思考〕 次の文章の空欄に適する数値を記せ。ただし，$\log_{10}2 = 0.30$，$\log_{10}3 = 0.48$ とする。

t〔min〕	0	10
$[A]$〔mol/L〕	1.0	0.60

ある化学反応 $A \longrightarrow B$ において，時刻 t_1 から t_2 までの平均の反応の速さ $\overline{v}$ と平均濃度 $\overline{[A]}$ の間には $\overline{v} = k\overline{[A]}$ という関係が成立しており，この式を用いると，反応速度定数 k の値を求めることができる。一方，k は次の関係式から求めることもできる。

$$2.3 \times \log_{10} \frac{[A]_2}{[A]_1} = -k(t_2 - t_1) \quad \left(\begin{array}{l} \text{時刻 } t_1, t_2 \text{ における A の濃度を } [A]_1, \\ [A]_2 \text{ で示す。} \end{array} \right)$$

反応が表のように進行すると，上式を用いて k は ア /min と求められる。さらに濃度が半分になるのに要する時間(半減期)は イ min となり，初期濃度によらない。

(09 三重大 改)

76

思考 グラフ

133. **反応速度式** 化合物AとBが反応すると，化合物Cが生成する。はじめに，AとBだけを容器に入れ，反応開始後の各化合物のモル濃度の変化を測定すると，図のようになった。次に，AとBのモル濃度とCの生成速度との関係について調べた。反応開始時のAとBのモル濃度を変えて，反応開始直後のCの生成速度を求めると，表に示す結果が得られた。

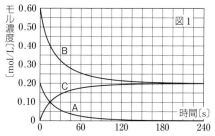

条件	Aの濃度〔mol/L〕	Bの濃度〔mol/L〕	Cの生成速度〔mol/(L·s)〕
1	0.20	0.40	8.0×10^{-3}
2	0.20	0.80	1.6×10^{-2}
3	0.20	1.2	2.4×10^{-2}
4	0.10	0.80	8.0×10^{-3}
5	0.30	0.80	2.4×10^{-2}

(1) 図1から，この反応の化学反応式をA，B，Cを用いて表せ。

(2) 表から，Cの生成速度 v_C〔mol/(L·s)〕を反応速度定数 k〔L/(mol·s)〕，AおよびBのモル濃度 [A]〔mol/L〕，[B]〔mol/L〕を用いて表せ。また，k の値を求めよ。

(3) 反応開始時のAのモル濃度を 0.20 mol/L，Bのモル濃度を 0.60 mol/L にして触媒を用いて反応を開始した。このときBのモル濃度変化は図2のようになった。AおよびCのモル濃度の変化を図に書き加えよ。

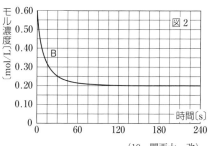

(10 関西大 改)

思考 グラフ

134. **アレニウスの式** 化学反応の反応速度定数 k と絶対温度 T には，一般に①式の関係が成り立つことが知られている。

$$k = Ae^{-\frac{E_a}{RT}} \quad \cdots ① \quad (E_a：活性化エネルギー，A：比例定数，R：気体定数)$$

①式の両辺の $\log_e$ をとると，②式となる。

$$\log_e k = -\frac{E_a}{RT} + \log_e A \quad \cdots ②$$

ここで，$2HI \rightleftarrows H_2 + I_2$ （③式）の右向きのHI の分解における，温度 T〔K〕と反応速度定数 k〔L/(mol·s)〕との関係を調べると，表，図に示す結果となった。なお，$R = 8.31$ J/(K·mol) とする。

	T〔K〕	k〔L/(mol·s)〕	$\frac{1}{T}$〔/K〕	$\log_e k$
■	646	9.11×10^{-5}	1.55×10^{-3}	-9.30
●	667	2.75×10^{-4}	1.50×10^{-3}	-8.20
▲	716	2.49×10^{-3}	1.40×10^{-3}	-6.00

(1) 表に示した数値をもとに，HI の分解反応の活性化エネルギー E_a〔kJ/mol〕を有効数字3桁で求めよ。

(2) HI の分解反応において，反応温度が 650 K から 700 K に変化することで，反応速度定数は e^m 倍になる。m の値を有効数字2桁で答えよ。

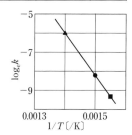

(20 横浜国立大 改)

8 | 化学平衡と平衡移動

1 可逆変化と平衡移動

❶可逆反応 正・逆いずれの方向にも進む反応。

❷化学平衡の状態（平衡状態）

化学反応において，正反応の速さと逆反応の速さが等しくなった状態。見かけ上，反応の進行が停止し，反応物と生成物が共存。

〈例〉 $H_2 + I_2 \underset{v_2}{\overset{v_1}{\rightleftharpoons}} 2HI$　平衡時 $v_1 = v_2$

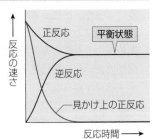

2 平衡の量的関係と平衡移動

❶平衡の量的関係

反応の前後で次の量的関係が成立。

(a)　反応量 x

$$N_2O_4 \rightleftharpoons 2NO_2$$

はじめ	n	0	[mol]
変化量	$-x$	$+2x$ [mol]	合計
平衡時	$n-x$	$2x$ [mol]	$(n+x)$

(b)　解離度 α^*

$$N_2O_4 \rightleftharpoons 2NO_2$$

はじめ	n	0	[mol]
変化量	$-n\alpha$	$+2n\alpha$ [mol]	合計
平衡時	$n(1-\alpha)$	$2n\alpha$ [mol]	$n(1+\alpha)$

＊解離度 $\alpha = \dfrac{\text{解離した物質の物質量}}{\text{はじめの物質の物質量}}$

❷化学平衡の法則（質量作用の法則）

平衡状態では，次の関係式が成立。

$$aA + bB \rightleftharpoons cC + dD \quad (a, b, c, d \text{ は係数})$$

(a)　平衡定数　$K = \dfrac{[C]^c[D]^d}{[A]^a[B]^b} = 一定 \quad (温度一定)$　[ ]…各物質の平衡時のモル濃度

平衡定数 K は K_c とも表され，濃度平衡定数ともよばれる。

(b)　圧平衡定数　$K_p = \dfrac{p_C{}^c \cdot p_D{}^d}{p_A{}^a \cdot p_B{}^b} = 一定 \quad (温度一定)$　p…各物質（気体）の平衡時の分圧

・K_p と K の関係…$K_p = K \times (RT)^{(c+d)-(a+b)}$

・発熱反応では高温ほど K は小さくなり，吸熱反応では高温ほど K は大きくなる。

(c)　固体が関与する反応　固体が関与する反応では，固体の量は平衡に影響を与えないので，平衡定数は気体や液体の濃度だけで表される。

〈例〉 $C(固) + CO_2(気) \rightleftharpoons 2CO(気)$　$K = \dfrac{[CO]^2}{[CO_2]} [mol/L]$

❸平衡移動　平衡状態において，濃度，圧力，温度などを変化させると，その影響をやわらげる向きに反応が進み，新しい平衡状態に達する(ルシャトリエの原理)。

可逆反応	N_2(気)$+3H_2$(気) $\rightleftharpoons$ $2NH_3$(気)　　$\Delta H = -92\,kJ$[*]	
	条件変化	平衡移動の向き
濃度	NH_3を加える	NH_3濃度が減少する向き＝NH_3が分解する向き	⟵
	NH_3を取り除く	NH_3濃度が増加する向き＝NH_3が生成する向き	⟶
圧力 (体積)	圧力増加(体積減少)	圧力が減少する向き＝気体分子が減少する向き	⟶
	圧力減少(体積増加)	圧力が増加する向き＝気体分子が増加する向き	⟵
温度	加熱する	温度が低下する向き＝吸熱反応の向き	⟵
	冷却する	温度が上昇する向き＝発熱反応の向き	⟶

注 触媒は反応の速さ(平衡に達するまでの時間)を変えるだけで，平衡移動には関係しない。

[*] 右向きの変化の ΔH を示している。左向きの変化の ΔH は $+92\,kJ$ となる。

③ 電離平衡

❶水のイオン積 K_w と pH　一定温度では，水溶液中の水素イオン濃度[H^+]と水酸化物イオン濃度[OH^-]の積は，水溶液の性質に関係なく常に一定。

$$K_w = [H^+][OH^-] = 1.0 \times 10^{-14}\,(mol/L)^2 \quad (25℃)$$

$[H^+] = b \times 10^{-a}\,mol/L$ のとき，　　$\boxed{pH = -\log_{10}[H^+] = a - \log_{10}b}$

❷電離平衡　電解質の電離で生じたイオンと，電離していない電解質との間に成立する平衡。この反応の平衡定数を電離定数という。

〈例〉　c[mol/L]の弱酸・弱塩基の電離平衡

電離平衡	$CH_3COOH \rightleftharpoons CH_3COO^- + H^+$			$NH_3 + H_2O \rightleftharpoons NH_4^+ + OH^-$		
はじめ	c	0	0 [mol/L]	c	0	0 [mol/L]
平衡時	$c(1-\alpha)$	$c\alpha$	$c\alpha$ [mol/L]	$c(1-\alpha)$	$c\alpha$	$c\alpha$ [mol/L]
電離定数	$K_a = \dfrac{[CH_3COO^-][H^+]}{[CH_3COOH]} = c\alpha^2$[*][mol/L]			$K_b = \dfrac{[NH_4^+][OH^-]}{[NH_3]} = c\alpha^2$[*][mol/L]		
電離度と イオン濃度	$\alpha = \sqrt{\dfrac{K_a}{c}}$, $[H^+] = \sqrt{cK_a}$ [mol/L]			$\alpha = \sqrt{\dfrac{K_b}{c}}$, $[OH^-] = \sqrt{cK_b}$ [mol/L]		

$$* K_a(K_b) = \frac{c\alpha \times c\alpha}{c(1-\alpha)} = \frac{c\alpha^2}{1-\alpha} = c\alpha^2 \quad (\alpha \ll 1\text{ のとき，}1-\alpha = 1\text{ とみなせる})$$

❸塩の加水分解　弱酸と強塩基または弱塩基と強酸からなる塩の水溶液は，電離で生じた弱酸のイオンまたは弱塩基のイオンが水と反応(加水分解)して，それぞれ塩基性または酸性を示す。この反応の平衡定数を加水分解定数 K_h という。

〈例〉　弱酸と強塩基，弱塩基と強酸からなる塩の水溶液(c[mol/L])の加水分解

塩(液性)	酢酸ナトリウム CH_3COONa(塩基性)	塩化アンモニウム NH_4Cl(酸性)
加水分解	$CH_3COO^- + H_2O \rightleftharpoons CH_3COOH + OH^-$	$NH_4^+ + H_2O \rightleftharpoons NH_3 + H_3O^+$
加水分解定数	$K_h = \dfrac{[CH_3COOH][OH^-]}{[CH_3COO^-]} = \dfrac{K_w}{K_a}$[*][mol/L]	$K_h = \dfrac{[NH_3][H^+]}{[NH_4^+]} = \dfrac{K_w}{K_b}$ [mol/L]
イオン濃度	$[OH^-] = \sqrt{cK_h}$ [mol/L]	$[H^+] = \sqrt{cK_h}$ [mol/L]

$$* K_h = \frac{[CH_3COOH][OH^-]}{[CH_3COO^-]} = \frac{[CH_3COOH][OH^-] \times [H^+]}{[CH_3COO^-] \times [H^+]} = \frac{1}{K_a} \times K_w = \frac{K_w}{K_a}$$

❹緩衝液

(a) 緩衝作用 少量の酸や塩基を加えたとき，その影響を緩和し，pH がほぼ一定に保たれる水溶液を緩衝液といい，その働きを緩衝作用という。一般に，弱酸とその塩，または，弱塩基とその塩の水溶液は緩衝液になる。

〈例〉 酢酸と酢酸ナトリウムの混合溶液…CH_3COOH と CH_3COO^- が多量に存在。

酸を加える ⇒$CH_3COO^- + H^+ \longrightarrow CH_3COOH$　　　⇒$[H^+]$ が増加しない

塩基を加える⇒$CH_3COOH + OH^- \longrightarrow CH_3COO^- + H_2O$ ⇒$[OH^-]$ が増加しない

(b) 緩衝液の $[H^+]$，$[OH^-]$

〈例〉 $c\,[mol/L]$ の弱酸（弱塩基）と $c'\,[mol/L]$ の塩を含む緩衝液

緩衝液	CH_3COOH と CH_3COONa			NH_3 と NH_4Cl		
電離平衡	$CH_3COOH \rightleftarrows CH_3COO^- + H^+$			$NH_3 + H_2O \rightleftarrows NH_4^+ + OH^-$		
はじめ	c	c'	0　　[mol/L]	c	c'	0　　[mol/L]
平衡時	$c-x$	$c'+x$	x　　[mol/L]	$c-x$	$c'+x$	x　　[mol/L]
イオン濃度	$[H^+] = \dfrac{c}{c'}K_a^*\,[mol/L]$			$[OH^-] = \dfrac{c}{c'}K_b\,[mol/L]$		

$*K_a = \dfrac{[CH_3COO^-][H^+]}{[CH_3COOH]} = \dfrac{(c'+x) \times [H^+]}{c-x} = \dfrac{c'}{c}[H^+]$ 　$(x \ll c,\ c'\ \text{であり，}\ c-x = c,\ c'+x = c'\ \text{とみなす})$

4 溶解平衡

❶共通イオン効果 溶解平衡の状態に，溶解平衡に関連するイオンと同じイオン（共通イオン）を加えると平衡移動がおこる現象。

❷溶解度積 難溶性の塩 A_mB_n が溶解平衡の状態にあるとき，次の関係式が成立。

$A_mB_n(\text{固}) \rightleftarrows mA^{n+} + nB^{m-}$ ⇒ 溶解度積 　$\boxed{K_{sp} = [A^{n+}]^m[B^{m-}]^n = \text{一定（温度一定）}}$

〈例〉 $Ag_2CrO_4(\text{固}) \rightleftarrows 2Ag^+ + CrO_4^{2-}$ ⇒ $K_{sp} = [Ag^+]^2[CrO_4^{2-}]\,(mol/L)^3$

❸溶解度積と沈殿生成 難溶性の塩 A_mB_n の溶解平衡において，A^{n+} を含む水溶液と B^{m-} を含む水溶液を混合した直後の $[A^{n+}]^m[B^{m-}]^n$ が K_{sp} よりも大きいときは沈殿を生じ，最終的に $K_{sp} = [A^{n+}]^m[B^{m-}]^n$ は常に一定に保たれる。

》》プロセス》 次の文中の（　　）に適当な語句を入れよ。

１ 可逆反応において，正反応の速さと逆反応の速さが（ ア ）くなったとき，（ イ ）に達したという。

２ 可逆反応 $N_2 + 3H_2 \rightleftarrows 2NH_3$ 　$\Delta H = -92\,kJ$ が平衡状態にあるとき，NH_3 を取り除くと（ ウ ）向きに平衡が移動し，加熱すると（ エ ）向きに平衡が移動する。

３ 少量の酸や塩基を加えても，pH があまり変化しない溶液を（ オ ）という。

４ 難溶性の物質が溶解平衡の状態にあるとき，一定温度のもとでは，飽和水溶液中の各イオンの濃度の積は一定であり，これを（ カ ）という。

プロセスの解答 》》》

（ア）等し　（イ）平衡状態　（ウ）右　（エ）左　（オ）緩衝液　（カ）溶解度積

基本例題16　平衡定数　　→問題136・137・138

水素 5.50 mol とヨウ素 4.00 mol を 100L の容器に入れ，ある温度に保つと，次式のような反応がおこり，平衡状態に達した。このとき，ヨウ化水素が 7.00 mol 生じていた。

$$H_2 + I_2 \rightleftharpoons 2HI$$

(1)　この反応の平衡定数を求めよ。

(2)　同じ容器に水素 5.00 mol とヨウ素 5.00 mol を入れ，同じ温度に保つと，ヨウ化水素は何 mol 生じるか。

考え方

(1)　HI が 7.00 mol 生じているので，H$_2$ および I$_2$ がそれぞれ 3.50 mol ずつ反応したことがわかる。平衡状態での各物質のモル濃度を求め，平衡定数の式に代入する。

(2)　温度が一定ならば，平衡定数は一定の値をとる。(1)で求めた平衡定数 K の値を用い，HI の生成量を x [mol] として平衡定数の式に代入すればよい。

解答

(1)

	H$_2$	+	I$_2$	$\rightleftharpoons$	2HI	
はじめ	5.50		4.00		0	[mol]
変化量	-3.50		-3.50		$+7.00$	[mol]
平衡時	5.50−3.50		4.00−3.50		7.00	[mol]

容器の体積が 100L なので，平衡定数 K は，

$$K = \frac{[\text{HI}]^2}{[\text{H}_2][\text{I}_2]} = \frac{(7.00/100)^2(\text{mol/L})^2}{(2.00/100)\,\text{mol/L} \times (0.50/100)\,\text{mol/L}} = \mathbf{49}$$

(2)　HI が x [mol] 生成したとすると，H$_2$ および I$_2$ はいずれも 5.00 mol$-x/2$ なので，次式が成立する。

$$K = \frac{(x/100\text{L})^2}{\dfrac{5.00\,\text{mol}-x/2}{100\text{L}} \times \dfrac{5.00\,\text{mol}-x/2}{100\text{L}}} = 49$$

$$\left(\frac{x}{5.00\,\text{mol}-x/2}\right)^2 = 7.0^2 \quad x = 7.77\,\text{mol} = \mathbf{7.8\,mol}$$

基本例題17　平衡の移動　　→問題139・140・141

次の(1)，(2)の反応が平衡状態にあるとき，下の(ア)〜(イ)の操作を行うと，平衡はそれぞれどのように移動するか。左向き，右向き，移動しない，からそれぞれ選べ。

(1)　N$_2$(気)＋3H$_2$(気) $\rightleftharpoons$ 2NH$_3$(気)　　$\Delta H = -92$ kJ

　(ア)　圧力を上げる。　　　　　　(イ)　温度を上げる。

(2)　CH$_3$COOH＋H$_2$O $\rightleftharpoons$ CH$_3$COO$^-$＋H$_3$O$^+$

　(ア)　CH$_3$COONa を加える。　　(イ)　NaOH を加える。

考え方

平衡状態にある可逆反応の条件を変化させると，その影響をやわらげる向きに反応が進み，新しい平衡状態に到達する(ルシャトリエの原理)。

解答

(1)　(ア)　圧力増加をやわらげる向き，すなわち体積あたりの気体分子の数が減少する向きに移動。反応式の係数から，気体分子の数は左辺が 4，右辺が 2 である。　　**右向き**

　(イ)　温度上昇をやわらげる吸熱反応の向きに移動。**左向き**

(2)　(ア)　電離して溶液中に CH$_3$COO$^-$ が増加するので，CH$_3$COO$^-$ が減少する向きに移動。　　**左向き**

　(イ)　電離で生じた OH$^-$ によって H$_3$O$^+$ が中和されて減少するので，H$_3$O$^+$ が増加する向きに移動。　　**右向き**

0.030 mol/L の酢酸水溶液の酢酸の電離度 α および水素イオン濃度を求めよ。ただし、酢酸の電離定数を 2.7×10^{-5} mol/L、α は 1 に比べて非常に小さいものとする。

考え方

c [mol/L] の酢酸水溶液において、酢酸の電離度が α のとき、電離する酢酸分子が $c\alpha$ [mol/L] なので、生じる酢酸イオン、水素イオンも $c\alpha$ [mol/L] となる。電離平衡時の量的関係を調べ、電離定数 K_a の式に代入して c、α と K_a の関係式をつくり、α を求める。このとき、実際に α が 1 に比べて非常に小さいことを確認する。目安は $\alpha < 0.05$ 程度である。

解答

$$CH_3COOH \rightleftharpoons CH_3COO^- + H^+$$

はじめ	c	0	0 [mol/L]
平衡時	$c(1-\alpha)$	$c\alpha$	$c\alpha$ [mol/L]

$\alpha \ll 1$ であり、$1-\alpha = 1$ とみなされるので、電離定数は次のように表される。

$$K_a = \frac{[CH_3COO^-][H^+]}{[CH_3COOH]} = \frac{(c\alpha)^2}{c(1-\alpha)} = c\alpha^2$$

$$\alpha = \sqrt{\frac{K_a}{c}} = \sqrt{\frac{2.7 \times 10^{-5}}{0.030}} = \mathbf{0.030}$$

したがって、

$$[H^+] = c\alpha = 0.030 \text{ mol/L} \times 0.030 = \mathbf{9.0 \times 10^{-4} \text{ mol/L}}$$

基 | 本 | 問 | 題

135. 平衡状態 ●四酸化二窒素 N_2O_4 をある温度、圧力に保つと、$N_2O_4 \rightleftharpoons 2NO_2$ の反応がおこり、平衡状態に達した。平衡状態に関する次の記述のうちから、正しいものを 2 つ選べ。

（ア）　N_2O_4 と NO_2 の濃度の比は 1 : 2 である。

（イ）　N_2O_4 と NO_2 の圧力（分圧）の比は 1 : 2 である。

（ウ）　N_2O_4 の濃度は一定となっている。

（エ）　正反応と逆反応の速さは等しい。

（オ）　正反応も逆反応もおこらず、反応が停止している。

136. 平衡状態と平衡定数 ●水素 1.00 mol とヨウ素 1.40 mol を 100 L の容器に入れ、ある温度に保った。このときの水素の物質量の変化は、図のようであった。

(1)　平衡状態における水素、ヨウ素およびヨウ化水素のモル濃度を求めよ。

(2)　減少するヨウ素および生成するヨウ化水素の物質量の変化を図示せよ。

(3)　この反応の平衡定数を求めよ。

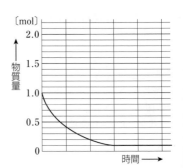

例題
解説動画

137. 知識 **平衡の量的関係**◎酢酸 1.00 mol とエタノール 1.00 mol の混合物を反応させ，ある一定温度で平衡状態に達したとき，酢酸が 0.25 mol に減少していた。

$$CH_3COOH + C_2H_5OH \rightleftharpoons CH_3COOC_2H_5 + H_2O$$

　　　　　酢酸　　　　エタノール　　　　　酢酸エチル　　　　　水

(1) この温度における反応の平衡定数はいくらか。

(2) 酢酸 1.00 mol，エタノール 1.00 mol，水 4.00 mol の混合物を反応させ，同じ温度で平衡状態に達したとき，酢酸エチルは何 mol 生成するか。

138. 知識 **反応量と解離度**◎ある温度で，n [mol] の四酸化二窒素 N_2O_4 を体積 V [L] の容器に入れると，二酸化窒素 NO_2 を生じて次式のような平衡状態に達した。このときの全圧を P [Pa]，四酸化二窒素の解離度を α として，下の各問いに文字式で答えよ。

$$N_2O_4(気) \rightleftharpoons 2NO_2(気)$$

(1) 平衡状態における二酸化窒素の物質量は何 mol か。

(2) 平衡時の四酸化二窒素の分圧は何 Pa か。

(3) この反応における平衡定数 K はいくらか，単位もつけて示せ。

139. 知識 **条件変化と平衡移動**◎次の各反応が平衡状態にあるとき，（　　　）に示す条件変化によって，平衡はどちらに移動するか。（ア）左，（イ）右，（ウ）移動しない，で答えよ。

(1) $3O_2 \rightleftharpoons 2O_3$ 　　　　　　　　　　（酸素を加える）

(2) $N_2 + 3H_2 \rightleftharpoons 2NH_3$ 　　　　　　（圧力を小さくする）

(3) $2HI \rightleftharpoons H_2 + I_2$ 　　$\Delta H = +9 \text{kJ}$ 　（加熱する）

(4) $2SO_2 + O_2 \rightleftharpoons 2SO_3$ 　　　　　（触媒を加える）

(5) $NH_3 + H_2O \rightleftharpoons NH_4^+ + OH^-$ 　（塩化アンモニウムを加える）

140. 思考 グラフ **平衡移動の原理**◎次の可逆反応について，下の各問いに答えよ。

$$2SO_2(気) + O_2(気) \rightleftharpoons 2SO_3(気) \qquad \Delta H = -198 \text{kJ}$$

(1) 温度・圧力と三酸化硫黄 SO_3 の生成量との関係を表したグラフはどれか。

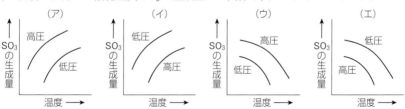

(2) この反応が全圧 a [Pa] で平衡状態にあるとき，温度一定のまま，容器の体積を半分にすると，全圧は b [Pa] となった。a と b の関係を正しく表した式はどれか。

（ア）$b < a$ 　　（イ）$b = a$ 　　（ウ）$a < b < 2a$ 　　（エ）$b = 2a$ 　　（オ）$b > 2a$

141. 知識　**平衡移動**●無色の四酸化二窒素 N_2O_4 と赤褐色の二酸化窒素 NO_2 が平衡状態にある混合気体を注射器に入れて圧縮した。この変化の記述として正しいものを1つ選べ。ただし，この平衡は $N_2O_4 \rightleftarrows 2NO_2$ で表される。

（ア）　圧縮した直後から赤褐色が濃くなる。

（イ）　圧縮した直後から赤褐色が薄くなる。

（ウ）　圧縮した直後は赤褐色が濃くなり，その後，赤褐色は薄くなる。

（エ）　圧縮した直後は赤褐色が薄くなり，その後，赤褐色は濃くなる。

142. 知識　**弱酸・弱塩基の pH**●下の各問いに答えよ。

(1)　$c[\mathrm{mol/L}]$ の酢酸水溶液における酢酸の電離度を α としたとき，酢酸水溶液の pH を c と α を用いて表せ。

(2)　$0.10\,\mathrm{mol/L}$ 酢酸水溶液の pH を小数第2位まで求めよ。酢酸の電離度は 1.7×10^{-2} とし，$\log_{10} 1.7 = 0.23$ とする。

(3)　$c[\mathrm{mol/L}]$ のアンモニア水におけるアンモニアの電離度を α としたとき，水のイオン積を K_W として，アンモニア水の pH を c, α, K_W を用いて表せ。

(4)　$0.10\,\mathrm{mol/L}$ アンモニア水の pH を小数第2位まで求めよ。アンモニアの電離度を 1.3×10^{-2}，水のイオン積 K_w を $1.0 \times 10^{-14}\,(\mathrm{mol/L})^2$，$\log_{10} 1.3 = 0.11$ とする。

143. 知識　**混合溶液の pH**●次の各水溶液の pH を整数値で答えよ。ただし，強酸・強塩基は完全に電離しているものとする。

(1)　$0.10\,\mathrm{mol/L}$ の塩酸 $1.0\,\mathrm{mL}$ を水でうすめて $1000\,\mathrm{mL}$ にした水溶液の pH を求めよ。

(2)　$0.010\,\mathrm{mol/L}$ の塩酸 $100\,\mathrm{mL}$ に $36\,\mathrm{mg}$ の水酸化ナトリウムを加えた水溶液の pH を求めよ。ただし，体積変化はないものとする。

(3)　$0.020\,\mathrm{mol/L}$ の塩酸 $75\,\mathrm{mL}$ に $0.020\,\mathrm{mol/L}$ の水酸化ナトリウム水溶液 $25\,\mathrm{mL}$ を加えた水溶液の pH を求めよ。

(4)　$0.010\,\mathrm{mol/L}$ の硫酸水溶液 $25\,\mathrm{mL}$ に $0.020\,\mathrm{mol/L}$ の水酸化カリウム水溶液 $75\,\mathrm{mL}$ を加えた水溶液の pH を求めよ。水のイオン積 K_w を $1.0 \times 10^{-14}\,(\mathrm{mol/L})^2$ とする。

144. 知識　**弱酸の電離定数**●酢酸水溶液中では，次式のような電離平衡が成立している。

$$CH_3COOH \rightleftarrows CH_3COO^- + H^+$$

酢酸の電離度は1よりも非常に小さいものとして，次の各問いに答えよ。

(1)　電離定数 K_a を表す式を，各成分のモル濃度を用いて記せ。

(2)　電離定数 K_a を $2.8 \times 10^{-5}\,\mathrm{mol/L}$ として，$7.0 \times 10^{-2}\,\mathrm{mol/L}$ の酢酸水溶液中の酢酸の電離度 α を求めよ。

(3)　(2)の酢酸水溶液中の水素イオン濃度 $[H^+]$ を求めよ。

(4)　(2)の酢酸水溶液の pH を小数第2位まで求めよ。ただし，$\log_{10} 2 = 0.30$，$\log_{10} 7 = 0.85$ とする。

145. [知識] **弱塩基の電離定数**●アンモニア水中では，次のような電離平衡が成立している。

$$NH_3 + H_2O \rightleftharpoons NH_4^+ + OH^- \qquad K_b = \frac{[NH_4^+][OH^-]}{[NH_3]} = 1.8 \times 10^{-5} \, mol/L$$

水のイオン積 K_W を $1.0 \times 10^{-14} \, (mol/L)^2$，アンモニアの電離度は 1 よりも非常に小さいものとして，次の各問いに答えよ。

(1) c[mol/L]のアンモニア水中のアンモニアの電離度 α を c と K_b を用いて表せ。

(2) 2.0 mol/L のアンモニア水中の水酸化物イオン濃度[OH^-]を求めよ。

(3) (2)のアンモニア水の pH を小数第 2 位まで求めよ。ただし，$\log_{10} 2 = 0.30$，$\log_{10} 3 = 0.48$ とする。

146. [知識] **塩の加水分解**●次の文を読み，下の各問いに答えよ。

①酢酸ナトリウムを水に溶かすと，酢酸イオンとナトリウムイオンに電離する。　②このとき生じた酢酸イオンの一部が水分子と反応し，水酸化物イオンを生じるため，水溶液は弱い（　ア　）性を示す。これを塩の（　イ　）という。

(1) 文中の（　　）に適する語句を入れ，下線部①，②の反応をイオン反応式で表せ。

(2) 次の水溶液は酸性・塩基性・中性のいずれを示すか。

　(a) 0.10 mol/L の塩酸と 0.10 mol/L の水酸化カリウム水溶液の等量混合水溶液

　(b) 0.10 mol/L の酢酸水溶液と 0.10 mol/L の水酸化カリウム水溶液の等量混合水溶液

　(c) 0.10 mol/L の塩酸と 0.10 mol/L のアンモニア水の等量混合水溶液

147. [知識] **緩衝液**●次の文中の[ア]，[イ]に適するイオン反応式，（ウ）に適する語句を入れよ。また，{エ}，{オ}に適するものを下の①〜⑤から選べ。

　等しい物質量の酢酸と酢酸ナトリウムを含む混合水溶液に，少量の塩酸を加えると[　ア　]の反応がおこり，水素イオン濃度はほぼ一定に保たれる。また，少量の水酸化ナトリウム水溶液を加えると[　イ　]の反応がおこり，水酸化物イオン濃度はほぼ一定に保たれる。このような水溶液を（　ウ　）といい，同物質量の{　エ　}と{　オ　}を含む混合水溶液でも同じような現象がおこる。

① NH₃　② HCl　③ NaCl　④ NH₄Cl　⑤ CH₃COOH

148. [知識] **溶解平衡と溶解度積**●次の文中の（　　）には適する語句または数値，[　　]には適する式を記せ。

　塩化銀は水に溶けにくい塩であるが，ごくわずかに溶けて飽和水溶液になり，溶解平衡 AgCl(固) $\rightleftharpoons$ Ag^+ + Cl^- が成立する。

　この飽和水溶液に塩化水素を通じると，（　ア　）の増加を緩和する方向へ平衡が移動し，沈殿の量は（　イ　）する。このような現象を（　ウ　）効果という。塩化銀の溶解度積は K_{sp} = [　エ　]と表され，その値は25℃では $1.8 \times 10^{-10} \, (mol/L)^2$ である。したがって，[Ag^+]が $1.0 \times 10^{-5} \, mol/L$ の塩化銀の飽和水溶液では，[Cl^-]は（　オ　）mol/L となる。

ある物質量の四酸化二窒素 N_2O_4 を密閉容器に入れて70℃に保つと，$N_2O_4 \rightleftharpoons 2NO_2$ の反応がおこり，平衡状態に達した。このとき，N_2O_4 の解離度はいくらか。ただし，平衡状態における圧力を 1.5×10^5 Pa，70℃における圧平衡定数を 2.0×10^5 Pa とする。

■考え方

解離度 α

$= \dfrac{\text{解離した物質の物質量}}{\text{はじめの物質の物質量}}$

解離した N_2O_4 は，$n\alpha$ [mol] である。平衡時の物質量を求め，（分圧）＝（全圧）×（モル分率）の式から分圧を計算する。

この反応の圧平衡定数は，次のように表される。

$$K_p = \dfrac{(p_{NO_2})^2}{p_{N_2O_4}}$$

■解答

反応前の N_2O_4 を n [mol]，解離度を α とすると，

$$N_2O_4 \rightleftharpoons 2NO_2$$

はじめ	n	0 [mol]
平衡時	$n(1-\alpha)$	$2n\alpha$ [mol]　合計 $n(1+\alpha)$ [mol]

全圧を P [Pa] とすると，各気体の分圧は，

$$p_{NO_2} = P \times \dfrac{2\alpha}{1+\alpha} \text{[Pa]}, \quad p_{N_2O_4} = P \times \dfrac{1-\alpha}{1+\alpha} \text{[Pa]}$$

圧平衡定数 K_p は，

$$K_p = \dfrac{(p_{NO_2})^2}{p_{N_2O_4}} = \dfrac{\left(P \times \dfrac{2\alpha}{1+\alpha}\right)^2}{P \times (1-\alpha)/(1+\alpha)} = \dfrac{4\alpha^2}{1-\alpha^2} \times P$$

$$\alpha = \sqrt{\dfrac{K_p}{4P+K_p}} = \sqrt{\dfrac{2.0 \times 10^5}{4 \times 1.5 \times 10^5 + 2.0 \times 10^5}} = \mathbf{0.50}$$

炭酸水中の炭酸の濃度を 2.75×10^{-2} mol/L とする。炭酸は式①のように電離し，生じた炭酸水素イオンはさらに式②のように電離する。ただし，式①および式②の電離定数を $K_1 = 4.4 \times 10^{-7}$ mol/L，$K_2 = 5.6 \times 10^{-11}$ mol/L とし，有効数字は2桁とする。

$$H_2CO_3 \rightleftharpoons H^+ + HCO_3^- \quad \cdots ① \qquad HCO_3^- \rightleftharpoons H^+ + CO_3^{2-} \quad \cdots ②$$

(1)　この炭酸水の水素イオン濃度[mol/L]を求めよ。

(2)　この炭酸水を希釈して pH を5.0とした。$[CO_3^{2-}]$ は $[H_2CO_3]$ の何倍か。

■考え方

(1)　$K_1 \gg K_2$ なので，炭酸の2段階目の電離を無視して1段階目だけを考える。1段階目の電離度 $\alpha \ll 1$ と仮定すると，1価の弱酸の電離定数と同様に $1-\alpha = 1$ と近似できる。

$$\alpha = \sqrt{\dfrac{K_1}{c}} \qquad [H^+] = \sqrt{cK_1}$$

(2)　K_1，K_2 をかけ合わせて $[HCO_3^-]$ を消去し，$[CO_3^{2-}]$ と $[H_2CO_3]$ の関係式をつくる。

■解答

(1)　$K_1 \gg K_2$ から，2段階目の電離を無視する。炭酸の1段階目の電離度を α とし，$\alpha \ll 1$ と仮定すると，

$$\alpha = \sqrt{\dfrac{K_1}{c}} = \sqrt{\dfrac{4.4 \times 10^{-7} \text{mol/L}}{2.75 \times 10^{-2} \text{mol/L}}} = 4.0 \times 10^{-3}$$

これは1よりも十分に小さく仮定は正しい。したがって，

$$[H^+] = c\alpha = \mathbf{1.1 \times 10^{-4} \text{mol/L}}$$

(2)　$K_1 \times K_2 = \dfrac{[H^+][HCO_3^-]}{[H_2CO_3]} \times \dfrac{[H^+][CO_3^{2-}]}{[HCO_3^-]} = \dfrac{[H^+]^2[CO_3^{2-}]}{[H_2CO_3]}$

ここに $[H^+] = 1.0 \times 10^{-5}$ mol/L，K_1，K_2 の値を代入する。

$$\dfrac{[CO_3^{2-}]}{[H_2CO_3]} = 2.46 \times 10^{-7} \qquad \mathbf{2.5 \times 10^{-7} \text{倍}}$$

例題
解説動画

発展例題15　緩衝液

→問題156

0.10 mol/L の酢酸水溶液 10.0 mL に 0.10 mol/L の水酸化ナトリウム水溶液 5.0 mL を加えて，緩衝液をつくった。この溶液の pH を小数第 2 位まで求めよ。ただし，酢酸の電離定数を $K_a＝2.7×10^{-5}$ mol/L，$\log_{10}2.7＝0.43$ とする。

■ 考え方

緩衝液中でも，酢酸の電離平衡が成り立つ。混合水溶液中の酢酸分子と酢酸イオンの濃度を求め，電離平衡の量的関係を調べればよい。このとき，酢酸イオンのモル濃度は，中和で生じたものと酢酸の電離で生じたものとの合計になる。これらの濃度を次式へ代入して水素イオン濃度を求め，pH を算出する。

$$K_a＝\frac{[H^+][CH_3COO^-]}{[CH_3COOH]} \quad ①$$

$$[H^+]＝\frac{[CH_3COOH]}{[CH_3COO^-]}×K_a \quad ②$$

■ 解 答

残った CH_3COOH のモル濃度は，

$$\frac{0.10×\dfrac{10.0}{1000}\,mol-0.10×\dfrac{5.0}{1000}\,mol}{(15.0/1000)\,L}＝0.0333\,mol/L$$

また，生じた CH_3COONa のモル濃度は，

$$\frac{0.10×\dfrac{5.0}{1000}\,mol}{(15.0/1000)\,L}＝0.0333\,mol/L$$

混合溶液中の $[H^+]$ を x [mol/L] とすると，

$$CH_3COOH \rightleftharpoons H^+ + CH_3COO^-$$

はじめ	0.0333	0	0.0333	[mol/L]
平衡時	$0.0333-x$	x	$0.0333+x$	[mol/L]

x の値は小さいので，$0.0333-x＝0.0333$，$0.0333+x＝0.0333$ とみなすと，②式から $[H^+]＝K_a$ となるため，

$$pH＝-\log_{10}[H^+]＝-\log_{10}(2.7×10^{-5})＝\mathbf{4.57}$$

発展例題16　溶解度積

→問題159・160

塩化銀 AgCl の溶解度積を $8.1×10^{-11}$(mol/L)^2 として，次の各問いに答えよ。
(1) 塩化銀の飽和水溶液 1 L には，何 g の塩化銀が溶けているか。
(2) 0.10 mol/L の硝酸銀水溶液 100 mL に，0.10 mol/L の塩化ナトリウム水溶液を 0.20 mL 加えたとき，塩化銀 AgCl の沈殿が生じるかどうかを判断せよ。

■ 考え方

(1) 塩化銀は，次のように電離する。
$$AgCl(固) \rightleftharpoons Ag^+ + Cl^-$$
溶解度積は $K_{sp}＝[Ag^+][Cl^-]$ である。飽和水溶液では，イオン濃度の積が溶解度積に等しい。

(2) 混合直後の $[Ag^+]$，$[Cl^-]$ を考え，その積 $[Ag^+]×[Cl^-]$ が K_{sp} よりも大きいときは沈殿を生じる。0.20 mL は 100 mL に対して十分に小さいので，100.2 mL＝100 mL として計算してよい。

■ 解 答

(1) 飽和水溶液 1 L 中の塩化銀 AgCl（式量143.5）を x [mol] とすると，$[Ag^+]＝[Cl^-]＝x$ [mol/L] となる。溶解度積が $8.1×10^{-11}$(mol/L)^2 なので，
$$x^2＝8.1×10^{-11} \qquad x＝9.0×10^{-6}\,mol/L$$
$$143.5\,g/mol×9.0×10^{-6}\,mol＝\mathbf{1.3×10^{-3}\,g}$$

(2)
$$[Ag^+]＝\frac{0.10×(100/1000)\,mol}{(100.2/1000)\,L}＝0.10\,mol/L$$
$$[Cl^-]＝\frac{0.10×(0.20/1000)\,mol}{(100.2/1000)\,L}$$
$$＝2.0×10^{-4}\,mol/L$$

イオン濃度の積を溶解度積と比較すると，
$$[Ag^+][Cl^-]＝2.0×10^{-5}＞K_{sp}＝8.1×10^{-11}$$
したがって，AgCl の**沈殿が生じる**。

第Ⅱ章　物質の変化と平衡

149. 平衡定数 [思考] 0.70 mol の二酸化硫黄 SO_2 と 0.30 mol の酸素の混合気体を，300 K，1.0×10^5 Pa で体積一定の密閉容器に入れて 600 K に加熱したところ，三酸化硫黄 SO_3 が生成して次式のような平衡状態となった。下の各問いに答えよ。

$$2SO_2(気) + O_2(気) \rightleftharpoons 2SO_3(気)$$

(1) 平衡状態になったとき，三酸化硫黄が 0.20 mol 生じていた。この容器の体積は何 L か。また，このときの容器内の圧力は何 Pa か。

(2) この反応の平衡定数 K は何 L/mol か。

(3) 容器の体積と温度を変えずに，容器内に酸素を加えたところ，三酸化硫黄の量が 0.40 mol で再び平衡状態になった。加えた酸素の物質量は何 mol か。 (09 上智大 改)

150. 圧平衡定数 [思考] 一定温度の密閉容器において，二酸化窒素 NO_2 が常温・常圧で次式のような平衡状態にある。

$$2NO_2 \rightleftharpoons N_2O_4$$

(1) NO_2 および N_2O_4 のそれぞれの分圧を p_{NO_2}，$p_{N_2O_4}$ として，この反応の圧平衡定数 K_p を p_{NO_2}，$p_{N_2O_4}$ を用いて表せ。

(2) NO_2 および N_2O_4 のそれぞれのモル濃度を $[NO_2]$，$[N_2O_4]$ とし，濃度平衡定数を K_c とする。圧平衡定数 K_p を，K_c，気体定数 R，および絶対温度 T を用いて表せ。

(3) 20℃で，NO_2 の分圧が 0.40×10^5 Pa，N_2O_4 の分圧が 0.050×10^5 Pa のとき，圧平衡定数を求めよ。

(4) 20℃で全圧を 9.0×10^5 Pa としたとき，NO_2 と N_2O_4 の物質量比を求めよ。

(お茶の水女子大 改)

151. 平衡移動 [思考] 次の(1)~(5)の化学平衡が成立しているとき，（ア）および（イ）の操作によって，各平衡はどちらに移動するか。「右」，「左」，「移動しない」で答えよ。

(1) $CH_3COOH \rightleftharpoons CH_3COO^- + H^+$

（ア） 水酸化ナトリウムを加える （イ） 酢酸ナトリウムを加える

(2) $2SO_2(気) + O_2(気) \rightleftharpoons 2SO_3(気)$ $\Delta H = -188$ kJ

（ア） 圧力を高くする （イ） 触媒を加える

(3) $N_2(気) + 3H_2(気) \rightleftharpoons 2NH_3(気)$ $\Delta H = -92$ kJ

（ア） 体積一定でアルゴンを加える （イ） 圧力一定でアルゴンを加える

(4) $C(黒鉛) + CO_2(気) \rightleftharpoons 2CO(気)$

（ア） 少量の黒鉛を加える （イ） 圧力を高くする

(5) $NH_3 + H_2O \rightleftharpoons NH_4^+ + OH^-$

（ア） 塩化水素を通じる （イ） 純水で希釈する

(埼玉工業大 改)

思考 グラフ

152. 反応の速さと平衡 次の式①は窒素と水素からアンモニアを合成する反応を示す。

$$N_2(気)+3H_2(気) \rightleftharpoons 2NH_3(気) \quad \Delta H=-92kJ \quad \cdots①$$

(1) 図1の太い実線Xは，ある一定の温度
と圧力において得られたアンモニアの生成
量の時間変化を表したものである。次の
(ⅰ)から(ⅲ)のように反応条件を変えたと
き，予想される曲線を図1のAからEより
1つずつ選び，記号で答えよ。

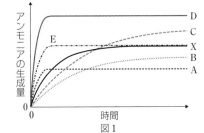

図1

(ⅰ)　圧力は同じまま，温度を下げる。

(ⅱ)　温度は同じまま，圧力を上げる。

(ⅲ)　圧力と温度は同じまま，触媒を加える。

(2)　窒素と水素の物質量の比が25：75の混合気体を，全圧が$3.0×10^7$Pa となるように
体積一定の密閉容器に入れた。その後，式①の反応を開始してある温度に保つと，全
圧が$1.8×10^7$Pa に減少して平衡状態に達した。このとき，反応前の窒素のうちの何
％がアンモニアに変換されたか，有効数字2桁で答えよ。　　　　(21　九州大　改)

思考

153. 非常に希薄な塩酸のpH 室温下に濃度c[mol/L]の塩酸がおかれている。室温に
おける水のイオン積を$K_w=1.0×10^{-14}$(mol/L)^{2}として，次の各問いに答えよ。

(1)　水の電離が無視できる程度にcが大きいとき，この塩酸のpHをcを用いて表せ。

(2)　$c<10^{-6}$mol/L のとき，溶液中のイオン濃度を求めるには，水の電離を考慮する必
要がある。水の電離の結果生じるOH^-の濃度をx[mol/L]として，K_wをcとxを用
いて表せ。

(3)　$c=10^{-7}$mol/L のとき，この塩酸のpHを小数第1位まで求めよ。ただし，

$\log_{10}\dfrac{\sqrt{5}+1}{2}=0.21$ とする。　　　　　　　　　　　　　　(19　学習院大)

思考

154. 加水分解定数 次の文を読み，下の各問いに答えよ。

　　塩酸とアンモニア水を中和すると塩化アンモニウムが得られる。塩化アンモニウムは
水溶液中で完全に電離して，NH_4^+とCl^-を生成する。このNH_4^+は，次の化学反応式
のように加水分解する。

$$NH_4^++H_2O \rightleftharpoons (\quad x \quad)+(\quad y \quad)$$

この反応の平衡定数である加水分解定数K_hは，アンモニアの電離定数K_bと水のイ
オン積K_wから，$K_h=(\quad A \quad)$と表すことができる。

(1)　(　x　)および(　y　)にあてはまる化学式を記せ。

(2)　(　A　)にあてはまる数式をK_b，K_wを用いて記せ。

(3)　$1.0×10^{-2}$mol/L の塩化アンモニウム水溶液のpHを小数第1位まで求めよ。ただし，
$K_b=2.0×10^{-5}$mol/L，$K_w=1.0×10^{-14}$(mol/L)^2，$\log_{10}5=0.70$とする。　(21　福岡大)

思考

155. 炭酸の電離 二酸化炭素は水に溶解し，炭酸 H_2CO_3 となって電離する。この電離では，次の2段階の電離平衡が成立している。水の電離による水素イオン濃度は無視できるものとして，下の各問いに答えよ。

$$H_2CO_3 \rightleftharpoons H^+ + HCO_3^- \qquad 電離定数 K_{a1}=4.5\times10^{-7}\,mol/L \qquad \cdots\cdots①$$

$$HCO_3^- \rightleftharpoons H^+ + CO_3^{2-} \qquad 電離定数 K_{a2}=9.0\times10^{-12}\,mol/L \qquad \cdots\cdots②$$

(1) この電離平衡において，水溶液中の炭酸イオン CO_3^{2-} のモル濃度 $[CO_3^{2-}]$ を，電離定数 K_{a1}, K_{a2}, 炭酸のモル濃度 $[H_2CO_3]$，水素イオン濃度 $[H^+]$ を用いて表せ。

(2) ある温度において，炭酸 H_2CO_3 の濃度が $2.0\times10^{-2}\,mol/L$ の水溶液を調製した。この水溶液の pH を小数第1位まで求めよ。ただし，上式①における炭酸の電離度は1よりも非常に小さいものとする。また，K_{a2} は K_{a1} に比べて非常に小さく，上式②で表される電離は無視できる。必要ならば，$\log_{10}3=0.48$ を用いよ。

(3) (2)と同じ温度で，炭酸 H_2CO_3 の濃度が $2.0\times10^{-5}\,mol/L$ の水溶液を調製した。この水溶液の水素イオン濃度を有効数字2桁で求めよ。ただし，この場合は，上式①における炭酸の電離度が1よりも非常に小さいとは仮定できない。 (岡山大 改)

思考

156. 緩衝液 次の実験1～5について，下の問いに答えよ。

実験1 濃度 $0.20\,mol/L$ の酢酸水溶液 $500\,mL$ を水酸化ナトリウムで中和した。

実験2 実験1で中和した水溶液に $0.40\,mol/L$ の酢酸水溶液 $300\,mL$ を混合して緩衝液 $800\,mL$ を調製した。

実験3 濃度 $0.20\,mol/L$ の塩酸 $200\,mL$ を，水 $800\,mL$ で希釈した。

実験4 濃度 $0.20\,mol/L$ の塩酸 $200\,mL$ を，実験2の緩衝液 $800\,mL$ と混合した。

実験5 濃度 $0.20\,mol/L$ の水酸化ナトリウム水溶液 $200\,mL$ を，実験2の緩衝液 $800\,mL$ と混合した。

(問) 実験2～実験5で得られた水溶液の pH を，それぞれ小数第2位まで求めよ。ただし，水のイオン積 K_w を $1.0\times10^{-14}\,(mol/L)^2$，酢酸の電離定数 K_a を $2.5\times10^{-5}\,mol/L$ とする。また，酢酸の電離度は1よりも十分小さく，溶解や混合による体積の変化は無視する。必要に応じて，$\log_{10}2=0.30$, $\log_{10}3=0.48$, $\log_{10}7=0.85$ を用いよ。

(20 首都大学東京)

思考 **論述** **グラフ**

157. 中和滴定曲線 $0.40\,mol/L$ の酢酸水溶液 $50\,mL$ に同濃度の水酸化ナトリウム水溶液 NaOHaq を滴下して混合液の pH を測定したところ，図のような滴定曲線が得られた。酢酸の電離定数 K_a を $2.0\times10^{-5}\,mol/L$，水のイオン積 K_W を $1.0\times10^{-14}\,(mol/L)^2$，$\sqrt{2}=1.4$，$\log_{10}2=0.30$, $\log_{10}3=0.48$ として，次の各問いに答えよ。

(1) 滴定前の点アの pH を小数第1位まで求めよ。

(2) 領域イで pH の変化がわずかである理由を記せ。

(3) 点ウおよび点エの pH を小数第1位まで求めよ。

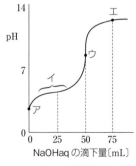

(10 大阪薬科大 改)

思考

158. 指示薬の変色域 一般に，指示薬は，それ自体が弱酸または弱塩基である。1価の弱酸である指示薬 HA の電離平衡は，HA $\rightleftharpoons$ H$^+$＋A$^-$ と表され，HA が黄色，A$^-$ が青色を示すとする。[HA]が[A$^-$]の10倍以上となるpHでは水溶液が黄色に見え，[A$^-$]が[HA]の10倍以上となる pH では水溶液が青色に見えるとし，それらの間の pH の範囲を変色域とよぶ。この指示薬の電離定数を $K_a = 8.0 \times 10^{-8}$ mol/L，$\log_{10} 2 = 0.30$ とする。

(1) 水溶液中で，この指示薬が黄色に見えるとき，[H$^+$]と K_a の関係を式で表せ。

(2) 水溶液中で，この指示薬が青色に見えるとき，[H$^+$]と K_a の関係を式で表せ。

(3) この指示薬 HA の変色域の pH は，（　A　）～（　B　）の範囲となる。（　A　），（　B　）にあてはまる数値を有効数字2桁で答えよ。 (21　名古屋市立大)

思考

159. 溶解度積 一般に，Cu^{2+} と Zn^{2+} が溶けた溶液の水素イオン濃度[H$^+$]を調製し，H$_2$S を通じると CuS のみを沈殿させることができる。次に示す実験条件，および数値を用いて，下の各問いに答えよ。ただし，[H$_2$S]は常に一定とし，有効数字は2桁とする。

[H$_2$S] $= 1.0 \times 10^{-1}$ mol/L，[Cu^{2+}] $= 5.0 \times 10^{-2}$ mol/L，[Zn^{2+}] $= 1.0 \times 10^{-1}$ mol/L

CuS の $K_{sp(CuS)} = 6.5 \times 10^{-30}$ (mol/L)^2　　ZnS の $K_{sp(ZnS)} = 3.0 \times 10^{-18}$ (mol/L)^2

H$_2$S の電離定数　　H$_2$S $\rightleftharpoons$ H$^+$＋HS$^-$　　　　$K_1 = 8.0 \times 10^{-8}$ mol/L

　　　　　　　　　　HS$^-$ $\rightleftharpoons$ H$^+$＋S^{2-}　　　　$K_2 = 1.5 \times 10^{-14}$ mol/L

(1) ZnS の沈殿が生じない[S^{2-}]の範囲を示せ。

(2) 硫化水素の2段階の電離を H$_2$S $\rightleftharpoons$ 2H$^+$＋S^{2-} とまとめて表した場合，この平衡の平衡定数 K を K_1，K_2 を用いて表せ。

(3) CuS のみを沈殿させることができる[H$^+$]の下限を答えよ。 (17　東京大　改)

思考 **実験** **論述**

160. モール法 塩化銀 AgCl の溶解度積を 1.7×10^{-10} (mol/L)^2，クロム酸銀 Ag$_2$CrO$_4$ の溶解度積を 1.1×10^{-12} (mol/L)^3，$\sqrt{1.7} = 1.3$，$\sqrt{11} = 3.3$ とする。

(1) 1.00×10^{-2} mol/L の塩化物イオンと 1.00×10^{-3} mol/L のクロム酸イオンを含む混合溶液 100 mL に，硝酸銀水溶液を徐々に加えた。このときの体積変化は無視できる。

　(a) 塩化銀，クロム酸銀を沈殿させるために必要な Ag$^+$ の濃度をそれぞれ求めよ。

　(b) クロム酸銀の沈殿が生成しはじめるときの，塩化物イオンの濃度を求めよ。

(2) ある濃度の食塩水 10.0 mL をとり，水を加えて 50.0 mL とした。ここへ少量のクロム酸カリウム水溶液を加え，0.100 mol/L の硝酸銀水溶液で滴定したところ，13.5 mL を要した。

　(a) この滴定の終点はどのようにして知ることができるか。

　(b) 食塩水のモル濃度を求めよ。

　(c) ちょうど滴定の終点でクロム酸銀の沈殿が析出しはじめるには，クロム酸イオンは何 mol 含まれていなければならないか。ただし，終点での全液量は 64.0 mL とする。 (11　慶應義塾大　改)

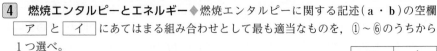

4 **燃焼エンタルピーとエネルギー**◆燃焼エンタルピーに関する記述（**a**・**b**）の空欄 ア と イ にあてはまる組み合わせとして最も適当なものを，①～⑥のうちから 1つ選べ。

a　$H_2(気) + \dfrac{1}{2}O_2(気) \longrightarrow H_2O(気)$　　$\Delta H = x$ [kJ]

$H_2(気) + \dfrac{1}{2}O_2(気) \longrightarrow H_2O(液)$　　$\Delta H = y$ [kJ]

x と y の絶対値の関係は ア となる。

b　シス-2-ブテンの燃焼エンタルピーを s とし，トランス-2-ブテンの燃焼エンタルピーを t とする。トランス-2-ブテンはシス-2-ブテンより生成エンタルピーの絶対値が大きく，安定なので，s と t の絶対値の関係は イ となる。

	ア	イ
①	$\|x\|<\|y\|$	$\|s\|<\|t\|$
②	$\|x\|>\|y\|$	$\|s\|<\|t\|$
③	$\|x\|=\|y\|$	$\|s\|<\|t\|$
④	$\|x\|<\|y\|$	$\|s\|>\|t\|$
⑤	$\|x\|>\|y\|$	$\|s\|>\|t\|$
⑥	$\|x\|=\|y\|$	$\|s\|>\|t\|$

（15　センター試験〔化Ⅰ〕　改）

5　**燃料電池**◆リン酸型燃料電池を用いると，H_2 を燃料として発電できる。外部回路に接続したリン酸型燃料電池の模式図を示す。次の各問いに答えよ。

(1)　この燃料電池を動作させるとき，供給する物質**ア**，**イ**とおもに排出される物質**ウ**，**エ**の組み合わせとして最も適当なものを，表の①～④のうちから1つ選べ。ただし，排出される物質には未反応の物質も含まれるものとする。

	ア	イ	ウ	エ
①	O_2	H_2	O_2	H_2, H_2O
②	O_2	H_2	O_2, H_2O	H_2
③	H_2	O_2	H_2	O_2, H_2O
④	H_2	O_2	H_2, H_2O	O_2

(2)　図の燃料電池で $2.00\,mol$ の H_2，$1.00\,mol$ の O_2 が反応したとき，外部回路に流れた電気量は何Cか。最も適当な数値を次の①～⑤のうちから1つ選べ。ただし，ファラデー定数は $9.65 \times 10^4\,C/mol$ とし，電極で生じた電子はすべて外部回路を流れたものとする。

① 1.93×10^4　　② 9.65×10^4　　③ 1.93×10^5
④ 3.86×10^5　　⑤ 7.72×10^5

（22　共通テスト　改）

6　**電気分解による気体の発生**◆ある1種類の物質を溶かした水溶液を，白金電極を用いて電気分解した。電子が $0.4\,mol$ 流れたとき，両極で発生した気体の物質量の総和は $0.3\,mol$ であった。溶かした物質として適当なものを，次の①～⑤のうちから2つ選べ。

①　NaOH　　　②　$AgNO_3$　　　③　$CuSO_4$　　　④　H_2SO_4　　　⑤　KI

（14　センター試験〔化Ⅰ〕）

7 **反応速度定数と平衡状態**◆溶液中での可逆反応 $A \rightleftarrows B+C$ において，正反応の反応速度 v_1 と逆反応の反応速度 v_2 は，$v_1=k_1[A]$，$v_2=k_2[B][C]$ であった。k_1，k_2 は正反応，逆反応の反応速度定数である。反応開始時において，$[A]=1$ mol/L，$[B]=[C]=0$ mol/L であり，反応中の温度は一定とする。$k_1=1\times10^{-6}$/s，$k_2=6\times10^{-6}$ L/(mol·s) であるとき，平衡状態での $[B]$ は何 mol/L か，最も適当な数値を 1 つ選べ。

① $\dfrac{1}{3}$　　② $\dfrac{1}{\sqrt{6}}$　　③ $\dfrac{1}{2}$　　④ $\dfrac{2}{3}$　　　　(22 共通テスト)

8 **化学平衡**◆気体 X，Y，Z の平衡反応は次式で表される。

$$aX \rightleftarrows bY+bZ \qquad \Delta H=x\,[kJ]$$

密閉容器に X のみを 1.0 mol 入れて温度を一定に保ったときの物質量の変化を調べた。気体の温度を T_1 と T_2 に保った場合の X と Y（または Z）の物質量の変化を，図の結果Ⅰと結果Ⅱに示す。ここで $T_1<T_2$ である。式中の係数 a と b の比 $(a:b)$ および x の正負の組み合わせとして最も適当なものを 1 つ選べ。

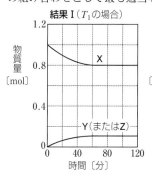 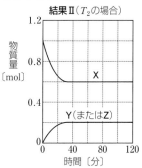

結果Ⅰ（T_1 の場合）　結果Ⅱ（T_2 の場合）

	$a:b$	x の正負
①	1：1	正
②	1：1	負
③	2：1	正
④	2：1	負
⑤	1：2	正
⑥	1：2	負
⑦	3：1	正
⑧	3：1	負

(16 センター試験 改)

9 **酢酸の電離平衡**◆0.016 mol/L の酢酸水溶液 50 mL と 0.020 mol/L の塩酸 50 mL を混合した溶液中の，酢酸イオンは何 mol/L か。最も適当な数値を 1 つ選べ。ただし，酢酸の電離度は 1 より十分小さいものとし，電離定数は 2.5×10^{-5} mol/L とする。

① 1.0×10^{-5}　　② 2.0×10^{-5}　　③ 5.0×10^{-5}

④ 1.0×10^{-4}　　⑤ 2.0×10^{-4}　　⑥ 5.0×10^{-4}　　　(16 センター試験)

10 **溶解度積**◆表に示す濃度の硝酸銀水溶液 100 mL と塩化ナトリウム水溶液 100 mL を混合する実験Ⅰ～Ⅲを行った。実験Ⅰ～Ⅲのうち，沈殿が生成する組み合わせとして正しいものを，①～⑥から 1 つ選べ。塩化銀の溶解度積を 1.8×10^{-10} (mol/L)^2 とする。

	硝酸銀水溶液の濃度[mol/L]	塩化ナトリウム水溶液の濃度[mol/L]
実験Ⅰ	2.0×10^{-3}	2.0×10^{-3}
実験Ⅱ	2.0×10^{-5}	2.0×10^{-5}
実験Ⅲ	2.0×10^{-5}	1.0×10^{-5}

① Ⅰ　　　　　　② ⅠとⅡ

③ ⅠとⅡとⅢ

④ Ⅱ　　　　　　⑤ ⅡとⅢ

⑥ Ⅲ

(15 センター試験 改)

総合問題

グラフ

161. 硫酸の中和エンタルピー　硫酸は 2 価の酸であり，希硫酸中では，硫酸の一段階目の電離反応①はほぼ完全に進行する。

$$H_2SO_4 \longrightarrow H^+ + HSO_4^- \quad \cdots ①$$

一方，二段階目の硫酸水素イオン HSO_4^- の電離反応②は完全には進行しない。

$$HSO_4^- \rightleftharpoons H^+ + SO_4^{2-} \quad \cdots ②$$

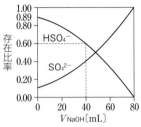

ビーカーに 0.080 mol/L の希硫酸を 40 mL 入れ，ゆっくりかき混ぜ，水溶液の温度を測定しながらビュレットから 0.080 mol/L の水酸化ナトリウム水溶液を加えていった。このときの混合液中の硫酸水素イオン HSO_4^- と硫酸イオン SO_4^{2-} の存在比率を図に示す。

実験の結果，温度は V_{NaOH}＝40 mL で 0.54℃，V_{NaOH}＝80 mL では 0.76℃ 上昇した。ただし，水溶液 1 mL の温度を 1℃ 上昇させるには溶液の組成によらず 4.2 J の熱量が必要で，熱の出入りは，次式で示す Q_1，Q_2 によるものだけとする。

$$H^+aq + OH^-aq \longrightarrow H_2O(液) \qquad \Delta H_1 = -Q_1 kJ \quad \cdots ③$$

$$HSO_4^-aq \longrightarrow H^+aq + SO_4^{2-}aq \qquad \Delta H_2 = -Q_2 kJ \quad \cdots ④$$

(1)　V_{NaOH}＝0 mL での水素イオン濃度 [mol/L] を，有効数字 2 桁で求めよ。

(2)　Q_1 と Q_2 を有効数字 2 桁で求めよ。　　　　　　　　　　　　　（21　京都大）

162. 海水の濃縮　図に示すように，陰イオン交換膜 X と陽イオン交換膜 Y で交互に仕切った電解槽①〜⑤に 3.0％ の塩化ナトリウム水溶液（密度 1.02 g/mL）を 1.00 L ずつ入れ，①槽に黒鉛電極（陽極），⑤槽に鉄電極（陰極）を浸し，5.0 時間通電したところ，⑤槽で発生した気体の体積は，27℃，1.0×10^5 Pa で 3.0 L であった。ただし，水溶液の体積変化および発生した気体の水溶液への溶解は無視できるものとする。

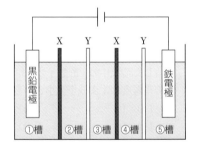

(1)　電気分解により，①槽と⑤槽では気体が発生した。陽極と陰極でおきている化学反応を，それぞれ電子 e^- を用いたイオン反応式で記せ。

(2)　⑤槽で発生した気体の物質量は何 mol か，有効数字 2 桁で答えよ。ただし，気体定数は 8.3×10^3 Pa・L/(K・mol) とする。

(3)　この電気分解によって電解槽に流れた電流は平均何 A か，有効数字 2 桁で答えよ。

(4)　電気分解後，③槽および④槽の塩化ナトリウムの濃度は，それぞれ何％になったか。有効数字 2 桁で答えよ。　　　　　　　　　　　　　（20　岡山県立大　改）

163. **実用リチウムイオン電池**　満充電の状態の電池から一定の電流を何時間取り出すことができるかを示す量を放電容量といい，1mA の電流を1時間取り出すことができる放電容量は1mAh である。リチウムイオン電池は，放電容量の大きな二次電池であり，正極活物質には，コバルト酸リチウム $LiCoO_2$ の結晶中から一部の Li^+ が脱離した $Li_{1-x}CoO_2(0<x<0.5)$ が用いられている。リチウムイオン電池を放電・充電すると，正極では，次の変化がおこる。

$$正極：Li_{1-x}CoO_2+xLi^++xe^- \underset{充電}{\overset{放電}{\rightleftarrows}} LiCoO_2$$

実用リチウムイオン電池では，満充電の状態でも x が0.5より大きくならないようにつくられている。これを超えて過充電を行うと，Li^+ が脱離しすぎることにより，①$Li_{1-x}CoO_2$ が O_2 の発生を伴い $LiCoO_2$ と Co_3O_4 へと分解し，放電容量が減少してしまう。いま，②0.25mol の $Li_{1-x}CoO_2$ を正極活物質とした，電圧3.7V，放電容量が2500mAh の実用リチウムイオン電池を $Li_{1-x}CoO_2$ の $x=0$ の状態から x が最大になるまで充電した後，③$8.00×10^{-1}A$ の一定電流で2時間放電した。

(1)　下線部①で，$Li_{1-x}CoO_2$ が $Li_{0.4}CoO_2$ のときの分解反応の化学反応式を示せ。また，10.0g の $Li_{0.4}CoO_2$ の30%が分解するとき，発生する O_2 の物質量を有効数字2桁で示せ。

(2)　下線部②の電池の正極活物質 $Li_{1-x}CoO_2$ がとる最大の x を有効数字2桁で示せ。

(3)　下線部③のとき，正極に取り込んだ Li^+ の物質量を有効数字2桁で示せ。

(4)　現在，各航空会社では，ワット時定格量 160Wh を超えるモバイルバッテリーの飛行機内のもち込みを禁止している。下線部②の電池8つを並列につないだモバイルバッテリーMのワット時定格量[Wh]を求め，Mを機内にもち込めるかを判断せよ。ただし，ワット時定格量[Wh]＝電力[W]×時間[h]，電力[W]＝電流[A]×電圧[V]である。

(21　大阪大　改)

グラフ

164. **反応速度と化学平衡**　8.00mol の気体Aおよび5.00mol の気体Bを300L の容器に入れ，27℃の温度を保ちながら反応させたところ，図の曲線で示されるような変化をして気体Cが生成し，30秒後には平衡状態に達した。次の各問いに答えよ。

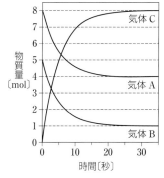

(1)　反応開始後5.0秒間の気体C生成の平均反応速度は何 mol/(L・s)か。有効数字2桁で求めよ。

(2)　平衡状態になったときの容器内の圧力[Pa]を有効数字2桁で求めよ。

(3)　この反応の平衡定数を有効数字2桁で求めよ。

(4)　6.00mol の気体Aおよび3.00mol の気体Bを300L の容器に入れ，27℃の温度を保ちながら反応させたところ，気体Cが生成し，平衡状態に達した。このとき生成した気体Cの物質量[mol]を有効数字3桁で求めよ。ただし，平衡定数は圧力には依存しないものとし，$\sqrt{3}$ ＝1.73とする。

(20　芝浦工業大　改)

第Ⅱ章　物質の変化と平衡

165. リン酸緩衝液　リン酸は，水溶液中で式①〜③のように3段階で電離している。

$$H_3PO_4 \rightleftharpoons H_2PO_4{}^- + H^+ \qquad K_1 = 7.00 \times 10^{-3} \text{mol/L} \quad \cdots①$$

$$H_2PO_4{}^- \rightleftharpoons HPO_4{}^{2-} + H^+ \qquad K_2 = 6.00 \times 10^{-8} \text{mol/L} \quad \cdots②$$

$$HPO_4{}^{2-} \rightleftharpoons PO_4{}^{3-} + H^+ \qquad K_3 = 4.00 \times 10^{-13} \text{mol/L} \quad \cdots③$$

一方，リン酸の塩であるリン酸二水素ナトリウム NaH_2PO_4 やリン酸一水素ナトリウム Na_2HPO_4 はどちらも水によく溶け，それぞれ式④，⑤のように完全に電離している。

$$NaH_2PO_4 \longrightarrow Na^+ + H_2PO_4{}^- \qquad\qquad\qquad \cdots④$$

$$Na_2HPO_4 \longrightarrow 2Na^+ + HPO_4{}^{2-} \qquad\qquad\qquad \cdots⑤$$

これらの電離によって生じた陰イオンは，式①〜③に示した反応を経て，各分子やイオンとの間で平衡状態となる。次の各問いに有効数字2桁で答えよ($\log_{10} 3.00 = 0.48$)。

(1) pH が2.00のリン酸水溶液の濃度は何 mol/L か。ただし，K_2 と K_3 は K_1 に対してきわめて小さいので，電離平衡は式①だけを考えればよい。

(2) pH が2.00のリン酸水溶液に NaOH 水溶液を少しずつ加えていくと，平衡時の濃度の比$[HPO_4{}^{2-}]/[PO_4{}^{3-}]$が2.50となった。このときの水溶液の pH はいくらか。

(3) 2.00×10^{-3} mol の NaH_2PO_4 と 4.00×10^{-3} mol の Na_2HPO_4 を水に溶かして 40.0mL とした水溶液の pH はいくらか。平衡時の H_3PO_4，$PO_4{}^{3-}$，H^+ の濃度は，NaH_2PO_4 と Na_2HPO_4 の初期濃度に比べて十分小さく，電離平衡は式②だけを考えればよい。

(4) (3)の混合液に 1.00×10^{-1} mol/L の塩酸を加えて pH を7.00とした。加えた塩酸の体積は何 mL か。(3)と同様に，電離平衡は式②だけを考えればよい。　(19　上智大)

166. 炭酸水素ナトリウム水溶液の pH　0.20 mol/L の $NaHCO_3$ 水溶液をつくった。この溶液中で，$NaHCO_3$ は Na^+ と $HCO_3{}^-$ に完全に電離し，$HCO_3{}^-$ は式(a)のように加水分解するとともに，式(b)のような反応をおこす。

$$HCO_3{}^- + H_2O \rightleftharpoons H_2CO_3 + OH^- \qquad 平衡定数 K_1 = 10^{-x} \text{mol/L} \qquad 式(a)$$

$$2HCO_3{}^- \rightleftharpoons H_2CO_3 + CO_3{}^{2-} \qquad 平衡定数 K_2 = 10^{-y} \qquad\qquad 式(b)$$

次の炭酸の水溶液中での2段階の電離定数，および水のイオン積 $K_w = 10^{-14.0}$ $(\text{mol/L})^2$ を参考にして，次の各問いに答えよ。

$$H_2CO_3 \rightleftharpoons H^+ + HCO_3{}^- \qquad 電離定数 K_{a1} = 10^{-6.3} \text{mol/L} \quad 式(c)$$

$$HCO_3{}^- \rightleftharpoons H^+ + CO_3{}^{2-} \qquad 電離定数 K_{a2} = 10^{-10.3} \text{mol/L} \quad 式(d)$$

(1) x，y にあてはまる数値を小数第1位まで求めよ。

(2) この溶液中の炭素原子の物質量が保存される式（物質収支の条件式）と，溶液中の陽イオンの電荷の総和と陰イオンの電荷の総和が等しくなる式（電気的中性の条件式）を，$[Na^+]$，$[H_2CO_3]$，$[H^+]$，$[HCO_3{}^-]$，$[CO_3{}^{2-}]$，$[OH^-]$を用いてそれぞれ表せ。

(3) (2)の2つの式から，$[H_2CO_3]$と$[CO_3{}^{2-}]$の関係式を導け。ただし，$NaHCO_3$ 水溶液は非常に弱い塩基性を示すので，$[H^+]$，$[OH^-]$はともに非常に小さい数値であり，$[Na^+]$に対して無視できるものとする。

(4) この溶液の pH を求めよ。　(17　九州大　改)

✓ セルフチェックシート

節	目標	関連問題	チェック
⑤	反応物，生成物のエネルギーの大小から，発熱反応，吸熱反応を判断できる。	75	
	反応エンタルピーを，化学反応式に ΔH を添えて表すことができる。	76	
	燃焼エンタルピーと燃焼する物質の質量から，発熱量を求めることができる。	78・79	
	反応エンタルピーの測定結果を示したグラフから，反応エンタルピーを求めることができる。	82	
	エネルギー図から，反応エンタルピーを読み取ることができる。	83	
	ヘスの法則を利用して，未知の反応エンタルピーを求めることができる。	84・85・86	
⑥	ダニエル電池の両極における化学変化を説明できる。	99	
	鉛蓄電池の両極における化学変化を説明できる。	101	
	燃料電池の両極における化学変化を説明できる。	102	
	水溶液の電気分解における各極の変化を反応式で表すことができる。	104・105	
	流れた電流と時間から電気量を求めることができる。	106	
	流れた電気量から，反応した物質の物質量を求めることができる。	106・107・108	
⑦	反応物または生成物の変化量を用いて，反応速度を式で表すことができる。	122	
	反応速度式を一般式で示すことができる。	123	
	反応速度や反応速度定数の単位を適切に扱うことができる。	123	
	濃度が変化した場合の反応速度が計算できる。	123	
	活性化エネルギーの大小と反応の速さの大小の関係を説明できる。	124	
	濃度や温度以外の，光などの条件でも反応速度が変化することがわかる。	125	
	温度が高くなると反応速度が大きくなる理由を説明できる。	126	
	活性化エネルギーや反応エンタルピーをエネルギー図上で示すことができる。	127	
	触媒を用いると反応速度が大きくなる理由を説明できる。	128	
	均一触媒，不均一触媒の例をあげることができる。	128	
⑧	平衡状態の意味を説明できる。	135	
	平衡定数を用いて，平衡状態における各物質の濃度を求めることができる。	137	
	解離度の意味を説明できる。	138	
	反応物・生成物の濃度を用いて，平衡定数を示すことができる。	138	
	濃度が変化した場合に平衡がどのように移動するか説明できる。	139	
	圧力が変化した場合に平衡がどのように移動するか説明できる。	139	
	温度が変化した場合に平衡がどのように移動するか説明できる。	139	
	触媒が平衡移動に関係しないことがわかる。	139	
	ある化学平衡について，温度・圧力と生成物の物質量の関係のグラフを示すことができる。	140	
	二酸化窒素と四酸化二窒素の平衡移動における色の変化を説明できる。	141	
	水のイオン積を用いて，pH が計算できる。	142	
	電離平衡の意味を説明できる。	144・145	
	電離度と電離定数の関係を式で表すことができる。	144・145	
	近似を用いて，弱酸の電離度と電離定数の関係を式で表すことができる。	144・145	
	加水分解の意味を説明できる。	146	
	弱酸や弱塩基からなる塩の水溶液の性質(酸性・中性・塩基性)を塩の加水分解を用いて判断できる。	146	
	加水分解をイオン反応式で示すことができる。	146	
	緩衝液の意味を説明できる。緩衝液の例を挙げられる。	147	
	化学式を用いて，緩衝液の働きを説明することができる。	147	
	塩化銀の溶解度積を式で示すことができる。	148	
	溶解度積の値にもとづいて，沈殿が生じる条件を説明できる。	148	

第Ⅱ章　物質の変化と平衡

長文読解問題

A 溶存酸素の測定◆次の文章を読み，下の各問いに答えよ。

「琵琶湖の深呼吸」ともよばれる琵琶湖の全層循環は，冬場に冷やされた表層の水が密度を増して沈降し，底層の水と混ざり合う現象である。このとき，表層から底層まで，水温と水に溶けている酸素の濃度（溶存酸素濃度）の値が一様となり，表層水に含まれる豊富な酸素が湖底まで供給される。しかし，近年，暖冬の影響から全層循環の時期の遅れがたびたび報告されており，2019年と2020年は全層循環が観測されていない。全層循環は，湖の生態系の維持や水質の保全に重要な意味をもつとされ，湖底の低酸素状態の長期化が湖に及ぼす影響が注視されている。湖水の溶存酸素濃度のおもな測定方法には，(ア) 酸化還元滴定による方法や，(イ) 溶存酸素計による方法がある。

問1　以下の文は，全層循環がおこった直後の2018年冬に，湖底付近の湖水を(ア)の方法で測定したときの手順を表している。ただし，操作中は空気中の酸素が混入しないものとする。

手順Ⅰ　湖水の採取と酸素の固定

船上で，湖水 100 mL を容器に採取し，塩化マンガン（Ⅱ）$MnCl_2$ 水溶液と，ヨウ化カリウム KI 水溶液と水酸化ナトリウム水溶液の混合液を加え，混和した。このとき生じた水酸化マンガン（Ⅱ）$Mn(OH)_2$ の沈殿は，反応式 a のように水中の溶存酸素によって酸化される（この操作を溶存酸素の固定という）。

$$2Mn(OH)_2 + O_2 \longrightarrow 2MnO(OH)_2 \qquad （反応式 a）$$

白色沈殿　　　　　　　　褐色沈殿

手順Ⅱ　酸化還元滴定

実験室にもち帰り，手順Ⅰの褐色沈殿を含む水溶液に塩酸を加えて沈殿を溶解した後（反応式 b），溶液の全量をコニカルビーカーに移した。(ウ) デンプン水溶液を指示薬として，この溶液を 2.0×10^{-2} mol/L チオ硫酸ナトリウム水溶液で滴定すると（反応式 c），終点に達したときの滴下量は 6.9 mL であった。

$$MnO(OH)_2 + 2I^- + 4H^+ \longrightarrow Mn^{2+} + I_2 + 3H_2O \qquad （反応式 b）$$

$$I_2 + 2Na_2S_2O_3 \longrightarrow 2NaI + Na_2S_4O_6 \qquad （反応式 c）$$

(1)　下線部(ウ)について，

　①滴定液を滴下するために使用する最も適切な器具の名称を答えよ。

　②この器具を純水で洗った後，乾燥させずにすぐに使用するためにはどのような操作が必要か，操作の名称および操作の手順を説明せよ。

(2) 下線部(ウ)について，次の場合の溶液の色を答えよ。

①デンプン水溶液を加えた直後

②終点に達した後

(3) 反応式 a ～ c において酸化剤として働く物質の化学式を，それぞれ答えよ。

(4) 湖水に含まれる溶存酸素濃度[mg/L]を求め，有効数字 2 桁で答えよ。ただし，反応式 a ～ c の反応はすべて完全に進んだものとし，O_2 の分子量は32とする。

(5) 湖の表層水は，全層循環に関係なく温度が低い時期の方が溶存酸素濃度が高い。温度が高いと酸素の水への溶解度が小さくなる理由を答えよ。

問2 下線部(イ)の溶存酸素計による方法について，図 1 は溶存酸素計の構造を表したものである。この装置を湖水に浸してスイッチを入れると，溶存酸素濃度に比例して電流を発生する。このとき，電極 a では，水に難溶の水酸化鉛(Ⅱ)が生じて電極に付着し，電極 b では，酸素分子が自由に透過できる隔膜を介して，溶存酸素が還元されて水酸化物イオンを生じる。

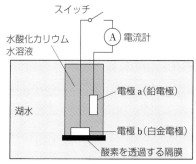

図1 溶存酸素計の構造

(1) 電極 a，b でおこる反応を電子 e^- を含むイオン反応式でそれぞれ記せ。

(2) 琵琶湖の全層循環がおこらなかった2019年秋，湖底付近の湖水の溶存酸素濃度を溶存酸素濃度計で測定した。その結果，湖水 1 L 中に含まれる溶存酸素の0.1%に相当する酸素が反応するまでに，$3.2×10^{-4}$ A の電流が60秒間流れた。ただし，流れた電気量のすべてが電極 a，b でおこる反応に使われるものとして，次の各問いに答えよ。

①湖水に含まれる溶存酸素濃度[mg/L]を求め，有効数字 2 桁で答えよ。

②反応時間 t[s]と電極 a の質量 M[mg]との関係を，縦軸に M，横軸に t をとり，グラフの概要を示せ。ただし，反応前の質量を M_0，t_1 秒後の質量を M_1 としてグラフ内に記せ。なお，この間の電流の値は一定であるとする。

③電極 a の質量は測定後に何 mg 増加したか，あるいは減少したか。有効数字 2 桁で答えよ。ただし，式量は Pb＝207，Pb(OH)$_2$＝241 とする。 (21 滋賀医科大)

9 非金属元素の単体と化合物

1 周期表と元素の性質

❶周期性からわかる原子の性質の傾向

●分類

金属元素 / 非金属元素 / 典型元素 / 遷移元素 / 典型元素

●周期律

イオン化エネルギー　小→大

電子親和力　小→大

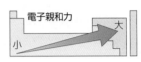

電気陰性度　小→大

原子の大きさ　大→小

❷化合物の性質と周期表　酸化物など，化合物の性質にも周期性が見られる。

族	1	2	13	14	15	16	17
元素	Na	Mg	Al	Si	P	S	Cl
陽性・陰性	強 ◀━━陽性━━ 弱　弱 ━━陰性━━▶ 強						
酸化物	Na_2O	MgO	Al_2O_3	SiO_2	P_4O_{10}	SO_3	Cl_2O_7
	塩基性酸化物		両性酸化物		酸性酸化物		
酸化物と水との反応生成物	$NaOH$	$Mg(OH)_2$	$Al(OH)_3$	H_2SiO_3	H_3PO_4	H_2SO_4	$HClO_4$
	水酸化物		両性水酸化物		オキソ酸		

$Al(OH)_3$ とケイ酸 H_2SiO_3 は，酸化物と水からは生じない。酸素を含む酸をオキソ酸という。

2 水素とその化合物

❶単体

H_2
水素

①無色，無臭で，最も軽い気体　②水に溶けにくい
③燃焼，爆発しやすい（水素爆鳴気…水素2：酸素1（体積比）の混合気体）
④還元作用を示す　$CuO + H_2 \longrightarrow Cu + H_2O$　⑤燃料電池（負極活物質）

製法　①Zn，Fe などに希硫酸や塩酸　$Zn + H_2SO_4 \longrightarrow ZnSO_4 + H_2$
②水の電気分解　$2H_2O \longrightarrow 2H_2 + O_2$

❷化合物
①非金属元素の水素化合物は，常温・常圧で気体のものが多い
②LiH，NaH，CaH_2 などはイオン結晶で，H^-（水素化物イオン）を含む

3 18族元素（貴ガス）　He，Ne，Ar，Kr，Xe，Rn

（性質）①空気中に少量含まれる　②常温・常圧で無色，無臭の気体
③不燃性　④安定な電子配置をとり，単原子分子として存在
⑤低圧下で放電すると，特有の発色を示す（ネオンサインなどに利用）

He　①水素に次いで軽い気体　②気球や飛行船，冷却剤に利用

Ar　①白熱電球や蛍光灯に封入　②金属溶接時の酸化防止　③空気中に約1％

4 17族元素（ハロゲン）

❶単体

（性質） ①二原子分子で有毒　②原子番号が大きいものほど，融点・沸点が高い

③酸化作用を示す(酸化力の強さ：$F_2 > Cl_2 > Br_2 > I_2$)

F_2
フッ素

①淡黄色，刺激臭の気体　②反応性が大(冷暗所で水素と爆発的に反応)

③水と反応して，フッ化水素と酸素を生成　$2F_2 + 2H_2O \longrightarrow 4HF + O_2$

Cl_2
塩素

①黄緑色，刺激臭の気体

②水に少し溶け，次亜塩素酸 $HClO$ を生じる　$Cl_2 + H_2O \rightleftharpoons HCl + HClO$

③$HClO$ は酸化作用が強く，塩素水は殺菌や漂白に利用

④ヨウ化カリウムデンプン紙を青変　$2KI + Cl_2 \longrightarrow 2KCl + I_2$

製法　①MnO_2 に濃塩酸，加熱　$MnO_2 + 4HCl \longrightarrow MnCl_2 + 2H_2O + Cl_2$

●塩素の発生と捕集

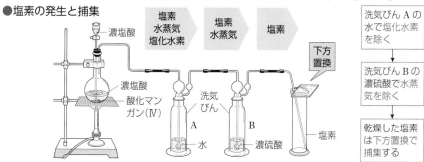

②高度さらし粉に塩酸　$Ca(ClO)_2 \cdot 2H_2O + 4HCl \longrightarrow CaCl_2 + 4H_2O + 2Cl_2$

さらし粉に塩酸　$CaCl(ClO) \cdot H_2O + 2HCl \longrightarrow CaCl_2 + 2H_2O + Cl_2$

Br_2
臭素

③塩化ナトリウム水溶液の電気分解で陽極に生成　$2Cl^- \longrightarrow Cl_2 + 2e^-$

①赤褐色の重い液体(密度 $3.12\,g/cm^3$)　②赤褐色，刺激臭の蒸気を生じる

I_2
ヨウ素

①黒紫色，光沢のある結晶　②昇華性(加熱によって紫色の蒸気を生成)

③水に溶けにくいが，ヨウ化カリウム水溶液に三ヨウ化物イオン I_3^- を生じて
溶け，褐色のヨウ素ヨウ化カリウム水溶液(ヨウ素液)になる

④デンプンと鋭敏に反応し，青紫色になる(ヨウ素デンプン反応)

❷ハロゲン化水素　①すべて無色，刺激臭の気体　②水によく溶け，水溶液は酸性

HF
フッ化水素

①水溶液(フッ化水素酸)はガラスを腐食(ポリエチレンびんに保存)

$6HF + SiO_2 \longrightarrow H_2SiF_6 + 2H_2O$

②分子間に水素結合が働くため，沸点が比較的高い。水溶液は弱い酸性を示す

製法　ホタル石に濃硫酸，加熱　$CaF_2 + H_2SO_4 \longrightarrow CaSO_4 + 2HF$

HCl
塩化水素

①水溶液(塩酸)は強酸性

②NH_3 と反応して白煙(NH_4Cl)生成(検出に利用)　$HCl + NH_3 \longrightarrow NH_4Cl$

製法　$NaCl$ に濃硫酸　$NaCl + H_2SO_4 \longrightarrow NaHSO_4 + HCl$

工業的製法　H_2 と Cl_2 を直接反応　$H_2 + Cl_2 \longrightarrow 2HCl$

HBr　**HI**
臭化水素　ヨウ化水素

①いずれも水に溶けやすい　②水溶液は強酸性

5 16族元素（酸素と硫黄）

❶酸素の単体

同素体	酸素 O_2	オゾン O_3
性質	①無色，無臭の気体 ②空気中の約21％(体積)を占める ③水に溶けにくい ④燃焼によって酸化物を生じる	①淡青色，特異臭の気体 ②不安定で分解しやすく，有毒 ③酸化作用が強い(ヨウ化カリウムデンプン紙を青変)
用途	①金属の溶接・切断(酸素アセチレン炎) ②医療用(酸素吸入)	①飲料水の殺菌　②空気の消臭 ③繊維の漂白
製法	①H_2O_2 水溶液の分解(触媒：MnO_2) 　$2H_2O_2 \longrightarrow 2H_2O+O_2$ ②$KClO_3$ の加熱分解(触媒：MnO_2) 　$2KClO_3 \longrightarrow 2KCl+3O_2$	①酸素に紫外線をあてる ②酸素中で無声放電　$3O_2 \longrightarrow 2O_3$ ※オゾン層…地表から $20\sim30\,km$ のオゾンを多く含む層

❷硫黄とその化合物

単体
①同素体には，斜方硫黄，単斜硫黄，ゴム状硫黄があり，いずれも水に不溶
②火山地帯で産出　③石油の精製時に得られる
④青色の炎を上げて燃焼　$S+O_2 \longrightarrow SO_2$
⑤高温で Fe などの金属と反応し，硫化物を生成　$Fe+S \longrightarrow FeS$

SO_2
二酸化硫黄
①無色，刺激臭の有毒な気体　②水によく溶け，亜硫酸を生成
③還元作用，漂白作用がある(H_2S に対しては酸化剤として働く)
　〈例〉　$SO_2+I_2+2H_2O \longrightarrow H_2SO_4+2HI$　　(還元剤としての働き)
　　　　$SO_2+2H_2S \longrightarrow 3S+2H_2O$　　　　　(酸化剤としての働き)
　製法　①銅に濃硫酸，加熱　$Cu+2H_2SO_4 \longrightarrow CuSO_4+2H_2O+SO_2$
　②亜硫酸水素塩に希硫酸　$2NaHSO_3+H_2SO_4 \longrightarrow Na_2SO_4+2H_2O+2SO_2$

H_2SO_4
硫酸
濃硫酸　①無色の重い液体(密度 $1.84\,g/cm^3$)　②水で希釈すると激しく発熱
③吸湿性が強く，乾燥剤に利用　④不揮発性(沸点338℃)
⑤脱水作用(H と O を $2:1$ の割合で奪う)
⑥熱濃硫酸は酸化作用が強い(Cu, Hg, Ag と反応し，SO_2 を発生)
希硫酸　①強酸性(多くの金属と反応して H_2 を発生)
②硫酸塩には水に溶けやすいものが多い　③鉛蓄電池の電解液

H_2S
硫化水素
①無色，腐卵臭の有毒な気体　②水溶液は弱酸性　$H_2S \rightleftharpoons 2H^+ + S^{2-}$
③可燃性，還元作用を示す　〈例〉　$H_2S+I_2 \longrightarrow S+2HI$
④多くの金属イオンと反応して，硫化物を沈殿
　製法　硫化鉄(Ⅱ)に希硫酸　$FeS+H_2SO_4 \longrightarrow FeSO_4+H_2S$(弱酸の遊離)

●硫黄化合物の相互関係

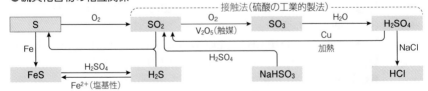

6 15族元素（窒素とリン）

❶窒素とその化合物

N_2
窒素

①無色，無臭の気体　②空気中の約78％（体積）を占める　③水に溶けにくい

製法　亜硝酸アンモニウムを含む水溶液を加熱　$NH_4NO_2 \longrightarrow 2H_2O + N_2$

工業的製法　液体空気の分留

NO
一酸化窒素

①無色で，水に難溶の気体

②酸素と反応して二酸化窒素を生成　$2NO + O_2 \longrightarrow 2NO_2$

製法　銅に希硝酸　$3Cu + 8HNO_3 \longrightarrow 3Cu(NO_3)_2 + 4H_2O + 2NO$

NO_2
二酸化窒素

①赤褐色，刺激臭の有毒な気体

②常温で四酸化二窒素と平衡　$2NO_2(赤褐色) \rightleftarrows N_2O_4(無色)$

③水に溶けて硝酸を生じる（酸性雨の一因）　$3NO_2 + H_2O \longrightarrow 2HNO_3 + NO$

製法　銅に濃硝酸　$Cu + 4HNO_3 \longrightarrow Cu(NO_3)_2 + 2H_2O + 2NO_2$

HNO_3
硝酸

①無色，揮発性の液体（沸点83℃）　②発煙性がある　③熱や光で分解（褐色びんに保存）　④濃硝酸（約61％），希硝酸ともに酸化作用が強い（Cu, Hg, Ag も溶解）　⑤濃硝酸は Al, Fe, Ni などの表面に難溶性の酸化被膜を形成（不動態）

NH_3
アンモニア

①無色，刺激臭の気体

②水に極めてよく溶け，水溶液は弱塩基性　$NH_3 + H_2O \rightleftarrows NH_4^+ + OH^-$

③HCl と反応して白煙（NH_4Cl）生成（検出に利用）$NH_3 + HCl \longrightarrow NH_4Cl$

④窒素肥料の硫安$(NH_4)_2SO_4$ や尿素 $CO(NH_2)_2$ の原料

製法　アンモニウム塩と強塩基の加熱

$2NH_4Cl + Ca(OH)_2 \longrightarrow CaCl_2 + 2H_2O + 2NH_3$（弱塩基の遊離）

工業的製法　ハーバー・ボッシュ法　$N_2 + 3H_2 \rightleftarrows 2NH_3$（触媒：$Fe_3O_4$）

●窒素化合物の相互関係・製法

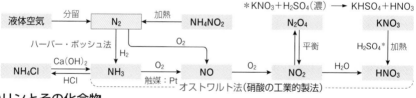

❷リンとその化合物

単体

①同素体には黄リン，赤リンがある。黄リンは猛毒で，二硫化炭素に溶ける

②黄リンは空気中で自然発火するため，水中に保存

③赤リンは医薬品や農薬の原料，マッチの箱の側薬に利用

P_4O_{10}
十酸化四リン

①吸湿性の強い白色粉末（乾燥剤や脱水剤として利用）

②水に溶かして加熱するとリン酸になる　$P_4O_{10} + 6H_2O \longrightarrow 4H_3PO_4$

リン酸　**製法**　リンの燃焼　$4P + 5O_2 \longrightarrow P_4O_{10}$

H_3PO_4

①無色結晶，潮解性　②３段階に電離　$H_3PO_4 \rightleftarrows 3H^+ + PO_4^{3-}$

③リン酸カルシウム $Ca_3(PO_4)_2$ は骨や歯の主成分

7 14族元素（炭素とケイ素）

❶炭素とその化合物

単体
①ダイヤモンド，黒鉛，フラーレン，カーボンナノチューブなどの同素体
②ダイヤモンド，黒鉛は共有結合の結晶，フラーレンは C_{60}，C_{70} などの分子結晶

CO
一酸化炭素
①無色，無臭で，水に溶けにくい有毒な気体　②可燃性（淡青色の炎）
製法 ギ酸に濃硫酸（脱水剤），加熱　$HCOOH \longrightarrow H_2O + CO$

CO_2
二酸化炭素
①無色，無臭の気体　②赤外線を吸収し，気温を上昇（温室効果）
③水に溶けて炭酸を生じ，弱酸性　$CO_2 + H_2O \rightleftharpoons H^+ + HCO_3^-$
④石灰水を白濁（CO_2 の検出）

$$Ca(OH)_2 + CO_2 \longrightarrow CaCO_3 + H_2O$$

製法 炭酸塩に塩酸

$$CaCO_3 + 2HCl \longrightarrow CaCl_2 + H_2O + CO_2（弱酸の遊離）$$

工業的製法 石灰石を熱分解　$CaCO_3 \longrightarrow CaO + CO_2$

塩酸
活栓
石灰石
キップの装置

❷ケイ素とその化合物

Si
①かたく，融点の高い共有結合の結晶　②半導体

SiO_2
二酸化ケイ素
①石英，水晶，ケイ砂として産出　②かたく，融点の高い共有結合の結晶
③$NaOH$ や Na_2CO_3 とともに融解すると，ケイ酸ナトリウム Na_2SiO_3 が生成

H_2SiO_3
ケイ酸
①水ガラス（Na_2SiO_3 aq）に塩酸を加えると，白色のケイ酸 H_2SiO_3 が生成

$$Na_2SiO_3 + 2HCl \longrightarrow H_2SiO_3 + 2NaCl$$

②ケイ酸を加熱して乾燥させるとシリカゲル（乾燥剤）が生成

8 無機化学工業

❶硫酸の製法（接触法）

$$SO_2 \xrightarrow[\text{触媒：}V_2O_5]{① \ O_2} SO_3 \xrightarrow{② \ H_2O^*} 濃硫酸$$

① $2SO_2 + O_2 \longrightarrow 2SO_3$　② $SO_3 + H_2O \longrightarrow H_2SO_4$
＊実際には，SO_3 を濃硫酸に吸収させて発煙硫酸にしたのち，これを希硫酸に加えて濃硫酸としている。

❷アンモニアの製法（ハーバー・ボッシュ法）　$N_2 + 3H_2 \rightleftharpoons 2NH_3$（触媒：$Fe_3O_4$）

❸硝酸の製法（オストワルト法）

$\left.\begin{array}{l} 4NH_3 + 5O_2 \longrightarrow 4NO + 6H_2O \ （触媒：Pt） \\ 2NO + O_2 \longrightarrow 2NO_2 \\ 3NO_2 + H_2O \longrightarrow 2HNO_3 + NO \end{array}\right\}$ $NH_3 + 2O_2 \longrightarrow HNO_3 + H_2O$

9 乾燥剤と気体の性質

❶気体の乾燥剤　気体に含まれる水蒸気を取り除く。

乾燥剤	性質	乾燥に適した気体の種類
濃硫酸，P_4O_{10}	酸性	中性，酸性の気体（H_2S の乾燥に濃硫酸は不可）
CaO，ソーダ石灰	塩基性	中性，塩基性の気体
$CaCl_2$	中性	中性，酸性，塩基性の気体（NH_3 の乾燥に $CaCl_2$ は不可）

注 ソーダ石灰は CaO と $NaOH$ の混合物を加熱したものである。シリカゲルは，水蒸気とともに目的の気体も吸着することが多いため，一般に気体の乾燥には不適である。

❷気体の性質

気体	色	におい	水への溶解	その他の性質	乾燥剤❷	捕集法
H_2	無色	無臭	難溶	中性, 可燃性	全	水上
O_2	無色	無臭	難溶	中性, 助燃性	全	水上
Cl_2	黄緑色	刺激臭	やや溶	酸性, 酸化剤	中・酸	下方
HCl	無色	刺激臭	易溶	酸性	中・酸	下方
H_2S	無色	腐卵臭	やや溶	酸性, 還元剤	中・酸❸	下方
SO_2	無色	刺激臭	やや溶	酸性, 還元剤❶	中・酸	下方
NH_3	無色	刺激臭	易溶	塩基性	中❹・塩基	上方
NO	無色	—	難溶	中性	全	水上
NO_2	赤褐色	刺激臭	易溶	酸性	中・酸	下方
CO_2	無色	無臭	やや溶	酸性	中・酸	下方❺

水上置換

❶酸化剤としても働く　❷全：どの乾燥剤でも可　中：中性乾燥剤　酸：酸性乾燥剤　塩基：塩基性乾燥剤　❸濃硫酸は不可　❹$CaCl_2$ は不可　❺水上置換の場合もある

上方置換　　下方置換

プロセス 次の文中の( )に適当な語句を入れよ。

1 イオン化エネルギーの値は, 同族元素の原子では原子番号が大きいほど(ア)くなり, 同一周期の元素では左から右に行くほど(イ)くなる。

2 18族の元素は(ウ)とよばれ, 安定な電子配置をとり, (エ)分子として存在する。

3 ハロゲンの単体は酸化作用を示し, その強さは分子量が大きいほど(オ)くなる。したがって, 最も酸化力が強いものは(カ)である。また, ヨウ化カリウムの水溶液に塩素を通じると, (キ)が遊離して(ク)色になる。

4 オゾンは, 特異臭をもつ(ケ)色の気体で, 酸素と(コ)の関係にあり, (サ)作用が強く, ヨウ化カリウムデンプン紙を(シ)色に変える。

5 硫黄の単体には, 斜方硫黄, 針状の(ス)硫黄, 褐色の(セ)硫黄などがある。

6 アンモニアは無色, (ソ)臭の気体で, 水溶液は弱い(タ)性を示す。この気体は水素と窒素を直接反応させて得られる。この工業的製法を(チ)法という。

7 一酸化窒素は(ツ)色の気体で, 銅に(テ)を作用させると発生する。

8 二酸化窒素は(ト)色, 刺激臭の気体で, 銅に(ナ)を作用させると発生する。

9 二酸化炭素を石灰水に通じると, 石灰水が(ニ)く濁る。

10 二酸化ケイ素は(ヌ)結晶で, 水酸化ナトリウムとともに融解すると(ネ)になる。

11 一般に, 酸性の気体を乾燥させるには, (ノ)性乾燥剤を使用する。中性乾燥剤である塩化カルシウムは, (ハ)を除くすべての気体の乾燥に適している。

プロセスの解答 ··
(ア) 小さ　(イ) 大き　(ウ) 貴ガス　(エ) 単原子　(オ) 弱　(カ) フッ素　(キ) ヨウ素
(ク) 褐　(ケ) 淡青　(コ) 同素体　(サ) 酸化　(シ) 青紫　(ス) 単斜　(セ) ゴム状
(ソ) 刺激　(タ) 塩基　(チ) ハーバー・ボッシュ　(ツ) 無　(テ) 希硝酸　(ト) 赤褐
(ナ) 濃硝酸　(ニ) 白　(ヌ) 共有結合の　(ネ) ケイ酸ナトリウム　(ノ) 酸　(ハ) アンモニア

基本例題19　塩素の発生装置

➡️問題173

乾燥した塩素を得るために図のような発生装置を組み立てた。次のうち，誤っているものはどれか。

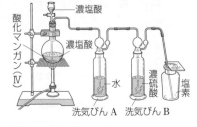

（ア）　ここでおこる変化は次式で表される。

$$MnO_2 + 4HCl \longrightarrow MnCl_2 + 2H_2O + Cl_2$$

（イ）　洗気びんAに水を入れるのは，塩化水素を除くためである。

（ウ）　洗気びんBに濃硫酸を入れるのは，水蒸気を除くためである。

（エ）　洗気びんAとBの順序は，逆にしてもよい。

（オ）　塩素は，空気よりも重いので，下方置換で捕集する。

▌考え方

（ア）　（正）　この反応では，酸化マンガン（Ⅳ）は酸化剤として作用している。

（イ）　（正）　この実験では，発生した塩素に塩化水素や水蒸気も含まれる。洗気びんAでは，水に溶けやすい塩化水素を除く。

（ウ）　（正）　濃硫酸には吸湿性があるため，酸性の気体の乾燥剤に使用される。

（エ）　（誤）　洗気びんAとBの順序を逆にすると，捕集した塩素に水蒸気が混入するようになる。

（オ）　（正）　塩素は，水に少し溶け，空気よりも重い気体である。

▌解答

（エ）

基本例題20　アンモニアの発生と性質

➡️問題178

図の装置を用いてアンモニアを発生させた。この図について，次の各問いに答えよ。

（1）　試験管の口を下向きにするのはなぜか。

（2）　乾燥剤として適当なものを下から選べ。

　（ア）　塩化カルシウム　　（イ）　濃硫酸

　（ウ）　十酸化四リン　　（エ）　ソーダ石灰

（3）　この捕集法を何というか。

（4）　ある気体をアンモニアに近づけると，白煙を生じた。この気体は何か。名称を記せ。

▌考え方

（1）　この反応では，アンモニアと同時に水も生成する。

$$2NH_4Cl + Ca(OH)_2 \longrightarrow CaCl_2 + 2H_2O + 2NH_3$$

（2）　塩基性の気体には，塩基性または中性の乾燥剤を使用する。$CaCl_2$ はアンモニアと塩をつくるため，使用できない。

（3）　アンモニアは，水によく溶け，空気よりも軽い気体であり，上方置換で捕集する。

（4）　アンモニアと塩化水素の反応は，互いの検出に用いられる。

▌解答

（1）　**生成する水が加熱部に流れて試験管が破損するのを防ぐため。**

（2）　**（エ）**

（3）　**上方置換**

（4）　**塩化水素**

例題
解説動画

基本例題21　気体の性質　　⇒問題183

次の(1)～(6)にあてはまる気体を下の(ア)～(ク)から選び，分子式で示せ。

(1) 同温・同圧で密度が最小である。　　(2) 塩化水素と反応し，白煙を生じる。

(3) 水溶液はガラスを腐食する。　　(4) 還元作用によって赤い花を漂白する。

(5) 黄緑色で，水道水の殺菌に用いる。　　(6) 鉛(Ⅱ)イオンと黒色沈殿を生じる。

　（ア）　アンモニア　　（イ）　一酸化炭素　　（ウ）　硫化水素　　（エ）　二酸化炭素

　（オ）　二酸化硫黄　　（カ）　塩素　　　　　（キ）　フッ化水素　（ク）　水素

▌考え方

(1) 分子量が最小の気体を選ぶ。

(2) この反応は，検出に利用される。

(3) ガラスの成分は SiO_2 である。

(4)，(5) 漂白・殺菌には，還元作用によるものと酸化作用によるものがある。

(6) 金属イオンの検出に利用される。

▌解答

(1) 分子量が最小の(ク)の H_2 が密度も最小。　H_2

(2) $HCl + NH_3 \longrightarrow NH_4Cl$　NH_3

(3) $6HF + SiO_2 \longrightarrow H_2SiF_6 + 2H_2O$　HF

(4) SO_2 の還元作用によって漂白される。　SO_2

(5) Cl_2 の酸化作用によって殺菌する。　Cl_2

(6) $Pb^{2+} + H_2S \longrightarrow PbS + 2H^+$　H_2S

第Ⅲ章　無機物質

|基|本|問|題|

▌知識

167. 周期表と元素の性質●次の各問いに答えよ。

(1) リン，硫黄，塩素，アルゴン，カリウム，カルシウムの中で，第１イオン化エネルギーが最も大きいものと，電子親和力が最も大きいものをそれぞれ元素記号で示せ。

(2) O^{2-}, F^-, Na^+, Mg^{2+}, S^{2-} のうち，最もイオン半径が小さいイオンは何か。化学式で示せ。

▌知識

168. 酸化物●周期表の第３周期の元素の酸化物について，下の各問いに答えよ。

族	1	2	13	14	15	16	17
酸化物	Na_2O	（ア）	Al_2O_3	（イ）	P_4O_{10}	SO_3	Cl_2O_7

(1) 表中の(ア)，(イ)に該当する酸化物の化学式を記せ。

(2) 表中の酸化物を，(a) 塩基性酸化物，(b) 両性酸化物，(c) 酸性酸化物に分類し，それぞれの化学式を記せ。ただし，(ア)と(イ)は除く。

(3) SO_3 と水との反応を化学反応式で表せ。

▌知識

169. 水素●次の記述のうち，誤っているものを１つ選べ。

（ア）　水素は，すべての気体のうちで最も軽く，水によく溶ける。

（イ）　水素は，還元作用を示し，加熱した酸化銅(Ⅱ)と反応して銅を生じる。

（ウ）　水素は，酸素とともに燃料電池に用いられる。

（エ）　亜鉛に希硫酸を加えると，水素が発生する。

例題
解説動画

170. 知識 **貴ガス**●He, Ne, Ar, Kr に関する次の記述のうち, 正しいものを1つ選べ。

(ア) これらは, 空気中に化合物として多く含まれている。

(イ) これらの原子は, すべて最外殻に8個の電子をもつ。

(ウ) これらの単体には, 常温・常圧で, 液体のものと気体のものがある。

(エ) これらには, 燃焼しやすいものが多い。

(オ) これらは, 低圧にして放電すると, 特有の色の光を発する。

171. 知識 **ハロゲン**●次の文中の( )に適当な語句を入れよ。

ハロゲンには, 原子量の小さい順に(ア), (イ), (ウ), (エ)などの元素があり, 単体はそれぞれ常温・常圧で淡黄色の気体, (オ)色の気体, 赤褐色の(カ)体, 黒紫色の(キ)体である。これらは, いずれも各原子が(ク)結合で結合した(ケ)原子分子からなる。これらの単体のうち, (コ)は最も水に溶けにくいが, ヨウ化カリウム水溶液にはよく溶ける。

172. 知識 **塩素**●次の文中の( )に適当な語句を, [ ]に化学式を入れよ。

塩素は, (ア)色で有毒な気体であり, 実験室では, 酸化マンガン(Ⅳ)[A]に濃塩酸を加えて加熱すると得られる。また, 塩素は, 高度さらし粉[B]を使っても発生させることができる。

塩素は, 水に少し溶け, 一部が水と反応して塩化水素と(イ)を生じるため, (ウ)作用が強く, 塩素水は殺菌や漂白に利用される。また, (エ)紙を青色に変える。この反応は, 塩素の検出に用いられる。

173. 知識 実験 **塩素の発生装置と捕集法**●図の装置で塩素を発生させた。次の各問いに答えよ。

(1) 図中の物質A〜Dを次から選べ。

① 濃硫酸　　② 濃塩酸　　③ 水

④ 酸化マンガン(Ⅳ)

(2) C, Dで取り除かれる物質を次から選べ。

① 水蒸気　　② 酸素　　③ 塩化水素

(3) 塩素の捕集法として適当なものを次から選べ。

① 上方置換　　② 下方置換　　③ 水上置換

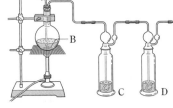

174. 思考 論述 **ハロゲン化水素**●次の各問いに答えよ。

(1) ハロゲン化水素のうち, 弱酸はどれか。名称を記せ。

(2) 塩化水素にアンモニアを混合したときに見られる現象を簡単に記せ。

(3) 亜鉛に塩酸を加えたときの変化を化学反応式で表せ。

(4) フッ化カルシウムに濃硫酸を加えて加熱したときの変化を化学反応式で表せ。

(5) フッ化水素酸がガラスと反応するときの変化を化学反応式で表せ。

175. 酸素とオゾン
次の各問いに答えよ。

(1) 過酸化水素水に酸化マンガン(Ⅳ)を加えたときの変化を化学反応式で表せ。

(2) (1)で使用する酸化マンガン(Ⅳ)はどのような作用をするか。

(3) 酸素の捕集法として，最も適当なものを記せ。

(4) 酸素中で無声放電させると何が生成するか。また，この変化を化学反応式で表せ。

176. 硫黄の化合物
次の文中の（　　）に適当な語句を入れ，下の各問いに答えよ。

　　二酸化硫黄は，（　ア　）色，刺激臭の気体であり，銅に（　イ　）を加えて加熱して得る。<u>①亜硫酸水素ナトリウムに希硫酸を加えても発生する</u>。二酸化硫黄を，（　ウ　）を触媒に用いて酸素で酸化すると（　エ　）になる。これを水と反応させ（　オ　）を得る。

　　硫化水素は，無色，（　カ　）臭の気体であり，その水溶液は弱い（　キ　）性を示す。<u>②硫化水素は，硫化鉄(Ⅱ)に希硫酸を加えることによって得られる</u>。

(1) 下線部①，②の変化，二酸化硫黄と硫化水素の反応を化学反応式で表せ。

(2) 鉛(Ⅱ)イオンを含む水溶液に硫化水素を通じたときの変化をイオン反応式で表せ。

177. 硫酸
濃硫酸に関する次の記述のうち，誤りを含むものを1つ選べ。

(ア) 濃硫酸は密度の大きい液体である。

(イ) 濃硫酸を水と混合すると，大量の熱が発生する。

(ウ) 濃硫酸は強い吸湿性を示し，乾燥剤として用いられる。

(エ) 濃硫酸をスクロースに滴下すると，スクロースが黒色に変化する。

(オ) 濃硫酸に銅片を加えて加熱すると，水素が発生する。

178. アンモニアの発生
塩化アンモニウムと水酸化カルシウムからアンモニアを発生させるため，図のような装置を組み立てた。

(1) アンモニアが発生する変化を化学反応式で表せ。

(2) 図中の誤りを 3 ヶ所指摘し，正しい方法およびそのようにする理由を記せ。

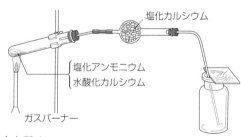

179. リンとその化合物
次の記述のうち，正しいものを2つ選べ。

(ア) 赤リンはろう状の固体であり，空気中で自然発火するので水中に保存する。

(イ) 黄リンは二硫化炭素に溶解し，毒性が強い。

(ウ) 十酸化四リンは，強い吸湿性を示すイオン結晶である。

(エ) リン酸は化学式 H_3PO_4 で示され，硫酸と同じ程度の強酸である。

(オ) リン酸の塩には，肥料として利用されるものがある。

180. 知識 **炭素** 次の文中の（　　）に適当な語句，数字または(A)〜(C)の記号を入れよ。

炭素の同素体のうち，（　ア　）は下図（　イ　）のような層状構造をなし，価電子（　ウ　）個が平面をつくる共有結合に使われ，1個は平面内を動きまわることができる。そのため，電気伝導性が大きく，やわらかい。（　エ　）は，下図（　オ　）のように炭素原子が正（　カ　）体の各頂点と中心に位置し，すべての炭素原子が共有結合してできた無色の結晶で，最もかたい物質である。C_{60} などの分子式をもつ（　キ　）は，下図（　ク　）のような分子で，1985年にすすの中から発見された。

(A) 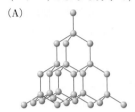　　(B) 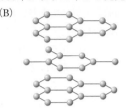　　(C)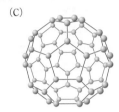

181. 思考 実験 論述 **炭素の化合物** 次の各問いに答えよ。

(1) 石灰石に希塩酸を加えたときの変化を化学反応式で表せ。

(2) (1)の反応に希硫酸を用いることができないのはなぜか。

(3) (1)の反応を図の装置を用いて行うとき，石灰石を入れる場所は a〜c のどこか。また，気体の発生中に装置の活栓を閉じると，装置内ではどのような現象がおこるか。

(4) (1)の反応で発生した気体を石灰水に通じると，白く濁った。このときの変化を化学反応式で表せ。

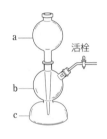

a　活栓

b

c

182. 知識 **ケイ素とその化合物** 次の記述のうち，下線部に誤りがあるものを3つ選べ。

(ア) ケイ素は，地殻中に多く含まれ，天然に<u>単体</u>として産出する。

(イ) ケイ素の単体は，共有結合の結晶で，<u>ダイヤモンド</u>と同じ結晶構造をとる。

(ウ) 二酸化ケイ素は，塩酸には溶けないが，<u>濃硫酸</u>には溶ける。

(エ) 二酸化ケイ素と<u>塩化ナトリウム</u>を融解すると，ケイ酸ナトリウムを生じる。

(オ) 水ガラスに塩酸を加えると，<u>ケイ酸</u>を生じる。

(カ) <u>ケイ酸</u>を加熱して乾燥させると，多孔質のシリカゲルが得られる。

183. 知識 **気体の性質** 次の(1)〜(4)の性質にあてはまる気体を，下の(ア)〜(オ)から選べ。

(1) 無色，刺激臭の気体で，水によく溶け，水溶液は弱い塩基性を示す。

(2) 無色，刺激臭の気体で，水によく溶け，水溶液は強い酸性を示す。

(3) 無色，腐卵臭の気体で，水に少し溶け，水溶液は弱い酸性を示す。

(4) 無色，無臭の気体で，水に溶けにくい。

(ア) CO　(イ) H_2S　(ウ) HCl　(エ) NH_3　(オ) NO_2

思考 **実験**

184. **気体の発生装置と捕集** 次の各実験に適する装置は，下の(ア)～(エ)のどれか。

(1) 亜硝酸アンモニウムを含む水溶液から窒素を発生させる。

(2) 塩化ナトリウムと濃い硫酸水溶液から塩化水素を発生させる。

(3) 炭酸水素ナトリウムから二酸化炭素を発生させる。

(4) 塩化アンモニウムと水酸化カルシウムからアンモニアを発生させる。

(ア)　　　　　　　(イ)　　　　　　　　　(ウ)　　　　　　　(エ)

思考

185. **気体の製法と乾燥剤** 次の(a)～(e)には気体を発生させる操作，(ア)～(オ)には(a)～(e)で発生する気体の乾燥剤をそれぞれ示した。下の各問いに答えよ。

	操作		乾燥剤
(a)	塩素酸カリウムに酸化マンガン(IV)を加えて加熱する。	(ア)	CaO
(b)	酸化マンガン(IV)に濃塩酸を加えて加熱する。	(イ)	$CaCl_2$
(c)	硫化鉄(II)に希硫酸を加える。	(ウ)	濃硫酸
(d)	亜硫酸水素ナトリウムに希硫酸を加える。	(エ)	P_4O_{10}
(e)	大理石(石灰石)に希塩酸を加える。	(オ)	$CaCl_2$

(1) (a)～(e)でおこる反応をそれぞれ化学反応式で表せ。

(2) (a)～(e)の反応で発生する気体の捕集法として，最も適当なものを下から選べ。

① 上方置換　　② 下方置換　　③ 水上置換

(3) (ア)～(オ)の乾燥剤のうち，各気体の乾燥に適さないものを1つ選べ。

思考

186. **アンモニアと硝酸の工業的製法** 次の図は，アンモニアと硝酸の工業的製法の過程を示したものである。下の各問いに答えよ。

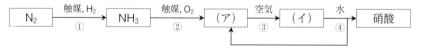

(1) 反応①，②で用いられる触媒を，それぞれ化学式で示せ。

(2) (ア)，(イ)に適当な化学式を入れよ。

(3) ①～④の変化を化学反応式で表せ。

(4) 反応①および反応②～④の一連の工業的製法の名称をそれぞれ記せ。

(5) 1 mol の NH_3 から何 mol の硝酸をつくることができるか。

第Ⅲ章　無機物質

硫黄とその化合物の相互関係を示す図について，次の各問いに答えよ。

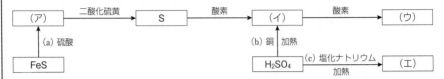

(1)　(ア)～(エ)の硫黄化合物の化学式を記せ。
(2)　(a)～(c)の変化を化学反応式で表せ。
(3)　(a)，(b)の各変化は，硫酸のどのような性質を利用したものか。次から選べ。
　①　不揮発性　　②　脱水作用　　③　強酸性　　④　酸化作用

■ 考え方

(a)　弱酸の塩(FeS)に強酸(H_2SO_4)を加えると，強酸の塩($FeSO_4$)と弱酸(H_2S)を生じる。
(b)　加熱した濃硫酸(熱濃硫酸)は酸化力が強く，Cuを溶かす。
(c)　揮発性の酸の塩($NaCl$)に不揮発性の酸(H_2SO_4)を加えると，不揮発性の酸の塩($NaHSO_4$)と揮発性の酸(HCl)を生じる。

■ 解答

(1)　(ア) H_2S　(イ) SO_2
　　(ウ) SO_3　(エ) $NaHSO_4$
(2)　(a) $FeS + H_2SO_4 \longrightarrow FeSO_4 + H_2S$
　　(b) $Cu + 2H_2SO_4 \longrightarrow$
　　　　　　　　　$CuSO_4 + 2H_2O + SO_2$
　　(c) $NaCl + H_2SO_4 \longrightarrow NaHSO_4 + HCl$
(3)　(a) ③　(b) ④

下の(1)～(4)の記述中のA～Eに相当する気体を，次の気体群の中から選べ。
　〈気体群〉　Cl_2　　HCl　　H_2S　　NH_3　　H_2
(1)　Aは水に溶けにくいが，他の気体は水に溶け，特にB，Cはよく溶ける。
(2)　硝酸銀水溶液にB，Dを通じると，白色沈殿を生じる。
(3)　AとDの混合気体に日光をあてると，爆発的に反応してBを生じる。
(4)　酢酸鉛(Ⅱ)水溶液にEを通じると，黒色沈殿を生じる。

■ 考え方

(1)　水に溶けにくいのはH_2だけである。HClとNH_3は，特に水に溶けやすい。
(2)　Cl_2，HClは水溶液中でCl^-を生じる。
　　$Ag^+ + Cl^- \longrightarrow AgCl$
(3)　$H_2 + Cl_2 \longrightarrow 2HCl$
(4)　硫化水素は，多くの金属イオンと反応して硫化物の沈殿を生じる。
　　$Pb^{2+} + H_2S \longrightarrow PbS + 2H^+$

■ 解答

(1)　AはH_2であり，B，CはHClまたはNH_3である。
(2)　B，Dは，Cl_2またはHClと推定できる。したがって，(1)，(2)から，BはHCl，CはNH_3，DはCl_2である。
(3)　AとDはH_2とCl_2であることが確認できる。
(4)　EはH_2Sであることがわかる。
　　A…H_2　B…HCl　C…NH_3　D…Cl_2　E…H_2S

例題
解説動画

発展問題

187. 思考 **周期表と元素の性質** 第3周期までの元素について説明した次の文のうち，正しいものをすべて選べ。

（ア）　同一周期の中で第1イオン化エネルギーが最も大きいのは，貴ガスである。

（イ）　同一周期の中で電子親和力が最も大きいのは，貴ガスである。

（ウ）　同一周期の中で原子半径が最も大きいのは，ハロゲンである。

（エ）　同じ族の元素では，原子番号が大きいほど原子半径は大きくなる。

（オ）　電子配置が同じイオンでは，原子番号の大きいイオンの方がイオン半径は大きくなる。

（カ）　ハロゲンの単体は，常温・常圧ですべて気体として存在している。

（キ）　貴ガスの単体の沸点は，原子番号が大きいほど高くなる。　　（20　青山学院大　改）

188. 思考 論述 **ハロゲンの性質** 次の文中の空欄に適切な数値や語句を入れ，下の各問いに答えよ。

　　周期表の（　ア　）族元素はハロゲンとよばれ，フッ素，塩素，臭素，ヨウ素などがある。ハロゲンの単体の性質は，原子番号にしたがって規則的に変化する。たとえば，融点や沸点は，原子番号が増すにつれて（　イ　）くなる。単体のうち，①フッ素は水と激しく反応するが，塩素や臭素になると反応性は低くなる。ハロゲン化水素の沸点を比較すると，(a)フッ化水素の沸点だけが他のハロゲン化水素と比較して異常に高い。フッ化水素を水に溶解させた②フッ化水素酸はガラス（主成分を SiO_2 とする）を溶かすため，ポリエチレン容器に保管する。塩素は③高度さらし粉 $Ca(ClO)_2 \cdot 2H_2O$ に希塩酸を加えると発生する。塩素は水に溶解し，その一部が反応して塩化水素と次亜塩素酸を生じる。次亜塩素酸には強い（　ウ　）作用があるため，消毒に用いられる。

（1）　下線部(a)について，フッ化水素の沸点が高い理由を簡潔に説明せよ。

（2）　下線部①〜③の反応を化学反応式で記せ。　　（17　山形大　改）

189. 思考 **酸素とオゾン** 次の文を読み，下の各問いに答えよ。

　　酸素は空気中に約21％含まれる無色，無臭の気体で，密度は 0 ℃，1.013×10^5 Pa で（　ア　）g/L（有効数字3桁）である。工業的には①液体空気からつくられているが，実験室では②酸化マンガン（Ⅳ）を触媒として過酸化水素を分解して得られる。

　　酸素の（　イ　）であるオゾンは，③酸素中で放電を行うか，酸素に（　ウ　）を当てると得られる。オゾンは強い酸化力をもつので，④ヨウ化カリウム水溶液に通じると，ヨウ素が生成する。大気圏にはオゾン層があり，太陽光に含まれる（ウ）を吸収する。

（1）　文中の空欄に適する語句または数値を記せ。

（2）　文中の下線部①で行う操作の名称を記せ。

（3）　文中の下線部②〜④でおこる変化を化学反応式で記せ。　　（北海道医療大　改）

思考

190. 硫酸の性質■硫酸は，(a)化学式 H_2SO_4 で表され，工業上重要なオキソ酸の１つである。市販の濃硫酸は94～98％の硫酸を含む重い液体である。(b)濃硫酸は常温では無色の不揮発性の液体で，濃度の高いものは油状を呈し，水と混ぜると多量の熱を発生する。強い脱水作用があり，また，加熱時は強い酸化作用を示す。硫酸と金属との反応は，硫酸の濃度，温度，金属の種類などによって異なる。

(1) 下線部(a)について，「オキソ酸は，分子の中心となる原子に酸素が何個か結合し，さらにその酸素原子のいくつかに水素原子が結合した構造をもつ」ことと，「硫酸分子には配位結合が２つ存在する」ことを参考にして，硫酸分子の電子式を書け。

(2) 下線部(b)について，次の①～④の記述のうち，誤っているものを２つ選べ。

　① 希硫酸をつくるときは，水の中へ濃硫酸を少しずつ加える。

　② 濃硫酸は，塩化ナトリウムとともに加熱すると，反応して塩素を発生する。

　③ 濃硫酸は，亜鉛のような金属とは，希硫酸よりも激しく反応して水素を発生する。

　④ スクロースに濃硫酸を加えると，脱水して炭化する。　　　　　　(21　立命館大　改)

思考 **論述**

191. 窒素・リンの化合物■窒素，リン，カリウムは肥料の三要素とよばれる。肥料に含まれる窒素化合物の原料として，アンモニアや硝酸が工業的に製造されている。a)アンモニアは，高圧下で加熱した触媒を用いて，大気中の窒素を水素と反応させて合成される。また，b)硝酸は，空気と混合したアンモニアを，白金触媒の存在下で高温で酸化する反応を経て製造される。リンの化合物としては，リン鉱石中のc)リン酸カルシウム $Ca_3(PO_4)_2$ を硫酸で処理して得られる過リン酸石灰などが用いられる。

(1) 下線部 a)の反応に用いられる水素は，天然ガスの主成分と水蒸気から生成することができる。この反応の化学反応式を記せ。

(2) 下線部 b)の硝酸の製法の名称を答えよ。

(3) 下線部 c)において，リン酸カルシウムのままでは，肥料の成分として植物に取り込まれにくい。その理由を記せ。　　　　　　　　　　　　(20　熊本大　改)

思考 **論述**

192. ケイ素とその化合物■ケイ素は最外殻電子を（　ア　）殻にもち，その単体は（　イ　）結晶に分類される。二酸化ケイ素 SiO_2 の結晶中には，ケイ素原子１個あたり４つの Si－O 結合が存在する。二酸化ケイ素は（　ウ　）酸化物であり，①水酸化ナトリウムと混合して融解すると反応がおこる。この反応で生じた生成物に水を加えて加熱すると，（　エ　）とよばれる粘性の大きい液体が得られる。②これに塩酸を加えるとケイ酸が得られ，これを乾燥すると，乾燥剤や脱水剤として用いられるシリカゲルが得られる。また，③二酸化ケイ素は，フッ化水素酸に溶ける。

(1) 文中の（ア）～（エ）に適する語句や記号を記せ。

(2) 文中の下線部①～③の変化を化学反応式で表せ。

(3) シリカゲルが乾燥剤として用いられる理由を，その構造にもとづいて50字程度で記せ。　　　　　　　　　　　　　　　　　　　　　　　　(13　大阪大　改)

思考

193. 無機化学工業 化学工業で肥料や薬品の製造に幅広く利用されているアンモニア, 硝酸, 硫酸は次のような方法で製造されている。①アンモニアはハーバー・ボッシュ法によって窒素と水素から直接合成される。硝酸は②アンモニアと酸素から酸化物を生成し, さらに酸化したのちに水と反応させて合成する。硫酸は硫黄や黄鉄鉱の燃焼で生じた③二酸化硫黄を酸化させて三酸化硫黄としたのち, 水と反応させて合成する。

(1) 下線部①～③で用いられる触媒を, それぞれ次の(a)～(f)の中から1つずつ選べ。

　(a) Pb　　(b) Fe_3O_4　　(c) MnO_2　　(d) Pd　　(e) Pt　　(f) V_2O_5

(2) アンモニアと二酸化炭素から窒素肥料に使われる尿素 $CO(NH_2)_2$ を合成するときの反応式を記せ。

(3) 硝酸の製造工程では次の反応が順に行われている。

　$\boxed{ア}\ NH_3 + \boxed{イ}\ O_2 \longrightarrow \boxed{ウ}\ NO + \boxed{エ}\ H_2O$

　$\boxed{オ}\ NO + \boxed{カ}\ O_2 \longrightarrow \boxed{キ}\ NO_2$

　$\boxed{ク}\ NO_2 + \boxed{ケ}\ H_2O \longrightarrow \boxed{コ}\ HNO_3 + \boxed{サ}\ NO$

　上記の反応式の空欄にあてはまる数字を記せ。係数が1の場合は1と解答せよ。

(4) 硝酸 31.5 kg を生成するためにアンモニアは何 kg 必要か。有効数字2桁で答えよ。

(5) 濃硫酸の特徴のひとつは強い脱水作用である。スクロースは濃硫酸を加えると, 次式のような脱水反応が進行して炭化される。反応後に炭化物が 8.0 g 生成していたとすると, 脱水されたスクロースの質量は何 g か。有効数字2桁で答えよ。

　$C_{12}H_{22}O_{11} \longrightarrow 12C + 11H_2O$

　　　　　　　　　　　　　　　　　　　　　　　　　　　　　(20　鳥取大　改)

思考 **実験**

194. 気体の製法と性質 次の操作①～⑤で発生する気体について, 下の各問いに答えよ。

　① 硫化鉄(Ⅱ)に希硫酸を加える。

　② ギ酸に濃硫酸を加えて加熱する。

　③ 銅に濃硝酸を加える。

　④ 塩化アンモニウムに水酸化カルシウムを加えて加熱する。

　⑤ 高度さらし粉に塩酸を加える。

(1) ①～⑤で気体が発生する変化を化学反応式で記せ。

(2) ①～⑤で発生する気体の捕集法として最適なものを, 次の(ア)～(ウ)から選べ。

　(ア) 上方置換　　(イ) 下方置換　　(ウ) 水上置換

(3) ①, ④で発生する気体の乾燥剤として最適なものを, 次の(ア)～(ウ)から選べ。

　(ア) 濃硫酸　　(イ) ソーダ石灰　　(ウ) 塩化カルシウム

(4) ①～⑤で発生する気体にあてはまる性質を, 次の(ア)～(オ)から選べ。

　(ア) 有毒な気体で, 淡青色の炎を上げてよく燃える。

　(イ) 刺激臭のある赤褐色の気体で, 有毒である。

　(ウ) 常温でも, 光をあてると水素と反応する。

　(エ) 空気中で塩化水素を接触させると白煙が生じる。

　(オ) 酢酸鉛(Ⅱ)水溶液をしみ込ませたろ紙を黒変させる。

　　　　　　　　　　　　　　　　　　　　　　　(10　日本獣医生命科学大　改)

第Ⅲ章　無機物質

10 典型金属元素の単体と化合物

1 1族元素（アルカリ金属）

❶アルカリ金属（H以外の1族元素）　Li，Na，K，Rb，Cs，Fr

1族元素	アルカリ金属		
元素	Li	Na	K
原子	価電子を1個もち，1価の陽イオンになりやすい		
単体	銀白色の金属。融点が低い。密度が小さく，やわらかい		
	水と激しく反応し，水素 H_2 を発生　〈例〉$2Na+2H_2O \longrightarrow 2NaOH+H_2$		
反応性	（小）◀━━━━━━━━━━━━━━━━▶（大）		
炎色反応	赤	黄	赤紫

単体の製法　金属塩の溶融塩電解
〈例〉$2NaCl \longrightarrow 2Na+Cl_2$

保存方法
水や酸素と反応しやすいので，灯油中に保存する。

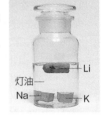

灯油—
Na—
—Li
—K

❷ナトリウムの化合物

NaOH
水酸化ナトリウム

①白色結晶，苛性（かせい）ソーダともよばれる　②潮解性を示す
③水溶液は強塩基性で，皮膚や粘膜を侵す
④CO_2 と反応して，炭酸塩を生成　$2NaOH+CO_2 \longrightarrow Na_2CO_3+H_2O$
製法　NaCl水溶液の電気分解　$2NaCl+2H_2O \longrightarrow 2NaOH+H_2+Cl_2$

Na₂CO₃
炭酸ナトリウム

①白色粉末，炭酸ソーダともよばれる　②水溶液は塩基性
③酸と反応して，CO_2 を発生　$Na_2CO_3+2HCl \longrightarrow 2NaCl+H_2O+CO_2$
④十水和物 $Na_2CO_3 \cdot 10H_2O$ は風解して，一水和物 $Na_2CO_3 \cdot H_2O$ に変化
⑤ガラスの製造に利用

NaHCO₃
炭酸水素
ナトリウム

①白色粉末，重曹（じゅうそう）（重炭酸ソーダ）ともよばれる
②水に少し溶け，水溶液は弱塩基性
③熱分解して，CO_2 を発生　$2NaHCO_3 \longrightarrow Na_2CO_3+H_2O+CO_2$
④酸と反応して，CO_2 を発生　$NaHCO_3+HCl \longrightarrow NaCl+H_2O+CO_2$
⑤胃腸薬やベーキングパウダーに利用

工業的製法　アンモニアソーダ法（ソルベー法）…Na_2CO_3 の工業的製法

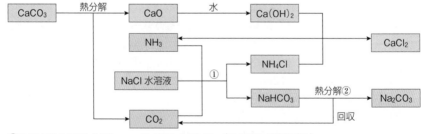

①$NaCl+H_2O+NH_3+CO_2 \longrightarrow NaHCO_3+NH_4Cl$　（$NaHCO_3$ が沈殿する）
②$2NaHCO_3 \longrightarrow Na_2CO_3+H_2O+CO_2$　　　　（$NaHCO_3$ の熱分解）

2 2族元素（アルカリ土類金属）

❶アルカリ土類金属　Be，Mg，Ca，Sr，Ba，Ra

2族元素	Be，Mg	Ca，Sr，Ba，Ra
原子	価電子を2個もち，2価の陽イオンになりやすい	
単体	銀白色の金属。アルカリ金属よりも融点が高く，密度が大きい	
	常温の水と反応しない Mgは熱水と反応	常温で水と反応し，水素H_2を発生 〈例〉$Ca+2H_2O \longrightarrow Ca(OH)_2+H_2$
炎色反応	炎色反応を示さない	Ca（橙赤），Sr（赤（紅）），Ba（黄緑）
炭酸塩	白色で水に難溶（塩酸に可溶）$MgCO_3$，$CaCO_3$，$BaCO_3$	
硫酸塩	水に溶ける $MgSO_4$	白色で水に難溶（塩酸に不溶）$CaSO_4$，$BaSO_4$

❷カルシウムの化合物

CaO
酸化カルシウム
①白色固体（生石灰）　②塩基性酸化物　$CaO+2HCl \longrightarrow CaCl_2+H_2O$
③水と反応して発熱　$CaO+H_2O \longrightarrow Ca(OH)_2$　④乾燥剤

Ca(OH)₂
水酸化カルシウム
①白色粉末（消石灰）　②水溶液は強塩基性。飽和水溶液は石灰水
③石灰水にCO_2を通じると白濁（CO_2の検出）
$$Ca(OH)_2+CO_2 \longrightarrow CaCO_3+H_2O$$

CaCO₃
炭酸カルシウム
①石灰石や大理石の主成分　②強熱すると熱分解　$CaCO_3 \longrightarrow CaO+CO_2$
③塩酸に溶けて，CO_2を発生　$CaCO_3+2HCl \longrightarrow CaCl_2+H_2O+CO_2$
④CO_2を含む水に溶ける　$CaCO_3+CO_2+H_2O \rightleftarrows Ca(HCO_3)_2$
⑤セメントやガラスの原料　　　　　　　　　　　　炭酸水素カルシウム

CaSO₄
硫酸カルシウム
①天然にセッコウ $CaSO_4 \cdot 2H_2O$ として産出
②約140℃で焼きセッコウに変化

$$CaSO_4 \cdot 2H_2O \underset{水}{\overset{加熱}{\rightleftarrows}} CaSO_4 \cdot \frac{1}{2}H_2O + \frac{3}{2}H_2O$$

CaCl₂
塩化カルシウム
①水への溶解性，吸湿性が大　②乾燥剤　③融雪剤・凍結防止剤

Ca(ClO)₂·2H₂O
高度さらし粉
①$Ca(OH)_2$に塩素を吸収させてさらし粉を製造したのち，$CaCl_2$を除去
$$Ca(OH)_2+Cl_2 \longrightarrow CaCl(ClO) \cdot H_2O$$
②塩酸と反応して塩素発生
$$Ca(ClO)_2 \cdot 2H_2O+4HCl \longrightarrow CaCl_2+4H_2O+2Cl_2$$

●カルシウムとその化合物の相互関係

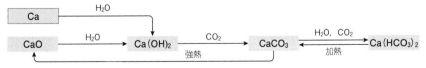

❸マグネシウム，バリウムの化合物

MgCl₂
塩化マグネシウム
①六水和物 $MgCl_2 \cdot 6H_2O$ は潮解性を示す
②水溶液は豆腐製造の際の凝固剤（にがり）

BaSO₄
硫酸バリウム
①水に難溶　②胃や腸のX線検査用の造影剤

3 両性を示す典型金属（Al，Sn，Pb）

Al，Sn，Pb の単体は，いずれも両性金属である。酸化物，水酸化物は，それぞれ両性酸化物，両性水酸化物であり，酸とも塩基とも反応する。

❶アルミニウムとその化合物

Al
アルミニウム

①銀白色の金属。酸にも塩基にも溶ける　$2Al + 6HCl \longrightarrow 2AlCl_3 + 3H_2$

②両性金属　　　　　　　　　　$2Al + 2NaOH + 6H_2O \longrightarrow 2Na[Al(OH)_4] + 3H_2$

③濃硝酸によって不動態となる　　　　　　　　テトラヒドロキシドアルミン酸ナトリウム

④1円硬貨，ジュラルミン（航空機材料）

製法　ボーキサイト（主成分の組成 $Al_2O_3 \cdot nH_2O$）から得られた Al_2O_3 を，融解した氷晶石 Na_3AlF_6 に溶かし，炭素電極を用いて溶融塩電解

陰極：$Al^{3+} + 3e^- \longrightarrow Al$

陽極：$C + O^{2-} \longrightarrow CO + 2e^-$

　　　$C + 2O^{2-} \longrightarrow CO_2 + 4e^-$

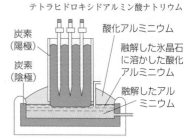

酸化アルミニウムの電気分解（原理）

Al₂O₃
酸化アルミニウム

①白色粉末，アルミナともよばれる　$4Al + 3O_2 \longrightarrow 2Al_2O_3$

②両性酸化物　$Al_2O_3 + 6HCl \longrightarrow 2AlCl_3 + 3H_2O$　③難溶性，高融点

　　$Al_2O_3 + 2NaOH + 3H_2O \longrightarrow 2Na[Al(OH)_4]$

④ルビー（Cr を含む）やサファイア（Fe，Ti を含む）の主成分

Al(OH)₃
水酸化アルミニウム

①白色固体　②両性水酸化物　$Al(OH)_3 + 3HCl \longrightarrow AlCl_3 + 3H_2O$

　　　　　　　　　　　　　$Al(OH)_3 + NaOH \longrightarrow Na[Al(OH)_4]$

AlK(SO₄)₂·12H₂O
硫酸アルミニウムカリウム
十二水和物

①無色，ミョウバンともいう　②複塩

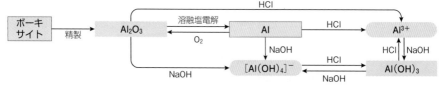

❷スズ・鉛とその化合物

Sn
スズ

①白色の金属　②両性金属　③$SnCl_2 \cdot 2H_2O$ は無色の結晶で，還元作用あり

④青銅（銅とスズ），はんだ（鉛とスズ），ブリキ（鋼板にスズをめっき）

Pb
鉛

①灰白色の金属　②やわらかく，密度が大きい　③両性金属

④塩酸や希硫酸には表面に不溶性の塩を生じるため難溶（硝酸には可溶）

⑤はんだ（鉛とスズ），鉛蓄電池：（−）鉛 Pb，（＋）酸化鉛（IV）PbO_2（褐色）

Pb²⁺ の沈殿　$PbCl_2$（白色，熱水に可溶），$PbSO_4$（白色），PbS（黒色），$PbCrO_4$（黄色）

▶▶**プロセス** 次の文中の( )に適当な語句を入れよ。

1 ナトリウムやカリウムなど，周期表の1族の金属元素を(ア)という。これらの単体は，水と激しく反応して(イ)を発生する。また，炎色反応を示し，たとえば，ナトリウムは(ウ)色，カリウムは(エ)色である。

2 水酸化ナトリウムは，空気中の水分を吸収して水溶液になる(オ)性を示す。炭酸ナトリウムや炭酸水素ナトリウムの水溶液の液性は，いずれも(カ)性を示し，塩酸を加えると(キ)を発生する。

3 2族元素は(ク)とよばれる。それらのうち，カルシウムやバリウムの単体は，常温で水と反応する。また，炎色反応を示し，たとえば，カルシウムは(ケ)色，バリウムは(コ)色である。

4 水酸化カルシウムの飽和水溶液は(サ)とよばれ，二酸化炭素を通じると，(シ)の白色沈殿を生じるが，さらに通じると，(ス)を生じて沈殿が溶ける。

5 アルミニウムの単体は(セ)金属であり，酸とも塩基とも反応する。アルミニウムは塩酸に溶けても水酸化ナトリウム水溶液に溶けても，(ソ)を発生する。

プロセスの解答
(ア) アルカリ金属 (イ) 水素 (ウ) 黄 (エ) 赤紫 (オ) 潮解 (カ) 塩基 (キ) 二酸化炭素
(ク) アルカリ土類金属 (ケ) 橙赤 (コ) 黄緑 (サ) 石灰水 (シ) 炭酸カルシウム
(ス) 炭酸水素カルシウム (セ) 両性 (ソ) 水素

基本例題22 **アルカリ金属とアルカリ土類金属** ➡問題 195・196・198

次の文を読み，下の各問いに答えよ。

アルカリ金属とアルカリ土類金属の単体は，いずれも反応性が大きく，①常温の水と反応したり，空気中でただちに酸化されたりする。このため，特に，アルカリ金属の単体は(ア)中に保存する。アルカリ金属の炭酸塩は水に溶け(イ)く，水溶液は(ウ)性を示す。一方，アルカリ土類金属の炭酸塩は水に溶け(エ)。②いずれの炭酸塩も塩酸には溶ける。

(1) 文中の( )に適当な語句を入れよ。
(2) 文中の下線部①，②について，ナトリウムとカルシウムの単体および化合物を例にして化学反応式で表せ。

考え方
アルカリ金属および Be, Mg を除くアルカリ土類金属の単体は，常温の水と反応して水素を発生する。また，炭酸塩は塩酸に溶けて，二酸化炭素を発生する。

解答
(1) (ア) **灯油** (イ) **やす** (ウ) **塩基**
(エ) **にくい**
(2) ① $2Na+2H_2O \longrightarrow 2NaOH+H_2$
$Ca+2H_2O \longrightarrow Ca(OH)_2+H_2$
② $Na_2CO_3+2HCl \longrightarrow 2NaCl+H_2O+CO_2$
$CaCO_3+2HCl \longrightarrow CaCl_2+H_2O+CO_2$

例題
解説動画

基|本|問|題

思考 論述
195. アルカリ金属の単体●次の各問いに答えよ。
(1) アルカリ金属を，原子番号の小さいものから3つ，元素記号で示せ。
(2) (1)の元素の単体のうち，最も反応性に富むものはどれか。元素記号で示せ。
(3) (1)の元素の単体と水との反応を，それぞれ化学反応式で表せ。
(4) (1)の元素の炎色反応の色をそれぞれ記せ。
(5) アルカリ金属の単体は，どのようにして保存するか。

知識
196. ナトリウムの化合物●次の文中の（　　）に適当な語句を入れ，下線部①～③を化学反応式で表せ。

　水酸化ナトリウムは，白色の固体で，空気中の水蒸気を吸収し，ついには水溶液になる。このような現象を（　ア　）という。また，①水酸化ナトリウムは，二酸化炭素と反応して（　イ　）を生じる。

　②塩化ナトリウムの飽和水溶液にアンモニアを十分に溶かし，さらに二酸化炭素を通じると，比較的水に溶けにくい（　ウ　）が沈殿する。③これを熱分解すると，（イ）が得られる。このようにして（イ）をつくる工業的製法を（　エ　）という。

知識
197. マグネシウムの反応●マグネシウムに関する次の反応(1)～(3)を化学反応式で表せ。
(1) 空気中で強熱　　(2) 熱水との反応　　(3) 希塩酸との反応

思考
198. カルシウムの化合物●次の反応経路図について，下の各問いに答えよ。

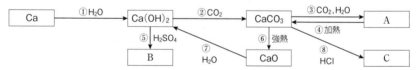

(1) A～Cにあてはまるカルシウム化合物の化学式を示せ。
(2) ①～⑧の変化を化学反応式で表せ。
(3) 水酸化カルシウムが塩素と反応すると，さらし粉 $CaCl(ClO)\cdot H_2O$ を生じる。この変化を化学反応式で表せ。

知識
199. カルシウムとマグネシウム●次の記述のうち，カルシウムだけの性質にはA，マグネシウムだけの性質にはB，両方にあてはまる性質にはCを記せ。
(1) 炎色反応を示す。　　　　　　　(2) 単体は常温で水と反応する。
(3) 酸化物は水と反応しにくい。　　(4) 水酸化物の水溶液は強い塩基性を示す。
(5) 硫酸塩は水に溶けやすい。　　　(6) 炭酸塩は塩酸に溶ける。

200. [知識] **1族・2族の化合物の利用**●次の(1)～(5)にあてはまる化合物を，下の(ア)～(ク)からそれぞれ1つずつ選べ。

(1)　気体の乾燥や，冬期の路面の凍結防止剤として用いられる。

(2)　生石灰とよばれ，海苔などの乾燥剤として用いられる。

(3)　胃腸薬やベーキングパウダーなどに用いられる。

(4)　X線をよく吸収するので，胃のX線検査用の造影剤に用いられる。

(5)　天然にセッコウとして産出し，建築材料などに用いられる。

　　(ア)　Na_2CO_3　　(イ)　$NaHCO_3$　　(ウ)　CaO　　　(エ)　$CaCl_2$

　　(オ)　$CaCO_3$　　(カ)　$CaSO_4$　　(キ)　$BaCO_3$　　(ク)　$BaSO_4$

201. [知識] **アルミニウムの反応**●次の文を読み，下の各問いに答えよ。

　　アルミニウムの単体は（　ア　）金属であり，①その単体は塩酸と反応すると（　イ　）を発生して溶ける。また，②水酸化ナトリウム水溶液にも(イ)を発生して溶ける。しかし，濃硝酸には（　ウ　）となるため，溶けにくい。アルミニウムの単体は（　エ　）色の金属で，軽く，その合金である（　オ　）は航空機材料などに用いられる。

(1)　文中の（　　）に適当な語句を入れよ。

(2)　下線部①，②をそれぞれ化学反応式で表せ。

202. [知識] **アルミニウムの化合物**●次の各問いに答えよ。

　　アルミニウムのおもな鉱石である（　ア　）を，加熱した濃い水酸化ナトリウム水溶液に入れると，水溶液中に錯イオンである（　イ　）イオンが形成される。この錯イオンを含む水溶液を冷却すると，水酸化アルミニウム $Al(OH)_3$ の沈殿が生じる。これを加熱して純粋な酸化アルミニウム Al_2O_3 を得ている。酸化アルミニウムは（　ウ　）ともよばれ，（　エ　）電解を行うと，アルミニウムの単体が得られる。

　　酸化アルミニウムは，水には溶けにくいが，塩酸や水酸化ナトリウム水溶液には反応して溶ける。このように，酸とも塩基とも反応する酸化物を（　オ　）酸化物という。

(1)　文中の（　　）に適当な語句を入れよ。

(2)　酸化アルミニウムと塩酸，酸化アルミニウムと水酸化ナトリウム水溶液との反応を化学反応式でそれぞれ示せ。

203. [知識] **アルミニウムイオンの反応**●次の反応経路図中のA～Dは，アルミニウムを含む化合物またはイオンである。A～Dの化学式，名称および色を記せ。

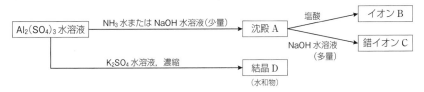

204. [知識] **スズ・鉛とその化合物**●次の文中の（　）に適当な語句，[　]に化学式を入れよ。

スズは融点が低く，加工しやすい金属である。銅とスズとの合金は（　ア　）とよばれ，十円硬貨などに用いられる。酸化スズ（Ⅱ）SnO は酸とも塩基とも反応する（　イ　）酸化物である。スズ（Ⅱ）イオン Sn²⁺ は酸化されて[　ウ　]になりやすいので，塩化スズ（Ⅱ）SnCl₂ は（　エ　）剤として用いられる。

鉛の単体は希硫酸や希塩酸には溶けにくい。これは，単体の表面に，希硫酸中では[　オ　]，希塩酸中では[　カ　]で表される難溶性の物質を生じるためである。

205. [知識] **典型金属元素の利用**●次の記述のうちから，下線部に誤りを含むものを1つ選べ。

（ア）　アルミニウムは，空気中では表面が酸化被膜で覆われ，酸化が内部まで進行しにくく，窓枠や鍋，一円硬貨などに用いられている。

（イ）　ミョウバンはアルミニウムイオンを含む複塩で，染色や食品添加物に利用される。

（ウ）　宝石のルビーは，酸化アルミニウムにクロムが微量含まれたものである。

（エ）　スズは，はんだなどの合金やトタンに用いられる。

（オ）　鉛は，やわらかくて密度が大きく，放射線の遮蔽材として用いられる。

| 発展例題19 ▶ | 塩の推定 | ⇒問題208 |

次の塩のうちから，下の文中のA～Dにあてはまるものを選び，化学式で示せ。

硝酸鉛（Ⅱ），硫酸アルミニウム，硫酸カリウム，硫酸ナトリウム，
ヨウ化カリウム，塩化カルシウム，塩化ナトリウム，炭酸ナトリウム

(1)　炎色反応は，Aが赤紫色，Bは黄色で，その他は示さなかった。

(2)　硝酸バリウム水溶液を加えると，A～Cのいずれも白色沈殿を生じた。これらのうち，Bの沈殿は希塩酸に溶けたが，他の沈殿は溶けなかった。

(3)　少量の水酸化ナトリウム水溶液を加えると，CとDは白色沈殿を生じた。これに塩酸を加えると，Cの沈殿は溶けたが，Dは白色沈殿が残った。

▎**考え方**

(1)　K^+ は赤紫色，Na^+ は黄色の炎色反応を示す。

(2)　Ba^{2+} によって沈殿を生じるのは，CO_3^{2-} および SO_4^{2-} である。$BaCO_3$ は強酸に溶けるが，$BaSO_4$ は強酸に溶けない。

(3)　$Pb(OH)_2$ に塩酸を加えると，$PbCl_2$ の白色沈殿になる。

▎**解答**

(1)　Aは K^+ を含む K_2SO_4 または KI であり，Bは Na^+ を含む Na_2SO_4，NaCl，Na_2CO_3 のいずれかである。また，C，Dは炎色反応を示さないので，$Pb(NO_3)_2$，$Al_2(SO_4)_3$ のいずれかである。

(2)　白色沈殿は $BaCO_3$ と $BaSO_4$ である。したがって，(1)から，Aは K_2SO_4 である。また，塩酸に溶けるのは弱酸の塩である $BaCO_3$ なので，Bは Na_2CO_3 である。さらに，Cは $Al_2(SO_4)_3$，Dは $Pb(NO_3)_2$ とわかる。

(3)　白色沈殿は $Pb(OH)_2$，$Al(OH)_3$ であり，塩酸との反応性からも，Cは $Al_2(SO_4)_3$，Dは $Pb(NO_3)_2$ とわかる。

　A…K_2SO_4　B…Na_2CO_3　C…$Al_2(SO_4)_3$　D…$Pb(NO_3)_2$

発展問題

思考

206. 炭酸ナトリウムの工業的製法

図は，炭酸ナトリウムの工業的製法の概要を表す。ただし，水については省略してある。次の各問いに答えよ。

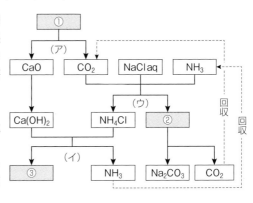

(1) この製法を何というか。

(2) 図中の①〜③にあてはまる化合物の名称を答えよ。

(3) 図中の(ア)〜(ウ)で示される工程でおこる反応について，適切な化学反応式を記せ。

(4) 10.0t(トン)の原料①を用いて製造できる炭酸ナトリウムの質量[t]を求めよ。

(17　奈良県立医科大)

思考

207. アルミニウム

次の文中の(　　)に適語を記入し，下の各問いに答えよ。

アルミニウム Al は，酸とも強塩基の水溶液とも反応して水素を発生するため(　ア　)とよばれるが，空気中では表面に酸化アルミニウムの被膜を形成するので化学的に安定である。これを利用して Al の表面に人工的に厚い酸化被膜をつけた製品を(　イ　)という。Al と酸化鉄(Ⅲ)の粉末の混合物に点火すると，多量の熱を発生して酸化鉄(Ⅲ)が還元され，融解した鉄の単体が得られる。この反応は，(　ウ　)反応とよばれ，小規模な金属の製錬や鉄道のレールの溶接などに利用される。単体の Al は水溶液の電気分解では得られず，原料鉱石の(　エ　)を精製して得られた酸化アルミニウムを(　オ　)して得られる。

(1) 下線部の反応を化学反応式で示せ。

(2) 下線部の反応で，酸化鉄(Ⅲ)80kg を鉄に還元するには，アルミニウムは少なくとも何 kg 必要か。

(22　神戸大　改)

思考 **実験**

208. 化合物の推定

水溶液 A〜F には，次の化合物群のうちのいずれか1種類の物質が溶けている。下の実験結果から，A〜F に含まれる化合物を推定し，それぞれ化学式で答えよ。

<化合物群>　硫酸，塩化水素，硝酸アルミニウム，炭酸水素ナトリウム
　　　　　　水酸化ナトリウム，塩化カルシウム

結果1：A と B，B と D を混合すると，いずれも同じ気体が発生した。

結果2：E と F を混合すると，白色の沈殿が生じたが，さらに F を加え続けると，沈殿は溶けた。

結果3：A と C を混合すると，白色の沈殿が生じた。

(13　大阪府立大　改)

11 遷移元素の単体と化合物

1 遷移元素と錯イオン

❶遷移元素の特徴

①周期表の 3～12族に位置　②隣り合う元素どうしでも性質が類似　③すべて金属元素
④融点が高い　⑤ほとんどが重金属(密度4～5g/cm³以上)　⑥最外殻電子は 1 または 2
で，酸化数は複数　⑦錯イオンをつくる　⑧有色のものが多い　⑨触媒になる

❷錯イオン　配位子が金属イオンと配位結合することによって生じるイオン

名称	化学式	水溶液の色	形状
ジアンミン銀(Ⅰ)イオン❶	$[Ag(NH_3)_2]^+$	無色	直線形
テトラアンミン銅(Ⅱ)イオン	$[Cu(NH_3)_4]^{2+}$	深青色	正方形
テトラアクア銅(Ⅱ)イオン❷	$[Cu(H_2O)_4]^{2+}$	青色	正方形
テトラアンミン亜鉛(Ⅱ)イオン	$[Zn(NH_3)_4]^{2+}$	無色	正四面体形
テトラヒドロキシド亜鉛(Ⅱ)酸イオン	$[Zn(OH)_4]^{2-}$	無色	正四面体形
ヘキサシアニド鉄(Ⅱ)酸イオン	$[Fe(CN)_6]^{4-}$	淡黄色	正八面体形
ヘキサシアニド鉄(Ⅲ)酸イオン	$[Fe(CN)_6]^{3-}$	黄色	正八面体形

正方形
正四面体形
正八面体形

❶ジ，テトラ，ヘキサは配位子の数2，4，6を表す。
❷アクア錯イオンは水を省略して示すことが多い。

2 鉄とその化合物

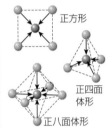

鉄鉱石
コークス
石灰石
高炉ガス

Fe₂O₃
Fe₃O₄
FeO
Fe

熱風　　熱風

スラグ　　銑鉄

Fe 鉄	①銀白色の金属　②塩酸や希硫酸に溶ける

③濃硝酸には不動態をつくり，溶けない

④建築材料，ステンレス鋼など

製法　溶鉱炉で鉄鉱石(赤鉄鉱など)を還元

$$Fe_2O_3+3CO \longrightarrow 2Fe+3CO_2$$

銑鉄(炭素約 4 %)……もろい，鋳物
鋼(炭素0.02～2 %)…ねばり強い，鋼材

Fe₃O₄ 四酸化三鉄	①黒色の結晶 ②磁鉄鉱の主成分	Fe₂O₃ 酸化鉄(Ⅲ) (べんがら)	①赤褐色の結晶 ②赤鉄鉱の主成分
FeSO₄ 硫酸鉄(Ⅱ)	①結晶は七水和物(淡緑色) ②水に溶けて Fe²⁺(淡緑色)	FeCl₃ 塩化鉄(Ⅲ)	①結晶は六水和物(黄褐色) ②水に溶けて Fe³⁺(黄褐色)
K₄[Fe(CN)₆] ヘキサシアニド鉄(Ⅱ) 酸カリウム	①黄色の結晶 ②水溶液は淡黄色	K₃[Fe(CN)₆] ヘキサシアニド鉄(Ⅲ) 酸カリウム	①暗赤色の結晶 ②水溶液は黄色

試薬水溶液	OH⁻	K₄[Fe(CN)₆]	K₃[Fe(CN)₆]	KSCN
Fe²⁺ (淡緑色)	Fe(OH)₂ 緑白色沈殿	青白色沈殿	濃青色沈殿 (ターンブルブルー)	変化なし
Fe³⁺ (黄褐色)	水酸化鉄(Ⅲ)❶ 赤褐色沈殿	濃青色沈殿 (紺青)	暗褐色水溶液	血赤色水溶液

❶FeO(OH)や Fe₂O₃·nH₂O の混合物と考えられており，決まった組成式で表すことが難しい。

3 銅とその化合物

Cu
銅

①赤味を帯びた金属　②展性・延性に富む　③熱・電気の良導体
④湿った空気中でさび(緑青 $CuCO_3 \cdot Cu(OH)_2$)を生じる
⑤塩酸や希硫酸とは反応せず，硝酸，熱濃硫酸には反応して溶ける
⑥銅の合金　青銅(ブロンズ)Cu と Sn，黄銅(真鍮)Cu と Zn

製法

$$\boxed{\begin{array}{c}\text{黄銅鉱}\\ CuFeS_2\end{array}} \xrightarrow{O_2} \boxed{\begin{array}{c}\text{硫化銅(I)}\\ Cu_2S\end{array}} \xrightarrow{\text{還元}} \boxed{\begin{array}{c}\text{粗銅 Cu}\\ (\text{純度}99\%)\end{array}} \xrightarrow{\text{電解精錬}^*} \boxed{\begin{array}{c}\text{純銅 Cu}\\ (\text{純度}99.99\%)\end{array}}$$

*粗銅を陽極，純銅を陰極にして硫酸酸性の硫酸銅(II)水溶液中で電気分解を行う。粗銅
中の鉄やニッケルなどはイオンとなって溶け出るが，金や銀などはイオン化せず，陽極
泥として陽極の下に沈殿する。

CuO
酸化銅(II)

①黒色粉末　②塩基性酸化物。酸に溶ける $CuO+H_2SO_4 \longrightarrow CuSO_4+H_2O$
③銅を空気中で加熱 $2Cu+O_2 \longrightarrow 2CuO$　④強熱で酸化銅(I)Cu_2O(赤色)

CuSO₄
硫酸銅(II)

①五水和物は青色結晶。加熱で無水塩　②無水塩は白色粉末　③無水塩は水に触れ
ると青色に呈色(水の検出に利用)

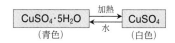

$$\boxed{CuSO_4 \cdot 5H_2O} \underset{\text{水}}{\overset{\text{加熱}}{\rightleftarrows}} \boxed{CuSO_4}$$
(青色)　　(白色)

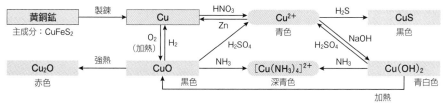

4 銀とその化合物

Ag
銀

①銀白色の金属　②展性・延性に富む　③熱・電気の伝導性は最大
④塩酸や希硫酸とは反応せず，硝酸や熱濃硫酸には反応して溶ける
　$Ag+2HNO_3 \longrightarrow AgNO_3+H_2O+NO_2$(濃硝酸)　⑤装飾品など

Ag₂O
酸化銀

①褐色沈殿　$2Ag^++2OH^- \longrightarrow Ag_2O+H_2O$
注 AgOH は不安定で，ただちに Ag_2O になる
②NH_3 水に溶ける　$Ag_2O+4NH_3+H_2O \longrightarrow 2[Ag(NH_3)_2]^++2OH^-$

ハロゲン化銀
フッ化銀AgF(黄)，塩化銀 AgCl(白)，臭化銀 AgBr(淡黄)，ヨウ化銀AgI(黄)
①光で分解して銀を生成　②水に難溶(AgF は可溶)　③NH_3 水に溶ける(AgI
は難溶)　④$Na_2S_2O_3$ 水溶液に溶ける　⑤$AgBr$ は写真のフィルムに利用

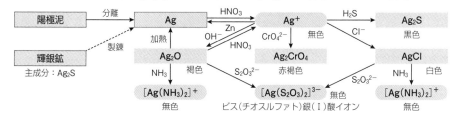

5 亜鉛とその化合物

Zn 亜鉛	①銀白色の金属で，酸にも塩基にも溶ける　$Zn+2HCl \longrightarrow ZnCl_2+H_2$
	②両性金属　　　　　　　　　　　$Zn+2NaOH+2H_2O \longrightarrow Na_2[Zn(OH)_4]+H_2$
	③トタン(鋼板に亜鉛をめっき)，乾電池，黄銅(銅と亜鉛)
ZnO 酸化亜鉛	①白色粉末　$2Zn+O_2 \longrightarrow 2ZnO$　②両性酸化物　③白色顔料，軟こう
Zn(OH)₂ 水酸化亜鉛	①白色固体　②両性水酸化物
	③アンモニア水に溶ける　$Zn(OH)_2+4NH_3 \longrightarrow [Zn(NH_3)_4]^{2+}+2OH^-$

6 クロム・マンガンとその化合物

Cr	①銀白色の金属　②かたくて融点が高い　③腐食しにくい　④クロムめっき
K₂CrO₄ クロム酸カリウム	①黄色結晶　②金属イオンと沈殿生成 $PbCrO_4$(黄色)，Ag_2CrO_4(赤褐色)
K₂Cr₂O₇ 二クロム酸カリウム	①赤橙色結晶　②$Cr_2O_7{}^{2-}$(赤橙色) $\underset{H^+}{\overset{OH^-}{\rightleftharpoons}}$ $CrO_4{}^{2-}$(黄色)
	③硫酸酸性で強い酸化作用
Mn	①銀白色の金属　②かたいがもろい　③マンガン鋼は船や橋の構造材
MnO₂ 酸化マンガン(Ⅳ)	①黒色粉末　②酸化作用
	③H_2O_2 や $KClO_3$ 分解の触媒　$2H_2O_2 \xrightarrow{MnO_2} 2H_2O+O_2$
	④乾電池の正極活物質
KMnO₄ 過マンガン 酸カリウム	①黒紫色の結晶　②水溶液は赤紫色($MnO_4{}^-$ による)
	③硫酸酸性で強い酸化作用

プロセス 次の文中の(　　)に適当な語句を入れよ。

1 元素の周期表の 3 ～12族の元素を(　ア　)元素といい，その単体はすべて(　イ　)で，融点の(　ウ　)いものが多い。

2 鉄は，塩酸や希硫酸には(　エ　)が，濃硝酸には(　オ　)となって溶けない。

3 銅は，塩酸や希硫酸には(　カ　)が，硝酸や熱濃硫酸には(　キ　)。

4 銅(Ⅱ)イオンを含む水溶液に，水酸化ナトリウム水溶液またはアンモニア水を少量加えると，(　ク　)の青白色沈殿を生じる。これにさらにアンモニア水を加えると，(　ケ　)とよばれる錯イオンを生じて(　コ　)色の水溶液になる。

5 銀イオンを含む水溶液に，水酸化ナトリウム水溶液またはアンモニア水を少量加えると，(　サ　)の褐色沈殿を生じる。これにさらにアンモニア水を加えると，(　シ　)とよばれる錯イオンを生じて(　ス　)色の水溶液になる。

6 (　セ　)色の二クロム酸イオンを含む水溶液に塩基の水溶液を加えると黄色の(　ソ　)イオンを生じる。これに鉛(Ⅱ)イオンを加えると，(　タ　)の黄色沈殿を生じる。

プロセスの解答
(ア) 遷移　(イ) 金属　(ウ) 高　(エ) 溶ける　(オ) 不動態　(カ) 溶けない　(キ) 溶ける
(ク) 水酸化銅(Ⅱ)　(ケ) テトラアンミン銅(Ⅱ)イオン　(コ) 深青　(サ) 酸化銀
(シ) ジアンミン銀(Ⅰ)イオン　(ス) 無　(セ) 赤橙　(ソ) クロム酸　(タ) クロム酸鉛(Ⅱ)

基本例題23　鉄の製錬と性質　　➡問題 210・211

次の図は，鉄の製錬の順序を示したものである。下の各問いに答えよ。

```
          溶鉱炉              転炉
鉄鉱石 ────→ 鉄A(炭素約4%) ────→ 鉄B(炭素約0.02～2%)
```

(1)　図中の鉄Aおよび鉄Bの名称を記せ。

(2)　溶鉱炉中で鉄鉱石を還元する化合物は何か。化学式で示せ。

(3)　次の文中の（　）には適当な語句，［　］には適当な化学式を入れよ。

　　鉄を希硫酸に溶かすと，（　ア　）色の水溶液になり，これに過酸化水素水を加えると，（　イ　）色に変化する。鉄(Ⅱ)イオンを含む水溶液に［　ウ　］の水溶液を加えると，ターンブルブルーとよばれる（　エ　）色の沈殿を生じる。

考え方

(1), (2)　溶鉱炉中では，コークスの燃焼で生じた一酸化炭素によって鉄鉱石が還元され，銑鉄が得られる。これに酸素を吹きこんで，炭素の含有率を減少させたものを鋼という。

(3)　Fe^{2+} の水溶液は淡緑色であり，これを酸化すると黄褐色の Fe^{3+} の水溶液になる。Fe^{2+} の水溶液にヘキサシアニド鉄(Ⅲ)酸カリウム $K_3[Fe(CN)_6]$ 水溶液を加えると，ターンブルブルーとよばれる濃青色沈殿を生じる。

解答

(1)　A…銑鉄　　B…鋼

(2)　CO

(3)　（ア）　淡緑
　　（イ）　黄褐
　　［ウ］　$K_3[Fe(CN)_6]$
　　（エ）　濃青

基本例題24　銅とその化合物　　➡問題 213

　銅は希硫酸や塩酸とは反応しないが，①硝酸や熱濃硫酸には反応して溶ける。熱濃硫酸との反応液から②青色結晶が得られる。③この結晶の水溶液に水酸化ナトリウム水溶液を加えると，青白色沈殿を生じる。この沈殿の一部をとり④加熱すると黒色に変化する。また，残りの沈殿を含む水溶液にアンモニア水を加えると，⑤深青色水溶液になる。

(1)　①で銅が濃硝酸に溶ける変化を化学反応式で表せ。

(2)　②で得られた結晶の化学式を記せ。

(3)　③で沈殿を生じる変化をイオン反応式で表せ。

(4)　④の変化を化学反応式で表せ。

(5)　⑤の水溶液中に含まれる錯イオンの化学式を示せ。

考え方

(1)　銅は硝酸や熱濃硫酸などの強い酸化作用を示す酸とは反応する。濃硝酸とは二酸化窒素 NO_2 を発生して溶ける。

(4)　$Cu(OH)_2$ は加熱によって黒色の CuO になる。

(5)　$Cu(OH)_2$ は過剰のアンモニア水に溶けて，錯イオン $[Cu(NH_3)_4]^{2+}$ を生じ，深青色水溶液となる。

解答

(1)　$Cu + 4HNO_3 \longrightarrow$
　　　$Cu(NO_3)_2 + 2H_2O + 2NO_2$

(2)　$CuSO_4 \cdot 5H_2O$

(3)　$Cu^{2+} + 2OH^- \longrightarrow Cu(OH)_2$

(4)　$Cu(OH)_2 \longrightarrow CuO + H_2O$

(5)　$[Cu(NH_3)_4]^{2+}$

例題
解説動画

第Ⅲ章　無機物質

基|本|問|題

209. 遷移元素 遷移元素に関する次の記述のうちから，誤りを含むものを1つ選べ。

（ア）元素の周期表において，3～12族に位置し，第4周期以降に現れる。

（イ）最外殻電子を1個または2個もつ原子が多い。

（ウ）単体はすべて金属であり，一般に，融点が高く，密度が大きい。

（エ）ステンレス鋼や黄銅のような合金をつくる。

（オ）同一の元素では単一の酸化数をとることが多い。

（カ）錯イオンをつくるものが多い。

210. 鉄の製錬 次の文中の（　）に適当な語句を入れ，下の問いに答えよ。

溶鉱炉に，赤鉄鉱（主成分 Fe_2O_3）などの鉄鉱石，コークス，（　ア　）を入れて熱風を吹きこむと，コークスが燃焼し，生じた（　イ　）によって鉄の酸化物が還元され，銑鉄が得られる。この銑鉄に酸素を吹きこむと，鋼が得られる。また，鉄鉱石中に含まれる二酸化ケイ素などは，（ア）と反応し，（　ウ　）となって取り除かれる。

（問）鉄の酸化物の化学式を Fe_2O_3 として，下線部の変化を化学反応式で表せ。

211. 鉄の化合物 図は，鉄の化合物の関係をまとめたものである。次の各問いに答えよ。

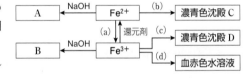

(1) Fe^{2+}，Fe^{3+} を含む水溶液はそれぞれ何色か。

(2) Aの化学式と色，Bの名称と色，濃青色沈殿C，Dの名称をそれぞれ記せ。

(3) (a)～(d)にあてはまる試薬を次から選び，記号で示せ。

（ア）Cl_2　（イ）H_2S　（ウ）KSCN　（エ）$K_4[Fe(CN)_6]$　（オ）$K_3[Fe(CN)_6]$

(4) 希硫酸および濃硝酸に対する鉄の反応性の違いについて述べよ。

212. 銅の性質 次の文中の（　）に適当な語句を入れ，下の問いに答えよ。

溶鉱炉に，（　ア　）（主成分 $CuFeS_2$），ケイ砂，石灰石，コークスを入れて強熱すると，銅の化合物（　イ　）Cu_2S が得られる。空気を吹きこみながら（イ）を加熱すると，粗銅が得られる。粗銅を（　ウ　）することによって純銅が得られる。

銅は，乾燥空気中では酸化されにくいが，湿った空気中では徐々に酸化され，（　エ　）とよばれる青緑色のさびを生じる。また，銅は塩酸や希硫酸とは反応しないが，酸化力の強い希硝酸や濃硝酸，熱濃硫酸とは反応して溶ける。

（問）下線部について，銅と希硝酸，銅と濃硝酸の反応を化学反応式で示せ。ただし，銅と希硝酸の反応では NO，銅と濃硝酸の反応では NO_2 が発生するものとする。

213. 知識 **銅の化合物**●銅とその化合物の相互関係を図に示す。次の各問いに答えよ。

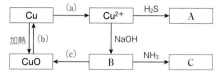

(1) A～Cの化学式および色をそれぞれ記せ。ただし，Cは錯イオンである。

(2) (a)～(c)にあてはまる試薬または操作を次から選び，記号で示せ。

（ア）H_2　（イ）O_2　（ウ）HCl　（エ）HNO_3　（オ）加熱

214. 知識 **銀とその化合物**●次の文を読み，下の各問いに答えよ。

銀は，塩酸や希硫酸には溶けないが，熱濃硫酸や①濃硝酸，希硝酸には反応して溶ける。銀イオンを含む水溶液は（　ア　）色であり，これに水酸化ナトリウム水溶液，または②少量のアンモニア水を加えると，（　イ　）色の沈殿Aを生成する。この沈殿は多量のアンモニア水に錯イオンBをつくって溶解し，（　ウ　）色の水溶液となる。また，銀イオンを含む水溶液に硫化水素を通じると，（　エ　）色の沈殿Cを生じる。

(1) 文中の（　）に適当な語句を入れ，A～Cの化学式を示せ。

(2) 下線部①の変化をそれぞれ化学反応式で，下線部②の変化をイオン反応式で表せ。銀と濃硝酸の反応ではNO_2，銀と希硝酸の反応ではNOが発生するものとする。

215. 知識 **ハロゲン化銀**●次の実験①～④について，A～Dの化学式とA～Cの色を記せ。ただし，錯イオンについては，水溶液の色を記せ。

実験① 硝酸銀水溶液に塩化ナトリウム NaCl 水溶液を加えると，沈殿Aを生じた。

実験② 沈殿Aにアンモニア NH_3 水を加えると，錯イオンBを生じた。

実験③ 沈殿Aにチオ硫酸ナトリウム $Na_2S_2O_3$ 水溶液を加えると，錯イオンCを生じた。

実験④ 沈殿Aに光をあてておくと，分解して黒色のDを生じた。

216. 思考 **遷移元素の単体と酸の反応**●表の金属と酸の反応①～⑦について，反応するかどうかを判断し，反応する場合は化学反応式を記し，反応しない場合は「反応しない」と記せ。

金属	塩酸	希硫酸	濃硝酸	熱濃硫酸
鉄	①	②	③	—
銅	—	④	—	⑤
銀	⑥	—	⑦	—

217. 知識 **亜鉛とその化合物**●次の文中の（　）に適当な語句，［　］に化学式を入れ，下の①，②の変化を化学反応式で表せ。

亜鉛イオン Zn^{2+} を含む水溶液に少量の水酸化ナトリウム水溶液を加えると，白色沈殿［　ア　］を生じるが，過剰に加えると，錯イオン［　イ　］を生じて溶ける。また，［ア］にアンモニア水を加えると，錯イオン［　ウ　］を生じて溶ける。この水溶液に硫化水素を通じると，（　エ　）色の沈殿［　オ　］を生じる。

①亜鉛と塩酸との反応　　　②亜鉛と水酸化ナトリウム水溶液との反応

218. クロムとマンガンの化合物 下線部が正しい場合は○，誤っている場合は×を記せ。

(ア) クロム酸カリウム水溶液に硝酸銀水溶液を加えると，<u>黄色の沈殿</u>を生じる。

(イ) クロム酸カリウム水溶液に希硫酸を加えると，<u>赤橙色</u>になる。

(ウ) 硫酸酸性で二クロム酸カリウム水溶液を<u>酸化</u>すると，クロム(III)イオンが生じる。

(エ) 酸化マンガン(IV)は，黒色の粉末で，濃塩酸と反応して<u>酸素</u>を発生させる。

(オ) 酸化マンガン(IV)は，乾電池の<u>負極活物質</u>として用いられる。

(カ) 過マンガン酸カリウムは，硫酸酸性水溶液中で強い<u>酸化剤</u>として働く。

219. 遷移元素の単体・化合物の利用 次の(1)～(6)にあてはまる単体または化合物を，下の(ア)～(ス)からそれぞれ1つずつ選べ。

(1) 感光性があり，写真のフィルムに用いられる化合物。

(2) べんがらとよばれ，赤色顔料や磁性材料に用いられる化合物。

(3) 水に触れると青くなるので，水の検出に用いられる化合物。

(4) ターンブルブルーとよばれる濃青色の顔料をつくるときに用いられる化合物。

(5) 水道の蛇口などのめっきとして利用される単体。

(6) 家屋の屋根などに用いられる，緑青のもととなる単体。

(ア) $AgBr$　　(イ) $AgNO_3$　　(ウ) Cu　　(エ) CuO　　(オ) $CuSO_4$

(カ) MnO_2　　(キ) $KMnO_4$　　(ク) Fe　　(ケ) Fe_2O_3　　(コ) Fe_3O_4

(サ) Cr　　(シ) K_2CrO_4　　(ス) $K_3[Fe(CN)_6]$

220. 遷移元素の推定 次の文中のA～Dは，銅，鉄，銀，クロムのいずれかである。

① Aは，金属の中で熱や電気を最もよく導く。

② Bを塩酸に溶かしたのち，塩素を通じると，黄褐色の水溶液になる。

③ BとCは，ステンレス鋼の成分である。

④ Dは，塩酸に溶けないが，硝酸に溶けて有色のイオンを生じる。

⑤ Dのイオンを含む水溶液にBを加えると，Bの表面にDが付着する。

(1) A～Dはそれぞれどの金属か。元素記号で示せ。

(2) ⑤の変化をイオン反応式で表せ。

221. イオンの推定 次の①～⑨のイオンのうち，いずれか1種類を含む水溶液がある。下の記述(1)～(4)にあてはまるものを，それぞれ1つずつ選べ。

① Ag^+　　② Cu^{2+}　　③ Cr^{3+}　　④ Fe^{2+}　　⑤ Fe^{3+}

⑥ CrO_4^{2-}　　⑦ $Cr_2O_7^{2-}$　　⑧ $[Fe(CN)_6]^{3-}$　　⑨ $[Fe(CN)_6]^{4-}$

(1) 水溶液は黄色で，酸を加えると赤橙色の水溶液に変わる。

(2) 水溶液は黄色で，Fe^{2+}を加えると濃青色の沈殿を生じる。

(3) 水溶液は青色で，アンモニア水を多量に加えると深青色の水溶液に変わる。

(4) 水溶液は無色で，塩酸を加えると白色の沈殿を生じる。

発展例題20　錯イオンの構造

→問題222

次の文中の(　　)に適当な語句や番号を入れ、錯イオンA、Bの化学式と名称を記せ。

　非共有電子対をもつ分子やイオンが金属イオンと(　ア　)結合すると、錯イオンが生じる。たとえば、アンモニア分子と銅(Ⅱ)イオンから錯イオンAが、シアン化物イオンと鉄(Ⅲ)イオンから錯イオンBが生じる。また、A、Bの形状は、それぞれ図の(　イ　)および(　ウ　)である。

①直線形 　②正方形

③正四面体形 　④正八面体形

■ 考え方

NH$_3$やCN$^-$のような非共有電子対をもつ分子やイオンが配位子となり、金属イオンに配位結合してできたイオンを錯イオンという。錯イオンの名称は、配位子の数(配位数)、配位子の名称、金属イオンの名称、酸化数の順に示す。錯イオンが陰イオンの場合、語尾が「～酸イオン」となることに注意する。立体構造は、金属イオンの種類や配位数によって決まる。

■ 解答

(ア) 配位　(イ) ②　(ウ) ④
A…[Cu(NH$_3$)$_4$]$^{2+}$
　　テトラアンミン銅(Ⅱ)イオン
B…[Fe(CN)$_6$]$^{3-}$
　　ヘキサシアニド鉄(Ⅲ)酸イオン

発展例題21　遷移元素の推定

→問題226

次の文は、金、銀、銅、鉄のいずれかについて述べたものである。文中の(　　)に物質の化学式と名称を入れ、下線部①～④を化学反応式で表せ。

(1)　金属Aは希硫酸に溶けて(　ア　)を発生し、淡緑色の水溶液になる。また、Aを塩酸に溶かしたのち、①塩素を通じると黄褐色の水溶液になる。

(2)　金属Bは希硫酸には溶けないが、②濃硝酸には溶ける。この水溶液に希塩酸を加えると白色沈殿(　イ　)を生じる。③この沈殿はチオ硫酸ナトリウム水溶液に溶ける。

(3)　金属Cを空気中で加熱すると黒色の酸化物(　ウ　)を生じる。これを希硫酸に溶かすと青色の水溶液が得られ、④この水溶液に金属Aを加えるとAの表面が変色する。

■ 考え方

(1)　Fe^{2+}を含む水溶液は淡緑色である。Fe^{2+}はCl$_2$によって酸化され、黄褐色のFe^{3+}に変化する。

(2)　希硫酸に溶けず、濃硝酸に溶ける金属はAgまたはCuである。希塩酸による白色沈殿はAgClなので、BはAgとなる。

(3)　Cu^{2+}を含む水溶液は青色である。イオン化傾向がFe＞Cuなので、Cu^{2+}の水溶液にFeを加えると、Feが溶け、CuがFeの表面に析出する。

■ 解答

(ア) H$_2$、水素　(イ) AgCl、塩化銀
(ウ) CuO、酸化銅(Ⅱ)
① 2FeCl$_2$＋Cl$_2$ ⟶ 2FeCl$_3$
② Ag＋2HNO$_3$
　　⟶ AgNO$_3$＋H$_2$O＋NO$_2$
③ AgCl＋2Na$_2$S$_2$O$_3$
　　⟶ Na$_3$[Ag(S$_2$O$_3$)$_2$]＋NaCl
④ CuSO$_4$＋Fe ⟶ FeSO$_4$＋Cu

 例題
解説動画

発展問題

222. 錯イオン 次の表の(ア)~(オ)のうち，錯イオンの化学式，名称，形が正しいものはどれか。すべて選べ。

記号	イオン	配位子	配位数	錯イオン	錯イオンの名称	錯イオンの形
(ア)	Ag^+	NH_3	2	$[Ag(NH_3)_2]^+$	ジアンミン銀(I)イオン	直線形
(イ)	Cu^{2+}	NH_3	4	$[Cu(NH_3)_4]^{2+}$	テトラアンミン銅(II)イオン	正四面体形
(ウ)	Zn^{2+}	NH_3	4	$[Zn(NH_3)_4]^{2+}$	テトラアンミン亜鉛(II)イオン	正四面体形
(エ)	Fe^{2+}	CN^-	6	$[Fe(CN)_6]^{2-}$	ヘキサシアニド鉄(II)イオン	正八面体形
(オ)	Fe^{3+}	CN^-	6	$[Fe(CN)_6]^{3-}$	ヘキサシアニド鉄(III)酸イオン	正八面体形

(自治医科大　改)

223. 鉄の製錬 次の文中のA~Dに適切な物質名を入れ，下の各問いに答えよ。

鉄の製錬では，Aを主成分とする赤鉄鉱，石灰石，Bを溶鉱炉の上部から入れて，下部から熱風を送る。炉の上部から下部に向かうにつれて温度が上昇し，Bの燃焼で生じるCによってAが段階的に還元され，銑鉄が生成する。銑鉄は炭素などの不純物を含み，もろくて展性や延性に乏しい。これを転炉に移してDを吹きこみ，炭素の含有量を低くしたものを鋼という。

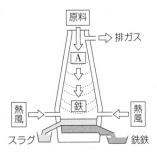

(1) 下線部の工程ではAが四酸化三鉄に，続いて酸化鉄(II)に還元され，最終的に鉄が生成する。この3つの過程を，それぞれ化学反応式で表せ。

(2) (1)の各反応が完全に進行したとき，質量で80%のAを含む赤鉄鉱$1.0×10^3$kgから得られる銑鉄に含まれる鉄の質量は何kgか。

(15　静岡県立大　改)

224. 銅の利用と製法 次の文中の(　)に適切な語句または化学式を入れ，下の各問いに答えよ。各反応は理論どおりに進み，ファラデー定数は$9.65×10^4$C/molとする。

銅はすぐれた(　ア　)伝導性から，現代のエレクトロニクス産業を支える重要な金属である。また，わが国では銅の合金が貨幣材料として利用され，5円硬貨に用いられる黄銅は(　イ　)との合金，10円硬貨に用いられる青銅は(　ウ　)との合金である。

①黄銅鉱($CuFeS_2$)を空気とともに加熱すると，Cu_2S，Fe_2O_3とSO_2(製錬ガス)が発生する。Cu_2Sの還元によって得られる②粗銅を電解精錬することで純銅が得られる。

(1) 下線部①の操作で進行する反応を，化学反応式で表せ。

(2) 下線部①の操作で，3.67kgの黄銅鉱から発生したSO_2をすべて利用して，質量パーセント濃度が98.0%の濃硫酸を製造した。得られた濃硫酸は何kgか。

(3) 下線部②の操作で，100%の純銅2.54kgを得るために必要な電気量は何Cか。

(4) 下線部②の操作で，粗銅に含まれる少量の鉄と金はそれぞれどのようになるか。

(15　横浜国立大　改)

思考 **論述**
225. 銀と銀イオンの性質　次の文を読み，下の各問いに答えよ。

　　銀は，空気中では比較的酸化されにくいが，火山ガスなどに含まれる硫黄化合物と反応すると，（　ア　）を生じて表面が黒色に変化する。銀は硝酸や①熱濃硫酸には溶け，銀イオンを生じる。銀イオンを含む水溶液にアンモニア水を加えると，はじめに（　イ　）色沈殿を生じるが，②アンモニア水をさらに加えると，この沈殿は溶ける。

　　ハロゲン化銀は，（　ウ　）を除いて水に溶けにくく，③光にさらされると黒色に変化するため，臭化銀は写真のフィルムの感光剤として利用される。感光したフィルムを現像後，④未反応の臭化銀を $Na_2S_2O_3$ 水溶液に溶かして除去すると，陰画（ネガ）ができる。

(1)　文中の（　　）に適当な物質名や語句を入れよ。

(2)　下線部①，④の変化を化学反応式で，②の変化をイオン反応式で記せ。

(3)　下線部③において，臭化銀にどのような化学的な変化が生じるか，説明せよ。

(16　名古屋市立大　改)

思考
226. 金属の推定　次の操作(a)～(c)中のA～Cは，鉄，銅，銀，アルミニウムのいずれかの金属である。下の各問いに答えよ。

(a)　①金属Aに濃硝酸を加えると，赤褐色の気体が発生し，水を加えると青色の水溶液ができた。この水溶液にアンモニア水を少量加えると青白色沈殿を生じた。

(b)　②金属Bに希硫酸を加えると，無色の気体が発生し，淡緑色の水溶液ができた。この淡緑色の水溶液を空気中に放置すると，徐々に黄色の水溶液になった。

(c)　③金属Cに塩酸を加えると，無色の気体が発生し，無色の水溶液ができた。この水溶液に水酸化ナトリウム水溶液を加えると，白色ゼリー状の沈殿を生じた。

(1)　金属A～Cを元素記号で記せ。

(2)　下線部①～③を化学反応式で示せ。

(山口東京理科大　改)

思考
227. 金属イオンの反応　塩化鉄(Ⅱ)，硫酸銅(Ⅱ)，硝酸銀，酢酸鉛(Ⅱ)のいずれか1つが溶けている水溶液A～Dについて，次の実験を行った。下の各問いに答えよ。

〔Ⅰ〕　A～Dに希塩酸を加えると，AとBで白色沈殿が生じた。AとBにクロム酸カリウム水溶液を加えると，Aでは赤褐色沈殿，Bでは黄色沈殿が生成した。

〔Ⅱ〕　A～Dに少量のアンモニア水を加えると，いずれの溶液でも沈殿が生成した。さらにアンモニア水を多量に加えると，AとCで生成した沈殿は，錯イオンを形成して溶けた。しかし，Bの白色沈殿とDの緑白色沈殿は，溶けなかった。

〔Ⅲ〕　Cに水酸化ナトリウム水溶液を加えると，青白色沈殿（　ア　）が生じた。この沈殿を加熱すると黒色の化合物（　イ　）になった。

(1)　A～Dの水溶液内の塩を推定し，化学式で示せ。

(2)　実験〔Ⅲ〕の(ア)，(イ)を化学式で示せ。

(3)　下線部の変化で生じた錯イオンを，それぞれイオン式で示せ。また，その錯イオンの形をそれぞれ次から選び，番号で示せ。

　　①　直線形　　②　正方形　　③　正四面体形　　④　正八面体形　(09　関西大　改)

12 イオンの反応と分離

1 金属イオンの反応

❶水溶性の塩と難溶性の塩
一般に，陽イオンと陰イオンから塩が生成する。水に溶けやすい塩と溶けにくい塩は，次のように整理することができる。

硝酸塩	すべて水に溶けやすい❶。
塩化物	$AgCl$(白)，$PbCl_2$(白)などを除いて，ほとんどが水に溶けやすい。 （$AgCl$ は光で分解，NH_3 水に可溶。$PbCl_2$ は熱水に溶解）
硫酸塩	$CaSO_4$(白)，$BaSO_4$(白)，$PbSO_4$(白)などを除いて，水に溶けやすいものが多い。これらの硫酸塩の沈殿は塩酸に溶けない。
炭酸塩	$CaCO_3$(白)，$BaCO_3$(白)など，ほとんどが水に溶けにくい。炭酸塩の沈殿は塩酸に溶ける。 〈例〉 $CaCO_3 + 2HCl \longrightarrow CaCl_2 + H_2O + CO_2$
クロム酸塩	Ag_2CrO_4(赤褐)，$PbCrO_4$(黄)，$BaCrO_4$(黄)などは沈殿する。

❶アルカリ金属の塩やアンモニウム塩，酢酸塩もすべて水に溶けやすい。

❷水酸化物の沈殿と錯イオン
アンモニア NH_3 水や水酸化ナトリウム $NaOH$ 水溶液を加えて生じる水酸化物の沈殿の中には，多量に加えると錯イオンをつくって再び溶解するものがある。

金属イオン	OH^- による沈殿		多量の NH_3 水を加える		多量の $NaOH$ 水溶液を加える	
Ag^+	Ag_2O	褐色	$[Ag(NH_3)_2]^+$	無色	不溶	
Cu^{2+}	$Cu(OH)_2$	青白色	$[Cu(NH_3)_4]^{2+}$	深青色	不溶	
Zn^{2+}	$Zn(OH)_2$	白色	$[Zn(NH_3)_4]^{2+}$	無色	$[Zn(OH)_4]^{2-}$	無色
Al^{3+}	$Al(OH)_3$	白色	不溶		$[Al(OH)_4]^-$	無色
Pb^{2+}	$Pb(OH)_2$	白色	不溶		再溶解❶	無色
Fe^{3+}	水酸化鉄(Ⅲ)❷	赤褐色	不溶		不溶	
Fe^{2+}	$Fe(OH)_2$	緑白色	不溶		不溶	

❶$[Pb(OH)_4]^{2-}$ や $[Pb(OH)_3]^-$ など，いろいろな錯イオンを形成して溶解する。
❷$FeO(OH)$ や $Fe_2O_3 \cdot nH_2O$ などの混合物と考えられており，決まった組成式で表すことは難しく，水酸化鉄(Ⅲ)と表している。

❸硫化水素による硫化物の沈殿
金属イオンを含む水溶液に硫化水素 H_2S を通じると，水溶液の酸性，塩基性に応じて，沈殿を生じる場合と生じない場合がある。

酸性，中性，塩基性 のいずれでも沈殿		中性，塩基性 のときに沈殿		沈殿を生じない （炎色反応で確認）
$Ag^+ \longrightarrow Ag_2S$	黒色	$Zn^{2+} \longrightarrow ZnS$	白色	Li^+(赤)， Ca^{2+}(橙赤)
$Pb^{2+} \longrightarrow PbS$	黒色	$Fe^{3+} \longrightarrow FeS$❶	黒色	Na^+(黄)， Sr^{2+}(赤)
$Cu^{2+} \longrightarrow CuS$	黒色	$Fe^{2+} \longrightarrow FeS$	黒色	K^+(赤紫)， Ba^{2+}(黄緑)
$Hg^{2+} \longrightarrow HgS$	黒色	$Ni^{2+} \longrightarrow NiS$	黒色	（ ）内は炎色反応❷を示す。
$Cd^{2+} \longrightarrow CdS$	黄色	$Mn^{2+} \longrightarrow MnS$	淡赤色	

❶H_2S によって，Fe^{3+} は Fe^{2+} に還元される。
　　$2Fe^{3+} + H_2S \longrightarrow 2Fe^{2+} + 2H^+ + S$

❷Cu^{2+} の炎色反応は青緑色である。

❹おもな金属イオンの反応 ▭ は沈殿，⬭ は溶液を表す。

(a) Cu^{2+} の反応

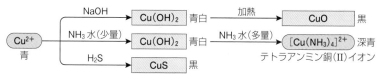

(b) Ag^+ の反応

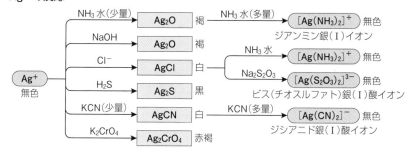

2 金属イオンの分離（系統分離）

いくつかの金属イオンを含む混合水溶液から，次のような試薬と操作によって，各金属イオンを分離することができる。分離のために加える試薬を分属試薬という（図の ▭ が分属試薬）。効率よく金属イオンを分離できるように分属試薬を加えていく。

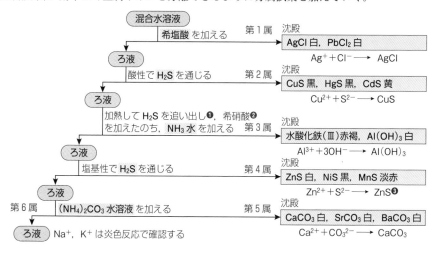

❶H_2S が残っていると，希硝酸を加えたときに酸化され，硫黄 S の沈殿を生じる。

❷Fe^{3+} は H_2S によって Fe^{2+} に還元されているので，希硝酸で酸化して再び Fe^{3+} に変える必要がある。

❸ろ液中で Zn^{2+} は $[Zn(NH_3)_4]^{2+}$ として存在している。

> **ドリル**　表中の（　）に適切な化学式，〔　〕に適切な色を入れよ。

加える試薬 / 陽イオン	HCl	H₂S (酸性)	H₂S (塩基性)	NH₃	NH₃ (過剰)	NaOH	NaOH (過剰)
Ag^+	（ア） 白色	Ag_2S 黒色	Ag_2S 黒色	（イ） 褐色	（ウ） 無色溶液	（エ） 褐色	（オ） 褐色
Pb^{2+}	$PbCl_2$ 〔カ〕	（キ） 黒色	（ク） 黒色	$Pb(OH)_2$ 白色	$Pb(OH)_2$ 白色	$Pb(OH)_2$ 白色	再溶解 無色溶液
Cu^{2+}	——	CuS 〔ケ〕	CuS 〔コ〕	$Cu(OH)_2$ 青白色	$[Cu(NH_3)_4]^{2+}$ 〔サ〕溶液	$Cu(OH)_2$ 青白色	$Cu(OH)_2$ 青白色
Fe^{2+}	——	——	FeS 黒色	（シ） 緑白色	（ス） 緑白色	（セ） 緑白色	（ソ） 緑白色
Fe^{3+}	——	——	FeS 黒色	水酸化鉄(Ⅲ) 赤褐色	水酸化鉄(Ⅲ) 赤褐色	水酸化鉄(Ⅲ) 赤褐色	水酸化鉄(Ⅲ) 赤褐色
Al^{3+}	——	——	——	$Al(OH)_3$ 白色	$Al(OH)_3$ 白色	$Al(OH)_3$ 白色	（タ） 〔チ〕溶液
Zn^{2+}	——	——	ZnS 〔ツ〕	$Zn(OH)_2$ 白色	（テ） 無色溶液	$Zn(OH)_2$ 白色	（ト） 無色溶液

基本例題25　金属イオンの分離

→問題230

2種類の金属イオンを含む混合水溶液(1)～(3)について，一方のイオンだけを沈殿として分離できる試薬を，下の(ア)～(エ)から選べ。また，そのとき生じる沈殿の名称を示せ。ただし，試薬は多量に加えるものとする。

(1)　Ag^+ と Cu^{2+}　　　(2)　Fe^{3+} と Al^{3+}　　　(3)　Al^{3+} と Zn^{2+}

　(ア)　希塩酸　　　(イ)　アンモニア水　　　(ウ)　水酸化ナトリウム水溶液
　(エ)　硫化水素(酸性)

考え方

次のような表を作成して考えるとよい(×は沈殿しないこと，＊は一度生じた沈殿が試薬を多量に加えることによって再度溶解することを表す)。

		(ア)HCl	(イ)NH₃	(ウ)NaOH	(エ)H₂S(酸性)
(1)	Ag^+	$AgCl$	＊	Ag_2O	Ag_2S
	Cu^{2+}	×	＊	$Cu(OH)_2$	CuS
(2)	Fe^{3+}	×	水酸化鉄(Ⅲ)	水酸化鉄(Ⅲ)	×
	Al^{3+}	×	$Al(OH)_3$	＊	×
(3)	Al^{3+}	×	$Al(OH)_3$	＊	×
	Zn^{2+}	×	＊	＊	×

解答

表中の網かけの部分から，次の方法がそれぞれの分離に適していると判断できる。

(1)　**(ア) 塩化銀**

(2)　**(ウ) 水酸化鉄(Ⅲ)**

(3)　**(イ) 水酸化アルミニウム**

例題
解説動画

228. イオンの推定 (1)～(5)にあてはまるイオンを下の(ア)～(カ)から1つずつ選べ。
知識

(1) 水酸化ナトリウム水溶液を加えると、赤褐色の沈殿を生じる。

(2) アンモニア水を加えると、はじめは青白色の沈殿を生じるが、過剰に加えると深青色の水溶液になる。

(3) クロム酸カリウム水溶液を加えると、赤褐色の沈殿を生じる。

(4) 塩酸を加えると、白色の沈殿を生じる。この沈殿は熱水に溶ける。

(5) 水酸化ナトリウム水溶液を加えると、はじめは白色の沈殿を生じるが、過剰に加えると無色の水溶液になる。アンモニア水でも同様の変化がおこる。

(ア) Ag^+　(イ) Ca^{2+}　(ウ) Cu^{2+}　(エ) Fe^{3+}　(オ) Pb^{2+}　(カ) Zn^{2+}

229. イオンの検出 Ag^+、Ba^{2+}、Fe^{3+} の各イオンを含む水溶液がある。次の(1)～(4)
知識
の操作で識別できるのは、どのイオンか。それぞれイオンの化学式を示せ。

(1) 水溶液の色を見る。　　　　(2) 希塩酸を加える。

(3) アンモニア水を多量に加える。　(4) 水溶液を白金線につけ、炎の中に入れる。

230. イオンの沈殿 A欄、B欄に
思考
示した2種類の金属イオンを含む
水溶液がある。各水溶液から、B
欄の金属イオンだけを沈殿させる
操作をC欄に示している。C欄の
記述のうち、誤りを含むものを1
つ選び、番号で示せ。

	A欄	B欄	C欄
①	Zn^{2+}	Cu^{2+}	酸性にして硫化水素を通じる。
②	Zn^{2+}	Al^{3+}	アンモニア水を十分に加える。
③	Ag^+	Pb^{2+}	希塩酸を加える。
④	Cu^{2+}	Ba^{2+}	希硫酸を加える。
⑤	Na^+	Ca^{2+}	炭酸アンモニウム水溶液を加える。

231. 陰イオンの反応 次の(1)～(4)にあてはまるものを、〔　〕内に示した陰イオンの
知識
うちからそれぞれ1つずつ選び、イオンの化学式で示せ。

(1) 銀イオンと黒色沈殿をつくる。　　　〔Cl^-　OH^-　S^{2-}　CrO_4^{2-}〕

(2) 鉛(Ⅱ)イオンと黄色沈殿をつくる。　〔Cl^-　OH^-　SO_4^{2-}　CrO_4^{2-}〕

(3) 鉄(Ⅲ)イオンと濃青色沈殿をつくる。〔OH^-　SCN^-　$[Fe(CN)_6]^{3-}$　$[Fe(CN)_6]^{4-}$〕

(4) カルシウムイオンやバリウムイオンと、塩酸に溶ける白色沈殿をつくる。

〔Cl^-　OH^-　CO_3^{2-}　SO_4^{2-}〕

232. 沈殿の識別 次の(1)～(3)の記述にあてはまる沈殿を〔　〕内からそれぞれ選べ。
知識

(1) 熱湯をかけたが、沈殿は溶解しなかった。　　　　　　　〔$AgCl$　$PbCl_2$〕

(2) 希硝酸と加熱したところ、沈殿が溶解し、溶液が青色になった。〔PbS　CuS〕

(3) 水酸化ナトリウム水溶液を加えたところ、沈殿が溶解した。〔$Al(OH)_3$　$Cu(OH)_2$〕

⇒問題 236

233. 思考 実験 論述

233. イオンの分離●実験に関する次の文を読み，下の各問いに答えよ。

Ag^+，Cu^{2+} および Fe^{3+} を含む混合水溶液から，各イオンを別々の沈殿として取り出す実験を行った。まず，この水溶液に塩酸を加え，(ア)白色沈殿を生じさせた。これをろ過し，ろ液に硫化水素を十分に吹きこみ，(イ)黒色沈殿を生じさせた。これをろ過したのち，ろ液を煮沸してから(A)硝酸を加え，さらにアンモニア水を十分に加えて，(ウ)赤褐色沈殿を生じさせた。

(1) 下線部(ア)，(イ)の沈殿の化学式および(ウ)の沈殿の名称を示せ。

(2) 下線部(A)の操作を行う理由を簡潔に説明せよ。

234. 思考

234. 金属イオンの分離●図は，Pb^{2+}, Zn^{2+}, Cu^{2+} を含む酸性の混合水溶液から，各イオンを分離する操作を示したものである。沈殿A，Bの化学式，およびろ液Cに含まれる金属イオンの化学式(Na^+ は除く)をそれぞれ示せ。試薬はそれぞれ十分に加えるものとする。

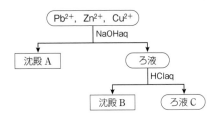

発展例題22　金属イオンの分離　⇒問題 236

Ca^{2+}，Cu^{2+}，Al^{3+} および Na^+ を含む混合水溶液に適当な試薬を十分に加え，次の手順によって各イオンを分離したい。下の各問いに答えよ。

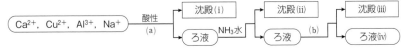

(1) (a)，(b)で使用する試薬は，それぞれ次のどれが適当か。

　(ア)　希塩酸　　(イ)　硫化水素　　(ウ)　炭酸アンモニウム水溶液

(2) 沈殿(i)～(iii)の化学式と，ろ液(iv)に含まれる金属イオンの化学式を示せ。

(3) 混合水溶液中に Fe^{3+} を含むとき，Fe^{3+} は(a)を加えた際にどのように変化するか。イオン反応式で表せ。

考え方

(a)　酸性で H_2S を通じると，CuS のみが沈殿する。

　　$Cu^{2+}+H_2S \longrightarrow CuS+2H^+$

　次に，ろ液に NH_3 水を加えると，$Al(OH)_3$ のみが沈殿する。

　　$Al^{3+}+3OH^- \longrightarrow Al(OH)_3$

(b)　ろ液に $(NH_4)_2CO_3$ 水溶液を加えると，$CaCO_3$ のみが沈殿する。

　　$Ca^{2+}+CO_3^{2-} \longrightarrow CaCO_3$

解　答

(1) (a) **(イ)**　　(b) **(ウ)**

(2) (i) CuS　(ii) $Al(OH)_3$

　　(iii) $CaCO_3$　(iv) Na^+

(3) Fe^{3+} は H_2S によって Fe^{2+} に還元される。

　　$2Fe^{3+}+H_2S$

　　$\longrightarrow 2Fe^{2+}+2H^++S$

例題
解説動画

発展問題

思考 **実験**

235. 金属イオンの推定 水溶液A，B，Dは，次の選択群に示す金属イオンのうちの1種類を含み，水溶液Cは2種類を含んでいる。各水溶液に含まれる金属イオンを特定するために，水溶液A〜Dをそれぞれ少量ずつ取りわけて，表に示す操作a〜eを別々に行った。水溶液A〜Dに含まれる金属イオンをそれぞれ選べ。

＜選択群＞　Ba^{2+}，Cu^{2+}，Al^{3+}，Pb^{2+}，Zn^{2+}

表　水溶液A〜Dに対して行った操作a〜eとその結果

操作		A	B	C	D
a	希塩酸を加えた	×	×	×	○
b	希硫酸を加えた	○	×	×	○
c	少量のアンモニア水を加えた	×	○	○	○
d	過剰量のアンモニア水を加えた	×	○	※	○
e	少量の水酸化ナトリウム水溶液を加えた	×	○	○	○

×変化しなかった　○沈殿を生じた　※はじめに沈殿が生成し，加えるにつれて沈殿が溶解した

(13　山形大　改)

思考 **実験** **論述**

236. 金属イオンの系統分析 Pb^{2+}，Cu^{2+}，Fe^{3+}，Zn^{2+}，Ba^{2+}，Na^+，Ag^+，Al^{3+} の8種類のイオンを含む溶液がある。図のような操作を行い，各イオンを分離した。試薬は十分に加えたものとする。下の各問いに答えよ。

(1)　沈殿B，C，E，F，Gの名称を答えよ。

(2)　操作4で，溶液Cを煮沸する理由を説明せよ。

(3)　操作4で，濃硝酸を加える理由を説明せよ。

(4)　溶液Eに含まれる錯イオンの化学式を答えよ。

(5)　はじめの8種類のイオンのうち，溶液Gに含まれるイオンの化学式を記せ。また，そのイオンを確認する方法を答えよ。

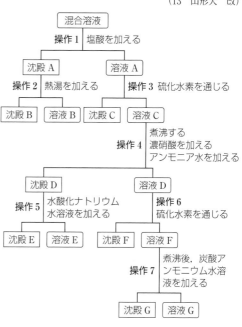

(石川県立大　改)

第 III 章 共通テスト対策問題

11 **非金属元素からなる物質**◆身のまわりにある14族元素の単体および化合物に関する記述として下線部に**誤りを含むもの**を，次の①〜⑤のうちから１つ選べ。

① 黒鉛は電気をよく通し，アルミニウムの電解精錬に用いられる。

② ガラスを切るときに使われるダイヤモンドは，共有結合の結晶である。

③ 灯油などが不完全燃焼したときに発生する一酸化炭素は，水によく溶ける。

④ ケイ素の単体は半導体の性質を示し，集積回路に用いられる。

⑤ シリカゲルは水と親和性のある微細な孔をたくさんもつので，乾燥剤に用いられる。

12 **気体の発生と性質**◆表に示す２種類の薬品の反応によって発生する気体**ア**〜**オ**のうち，水上置換で捕集できないものの組み合わせを，次の①〜⑤のうちから１つ選べ。

２種類の薬品	発生する気体
Al，NaOH 水溶液	**ア**
CaF₂，濃硫酸	**イ**
FeS，希硫酸	**ウ**
KClO₃，MnO₂	**エ**
Zn，希塩酸	**オ**

① **ア**と**イ**　　② **イ**と**ウ**　　③ **ウ**と**エ**
④ **エ**と**オ**　　⑤ **ア**と**オ**

（15　センター試験追試）

13 **二酸化硫黄**◆図に示すように，試験管に濃硫酸を入れて加熱しながら，そこに銅線を注意深く浸したところ，刺激臭のある気体Aが発生した。濃硫酸は徐々に着色し，しばらくすると試験管の底に白色の固体Bが沈殿した。固体Bを取り出し水に溶かすと，その溶液は青色となった。この実験で発生した気体Aと生成した固体Bに関する記述として**誤りを含むもの**を，次の①〜⑤のうちから１つ選べ。

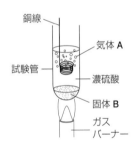

① 気体Aは，下方置換で捕集できる。

② 硫化水素の水溶液に気体Aを通じると，硫黄が析出する。

③ ヨウ素を溶かしたヨウ化カリウム水溶液に気体Aを通じると，ヨウ素の色が消える。

④ 気体Aを水に溶かした水溶液は，中性を示す。

⑤ 固体Bは，硫酸銅（II）の無水物（無水塩）である。

（16　センター試験追試）

14 **薬品の性質と保存方法**◆化学薬品の性質とその保存方法に関する記述として**誤りを含むもの**を，次の①〜⑤のうちから１つ選べ。

① フッ化水素酸はガラスを腐食するため，ポリエチレンのびんに保存する。

② 水酸化ナトリウムは潮解するため，密閉して保存する。

③ ナトリウムは空気中で酸素や水と反応するため，エタノール中に保存する。

④ 黄リンは空気中で自然発火するため，水中に保存する。

⑤ 濃硝酸は光で分解するため，褐色のびんに保存する。

（12　センター試験）

15 金属・合金の性質◆次の記述の下線部に**誤り**を含むものを1つ選べ。

① カリウムは，密度が小さく，やわらかい金属である。

② 銀と銅は，塩酸とは反応しないが，酸化力のある酸とは反応する。

③ 鉄は，水素よりイオン化傾向が大きいが，不動態をつくり濃硝酸には溶けない。

④ 水素吸蔵合金は，安全に水素を貯蔵できるので，ニッケル-水素電池に用いられる。

⑤ 亜鉛は，鉄よりイオン化傾向が小さいので，トタンに用いられる。

(16　センター試験)

16 金属元素の性質◆2つの元素に共通する性質として**誤り**を含むものを，表の①～⑤のうちから1つ選べ。　(15　センター試験)

	2つの元素	共通する性質
①	K, Sr	炎色反応を示す
②	Sn, Ba	+2の酸化数をとりうる
③	Fe, Ag	硫化物は黒色である
④	Na, Ca	炭酸塩は水によく溶ける
⑤	Al, Zn	酸化物の粉末は白色である

17 金属イオンの分離◆アおよびイのイオンを含む各水溶液から，下線を引いたイオンのみを沈殿として分離したい。最も適当な方法を下の①～④のうちから1つずつ選べ。

ア　$\underline{Pb^{2+}}$, Fe^{2+}, Ca^{2+}　　イ　Cu^{2+}, $\underline{Pb^{2+}}$, Al^{3+}

① 水酸化ナトリウム水溶液を過剰に加える。

② アンモニア水を過剰に加える。

③ 室温で希塩酸を加える。

④ アンモニア水を加えて塩基性にしたのち，硫化水素を通じる。

(16　センター試験追試)

18 金属イオンの分離◆Ag^+，Ba^{2+}，Mn^{2+} を含む酸性水溶液に，KI 水溶液，K_2SO_4 水溶液，NaOH 水溶液を適切な順序で加えて，それぞれの陽イオンを別々の沈殿として分離したい。表1に関連する化合物の水への溶解性，図1に実験操作の手順を示す。図1の操作1～3で加える水溶液の順序を表2の①～④とするとき，Ag^+，Ba^{2+}，Mn^{2+} を別々の沈殿として**分離できないもの**はどれか。最も適当なものを1つ選べ。

表1　水への溶解性（○：溶ける，×：溶けにくい）

AgI	×	Ag_2SO_4	○	Ag_2O	×
BaI_2	○	$BaSO_4$	×	$Ba(OH)_2$	○
MnI_2	○	$MnSO_4$	○	$Mn(OH)_2$	×

表2	操作1	操作2	操作3
①	KI 水溶液	K_2SO_4 水溶液	NaOH 水溶液
②	KI 水溶液	NaOH 水溶液	K_2SO_4 水溶液
③	K_2SO_4 水溶液	KI 水溶液	NaOH 水溶液
④	K_2SO_4 水溶液	NaOH 水溶液	KI 水溶液

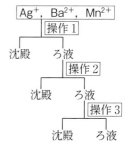

図1　陽イオンを分離する手順

(21　共通テスト　第2日程)

237. 非金属元素の単体と化合物　次の文中のA～Fは，第1周期から第3周期までの水素以外の非金属元素を表している。各元素の単体やその化合物について性質を調べたところ，次の(a)～(h)のことがわかった。文中の ☐☐☐ および（　）に入れるのに最も適当なものを，それぞれ a群 および（b群）から選び，その記号を記せ。

(a) Aの単体は，酸化マンガン（Ⅳ）に濃塩酸を加え，加熱することによって得られる気体である。この気体は ☐ 1 ☐ 色で刺激臭がある。

(b) Aの単体を水に溶かしたときに生じる化合物のうち，（　2　）には ☐ 3 ☐ 作用があり，漂白などに用いられている。

(c) Bと水素との化合物W，およびBとCとの化合物Xは，ともに常温・常圧において気体である。WとXを反応させたところ，Bの単体と水が生じた。この反応でWは ☐ 4 ☐ 剤として作用している。なお，BとCは同族元素である。

(d) Dの単体は水と激しく反応して，（　5　）とCの単体を生じる。（　5　）の水溶液は弱酸性を示す。また，この水溶液はポリエチレン容器に保存する。

(e) Eの単体は固体である。BとEとの化合物は常温・常圧において液体で，Bの単体や有機化合物を溶かす溶媒として知られている。また，CとEとの間には複数の化合物が存在し，そのすべてが常温・常圧で気体である。そのうちの（　6　）は，無色，無臭で毒性が強い。

(f) Fと水素との化合物Yは常温・常圧において気体で，水に溶解すると塩基性を示す。Aと水素との化合物ZとYを混合すると，白煙が生じる。この反応は，YまたはZの検出に用いられる。

(g) CとFとの間には複数の化合物が存在する。たとえば，銅と希硝酸を反応させて生じる気体の（　7　）は，空気中の酸素と反応して ☐ 8 ☐ 色の（　9　）に変化する。

(h) 気体の（　9　）やXが工場などから放出されると，それぞれ空気中の水や酸素と反応して，（　10　）や（　11　）となり，雨水に溶けこむと酸性雨となる。

ここで，Wは（　12　），Xは（　13　），Yは（　14　），Zは（　15　）である。

a群	（ア） 無	（イ） 黄緑	（ウ） 赤褐	（エ） 淡青
	（オ） 酸化	（カ） 還元	（キ） 中和	（ク） 脱水

（b群）	（ケ） CO	（コ） CO_2	（サ） H_2O	（シ） H_2O_2	（ス） H_3PO_4
	（セ） H_2S	（ソ） H_2SO_4	（タ） HCl	（チ） HClO	（ツ） HF
	（テ） HNO_3	（ト） NH_3	（ナ） NO	（ニ） NO_2	（ヌ） P_4O_{10}
	（ネ） SO_2	（ノ） SiO_2			

(11 関西大 改)

💡 ヒント 237 (c)　化合物Xは酸化剤としても還元剤としても働く物質である。
　　　　　　(e)　BとEの化合物は二酸化炭素と同じ分子構造をもつ無極性分子である。

238. イオンの推定　実験指導者 X は，Ag^+，Al^{3+}，Ba^{2+}，Ca^{2+}，Cu^{2+}，Fe^{3+}，K^+，Na^+，Pb^{2+}，Zn^{2+} のうち，4 種類の陽イオンを含む水溶液 A を調製した。実験者 Y は，水溶液に含まれる陽イオンの成分を調べる目的で（Ⅰ）〜（Ⅵ）の順で操作を行い，各結果を得た。ここで，各操作で発生する沈殿により，該当する金属イオンは完全に水溶液から取り除かれると考えてよいが，実験者 Y はそのことを知らないものとする。

（Ⅰ）塩化水素を，(ア)<u>白色沈殿</u>が十分に生じるまで水溶液 A に吹き込み，生じた沈殿をろ過により取り除いて水溶液 B を得た。

（Ⅱ）硫化水素を，(イ)<u>黒色沈殿</u>が十分に生じるまで水溶液 B に吹き込み，生じた沈殿をろ過により取り除いて水溶液 C を得た。

（Ⅲ）アンモニアを，(ウ)<u>黒色沈殿</u>が十分に生じるまで水溶液 C に吹き込み，生じた沈殿をろ過により取り除いて水溶液 D を得た。

（Ⅳ）硫化水素を水溶液 D に十分に吹き込んだが，沈殿は生じなかったためそのまま水溶液 E とした。

（Ⅴ）水溶液 E に炭酸ナトリウム水溶液を十分に加え，生じた(エ)<u>白色沈殿</u>をろ過により取り除き，水溶液 F を得た。

（Ⅵ）水溶液 F の炎色反応を確認したところ，黄色い炎が観察された。

　以上の結果を踏まえて，実験者 Y は 4 つの陽イオンの組み合わせを Ba^{2+}，Cu^{2+}，Na^+，Pb^{2+} と判断した。実験指導者 X の溶液調製，実験者 Y の実験操作および観察結果自体には誤りはなかったものの，実験者 Y の考察に不備があり，この解答は誤りを含む。そこで不備について考察した上で，実際に含まれていたイオンを考察したい。

(1) 沈殿(ア)〜(エ)について，含まれる元素の候補として最も適切なものを 1 つあるいは 2 つ，次のうちからそれぞれ選べ。

　　　Ag　Al　Ba　Ca　Cu　Fe　K　Na　Pb　Zn

(2) 実験者 Y が水溶液 A に含まれていると考えた Ba^{2+}，Cu^{2+}，Na^+，Pb^{2+} のうち，実験(Ⅵ)で検出を判断したと推定される陽イオンが，実際に水溶液 A に含まれているかどうかについて，どのような実験を追加して行えば正しく判断できると考えられるか。最も適切なものを次のうちから選べ。

　① 実験(Ⅱ)の沈殿(イ)をろ過したのち，ろ液を十分に加熱し，硝酸を加える。

　② 実験(Ⅲ)の沈殿(ウ)が溶解するまで水酸化ナトリウム水溶液を加える。

　③ 実験(Ⅳ)の水溶液 E について炎色反応を調べる。

　④ 実験(Ⅴ)で使用する炭酸ナトリウムの代わりに炭酸水素ナトリウムを用いる。

(3) 別の実験者 Z が独自に実験を行った結果，水溶液 A には Ag^+，Na^+，Pb^{2+}，Zn^{2+} が含まれていると結論づけた。実験指導者 X は，実験者 Y，Z について「2 種類合っている人と 1 種類しか合っていない人がいる」と評価した。そこで，追加実験として，実験(Ⅰ)で生じた沈殿(ア)に対して熱水を加えたところ，沈殿は溶解した。水溶液 A に含まれていた 4 種類の金属イオンは何か記せ。　　　（18　東京理科大　改）

💡**ヒント** 238　実験(Ⅱ)で硫化水素を除去していないため，実験(Ⅲ)の溶液に硫化水素が存在する。

239. 肥料の三要素　次の文章を読み，下の各問いに答えよ。

　窒素，リン，カリウムは，植物の成長に必要な肥料の三要素とよばれる。農地では，化学肥料などを利用して肥料の三要素の不足分を補っている。土壌中に供給された肥料の三要素は，おもに(a)イオンの形で植物に吸収される。

　肥料の三要素のうち，窒素を補う肥料を特に窒素肥料といい，代表例としてアンモニウム塩（硫酸アンモニウムや(b)硝酸アンモニウムなど）や尿素があげられる。窒素肥料の原料となるアンモニアは，触媒を用いて，窒素と水素から直接合成されているが，この製法を（　あ　）法という。(c)尿素はアンモニアと二酸化炭素を高温・高圧で反応させると得られ，特に，土壌のpHを変化させない中性の肥料として有効である。

　環境中の窒素はさまざまな形態をとりつつ，大気中，土壌中，水中，生体内を循環している。土壌中の(d)アンモニウム塩は，酸素環境下で微生物による（　い　）作用を受け，硝酸塩に変化する。これらのアンモニウム塩と硝酸塩は植物の根から吸収される。

(1)　文中の(あ)，(い)にあてはまる最も適当な語句を記せ。

(2)　下線部(a)について，リンの場合を考えると，リン酸がイオンの形で植物に吸収される。その例として1価のイオンの化学式を記せ。

(3)　下線部(b)の硝酸アンモニウムについて，(i)，(ii)の問いに答えよ。

　(i)　硝酸アンモニウム水溶液は，強い酸性，弱い酸性，中性，弱い塩基性，強い塩基性のうち，どの性質を示すか答えよ。

　(ii)　硝酸アンモニウム水溶液に水酸化ナトリウム水溶液を加えると，アンモニアが生成した。この反応の化学反応式を記せ。

(4)　下線部(c)について，(i)～(ii)の問いに答えよ。

　(i)　尿素を合成する化学反応式を記せ。

　(ii)　(i)の反応が完全に進行するとして，必要最小量のアンモニアを利用して尿素30kgを合成した。このとき利用したアンモニアの質量[kg]を計算せよ。

(5)　文章中の下線部(d)について，(i)および(ii)の問いに答えよ。

　(i)　アンモニウムイオンは次の反応によって硝酸イオンに変化する。

$$NH_4^+ + (\ A\ )\ \boxed{ア} \longrightarrow NO_3^- + (\ B\ )H_2O + (\ C\ )\ \boxed{イ}$$

　この反応式の(A)～(C)に最も適当な係数を入れ，$\boxed{ア}$ および $\boxed{イ}$ については最も適当な化学式を下の①～⑥のうちから選べ。

　　① H$^+$　　② OH$^-$　　③ O$_2$　　④ H$_2$O$_2$　　⑤ NO　　⑥ NO$_2$

　(ii)　この反応がおこることによって，土壌のpHが変化した。変化したpHをもとにもどすための最も適当な物質を，下の①～⑥のうちから選べ。

　　① 酸化カルシウム　　② 硫酸マグネシウム　　③ 塩化アンモニウム
　　④ 十酸化四リン　　　⑤ 硫酸カリウム　　　　⑥ ミョウバン

（立命館大　改）

💡**ヒント** 239 (4) (i)　尿素は分子式 CO(NH$_2$)$_2$ で表される。
　　　　　　　(5) (ii)　反応によって生じた H$^+$ の効果を打ち消す物質を選べばよい。

節	目標	関連問題	チェック
⑨	酸化物を酸性酸化物，塩基性酸化物，両性酸化物に分類できる。	168	
	水素の化学的性質を 3 つあげられる。	169	
	貴ガスの性質を 3 つあげられる。	170	
	ハロゲンの単体に共通する化学的性質を 3 つあげられる。	171	
	実験室における塩素の生成反応を化学反応式で表すことができる。	172・173	
	ハロゲン化水素のうち，水溶液が弱い酸性を示す気体をあげられる。	174	
	酸素とオゾンの性質の違いを説明できる。	175	
	接触法の工程を説明できる。	176	
	硫酸の性質を 3 つあげられる。	177	
	実験室におけるアンモニアの発生方法を説明できる。	178	
	黄リンと赤リンの違いを説明できる。	179	
	ダイヤモンド，黒鉛，フラーレンについて，構造の違いを説明できる。	180	
	二酸化炭素と一酸化炭素の化学的性質の違いを説明できる。	181	
	気体の性質と捕集法の関係を説明できる。	184	
	気体の性質と乾燥の方法の関係を説明できる。	185	
	オストワルト法の工程を説明できる。	186	
⑩	アルカリ金属の単体に共通する化学的性質を 3 つあげられる。	195	
	アンモニアソーダ法の工程を説明できる。	196	
	マグネシウムと熱水の反応を化学反応式で表すことができる。	197	
	カルシウムとマグネシウムについて，異なる性質をあげられる。	199	
	炭酸ナトリウムと炭酸水素ナトリウムの用途をそれぞれあげられる。	200	
	アルミニウムと $NaOHaq$ との反応を化学反応式で表すことができる。	201	
	ボーキサイトからアルミニウムを得る方法を説明できる。	202	
⑪	遷移元素の一般的な性質を 3 つあげられる。	209	
	銑鉄と鋼の違いを説明できる。	210	
	水酸化鉄（Ⅱ）と水酸化鉄（Ⅲ）の沈殿の色を答えられる。	211	
	銅の製錬における銅の化合物の変化を説明できる。	212	
	銅と濃硝酸の反応を化学反応式で表すことができる。	212	
	銀と濃硝酸の反応を化学反応式で表すことができる。	214	
	塩化銀の色を答えられ，その感光性を化学反応式を用いて説明できる。	215	
	イオン化傾向を用いて，鉄，銅，銀と酸との反応を説明できる。	216	
	Zn^{2+} を含む水溶液に NH_3 水を加えていき，沈殿が溶けるまでの変化を説明できる。	217	
	二クロム酸イオンの，酸・塩基の水溶液による変化を説明できる。	218	
	酸化マンガン（Ⅳ）の色，用途を答えられる。	218	
⑫	沈殿の色，水溶液の色から含まれる金属イオンを推定できる。	228	
	Zn^{2+} が H_2S によって沈殿するかどうかを水溶液の性質にもとづいて説明できる。	230	
	Zn^{2+} と Al^{3+} の，NH_3aq に対する反応性の違いを説明できる。	230	
	塩化銀と塩化鉛（Ⅱ）の白色沈殿を判別する方法を答えることができる。	232	
	$Al(OH)_3$ と水酸化鉄（Ⅲ）の $NaOHaq$ に対する反応性の違いを説明できる。	232	
	金属イオンの分離において，希硝酸を加える意味を説明できる。	233	
	金属イオンの分離において，加えた試薬から沈殿する金属イオンが判断できる。	233・234	
	硫化物の沈殿のうち，白色のもの，黄色のものを答えられる。	―	

第Ⅲ章

無機物質

13 有機化合物の特徴と構造

1 有機化合物の特徴

①構成元素の種類は少ない（C，H，O，N，Clなど）が，化合物の種類は非常に多い。

②炭素原子間は共有結合で結ばれ，炭素骨格は鎖式構造や環式構造をとる。

③分子からなる物質が多く，低融点・低沸点。

④無極性分子や極性の弱い分子が多く，水に難溶のものが多い。有機溶媒には可溶。

2 有機化合物の分類

❶炭素原子の骨格による分類

❶脂環式化合物は脂肪族化合物に含まれる場合もある。

```
                    ┌ 鎖式化合物(脂肪族化合物) ┬ 飽和化合物 ………… エタン C₂H₆
                    │                          └ 不飽和化合物 ……… エチレン C₂H₄
有機化合物 ─────┤                    ┌ 脂環式化合物❶ ┬ 飽和化合物 ………… シクロヘキサン C₆H₁₂
                    └ 環式化合物 ─────┤                └ 不飽和化合物 ……… シクロヘキセン C₆H₁₀
                                         └ 芳香族化合物 ……………………… ベンゼン C₆H₆
```

> **注** 飽和…炭素原子間が単結合のみ　不飽和…炭素原子間に二重結合，三重結合を含む

❷官能基による分類　官能基…有機化合物の特性を決める原子団

官能基	官能基の名称	一般式	一般名	例(示性式)	性質
$-OH$	ヒドロキシ基	$R-OH$	アルコール	エタノール C_2H_5OH	中性
			フェノール類	フェノール C_6H_5OH	酸性
$-CHO$	ホルミル基❶	$R-CHO$	アルデヒド❷	アセトアルデヒド CH_3CHO	中性❸
$>CO$	カルボニル基	R^1-CO-R^2	ケトン❷	アセトン CH_3COCH_3	中性
$-COOH$	カルボキシ基	$R-COOH$	カルボン酸	酢酸 CH_3COOH	酸性
$-NH_2$	アミノ基	$R-NH_2$	アミン	アニリン $C_6H_5NH_2$	塩基性
$-NO_2$	ニトロ基	$R-NO_2$	ニトロ化合物	ニトロベンゼン $C_6H_5NO_2$	中性
$-O-$	エーテル結合	R^1-O-R^2	エーテル	ジエチルエーテル $C_2H_5OC_2H_5$	中性
$-COO-$	エステル結合	$R^1-COO-R^2$	エステル	酢酸エチル $CH_3COOC_2H_5$	中性

❶アルデヒド基ともよばれる。　❷アルデヒドやケトンのようにカルボニル基をもつ化合物をカルボニル化合物という。　❸アルデヒドは還元作用を示す。

3 元素の確認

有機化合物を構成する元素は次のようにして確認できる。

元素	操作	生成物	確認
炭素 C	完全燃焼させる	CO_2	発生した気体で石灰水を白濁
水素 H	完全燃焼させる	H_2O	生じた液体で硫酸銅(Ⅱ)の無水塩を青変
窒素 N	NaOHを加えて加熱する	NH_3	発生した気体と濃塩酸で白煙を生成
塩素 Cl	加熱した銅線につけて炎に入れる	$CuCl_2$	青緑色の炎色反応(バイルシュタインテスト)❶
硫黄 S	NaOHを加えて加熱する	Na_2S	酢酸鉛(Ⅱ)水溶液で黒色沈殿

❶臭素 Br，ヨウ素 I を含む化合物でも同様の反応を示す。バイルシュタイン反応ともいう。

■4 化学式の決定

$$\boxed{試料} \xrightarrow[\text{❶}]{元素分析} \boxed{組成式(実験式)} \xrightarrow[\text{❷}]{分子量} \boxed{分子式} \xrightarrow[\text{❸}]{性質} \boxed{構造式(示性式)}$$

❶組成式の決定

C, H, O を含む有機化合物 $W[\text{g}]$ $\xrightarrow{完全燃焼}$ $CO_2 \cdots w_{CO_2}[\text{g}]$, $H_2O \cdots w_{H_2O}[\text{g}]$

C : $w_{CO_2} \times \dfrac{C}{CO_2} = w_{CO_2} \times \dfrac{12}{44} = a$

H : $w_{H_2O} \times \dfrac{2H}{H_2O} = w_{H_2O} \times \dfrac{2.0}{18} = b$

O : $W - (a+b) = c$

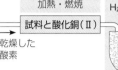

加熱・燃焼　H_2O を吸収　CO_2 を吸収
試料と酸化銅(Ⅱ)　乾燥した酸素　吸引
塩化カルシウム　ソーダ石灰

C : H : O $= \dfrac{a}{12} : \dfrac{b}{1.0} : \dfrac{c}{16} = x : y : z$ （整数比）

組成式は $C_xH_yO_z$ となる。

注 質量組成値が与えられた場合　$C \cdots A[\%]$　$H \cdots B[\%]$　$O \cdots 100-(A+B)[\%]$

C : H : O $= \dfrac{A}{12} : \dfrac{B}{1.0} : \dfrac{100-(A+B)}{16} = x : y : z$ （整数比）

❷分子式の決定

$(C_xH_yO_z)_n = (組成式の式量) \times n = (分子量)$ から n を求め，分子式 $C_{nx}H_{ny}O_{nz}$ とする。

❸構造式の決定　物質の性質から官能基を決め，線(価標)の数に留意して構造式を書く。

線の数：$C \cdots 4$, $H \cdots 1$, $O \cdots 2$, $N \cdots 3$, $Cl \cdots 1$

■5 異性体　分子式は同じであるが，構造や性質の異なる化合物。

❶構造異性体　炭素原子の骨格，官能基の種類，置換基の結合位置が異なる異性体。

〈例〉　C_4H_{10}　$CH_3-CH_2-CH_2-CH_3$　　$CH_3-\underset{\underset{CH_3}{|}}{CH}-CH_3$

ブタン　　　　　　　　　　　　　　　　　　　　2-メチルプロパン

C_2H_6O　CH_3-CH_2-OH　エタノール　CH_3-O-CH_3　ジメチルエーテル

C_3H_7Br　$CH_3-CH_2-CH_2-Br$　　$CH_3-\underset{\underset{Br}{|}}{CH}-CH_3$

1-ブロモプロパン　　　　　　　　　　　　　　2-ブロモプロパン

❷立体異性体　示性式は同じであるが，原子や原子団の立体配置が異なる異性体。

(a) **シス-トランス異性体(幾何異性体)**　炭素原子間の結合が自由回転できないために生じ，沸点や融点が異なる。二重結合をもつ化合物や環式化合物にみられる。

<例>

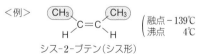

$\begin{pmatrix} 融点 & -139℃ \\ 沸点 & 4℃ \end{pmatrix}$

$\begin{pmatrix} 融点 & -106℃ \\ 沸点 & 1℃ \end{pmatrix}$

シス-2-ブテン(シス形)　　　　　トランス-2-ブテン(トランス形)

(b) **鏡像異性体(光学異性体)**　不斉炭素原子[*]をもつため，互いに鏡像の関係にある。沸点や融点は同じであるが，偏光に対する性質が異なる。

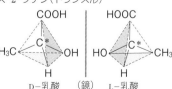

COOH　　HOOC
H_3C　　OH　　HO　　CH_3
H　　　　　H
D-乳酸　（鏡）　L-乳酸

＊不斉炭素原子…同一炭素原子に 4 個の異なる原子や原子団が結合した炭素原子(図中の＊が不斉炭素原子)

》プロセス》　次の文中の（　　）に適当な語句，化学式を入れよ。

1 有機化合物を構成する元素の種類は（　ア　）が，化合物の種類は非常に（　イ　）く，鎖式構造や（　ウ　）構造をとる。

2 有機化合物の特徴を決める原子団を（　エ　）という。ヒドロキシ基は－OH，カルボキシ基は（　オ　），ニトロ基は（　カ　）で表される。

3 試料に水酸化ナトリウムを加えて加熱し，生成した物質を水に溶かして酢酸鉛（Ⅱ）水溶液を加えると，黒色沈殿を生じた。したがって，この試料には（　キ　）元素が含まれる。また，試料に水酸化ナトリウムを加えて加熱し，発生した気体を濃塩酸に近づけると白色の煙を生じた。したがって，この試料には（　ク　）元素が含まれる。

4 異性体には（　ケ　）異性体と立体異性体がある。立体異性体には，二重結合があるために生じる（　コ　）（幾何異性体）や，不斉炭素原子があるために生じる（　サ　）がある。

プロセスの解答》・・

（ア）少ない　（イ）多　（ウ）環式　（エ）官能基　（オ）－COOH　（カ）－NO₂
（キ）硫黄　（ク）窒素　（ケ）構造　（コ）シス-トランス異性体　（サ）鏡像異性体（光学異性体）

基本例題26　組成式・分子式の決定

→問題243

炭素26.7%，水素2.2%，酸素71.1%の質量組成をもち，分子量が90である有機化合物の組成式および分子式を求めよ。

■ 考え方

各原子の質量組成の値をそれぞれの原子量（モル質量）で割り，最も簡単な原子数の比（整数比）を求めて組成式とする。分子式は組成式の整数倍で表される。

■ 解答

$C : H : O = \dfrac{26.7}{12} : \dfrac{2.2}{1.0} : \dfrac{71.1}{16} = 2.23 : 2.2 : 4.44 \fallingdotseq 1 : 1 : 2$

したがって，組成式は CHO_2 である。
$(CHO_2)_n = 45n = 90$ から $n = 2$ となり，分子式は $C_2H_2O_4$ となる。

基本例題27　構造異性体

→問題244

次の分子式で表される有機化合物の構造異性体をすべて構造式で示せ。
(1)　C_5H_{12}　　　　(2)　C_3H_8O

■ 考え方

(1)　炭素原子の骨格が異なる異性体を考える。
(2)　－OH の結合位置が異なる異性体と，－O－の構造をもつ異性体がある。

■ 解答

(1)　$CH_3-CH_2-CH_2-CH_2-CH_3$
　　　$CH_3-CH_2-CH-CH_3$
　　　　　　　　　　　$|$
　　　　　　　　　　CH_3

　　　$CH_3-\overset{\displaystyle CH_3}{\underset{\displaystyle CH_3}{\overset{|}{\underset{|}{C}}}}-CH_3$

(2)　$CH_3-CH_2-CH_2-OH$
　　　$CH_3-O-CH_2-CH_3$

　　　$CH_3-\overset{}{\underset{\displaystyle OH}{\overset{}{CH}}}-CH_3$

|基|本|問|題|

240. [知識] **有機化合物の特徴**●有機化合物に関する次の記述のうち，正しいものを1つ選べ。

（ア）　構成元素の種類が多いため，化合物の種類も非常に多い。

（イ）　分子式が同じでも，構造や性質の異なるものがある。

（ウ）　一般に，融点や沸点が高く，可燃性のものが多い。

（エ）　分子からなる物質が多く，水に溶けやすいが，有機溶媒には溶けにくい。

241. [知識] **有機化合物の分類**●次の化合物について，下の各問いに答えよ。

　　（ア）　CH₃C̲H̲O̲　　　（イ）　CH₃C̲O̲CH₃　　　（ウ）　C₂H₅C̲O̲O̲H̲　　　（エ）　C₂H₅O̲H̲

　　（オ）　C₆H₅N̲O̲₂　　　（カ）　CH₃N̲H̲₂

(1)　各化合物中に下線を付した官能基について，それぞれの名称を記せ。

(2)　各化合物は，官能基による分類では何とよばれるか。その名称を記せ。

(3)　これらの化合物の中から，次の(a)，(b)にあてはまるものをそれぞれ選べ。

　　(a)　酸性を示すもの　　　(b)　塩基性を示すもの

242. [思考] [実験] [論述] **元素分析**●図は，元素分析装置を模式的に示したものである。炭素と水素からなる化合物10.5mgを完全燃焼させたところ，水18.9mgと二酸化炭素30.8mgを得た。

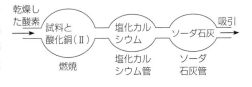

(1)　酸化銅(Ⅱ)はどのような役割をしているか。

(2)　塩化カルシウム管とソーダ石灰管は，それぞれどのような役割をしているか。

(3)　塩化カルシウム管とソーダ石灰管の順番を逆にしてはいけないのはなぜか。

(4)　元素分析の結果から，化合物中の炭素原子と水素原子の質量パーセントを求めよ。

243. [知識] **組成式・分子式の決定**●炭素，水素，酸素からなる有機化合物について元素分析した結果，炭素は40.0%，水素は6.7%，酸素は53.3%であり，別の実験から求めた分子量は60であった。この有機化合物の組成式および分子式を求めよ。

244. [知識] **構造異性体**●次の各問いに答えよ。

(1)　次の化合物のうち，（ア）と互いに構造異性体の関係にあるものをすべて選べ。

　　（ア）CH₃－O－CH₂－CH₃　（イ）CH₃－CH₂－O－CH₃　（ウ）CH₃－CH₂－CH₂－OH

　　（エ）CH₃－C－CH₃　　　　（オ）CH₃－CH－CH₃　　　（カ）CH₃－CH₂－C－H
　　　　　　　　‖　　　　　　　　　　　　　　｜　　　　　　　　　　　　　　　　‖
　　　　　　　　O　　　　　　　　　　　　　　OH　　　　　　　　　　　　　　　O

(2)　次の分子式で表される各化合物の構造異性体をすべて構造式で示せ。

　　（ア）C₄H₁₀　　（イ）C₃H₆Cl₂　　（ウ）C₂H₄O　　（エ）C₃H₉N

245. 立体異性体●次の文中の（　　）に適当な語句を入れよ。

　炭素原子間の結合が自由に回転できないために生じる立体異性体を（　ア　）異性体という。（ア）異性体は，二重結合をもつ化合物などにみられる。（ア）異性体のうち，炭素原子間の結合をはさみ，同種の原子や原子団が同じ側に位置するものを（　イ　）形，反対側に位置するものを（　ウ　）形という。

　4つの異なる原子，原子団が結合している炭素原子を（　エ　）という。（エ）をもつ分子には，右手と左手，または鏡に対する実像と鏡像の関係にある2つの異性体が存在している。このような立体異性体を（　オ　）異性体という。

246. 立体異性体●次の各問いに答えよ。

(1)　次の化合物のうち，シス-トランス異性体が存在するものをすべて選べ。

（ア）$CH_2=C(CH_3)_2$　（イ）$CH_3-CH=C(CH_3)_2$　（ウ）$CH_3-CH=CH-COOH$

（エ）$HOOC-CH=CH-COOH$　（オ）$(CH_3)_2C=C(COOH)_2$

(2)　次の化合物のうち，鏡像異性体が存在するものをすべて選べ。

（ア）$CH_3-\underset{OH}{CH}-CH_3$　（イ）$CH_3-CH_2-\underset{OH}{CH}-CH_3$

（ウ）$CH_3-\underset{O}{C}-CH_2-CH_3$　（エ）$CH_3-\underset{CH_3}{CH}-COOH$　（オ）$CH_3-\underset{OH}{CH}-COOH$

発展例題23　化学式の決定　⇒問題247

　炭素，水素，酸素からなる有機化合物4.6mgを完全燃焼させると，二酸化炭素8.8mgと水5.4mgを生じた。また，別の実験でこの有機化合物23gの物質量を調べると，0.50molであった。次の各問いに答えよ。

(1)　この有機化合物の組成式と分子式を求めよ。

(2)　この有機化合物の構造異性体をすべて構造式で示せ。

考え方

(1)　完全燃焼によって生じた CO_2 と H_2O の質量からC，Hの質量を求め，試料の質量からこれらを引いてOの質量を求める。これらを各原子量（モル質量）で割って，原子数の比（整数比）を求める。

分子量は，モル質量＝質量/物質量の関係から求められる。

（組成式の式量）×n＝分子量の関係を用いて分子式を求める。

(2)　原子の受けもつ線（価標）に応じて構造式を示す。　C：4　H：1　O：2

解答

(1)　C…$8.8mg×(12/44)=2.4mg$

H…$5.4mg×(2.0/18)=0.60mg$

O…$4.6mg-(2.4mg+0.60mg)=1.6mg$

$$C:H:O=\frac{2.4}{12}:\frac{0.60}{1.0}:\frac{1.6}{16}=2:6:1$$

したがって，組成式は C_2H_6O である。

モル質量は $23g/0.50mol=46g/mol$ なので，$46×n=46$ から $n=1$ となり，分子式は C_2H_6O である。

(2)　CH_3-CH_2-OH　　CH_3-O-CH_3

発 展 問 題

247. **思考** **元素分析と構造式**■炭素，水素，酸素からなる鎖式化合物 12.0 mg を完全燃焼させ
たとき，生じた二酸化炭素は 17.6 mg，水は 7.20 mg であった。また，この化合物の分
子量は別の測定から 60 であった。

(1)　この化合物の組成式と分子式を求めよ。

(2)　この化合物がカルボキシ基をもつとき，考えられる構造式を記せ。

(3)　この化合物がエステル結合をもつとき，考えられる構造式を記せ。

（金沢工業大　改）

248. **思考** **構造式の推定**■ある化合物の元素分析の結果は，質量パーセントで炭素 59.9%，水
素 13.4%，酸素 26.7% であった。この化合物 1.00 mg を 1.00 L の真空容器に入れ，373
K に加熱し完全に蒸発させたときの気体の圧力は 51.6 Pa であった。この気体を理想気
体とみなし，気体定数を $8.31×10^3$ Pa・L/(K・mol) として，次の各問いに答えよ。

(1)　この化合物の分子量を求めよ。

(2)　この化合物の分子式を求めよ。

(3)　この化合物の分子式から考えられる構造式をすべて示せ。また，それぞれの構造
式に含まれる官能基の部分を○で囲み，その官能基の名称を記せ。　　　　（11　信州大）

249. **思考** **異性体**■次の分子式（ア）～（オ）で表される化合物について，下の各問いに答えよ。

（ア）　C_3H_6　　（イ）　C_4H_8　　（ウ）　C_5H_{12}　　（エ）　C_6H_{14}　　（オ）　C_7H_{16}

(1)　各化合物には，それぞれ何種類の構造異性体が存在するか。

(2)　シス-トランス異性体が存在する化合物はどれか。（ア）～（オ）の記号で記せ。

(3)　鏡像異性体が存在する化合物はどれか。（ア）～（オ）の記号で記せ。また，その鏡
像異性体をもつものの構造式をすべて示せ。　　　　（名古屋学芸大　改）

250. **思考** **立体異性体**■次の各問いに答えよ。

(1)　フマル酸とマレイン酸は，どちらも分子式 $C_4H_4O_4$ で
表される 2 価のカルボン酸であり，フマル酸はトランス形，
マレイン酸はシス形である。それぞれの構造式を示せ。

(2)　分子式 C_6H_{10} で表される直鎖状の化合物には，図に示
す 2,4-ヘキサジエンがある。この化合物には，シス-トラ
ンス異性体が存在する。考えられるシス-トランス異性体
の構造式をすべて示せ。

(3)　L-グルタミン酸の構造式を図に示す。これに含まれる
炭素原子のうち，不斉炭素原子はどれか。番号で答えよ。

(4)　L-グルタミン酸と鏡像異性体の関係にある D-グルタミ
ン酸の構造式を図にならって示せ。

2,4-ヘキサジエン

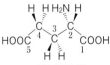

L-グルタミン酸

◀は紙面の手前側に向かう結合
⫶⫶は紙面の裏側に向かう結合

（鹿児島大　改）

14 脂肪族炭化水素

1 炭化水素の分類と構造

炭化水素は，脂肪族炭化水素と芳香族炭化水素とに分類される。

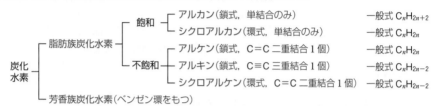

注 ・アルカン C_nH_{2n+2} のように，原子数が CH_2 ずつ異なる一群の化合物を同族体という。
・アルカン分子の水素原子を1つ取り除いた原子団 $C_nH_{2n+1}-$ をアルキル基という。アルキル基などの炭化水素基は，R-という記号で表されることが多い。
〈例〉 メチル基 CH_3- エチル基 CH_3CH_2- プロピル基 $CH_3CH_2CH_2-$
ビニル基 $CH_2=CH-$ フェニル基 C_6H_5-

2 石油   原油の主成分はアルカンやシクロアルカンなどの炭化水素である。

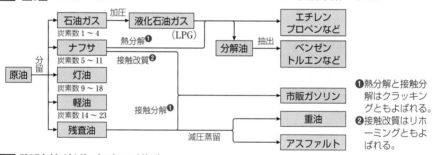

❶熱分解と接触分解はクラッキングともよばれる。
❷接触改質はリホーミングともよばれる。

3 脂肪族炭化水素の構造

❶飽和炭化水素

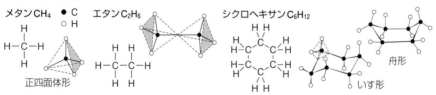

❷不飽和炭化水素

エチレン（エテン） C_2H_4

平面形

アセチレン（エチン） C_2H_2

$H-C\equiv C-H$

直線形

注 炭素原子間の結合の長さ
$C-C > C=C > C\equiv C$

◢4◣ 脂肪族炭化水素の化学的性質

❶飽和炭化水素

(a) アルカン C_nH_{2n+2}　①単結合のみからなる鎖式炭化水素

②付加反応をしない。紫外線の作用で，塩素や臭素などハロ

ゲンの単体と置換反応

〈例〉　$CH_4+Cl_2 \longrightarrow CH_3Cl+HCl$

$CH_4 \longrightarrow CH_3Cl \longrightarrow CH_2Cl_2 \longrightarrow CHCl_3 \longrightarrow CCl_4$
メタン　　　クロロメタン　ジクロロメタン　トリクロロメタン　テトラクロロメタン
　　　　　（塩化メチル）　（塩化メチレン）　（クロロホルム）　（四塩化炭素）

③炭素数が増加するにつれて，融点や沸点が高くなる

④天然ガスや石油中に含まれ，多量の熱を発生して燃焼。燃料に利用

⑤炭素数が4以上のものには，構造異性体が存在

〈例〉　C_4H_{10}（2種類），C_5H_{12}（3種類），C_6H_{14}（5種類）など

CH_4	メタン	（気体）
C_2H_6	エタン	（気体）
C_3H_8	プロパン	（気体）
C_4H_{10}	ブタン	（気体）
C_5H_{12}	ペンタン	（液体）
C_6H_{14}	ヘキサン	（液体）

▐メタン▐　①無色の気体　②水に難溶　③天然ガスの主成分

▐製法▐　酢酸ナトリウムと水酸化ナトリウムの混合物を加熱。

$CH_3COONa+NaOH \longrightarrow CH_4+Na_2CO_3$

(b) シクロアルカン C_nH_{2n}

①単結合のみからなる環式炭化水素

②化学的性質はアルカンに類似。ただし，シクロプ

ロパン，シクロブタンは反応性が高い

③アルケンと構造異性体の関係にある

C_3H_6	シクロプロパン	（気体）
C_4H_8	シクロブタン	（気体）
C_5H_{10}	シクロペンタン	（液体）
C_6H_{12}	シクロヘキサン	（液体）

❷不飽和炭化水素

(a) アルケン C_nH_{2n}

①二重結合を1個もつ鎖状の炭化水素

②付加反応をしやすい。臭素水の赤褐色や硫酸酸性の

$KMnO_4$ 水溶液の赤紫色を脱色（不飽和結合の検出）

C_2H_4	エチレン	（気体）
C_3H_6	プロペン	（気体）
C_4H_8	ブテン	（気体）＊

＊1-ブテン，2-ブテンと
も気体である。

▐エチレン（エテン）▐　①無色の気体　②水に難溶　③植物ホルモン

▐製法▐　約170℃に加熱した濃硫酸にエタノールを加える。

$CH_3CH_2OH \longrightarrow CH_2{=}CH_2+H_2O$ （分子内脱水）

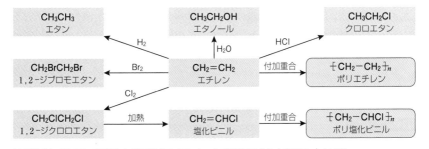

付加重合において，反応物を単量体（モノマー），生成物を重合体（ポリマー）という。

プロペン（プロピレン）　①無色の気体　②水に難溶　③化学的性質はエチレンに類似
④プロペンに水を付加させると，2種類のアルコールが生成

$$CH_3-CH=CH_2 + H_2O \longrightarrow \begin{cases} CH_3CH_2CH_2OH & \text{1-プロパノール} \\ CH_3CH(OH)CH_3 & \text{2-プロパノール} \end{cases}$$

プロペン

(b)　アルケンの酸化 発展

C=C 結合はオゾン O_3 や過マンガン酸カリウム $KMnO_4$ によって酸化され，開裂する。

オゾン分解　　　　　　　　　　　　　　　　　過マンガン酸カリウムによる酸化

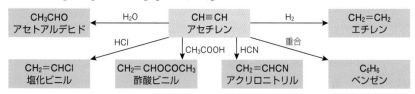

ケトン　アルデヒド　　　　　　　　　　　　　ケトン　カルボン酸

(c)　アルキン C_nH_{2n-2}　三重結合を1個もち，付加反応や重合反応を行う。

アセチレン（エチン）　①無色の気体　②臭素水の赤褐色や硫酸酸性の $KMnO_4$ 水溶液の赤紫色を脱色（不飽和結合の検出）　③アンモニア性硝酸銀水溶液に通じると，銀アセチリド $AgC\equiv CAg$ の白色沈殿が生成

製法　炭化カルシウム（カーバイド）CaC_2 に水を加える。

$$CaC_2 + 2H_2O \longrightarrow C_2H_2 + Ca(OH)_2$$

CH_3CHO アセトアルデヒド	$\xleftarrow{H_2O}$　CH≡CH アセチレン　$\xrightarrow{H_2}$	$CH_2=CH_2$ エチレン
$CH_2=CHCl$ 塩化ビニル	$CH_2=CHOCOCH_3$ 酢酸ビニル　　$CH_2=CHCN$ アクリロニトリル	C_6H_6 ベンゼン

HCl　　　　CH₃COOH　HCN　　　重合

多数のアセチレン分子を付加重合させると，ポリアセチレン $\{CH=CH\}_n$ が得られる。

≫≫**プロセス**　次の文中の（　　）に適当な語句を入れよ。

1 天然ガスの主成分であるメタンの分子構造は（　ア　）形である。メタンと塩素を混合して光をあてると，（　イ　）反応によって，クロロメタン CH_3Cl を生じる。（　ウ　）に水酸化ナトリウムを加えて加熱すると，メタンが発生する。

2 エチレン（エテン）を構成する6個の原子は，すべて同一（　エ　）上にあり，炭素原子間には（　オ　）結合が1個存在する。臭素水にエチレンを通じると，（　カ　）反応によって，臭素水の赤褐色が消える。

3 アセチレン分子を構成する4個の原子は，同一（　キ　）上にある。アセチレンも臭素水を脱色するなど，（　ク　）反応をする。（　ケ　）に水を加えると，アセチレンが発生する。

プロセスの解答 ▶
（ア）正四面体　（イ）置換　（ウ）酢酸ナトリウム　（エ）平面　（オ）二重　（カ）付加
（キ）直線　（ク）付加　（ケ）炭化カルシウム（カーバイド）

基本例題28　エチレン・アセチレンの反応　　⟹問題 253・254

エチレン $CH_2＝CH_2$，アセチレン $CH≡CH$ を原料として各種の有機化合物を合成する経路を図に示す。A～Gにあてはまる化合物の示性式と名称を記せ。

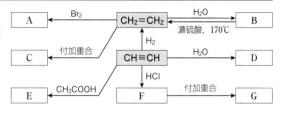

▌考え方

二重結合や三重結合に，各反応物質の1分子が付加すると，二重結合は単結合に，三重結合は二重結合になる。二重結合をもつ分子を次々に付加反応(付加重合)させると，高分子化合物を生じる。

D　$CH≡CH$ に H_2O が付加すると，ビニルアルコール $CH_2＝CH-OH$ を生じるが，この物質は不安定なので，安定なアセトアルデヒド CH_3-CHO に変化する。

▌解答

A．CH_2BrCH_2Br　　**1,2-ジブロモエタン**
B．C_2H_5OH　　　　　**エタノール**
C．$+CH_2-CH_2+_n$　　**ポリエチレン**
D．CH_3CHO　　　　　**アセトアルデヒド**
E．$CH_2＝CHOCOCH_3$　**酢酸ビニル**
F．$CH_2＝CHCl$　　　　**塩化ビニル**
G．$+CH_2-CHCl+_n$　　**ポリ塩化ビニル**

基本例題29　炭化水素の燃焼　　⟹問題 259・260

あるアルカンについて，次の各問いに答えよ。
(1)　アルカン1分子中の炭素原子の数を n として，その分子式を示せ。
(2)　アルカンの完全燃焼を，(1)の分子式を用いて化学反応式で表せ。
(3)　あるアルカン1 mol を完全燃焼させるのに，酸素が5 mol 必要であった。このアルカンの分子式と名称を記せ。

▌考え方

(2)　1 mol のアルカン C_nH_{2n+2} を完全燃焼させると，CO_2 が n mol 発生し，H_2O が

$$\frac{2n+2}{2}\,mol＝n+1\,mol\ 生じる。$$

両辺の酸素原子の数が等しくなるように，化学反応式を完成させる。

(3)　(2)の物質量の条件にあてはまる n の整数値を求める。

▌解答

(1)　アルカンは飽和炭化水素であり，分子式は C_nH_{2n+2} と表される。

(2)　アルカン C_nH_{2n+2} の完全燃焼は，次のように表される。

$$C_nH_{2n+2}+\frac{3n+1}{2}O_2 \longrightarrow nCO_2+(n+1)H_2O$$

(3)　アルカン1 mol を完全燃焼させるときに必要な酸素は5 mol なので，(2)の化学反応式から，次式が成り立つ。

$$\frac{3n+1}{2}＝5 \qquad n＝3$$

したがって，分子式は C_3H_8 となり，このアルカンの名称は**プロパン**となる。

例題
解説動画

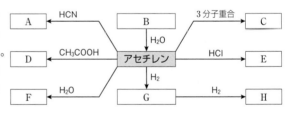

|基|本|問|題|

251. [知識] **炭化水素の構造式**●次の(1)～(6)の物質の構造式を例にならって示せ。また，(7)～(9)で示される物質の名称を記せ。

〈例〉　エタン CH_3-CH_3　シクロプロパン $\overset{\textstyle CH_2}{CH_2-CH_2}$　エチレン $CH_2=CH_2$

(1)　アセチレン　　　　(2)　プロパン　　　　　(3)　プロペン

(4)　1-ブテン　　　　　(5)　2-ブテン　　　　　(6)　シクロペンタン

(7)　$CHCl_3$　　　　　(8)　$CH_3-CH(CH_3)-CH_3$　　　(9)　$CH_2=C(CH_3)_2$

252. [知識] **メタン**●メタンに関して，次の各問いに答えよ。

(1)　酢酸ナトリウムと水酸化ナトリウムを混合して加熱すると，メタンが発生する。この変化を化学反応式で表せ。

(2)　メタンに塩素を加えて光を照射したときに生じる4種類の置換体の化学式と名称を記せ。

(3)　同温・同圧で同体積のメタンとプロパンをそれぞれ完全燃焼させるとき，必要な酸素の体積比を最も簡単な整数比で示せ。

253. [知識] **エチレン**●次の文中の（　）に適当な語句または数値を入れよ。

エチレンは，エタノールと濃硫酸を約（　ア　）℃に加熱すると得られる。エチレン分子を構成する原子は，すべて同一（　イ　）上にあり，2つの CH_2 は二重結合を軸にした回転ができない。臭素水にエチレンを通じると，その水溶液の（　ウ　）色が消える。これは（　エ　）反応がおこるためである。また，リン酸を触媒として，水を(エ)反応させると（　オ　）を生じる。適当な触媒を用いて，多数のエチレン分子を（　カ　）させると，高分子である（　キ　）が生成する。

254. [知識] **アセチレン**●図はアセチレン $CH≡CH$ を原料とする有機化合物の合成経路である。A～Hに適切な化合物の示性式と名称を記せ。ただし，Bは組成式と名称を記せ。

255. [知識] **石油の精製**●次の記述のうち，誤っているものを1つ選べ。

（ア）　原油の主成分は，アルカンやシクロアルカンなどの炭化水素である。

（イ）　原油の分留によって得られるナフサの沸点は，灯油の沸点よりも高い。

（ウ）　ナフサの熱分解によって，工業原料であるエチレンなどが得られる。

（エ）　市販のガソリンには，ナフサの接触改質によって得られる成分が含まれる。

256. 🔲知識 **炭化水素の反応** 次の(1)〜(5)の反応を化学反応式で表せ。
(1) メタンに塩素を加えて光を照射すると，クロロメタンを生じた。
(2) エタノールと濃硫酸の混合物を約170℃で加熱すると，エチレンが発生した。
(3) 炭化カルシウム（カーバイド）に水を加えると，アセチレンが発生した。
(4) エチレンに臭素が付加して，1,2-ジブロモエタンが生成した。
(5) アセチレンが重合して，ベンゼンが生成した。

257. 🔲知識 **炭化水素の異性体** 次の記述のうち，正しいものを１つ選べ。
(ア) プロパンには，構造異性体が存在する。
(イ) ブタンには，シス-トランス異性体（幾何異性体）が存在する。
(ウ) ペンタン C_5H_{12} には，３つの構造異性体が存在する。
(エ) 分子式 C_3H_6 で示される炭化水素には，異性体が存在しない。
(オ) 分子式 C_4H_8 で示されるアルケンには，構造異性体が２種類，シス-トランス異性体が３種類存在する。

258. 🔲知識 **炭化水素の構造と性質** 次の(1)，(2)の条件にあてはまる化合物をすべて選び，①〜⑤の番号で示せ。
(1) 分子をつくっている原子がすべて同一平面上にある化合物
(2) 付加反応によって臭素水を脱色する化合物
① CH_3CH_3 　② $CH_3CH(CH_3)CH_3$ 　③ $CH_2=CH_2$
④ $CH\equiv CH$ 　⑤ $CH_3CH=CHCH_3$

259. 🔲思考 **炭化水素の燃焼** 次の各問いに答えよ。
(1) 炭化水素の一般式を C_mH_n として，炭化水素の完全燃焼を化学反応式で表せ。
(2) ある炭化水素 1 mol を完全燃焼させたところ，二酸化炭素 4 mol と水 4 mol が生成した。この炭化水素の分子式を示せ。
(3) あるアルケン C_nH_{2n} 1 mol を完全燃焼させるのに，酸素が 3 mol 必要であった。このアルケンの分子式を示せ。

260. 🔲思考 **付加反応** 次の各問いに答えよ。
(1) ある炭化水素を 0℃，1.013×10^5 Pa で 3.0 L とって完全燃焼させたところ，同温・同圧で 9.0 L の二酸化炭素が得られた。また，炭化水素 3.0 L に水素を付加させると，同温・同圧で 6.0 L の水素が吸収された。この炭化水素の分子式を次から選べ。
① C_2H_2 　② C_2H_4 　③ C_3H_4 　④ C_3H_6 　⑤ C_4H_6 　⑥ C_4H_8
(2) 5.60 g のアルケン C_nH_{2n} に臭素 Br_2 を完全に反応させたところ，37.6 g の化合物 $C_nH_{2n}Br_2$ を得た。このアルケンの炭素数 n を次から選べ。
① 1 　② 2 　③ 3 　④ 4 　⑤ 5 　⑥ 6

発展例題24　炭化水素の構造推定
➡問題 262

あるアルケンAに臭素を反応させたところ，アルケンAの約3.3倍の分子量をもつ生成物が得られた。また，このアルケンAに水素を反応させると，アルカンBが生成した。

(1)　アルケンAの分子式を示せ。

(2)　この反応で生じたアルカンBとして考えられる構造式は何種類か。

▍考え方

(1)　アルケン C_nH_{2n} と臭素 Br_2 の反応は，次のようになる。

$$C_nH_{2n}+Br_2 \longrightarrow C_nH_{2n}Br_2$$

アルケンと臭素付加生成物の分子量を比較して，n を求め，分子式をつくる。

(2)　アルケンAには，5種類の構造異性体が考えられる。それぞれの水素付加生成物を考える。

▍解答

(1)　Aの分子量は $C_nH_{2n}=14n$，臭素付加生成物の分子量は $C_nH_{2n}Br_2=14n+160$ である。したがって，次の関係が成り立つ。

$$14n+160=14n×3.3 \qquad n=5 \qquad \mathbf{C_5H_{10}}$$

(2)　A（C_5H_{10}）に水素が付加してできるアルカンB（C_5H_{12}）は，次の**2種類**だけである。

CH₃-CH₂-CH₂-CH=CH₂
CH₃-CH₂-CH=CH-CH₃ } →(H₂)→ CH₃-CH₂-CH₂-CH₂-CH₃

CH₃-CH₂-C=CH₂ 　CH₃-CH=C-CH₃
　　　　|CH₃ 　　　　　　　|CH₃
CH₃-CH-CH=CH₂ } →(H₂)→ CH₃-CH₂-CH-CH₃
　　|CH₃ 　　　　　　　　　　　　　|CH₃

発展例題25　オゾン分解　発展
➡問題 263

有機化合物Aは，分子量が 70 のアルケンである。一般に，炭素原子間の二重結合をオゾン分解すると，二重結合が切断され，次に示すように，カルボニル基をもつ2つの化合物が生じる。

$$>\!C=C\!< \xrightarrow{O_3} \; >\!C=O \; + \; O=C\!<$$

この反応を用い，化合物Aの二重結合を切断すると，アセトアルデヒド CH_3CHO とアセトン CH_3COCH_3 を生じた。化合物Aの構造式を示せ。

▍考え方

アルケンをオゾン O_3 で酸化すると，次のように分解される。

$$\begin{matrix}R^1\\R^2\end{matrix}\!\!>\!C=C\!<\!\!\begin{matrix}R^3\\R^4\end{matrix} \xrightarrow{O_3}$$

$$\begin{matrix}R^1\\R^2\end{matrix}\!\!>\!C=O \; + \; O=C\!<\!\!\begin{matrix}R^3\\R^4\end{matrix}$$

一部のRがHのとき，生成物がアルデヒドとなる。

アルケンの分子式を C_nH_{2n} として分子式を求める。

▍解答

$C_nH_{2n}=70$ から，$12n+2n=70$ 　　$n=5$

したがって，化合物Aの分子式は C_5H_{10} となる。また，この化合物Aをオゾン分解すると，アセトアルデヒド CH_3CHO とアセトン CH_3COCH_3 を生じる。

$$C_5H_{10} \xrightarrow{O_3} \begin{matrix}CH_3\\H\end{matrix}\!\!>\!C=O \; + \; O=C\!<\!\!\begin{matrix}CH_3\\CH_3\end{matrix}$$

生成した CH_3CHO と CH_3COCH_3 のカルボニル基 $>\!C=O$ がもとの化合物Aの二重結合に相当するので，構造式は右のようになる。

$$\begin{matrix}CH_3\\H\end{matrix}\!\!>\!C=C\!<\!\!\begin{matrix}CH_3\\CH_3\end{matrix}$$

例題
解説動画

発展問題

261. 思考 実験 論述 **アセチレン** 次の文を読み，下の各問いに答えよ。

①炭化カルシウム（カーバイド）に水を加えると，気体Aが発生する。気体Aは三重結合をもつために反応性が高い。ニッケルNiを触媒に用いて，気体Aに水素を付加させると，化合物Bを経てエタンが生成する。また，②気体Aを赤熱した鉄に触れさせると，3分子が重合して化合物Cが生成する。

(1) 化合物A，B，Cの物質名を記し，下線部①，②の変化を化学反応式で記せ。

(2) 下線部①の反応において，0℃，1.013×10^5 Paで5.6Lの化合物Aを得るために必要な純度85％の炭化カルシウムは何gか。有効数字2桁で答えよ。

(3) メタン，エチレン，アセチレンをそれぞれ区別するには，どのような方法を用いればよいか。使用する試薬，生じる現象，その反応名などを示して説明せよ。

（城西大　改）

262. 思考 論述 **炭化水素の推定** 分子式がC_4H_8で表されるアルケンA，B，C，Dがある。A〜Dに水素を付加させたところ，A，B，Cからは同じアルカンが生じた。A，B，Cに水を付加させたところ，AとBからはアルコールX，CからはアルコールXとYが生じた。次の各問いに答えよ。

(1) AとBは，何という異性体の関係にあるか。

(2) AとBが異性体になる理由を25字以内で記せ。

(3) アルケンC，DおよびアルコールXとYの構造式を記せ。

(4) C_4H_8の分子式をもつ，アルケン以外の化合物の構造式を1つ記せ。

（11　九州工業大　改）

263. 思考 発展 **炭化水素の構造決定** 次の文を読んで，下の各問いに答えよ。

アルケンにオゾンを作用させると，次式に示すオゾン分解とよばれる反応によって，ケトンまたはアルデヒドを得ることができる。

$$\begin{matrix} R^1 \\ R^2 \end{matrix}\!\!>\!\!C\!=\!C\!\!<\!\!\begin{matrix} R^3 \\ R^4 \end{matrix} \xrightarrow{\text{オゾン分解}} \begin{matrix} R^1 \\ R^2 \end{matrix}\!\!>\!\!C\!=\!O + O\!=\!C\!\!<\!\!\begin{matrix} R^3 \\ R^4 \end{matrix}$$

［R^1, R^2, R^3, R^4は，水素原子またはアルキル基を表す。］

分子式がC_5H_{10}であるアルケンA〜Cについてオゾン分解をしたところ，アルケンAからは化合物DとEが，アルケンBからは化合物DとFが，アルケンCからは化合物GとホルムアルデヒドHCHOがそれぞれ生成した。化合物D〜Gの構造を決定するための実験によって，化合物D，Eはホルミル基をもつ化合物であり，化合物D，F，GはCH_3-CO-Rの構造をもつカルボニル化合物であった。

(1) アルケンAには2種類の構造が考えられる。Aとして考えられる2種類のアルケンの構造式を記せ。

(2) アルケンB，Cの構造式を記せ。

(3) 化合物D〜Gの構造式を記せ。

（17　高知大　改）

15 | 酸素を含む脂肪族化合物

■1 アルコール R-OH(ヒドロキシ基)

ヒドロキシ基の数による分類			炭化水素基の数による分類		
1価アルコール (-OH 1個)	CH_3OH　C_2H_5OH C_3H_7OH　C_4H_9OH		第一級アルコール $R-CH_2-OH$	CH_3OH　　CH_3CH_2OH メタノール　エタノール	
2価アルコール (-OH 2個)	CH_2-OH　エチレン |　　　グリコール CH_2-OH		第二級アルコール R^1 $R^2-CH-OH$	CH_3 | $CH_3-CH-OH$ 2-プロパノール	
3価アルコール (-OH 3個)	CH_2-OH　グリセリン | $CH-OH$ | CH_2-OH		第三級アルコール R^1 R^2-C-OH R^3	CH_3 | CH_3-C-OH | CH_3 2-メチル-2-プロパノール	

①極性分子。炭素数3までのアルコールは水に可溶で，炭素数4以上のアルコールは水に難溶。水溶液は中性。水溶液中で水分子との間に水素結合を形成

②酸化されると，第一級アルコールはアルデヒドを経てカルボン酸を生成し，第二級アルコールはケトンを生成。第三級アルコールは酸化されにくい

③アルカリ金属と反応して水素を発生し，ナトリウムアルコキシド R-ONa を生成

$$2R-OH + 2Na \longrightarrow 2R-ONa + H_2$$

〈例〉　$2CH_3OH+2Na \longrightarrow 2CH_3ONa+H_2$　（CH_3ONa：ナトリウムメトキシド）

④分子内で脱水すると，アルケンを生成(分子内脱水：脱離)

$$R^1-CH-CH-R^2 \longrightarrow R^1-CH=CH-R^2$$
$$\quad\;\;\; H\quad OH$$

〈例〉　$CH_3CH_2OH \longrightarrow CH_2=CH_2 + H_2O$　（濃硫酸，約170℃）

⑤分子間で脱水すると，エーテルを生成(分子間脱水：縮合)

$$R^1-O-H + H-O-R^2 \longrightarrow R^1-O-R^2 + H_2O$$

〈例〉　$C_2H_5-OH + HO-C_2H_5 \longrightarrow C_2H_5-O-C_2H_5 + H_2O$　（濃硫酸，約140℃）

⑥カルボン酸(またはオキソ酸)と反応して，エステルを生成(縮合)

$$R^1-\overset{\|}{\underset{O}{C}}-OH + H-O-R^2 \longrightarrow R^1-\overset{\|}{\underset{O}{C}}-O-R^2 + H_2O$$

| メタノール | ①無色，芳香のある有毒な液体(沸点65℃)　②酸化すると HCHO を経て HCOOH になる　③溶媒，燃料，薬品の原料

製法 ①木材の乾留　②合成ガス $CO+2H_2 \longrightarrow CH_3OH$　(触媒：ZnO)

| エタノール | ①無色，芳香のある液体(沸点78℃)　②酸化すると CH_3CHO を経て CH_3COOH になる　③ヨードホルム反応を示す　④溶媒，燃料，酒類，消毒薬

製法 ①アルコール発酵　$C_6H_{12}O_6 \longrightarrow 2C_2H_5OH + 2CO_2$

②エチレンへの水付加　$CH_2{=}CH_2 + H_2O \longrightarrow C_2H_5OH$　(触媒：リン酸)

ヨードホルム反応…右に示す構造をもつ化合物が，ヨウ素の塩基性水溶液と反応して特異臭の黄色沈殿(ヨードホルム CHI_3)を生じる反応

$$CH_3{-}\underset{\underset{O}{\|}}{C}{-}R \qquad CH_3{-}\underset{\underset{OH}{\|}}{CH}{-}R$$
R：炭化水素基または水素原子
〈例〉　エタノール，2-プロパノール，アセトアルデヒド，アセトン

2 エーテル $R^1{-}O{-}R^2$ (エーテル結合)

$$CH_3OCH_3 \qquad C_2H_5OC_2H_5 \qquad CH_3OC_2H_5$$
ジメチルエーテル　　ジエチルエーテル　　エチルメチルエーテル

| ジエチルエーテル | ①無色，芳香の液体(沸点34.5℃)　②水に難溶，麻酔性，引火性

製法 約140℃に加熱した濃硫酸にエタノールを加える(縮合)

注 異なる炭化水素基をもつエーテルの合成　$C_2H_5{-}ONa + CH_3{-}I \longrightarrow C_2H_5{-}O{-}CH_3 + NaI$

3 アルデヒド R−CHO (ホルミル基)

$$HCHO \qquad CH_3CHO \qquad CH_3CH_2CHO$$
ホルムアルデヒド　　アセトアルデヒド　　プロピオンアルデヒド

①刺激臭をもつ　②還元作用を示し，容易に酸化されてカルボン酸を生じる

〈例〉　アンモニア性硝酸銀水溶液を還元し，銀を析出(銀鏡反応)。

フェーリング液を還元し，酸化銅(Ⅰ)Cu_2O の赤色沈殿を生成。

| ホルムアルデヒド | ①無色，刺激臭の気体　②酸化されて HCOOH　③水に溶けやすい　④ホルマリン(HCHO を約37％含む)は標本の保存液，合成樹脂の原料に利用

製法 メタノールの酸化　$CH_3OH \xrightarrow[Cu]{O_2} HCHO$

| アセトアルデヒド | ①無色，刺激臭の液体(沸点20℃)　②酸化されて CH_3COOH

③ヨードホルム反応を示す　④化学薬品の原料

製法 エタノールの酸化　$C_2H_5OH \xrightarrow{酸化} CH_3CHO$

エチレンの酸化　　$CH_2{=}CH_2 \xrightarrow[Pd塩, Cu塩]{O_2} CH_3CHO$

4 ケトン $R^1{-}CO{-}R^2$ (カルボニル基)

$$CH_3COCH_3 \qquad CH_3COC_2H_5$$
アセトン　　エチルメチルケトン

アルデヒドやケトンなどを総称して，カルボニル化合物という。

①酸化されにくく，還元作用を示さない　②第二級アルコールの酸化

| アセトン | ①無色，揮発性の液体　②水によく溶ける　③ヨードホルム反応を示す　④溶媒

製法 ①2-プロパノールの酸化　$CH_3CH(OH)CH_3 \xrightarrow{K_2Cr_2O_7} CH_3COCH_3$

②酢酸カルシウムの乾留　$(CH_3COO)_2Ca \longrightarrow CH_3COCH_3 + CaCO_3$

5 カルボン酸 R−COOH（カルボキシ基）

1価カルボン酸	2価カルボン酸（ジカルボン酸）		
HCOOH ギ酸 CH₃COOH 酢酸 C₂H₅COOH プロピオン酸	COOH | COOH シュウ酸	H−C−COOH ‖ H−C−COOH マレイン酸 （シス形）	H−C−COOH フマル酸 ‖ HOOC−C−H （トランス形）

1価の鎖式カルボン酸を脂肪酸，乳酸などの，分子内に−OHをもつカルボン酸をヒドロキシ酸という。

①炭素数の少ないカルボン酸（低級カルボン酸）は，水溶液中で電離して弱い酸性を示す

②塩基と反応して塩を生成（中和）

③炭酸よりも強い酸であり，$NaHCO_3$（または Na_2CO_3）と反応して CO_2 を発生

$$R−COOH+NaHCO_3 \longrightarrow R−COONa+H_2O+CO_2$$

④アルコールと反応してエステルを生成（縮合）

⑤極性分子であり，水素結合を形成して二量体となることがある

酢酸の二量体

⑥アルデヒドの酸化によって生じる

〈例〉 $HCHO \longrightarrow HCOOH$　　$C_2H_5CHO \longrightarrow C_2H_5COOH$

> **ギ酸**　①無色，刺激臭の液体（融点8.4℃）　②−CHO の構造をもち，還元作用を示す　③水によく溶ける　**製法** $CO+NaOH \longrightarrow HCOONa$

> **酢酸**　①無色・刺激臭の液体（融点17℃）　②高純度のものは冬季に氷結（氷酢酸）

製法 ①$CH_3CHO \xrightarrow{酸化} CH_3COOH$　②$CH_3OH+CO \longrightarrow CH_3COOH$

> **酸無水物**　カルボキシ基どうしが結合した構造−CO−O−CO−をもつ。

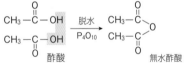

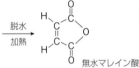

6 エステル R¹−COO−R²（エステル結合）

　　HCOOCH₃　　CH₃COOCH₃　　CH₃COOC₂H₅
　　ギ酸メチル　　酢酸メチル　　酢酸エチル

①一般に，水に溶けにくい。分子量が小さいものは，芳香をもつ液体

②酸触媒によって加水分解し，カルボン酸とアルコールを生成（エステルの加水分解）

③強塩基の水溶液と反応して，カルボン酸の塩とアルコールを生成（けん化）

〈例〉 $CH_3COOC_2H_5+NaOH \longrightarrow CH_3COONa+C_2H_5OH$

製法 カルボン酸とアルコールの脱水縮合（エステル化）。

〈例〉 $CH_3−\underset{O}{C}−OH + H−O−C_2H_5 \rightleftharpoons CH_3−\underset{O}{C}−O−C_2H_5 + H_2O$
　　　　　　酢酸　　エタノール　　　　　　　　　酢酸エチル

> **注** 硝酸や硫酸などのオキソ酸とアルコールの縮合によって生じる化合物もエステルとよばれる。

$$
\begin{array}{l}
H_2C−O−H \\
HC−O−H \\
H_2C−O−H
\end{array}
+
\begin{array}{l}
H−O−NO_2 \\
H−O−NO_2 \\
H−O−NO_2
\end{array}
\rightleftharpoons
\begin{array}{l}
H_2C−O−NO_2 \\
HC−O−NO_2 \\
H_2C−O−NO_2
\end{array}
+ \ 3H_2O
$$

グリセリン　　　硝酸　　　　ニトログリセリン（硝酸エステル）

7 油脂

高級脂肪酸とグリセリンのエステルであり，右に示す構造をもつ。
アルキル基 R^1，R^2，R^3 の種類によって，油脂の性質が決まる。常温
で固体のものを脂肪，液体のものを脂肪油という。

$$R^1-CO-O-CH_2$$
$$R^2-CO-O-CH$$
$$R^3-CO-O-CH_2$$

❶油脂を構成するおもな高級脂肪酸

不飽和脂肪酸を多く含む油
脂は，酸化されて固まりや

	飽和脂肪酸	不飽和脂肪酸（C＝C 結合の数）	
ミリスチン酸	$C_{13}H_{27}COOH$	オレイン酸 $C_{17}H_{33}COOH$	（1）
パルミチン酸	$C_{15}H_{31}COOH$	リノール酸 $C_{17}H_{31}COOH$	（2）
ステアリン酸	$C_{17}H_{35}COOH$	リノレン酸 $C_{17}H_{29}COOH$	（3）

すい（乾性油）。脂肪油に触媒を用いて水素を付加させると固体になる（硬化油）。

❷性質
①水に不溶。ヘキサンやエーテル，エタノールなどの有機溶媒に可溶
②強塩基の水溶液と反応して，脂肪酸の塩とグリセリンを生成（けん化）

$$
\begin{array}{ccccc}
R^1COO-CH_2 & & R^1COOK & & HO-CH_2 \\
R^2COO-CH & + 3KOH \longrightarrow & R^2COOK & + & HO-CH \\
R^3COO-CH_2 & & R^3COOK & & HO-CH_2
\end{array}
$$

油脂　　　水酸化カリウム　　　脂肪酸の塩　　　グリセリン

❸けん化価とヨウ素価

けん化価	油脂 1 g のけん化に要する水酸化カリウム（KOH＝56）の質量[mg]の数値。 けん化価$=56\times3\times\dfrac{1}{M}\times10^3$　　（M：油脂の平均分子量） 高級脂肪酸を多く含み，平均分子量の大きい油脂は，けん化価が小さい。
ヨウ素価	油脂 100 g に付加するヨウ素（I_2＝254）の質量[g]の数値。 ヨウ素価$=254\times x\times\dfrac{100}{M}$　$\left(\begin{array}{l}M：油脂の平均分子量\\x：油脂 1 分子中の C＝C 結合の数\end{array}\right)$ 油脂を構成する脂肪酸の不飽和の度合いを示す。乾性油はヨウ素価大（130以上）で，酸化されて固まりやすい。不乾性油はヨウ素価小（100以下）で，常温で液体。

8 セッケンと合成洗剤

❶セッケン
①高級脂肪酸の塩からなる界
面活性剤。親油性の部分 R－と親水性の
部分－COO^-Na^+ をもつ。－COO^-Na^+
に極性があり，水和する

親油性（疎水性）の部分　　　親水性の部分

②水溶液の表面張力を低下させ，固体表面をぬれやすくする（界
面活性作用）。水中では会合して，コロイド状のミセルを形成
③油などを水中に分散させる作用（乳化作用）を示す
④水溶液は弱い塩基性　$RCOO^-+H_2O \rightleftharpoons RCOOH+OH^-$
⑤Mg^{2+} や Ca^{2+} を多く含む水（硬水）の中では難溶性の沈殿を生
じ，洗浄力が低下　　$2RCOO^-+Ca^{2+} \longrightarrow (RCOO)_2Ca$

セッケン

セッケン水　　　ミセル

❷合成洗剤
①親油性の部分と親水性の部分をもつように合成された界面活性剤
②水溶液は中性で，硬水中でも洗浄力を失わない

1 1価アルコールにはメタノール(ア)や(イ)C₂H₅OHなどがあり，これらは無色の液体で，水に溶け(ウ)い。また，ナトリウムと反応して(エ)を発生する。

2 一般式 R¹-O-R² で示される化合物を総称して(オ)といい，化学式 C₂H₅OC₂H₅ で示される(カ)は，無色，揮発性の液体で，有機溶媒として用いられる。

3 一般式 R-CHO で示される化合物を総称して(キ)といい，第一級アルコールを(ク)すると得られる。メタノールを(ク)すると，(ケ)が得られる。アルデヒドは(コ)作用を示し，カルボン酸に変化する。

4 酢酸とエタノールの混合物に濃硫酸を加えて加熱すると，(サ)が生成する。この反応を(シ)化という。(サ)は芳香をもつ液体で，水に溶け(ス)い。

5 油脂は高級脂肪酸と(セ)から生じたエステルである。セッケンは油脂の(ソ)によって得られ，その水溶液は弱い(タ)性を示す。セッケンには，親水性の部分と(チ)の部分があり，(ツ)活性剤として働く。

プロセスの解答

（ア）CH_3OH （イ）エタノール （ウ）やす （エ）水素 （オ）エーテル （カ）ジエチルエーテル
（キ）アルデヒド （ク）酸化 （ケ）ホルムアルデヒド （コ）還元
（サ）酢酸エチル （シ）エステル （ス）にく （セ）グリセリン （ソ）けん化
（タ）塩基 （チ）親油性(疎水性) （ツ）界面

基本例題30 エタノールの反応 →問題 265・267

次のエタノールを中心とした反応経路図について，下の各問いに答えよ。

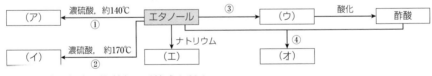

(1) （ア）～（オ）の物質名と示性式を記せ。
(2) ①～④の各反応の名称を次から選べ。
   (a) 酸化 (b) 還元 (c) 置換 (d) 付加 (e) 縮合 (f) 脱離

考え方

(1) アルコールの脱水では温度によって生成物が異なる。分子間の脱水は縮合，分子内での脱水は脱離という。
エタノールの酸化では，アセトアルデヒドを経て酢酸が生じる。

解答

(1) （ア）**ジエチルエーテル**　　　　$C_2H_5OC_2H_5$
   （イ）**エチレン**　　　　　　　　$CH_2=CH_2$
   （ウ）**アセトアルデヒド**　　　　CH_3CHO
   （エ）**ナトリウムエトキシド**　　C_2H_5ONa
   （オ）**酢酸エチル**　　　　　　　$CH_3COOC_2H_5$
(2) ① **(e)**　② **(f)**　③ **(a)**　④ **(e)**

例題
解説動画

基本例題31　アルデヒドとケトン

➡問題 269

分子式 C_3H_6O で示されるアルデヒドXとケトンYがある。これらに関して，次の各問いに答えよ。
(1)　X，Yの構造式と物質名を，それぞれ記せ。
(2)　還元作用を示すのは，X，Yのどちらか。
(3)　ヨードホルム反応を示すのは，X，Yのどちらか。
(4)　Xを酸化したときに得られるカルボン酸は何か。物質名を記せ。
(5)　酸化するとYになるアルコールは何か。物質名を記せ。

■ 考え方

アルデヒドとケトンは，アルコールの酸化によって生じ，異性体の関係にある。
(2)　アルデヒドには還元作用があり，銀鏡反応を示したり，フェーリング液を還元したりする。
(3)　$CH_3-CH(OH)-R$ や CH_3-CO-R の構造をもつ化合物は，ヨードホルム反応を示す。
(4)　アルデヒドを酸化すると，カルボン酸が得られる。
(5)　第二級アルコールを酸化すると，ケトンが得られる。

■ 解答

(1)　X：$CH_3-CH_2-\overset{\displaystyle ||}{\underset{\displaystyle O}{C}}-H$
　　　プロピオンアルデヒド
　　Y：$CH_3-\overset{\displaystyle ||}{\underset{\displaystyle O}{C}}-CH_3$
　　　アセトン
(2)　**X**　　(3)　**Y**
(4)　$CH_3-CH_2-CHO \xrightarrow{\text{酸化}} CH_3-CH_2-COOH$
　　したがって，**プロピオン酸**である。
(5)　$CH_3-CH(OH)-CH_3 \xrightarrow{\text{酸化}} CH_3-CO-CH_3$
　　したがって，**2-プロパノール**である。

基本例題32　化合物の推定

➡問題 268・271

次の(1)，(2)の記述で表される化合物を構造式で示せ。
(1)　分子式が C_2H_6O で，水に溶けやすく，ナトリウムと反応して水素を発生する。
(2)　分子式が $C_2H_4O_2$ で，炭酸水素ナトリウム水溶液と反応し，気体を発生して溶ける。

■ 考え方

(1)　分子内に酸素原子1個を含む化合物には，アルコール，エーテル，アルデヒド，ケトンなどがある。このうち，Naと反応するのはアルコールである。
(2)　分子内に酸素原子2個を含む化合物としては，カルボン酸，エステルなどが考えられる。このうち，炭酸水素塩と反応するのはカルボン酸である。

■ 解答

(1)　水に溶けやすく，ナトリウムと反応するので，ヒドロキシ基をもつアルコールである。
　　　　　　　　　　　CH_3-CH_2-OH
(2)　炭酸水素塩と反応して溶けるので，炭酸よりも強い酸であり，カルボキシ基をもつカルボン酸である。
　　$CH_3COOH+NaHCO_3$
　　　　　$\longrightarrow CH_3COONa+H_2O+CO_2$
　　　　　　　　$CH_3-\overset{\displaystyle ||}{\underset{\displaystyle O}{C}}-O-H$

例題
解説動画

次の文中の( )に適当な語句を入れ、下の各問いに答えよ。

セッケンは、親油性(疎水性)の炭化水素基と(ア)性の$-COONa$をもち、水溶液中で炭化水素基を(イ)側にして集まる。繊維に付着した油分はこの(イ)側に取りこまれ、水中に分散しやすくなる。しかし、Ca^{2+} や Mg^{2+} の多い(ウ)水中では、難溶性の塩を生じて、セッケンの洗浄力が低下する。

(1) 水溶液中のセッケンに存在する親水性の部分を化学式で示せ。

(2) セッケンのように、繊維などをぬれやすくする作用を示す物質を何というか。

(3) 下線部のように、多数のセッケン分子が集まった集団を何というか。

考え方	解答
セッケンは$R-COONa$で表される。$R-$の部分は極性がほとんどなく、親油性(疎水性)を示す。$-COO^-$の部分は極性が大きく、親水性を示す。Ca^{2+} や Mg^{2+} を多く含む水を硬水という。硬水中ではセッケンの働きが低下する。	セッケンの水溶液は、繊維などの固体表面をぬれやすくする。このような作用を示す物質を界面活性剤という。セッケン分子が水溶液中で多数集まって形成された集団をミセルという。 (ア) **親水** (イ) **内** (ウ) **硬** (1) **$-COO^-$** (2) **界面活性剤** (3) **ミセル**

基 本 問 題

264. メタノール 次の実験1、2について、下の各問いに答えよ。

実験1 メタノールを試験管にとり、米粒大のナトリウムの小片を1つ加えた。

実験2 メタノールを試験管にとり、図のように、加熱した銅線を液面近くまで差しこんだ。

銅線
メタノール

(1) 実験1でおこった変化を化学反応式で表せ。

(2) 実験2で銅線を差しこんだとき、銅線の色は何色から何色に変化したか。

(3) 実験2でメタノールは何に変化したか。物質名と化学式を記せ。

265. エタノール 次の文中の( )にあてはまる物質名とその示性式を記せ。また、(a)、(c)、(e)の変化をそれぞれ化学反応式で表せ。

(a) エタノールにナトリウムを加えると、水素を発生して(ア)を生じる。

(b) 約170℃に加熱した濃硫酸にエタノールを加えると、(イ)を生じる。

(c) 約140℃に加熱した濃硫酸にエタノールを加えると、(ウ)を生じる。

(d) エタノールに、硫酸酸性の二クロム酸カリウム水溶液を加えて加熱すると、中性の(エ)を生じる。

(e) エタノールに酢酸と少量の濃硫酸を加えて温めると、(オ)を生じる。

例題解説動画

266. 思考 **アルコールの構造と異性体** 次の各問いに答えよ。

(1) 分子式 C_3H_8O で表される化合物には，構造異性体は何種類あるか。

(2) 分子式 $C_4H_{10}O$ で表されるアルコールについて，次の(a)～(c)にあてはまる化合物の構造式および名称を記せ。

(a) 直鎖状で，酸化されるとアルデヒドを生じる。　　(b) 鏡像異性体をもつ。

(c) 第三級アルコールである。

267. 知識 **アルコールとエーテル** 次の記述のうち，誤りを含むものを1つ選べ。

(ア) メタノールに酢酸と少量の濃硫酸を加えて温めると，エステルが生成する。

(イ) エタノールはナトリウムと反応して水素を発生するが，ジエチルエーテルはナトリウムとは反応しない。

(ウ) エタノールとジエチルエーテルは，いずれも水によく溶ける。

(エ) エタノールとジメチルエーテルは同じ分子式をもち，互いに異性体である。

(オ) ジメチルエーテルよりもエタノールの方が沸点が高い。

268. 思考 **化合物の推定** 次の記述について，下の各問いに答えよ。

(a) Aは分子式 C_3H_8O で示され，ナトリウムと反応して気体を発生する。

(b) Aを酸化すると，ケトンBを生成する。

(c) Aを濃硫酸とともに加熱するとCが得られる。Cはすみやかに臭素と反応する。

(1) 化合物A，BおよびCの構造式を示せ。

(2) Aとナトリウムの反応を化学反応式で表せ。

269. 知識 **アルデヒドとケトン** 次の文中の(　　)に適当な語句を入れよ。

アルデヒドは(　ア　)基−CHO，ケトンは(　イ　)基 ＞C＝O をもっており，いずれも(　ウ　)を酸化して得られる。ホルムアルデヒドは，加熱した銅や白金などを触媒として，(　エ　)を酸化して合成される。エタノールを酸化すると，中性の(　オ　)が得られる。一方，第二級アルコールである 2-プロパノールを酸化すると，(　カ　)が得られる。アルデヒドとケトンの相違は，前者が(　キ　)作用を示す点にある。たとえば，アルデヒドは，アンモニア性硝酸銀水溶液を(キ)して(　ク　)を析出したり，(　ケ　)液と反応して酸化銅(Ⅰ)の赤色沈殿を生じたりする。

270. 知識 **酢酸** 次の文中の(　　)に適当な語句を入れよ。

酢酸は特有の刺激臭をもつ無色の液体であり，純度の高いものは冬期に凝固しやすいので(　ア　)とよばれる。工業的に酢酸をつくるには，触媒の存在のもとでエチレンを空気酸化して(　イ　)とし，さらにそれを空気酸化して酢酸とする。酢酸とメタノールの混合物を少量の濃硫酸と加熱すると，(　ウ　)と水が生成する。(ウ)と異性体の関係にあるカルボン酸は(　エ　)である。

271. 🄼🄴 **カルボン酸とエステル**●次の(1)，(2)の物質を表す一般式をA群から，また，その一般的性質をB群から，それぞれ１つずつ選べ。

(1)　カルボン酸　　(2)　エステル

〈A群〉　① RCHO　　② RCOOH　　③ ROH　　④ RCOOR′

〈B群〉　（ア）　中性の物質で，ナトリウムと反応して水素を発生する。

　　　　　（イ）　炭酸水素ナトリウムと反応して，二酸化炭素を発生する。

　　　　　（ウ）　フェーリング液を加えて加熱すると，赤色沈殿を生じる。

　　　　　（エ）　加水分解すると，酸とアルコールを生じる。

272. 🄺🄲 **エステルの構造**●分子式 $C_4H_8O_2$ で示されるエステルA，B，Cについて，次の各問いに答えよ。

(1)　Aを加水分解すると，沸点が78℃のアルコールと，酢酸が得られた。エステルAの構造式を示せ。

(2)　Bを加水分解して得られたカルボン酸は，銀鏡反応を示した。また，Bから得られたアルコールを酸化すると，ケトンを生じた。エステルBの構造式を示せ。

(3)　Cを加水分解して得られたカルボン酸は，銀鏡反応を示した。また，Cから得られたアルコールを酸化すると，アルデヒドを生じた。エステルCの構造式を示せ。

273. 🄼🄴 🄴🄾 🄻🄾 **エステルの反応**●次の文を読み，下の各問いに答えよ。

　　酢酸エチル１mL を試験管にとり，6mol/L の水酸化ナトリウム水溶液を５mL 加えると，溶液は二層になった。図のように，この試験管に長いガラス管Aをつけ，沸騰石を入れて，おだやかに加熱し，十分に反応させた。

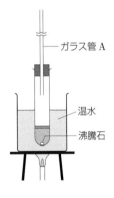

(1)　文中の下線部で，酢酸エチルは上層と下層のどちらになるか。

(2)　この実験で，ガラス管Aを使用する理由を説明せよ。

(3)　この実験でおこる変化を化学反応式で表せ。また，塩基を用いたこの反応を何というか。

(4)　この実験で観察される試験管内の溶液の変化を記せ。

274. 🄺🄲 **ヨードホルム反応**●次の①～⑨の有機化合物のうち，ヨードホルム反応を示すものをすべて選べ。

① CH_3-OH　　② CH_3-CH_2-OH　　③ $CH_3-CH_2-CH_2-OH$　　④ $CH_3-\underset{OH}{CH}-CH_3$

⑤ $CH_3-\underset{O}{C}-H$　　⑥ $CH_3-\underset{O}{C}-CH_3$　　⑦ $CH_3-CH_2-\underset{O}{C}-H$

⑧ $CH_3-CH_2-\underset{O}{C}-CH_2-CH_3$　　⑨ $CH_3-CH_2-O-CH_3$

思考

275. 化合物の性質●次の(1)～(5)にあてはまる物質を，下の(ア)～(カ)から選べ。

(1) 水に溶けにくいが，水酸化ナトリウム水溶液中で加熱すると溶ける。

(2) 水に溶けにくく，麻酔性と強い引火性がある。

(3) アンモニア性硝酸銀水溶液を加えて温めると，銀を析出する。

(4) 加熱によって容易に脱水し，酸無水物となる。

(5) 水に溶けて中性を示し，ナトリウムと反応して水素を発生する。

　(ア)　エタノール　　　　　　(イ)　アセトアルデヒド　　(ウ)　マレイン酸

　(エ)　ジエチルエーテル　　　(オ)　酢酸エチル　　　　　(カ)　フマル酸

知識

276. 酢酸とその誘導体●次の図のA～Fにあてはまる化合物の名称と示性式を示せ。

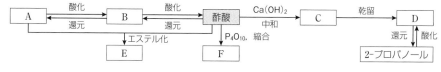

知識

277. 油脂●次の文中の(　　)に適当な語句を入れよ。

　油脂は，高級脂肪酸と(　ア　)との(　イ　)であり，大豆油のように室温で液体のものを(　ウ　)，牛脂のように室温で固体のものを(　エ　)という。脂肪酸の不飽和の度合いが(　オ　)い油脂は室温で液体であり，空気中で酸化されて固体になりやすいので(　カ　)油とよばれ，塗料などに用いられる。また，ニッケルなどを触媒として，炭素原子間の二重結合に(　キ　)を付加させると，固体になる。このようにしてつくられた油脂は(　ク　)油とよばれ，マーガリンなどの原料になる。

知識

278. セッケン●次の文中の(　　)に適当な語句を入れよ。

　油脂を水酸化ナトリウム水溶液でけん化すると，高級脂肪酸の(　ア　)が得られる。これがセッケンであり，その水溶液は加水分解によって弱い(　イ　)性を示す。セッケンは，(　ウ　)性の炭化水素基と親水性の$-COO^-$をもち，水溶液中で炭化水素基を(　エ　)側にして集まる。繊維に付着した油分は，この(エ)側にとりこまれ，水中に分散しやすくなる。これを(　オ　)作用という。しかし，Ca^{2+}やMg^{2+}の多い(　カ　)水中では，難溶性の塩を生じて，洗浄力は低下する。

知識

279. 合成洗剤●セッケンとアルキルベンゼンスルホン酸ナトリウム(略称 ABS)を比較して，ABSのみがもつ特徴を1つ選べ。

(ア)　カルボン酸の塩であるため，水に溶けたときに塩基性を示す。

(イ)　スルホン酸の塩であるため，水に溶けたときに塩基性を示さない。

(ウ)　水に溶けて電離する。

(エ)　水に溶けても電離しない。

化合物A，B，Cはいずれも，<u>水酸化ナトリウム水溶液中でヨウ素と加熱すると黄色沈</u><u>殿を生じる</u>。しかし，これら3種類の化合物のうち，銀鏡反応を示すのはAのみである。化合物Bを濃硫酸と混ぜて140℃に加熱すると，化合物Dが生成する。また，化合物Cを還元したのち，これを濃硫酸と加熱すると気体Eが発生する。Eは，臭素水を脱色する。次の各問いに答えよ。

(1)　A～Eにあてはまるものを下の(ア)～(ケ)から選び，記号で示せ。

(2)　文中の下線部の反応の名称と，黄色沈殿の分子式を記せ。

(ア)　$CH_3CH=CH_2$	(イ)　CH_3CH_2COOH	(ウ)　CH_3CHO
(エ)　CH_3COCH_3	(オ)　$HOCH_2CH_2OH$	(カ)　$CH_3CH_2CH_3$
(キ)　CH_3CH_2OH	(ク)　$HCOOH$	(ケ)　$CH_3CH_2OCH_2CH_3$

■ 考え方

ヨードホルム反応を示す化合物は，分子内に次の構造をもつ。

$$CH_3-\underset{\underset{O}{\|}}{C}-R \qquad CH_3-\underset{\underset{OH}{|}}{C}H-R$$

分子内に$-CHO$をもつ化合物は，還元性をもち，銀鏡反応を示す。

■ 解答

ヨードホルム反応を示すのは(ウ)，(エ)，(キ)である。Aは還元作用を示すので，ホルミル基をもつ(ウ)である。Bはアルコールと判断できるので(キ)であり，その縮合で生じるDは(ケ)である。Cは(エ)で，還元によって$CH_3CH(OH)CH_3$になり，これを脱水すると(ア)を生じる。

(1)　A **(ウ)**　B **(キ)**　C **(エ)**　D **(ケ)**　E **(ア)**

(2)　**ヨードホルム反応**，CHI_3

分子式が$C_4H_8O_2$の有機化合物A，Bがある。Aは直鎖状の分子で，炭酸ナトリウム水溶液に溶けて気体を発生する。一方，Bに水酸化ナトリウム水溶液を加えて温めると，化合物Cのナトリウム塩と化合物Dが得られる。Dを酸化すると，中性のEになり，Eはフェーリング液を還元しない。化合物A～Eを示性式で示せ。

■ 考え方

Na_2CO_3との反応でCO_2を発生するのは，炭酸よりも強い酸である。一方，アルカリでけん化されるのはエステルである。アルコールのうち，酸化されてケトンを生じるものは，第二級アルコールである。

$$\underset{R^2}{\overset{R^1}{>}}CHOH \xrightarrow{酸化} \underset{R^2}{\overset{R^1}{>}}C=O$$

第二級アルコール　　ケトン

■ 解答

Aは直鎖状のカルボン酸である。一方，Bはエステルであり，けん化でカルボン酸Cの塩とアルコールDを生じる。Eは，中性で，フェーリング液を還元しないことから，ケトンである。Dは，酸化によってケトンを生じるので，第二級アルコールである。全体の分子式から考えて，Dは$CH_3CH(OH)CH_3$となる。したがって，Cはギ酸，Eはアセトンであり，Bはギ酸イソプロピルとなる。

A．$CH_3CH_2CH_2COOH$　　　　　B．$HCOOCH(CH_3)_2$

C．$HCOOH$　　　　　　　　　　　D．$CH_3CH(OH)CH_3$

E．CH_3COCH_3

例題
解説動画

発展問題

思考

280. エタノールとその誘導体 図は，エタノールを中心とした有機化合物の関連と反応を示したものである。図中のA〜Hに該当する構造式を記し，下の各問いに答えよ。

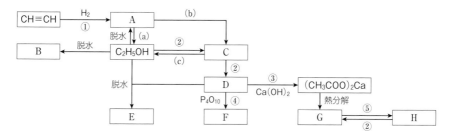

(1) 図中の(a)〜(c)に該当する操作を，次の(ア)〜(ウ)から1つずつ選べ。
  (ア) ニッケル触媒下で水素を付加する　　(イ) リン酸触媒を用いて水を付加する
  (ウ) 塩化パラジウム(Ⅱ)と塩化銅(Ⅱ)を触媒に用いて酸化する
(2) 図中の①〜⑤に該当する反応名を，下の(ア)〜(オ)から1つずつ選べ。
  (ア) 酸化　　(イ) 還元　　(ウ) 中和　　(エ) 付加　　(オ) 脱水
(3) A〜Hのうち，次の(ア)，(イ)に該当する物質をすべて選べ。
  (ア) フェーリング液を還元する。
  (イ) 炭酸水素ナトリウム水溶液を加えると気体が発生する。　　　　（京都女子大　改）

思考

281. アルコールの反応 次の文を読み，下の各問いに答えよ。

　アルコールA，B，C，Dは，それぞれメタノール，1-プロパノール，2-プロパノール，2-メチル-2-プロパノールのいずれかである。各アルコールをおだやかに酸化したところ，AからはアルデヒドEが，BからはケトンFが，CからはアルデヒドGが得られたが，Dはほとんど酸化されなかった。アルデヒドEとGは容易に酸化されて，それぞれカルボン酸Hとカルボン酸Iになる。Iは，①銀鏡反応を示す。②ケトンFは酢酸カルシウムを乾留することによっても得られる。

(1) アルコールA〜Dの名称を記せ。
(2) E〜Iの構造式を記せ。
(3) 下線部①の原因となる官能基の名称を記せ。
(4) 6.4gのアルコールCをすべて酸化して，カルボン酸Iにした。得られるIの質量は何gか。
(5) 下線部②の反応を，化学反応式で表せ。
(6) カルボン酸Hに炭酸水素ナトリウム水溶液を加えたときにおこる反応を，化学反応式で表せ。　　　　（岐阜聖徳学園大　改）

282. 思考 **化合物の推定**■分子式 $C_5H_{12}O$ で表される化合物A～Fについて，それらの構造を決定するため，次の実験を行った。

実験1　A～Fにナトリウムを加えたところ，B～Fからは気体が発生したが，Aには変化が見られなかった。

実験2　A～Fにヨウ素と水酸化ナトリウム水溶液を加えて温めると，BとCから特異臭をもつ黄色の沈殿が生じた。

実験3　A～Fを二クロム酸カリウムの希硫酸溶液でおだやかに酸化すると，AとDは変化しなかったが，B，C，EおよびFは酸化されて，それぞれアルデヒドかケトンのいずれかを生成した。また，これらの生成物にフェーリング液を作用させたところ，Eの酸化によって得られた化合物からのみ赤色沈殿が生じた。

実験4　加熱した濃硫酸にFを加えると，分子内で脱水反応がおこり，1種類のアルケンのみが生じた。このアルケンはシス-トランス異性体の混合物として得られた。

(1)　Aのような化合物の総称を何というか。その名称を記せ。

(2)　BとCの炭素骨格を比較したところ，Bは直鎖状の炭素原子の骨格をもつアルコールであった。Bの構造式を記せ。

(3)　Dの構造式を記せ。

(4)　Eとして考えられる化合物のうち，不斉炭素原子をもつものの構造式を記せ。

(5)　Fの構造式を記せ。　　　　　　　　　　　　　　　　　　　　　　（17　甲南大　改）

283. 思考 **エステルの異性体**■次の文中の（　　）に適当な数値を入れよ。

分子式 $C_5H_{10}O_2$ をもつ化合物のうち，エステルに分類されるものは（　ア　）種類存在し，それらのうち不斉炭素原子をもつものは（　イ　）種類である。

これらの構造異性体を加水分解して生じるカルボン酸およびアルコールの種類は，構造異性体を含めて数えると，それぞれ（　ウ　）種類および（　エ　）種類である。生じたカルボン酸のうち，アンモニア性硝酸銀水溶液と反応して銀を析出するものは（　オ　）種類である。また，生じたアルコールのうち，ヨードホルム反応を示すものは（　カ　）種類，酸化剤によってケトンを与えるものは（　キ　）種類である。　　　（12　東京理科大）

284. 思考 **エステルの推定**■炭素，水素，酸素からなるエステルA～Dは，互いに異性体である。33.0mgのAを完全燃焼させると二酸化炭素66.0mgと水27.0mgが生じた。また，4.40gのAをベンゼン100gに溶かした溶液の凝固点は，ベンゼンよりも2.56℃低かった。A，Bを加水分解すると，それぞれ銀鏡反応を示す化合物Eが生じた。Aを加水分解して得られるアルコールを酸化すると，ケトンが得られた。Cを加水分解するとカルボン酸FとアルコールGが生じ，Gを酸化するとFが生じた。

(1)　Aの分子式を求めよ。ベンゼンのモル凝固点降下は $5.12 K \cdot kg/mol$ である。

(2)　エステルA～Dの示性式を記せ。

(3)　エステルAの加水分解を，化学反応式で表せ。　　　　　　　　　（10　日本女子大）

172

思考

285. 物質の識別■次の文中の化合物A～Fは，アセトアルデヒド，エタノール，ギ酸，酢酸，酢酸エチル，ジエチルエーテルのいずれかである。A～Fはそれぞれ何か。化学式で答えよ。

①　A，B，Cは，単体のナトリウムと反応し，水素を発生する。

②　AとCは，炭酸水素ナトリウム水溶液を加えると，気体を発生する。

③　CとEは，アンモニア性硝酸銀水溶液を加えて温めると，銀が析出する。

④　DとFは，水に溶けにくい。

⑤　Dに水酸化ナトリウム水溶液を加えて熱すると，均一な溶液になる。

(08　千葉工業大　改)

思考

286. 油脂の構成■構成脂肪酸がパルミチン酸 $C_{15}H_{31}COOH$（分子量256）およびリノール酸 $C_{17}H_{31}COOH$（分子量280）のみである油脂がある。この油脂における構成脂肪酸の比は，パルミチン酸1.0molに対してリノール酸1.5molである。次の各問いに答えよ。

(1)　この油脂の平均分子量を整数値で求めよ。

(2)　この油脂100gを水酸化ナトリウムを用いてけん化するとき，必要な水酸化ナトリウムの質量は何gか。(1)で求めた整数値を用いて計算せよ。

(3)　この油脂100gにヨウ素を付加させるとき，必要なヨウ素の質量は何gか。(1)で求めた整数値を用いて計算せよ。

(4)　パルミチン酸1分子とリノール酸2分子を含む油脂の構造異性体は，いくつ存在するか。また，その中に不斉炭素原子をもつものは，いくつあるか。 (12　山口大　改)

思考

287. けん化価とヨウ素価■油脂1gのけん化に要する水酸化カリウムの質量[mg]をけん化価といい，油脂100gに付加するヨウ素の質量[g]をヨウ素価という。次の各問いに答えよ。ただし，KOHの式量を56，I_2の分子量を254とする。

(1)　油脂Xのけん化価は190であった。油脂Xの分子量を有効数字3桁で答えよ。

(2)　油脂Xのヨウ素価が86.2であるとき，油脂Xの分子内には，いくつの炭素－炭素二重結合が含まれているか。ただし，油脂Xの分子内には，炭素－炭素三重結合は含まれていないものとする。

(15　信州大　改)

思考 **発展**

288. ジアステレオ異性体■分子内に不斉炭素原子が2つある場合，一般に4種類の立体異性体ができ，これらのうち，互いに鏡像の関係にはない立体異性体をジアステレオ異性体という。天然に存在するアミノ酸L-イソロイシン（図のA）とその立体異性体B～Dを示す。Aのジアステレオ異性体となるものを記号で記せ。 (16　大阪大　改)

第Ⅳ章

有機化合物

16 | 芳香族化合物

1 芳香族炭化水素 C_mH_n（ベンゼン環）

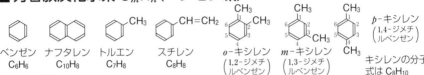

ベンゼン C_6H_6　ナフタレン $C_{10}H_8$　トルエン C_7H_8　スチレン C_8H_8　o-キシレン（1,2-ジメチルベンゼン）　m-キシレン（1,3-ジメチルベンゼン）

p-キシレン（1,4-ジメチルベンゼン）

キシレンの分子式は C_8H_{10}

ベンゼン

①特異臭，無色の有毒な液体（沸点80℃），水に難溶　②置換反応がおこりやすい

反応名	反応条件	反応例	
ハロゲン化	鉄粉を加えて，塩素や臭素とともに加熱	$\xrightarrow[\text{(Fe)}]{Cl_2}$ ◯-Cl	クロロベンゼン
ニトロ化	濃硫酸と濃硝酸の混合物（混酸）を加えて加熱	$\xrightarrow[\text{(H}_2\text{SO}_4)]{HNO_3}$ ◯-NO₂	ニトロベンゼン
スルホン化	濃硫酸を加えて加熱	$\xrightarrow{H_2SO_4}$ ◯-SO₃H	ベンゼンスルホン酸

③条件によっては付加反応もおこる

◯ $\xrightarrow[\text{(Ni,Pt)}]{H_2}$ C_6H_{12}　シクロヘキサン

◯ $\xrightarrow[\text{紫外線}]{Cl_2}$ $C_6H_6Cl_6$　ヘキサクロロシクロヘキサン

④ベンゼン環に結合した炭化水素基は，炭素数にかかわらず，酸化されるとカルボキシ基になる

◯-CH₃ トルエン $\xrightarrow{\text{酸化}}$ ◯-COOH 安息香酸

◯-C₂H₅ エチルベンゼン $\xrightarrow{\text{酸化}}$

2 フェノール類 R-OH（フェノール性ヒドロキシ基）

フェノール　o-クレゾール　m-クレゾール　p-クレゾール　1-ナフトール　2-ナフトール

①水にわずかに溶けて弱酸性を示す。塩基と中和する

②塩化鉄（Ⅲ）FeCl₃水溶液で，青紫～赤紫色に呈色（フェノール類の検出）

③ナトリウムと反応し，H₂を発生

④無水酢酸と反応し，エステルを生成

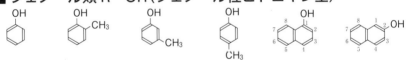

◯-OH フェノール $\xrightarrow[\text{または Na}]{NaOH}$ ◯-ONa ナトリウムフェノキシド

$\xrightarrow{(CH_3CO)_2O}$ エステル化（アセチル化） ◯-OCOCH₃ 酢酸フェニル

フェノール

①特異臭，無色の有毒な固体（融点41℃），空気中で酸化されて赤褐色に変色

②臭素水を加えると，2,4,6-トリブロモフェノールの白色沈殿を生成

2,4,6-トリブロモフェノール

製法　①クメン法（アセトンが副成・工業的製法）

ベンゼン　　　　　　クメン　　　　クメンヒドロペルオキシド　　　フェノール　　　　　アセトン

②ベンゼンスルホン酸のアルカリ融解

（構造式）ベンゼン $\xrightarrow[\text{スルホン化}]{H_2SO_4}$ －SO₃H $\xrightarrow[\text{中和}]{NaOHaq}$ －SO₃Na $\xrightarrow[\text{融解}]{NaOH}$ －ONa $\xrightarrow{H^+}$ －OH

③クロロベンゼンと水酸化ナトリウムの反応

（構造式）$\xrightarrow[\text{塩素化}]{Cl_2}$ －Cl $\xrightarrow[\text{高温·高圧}]{NaOHaq}$ －ONa $\xrightarrow{H^+}$ －OH

3 芳香族カルボン酸 R－COOH（カルボキシ基）

COOH（安息香酸）　フタル酸　イソフタル酸　テレフタル酸　サリチル酸

①水にわずかに溶けて酸性を示す。塩基と中和する
②炭酸水素ナトリウム水溶液に，二酸化炭素を発生しながら溶ける
③アルコールと脱水縮合し，エステルを生成

安息香酸　①白色の結晶（融点122.4℃）　②食品の防腐剤

トルエン $\xrightarrow[\text{酸化}]{KMnO_4}$ 安息香酸（COOH）$\xrightarrow[\text{エステル化}]{C_2H_5OH}$ 安息香酸エチル（COOC₂H₅）

フタル酸とテレフタル酸　①白色の結晶　②フタル酸は加熱によって分子内で脱水し，無水フタル酸を生成　③テレフタル酸はポリエチレンテレフタラートの原料

o-キシレン $\xrightarrow[\text{酸化}]{KMnO_4}$ フタル酸 $\xrightarrow[\text{脱水}]{\text{加熱}}$ 無水フタル酸　　ナフタレン $\xrightarrow[\text{酸化}]{V_2O_5}$ 無水フタル酸

p-キシレン $\xrightarrow[\text{酸化}]{KMnO_4}$ HOOC－◯－COOH（テレフタル酸）$\xrightarrow[\text{縮合重合}]{HOCH_2CH_2OH}$ ポリエチレンテレフタラート（PET）

サリチル酸　①白色の結晶　②フェノール類とカルボン酸の両方の性質を示す

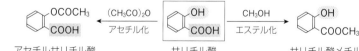

名称	アセチルサリチル酸	サリチル酸	サリチル酸メチル
FeCl₃aq	呈色しない	赤紫色	赤紫色
NaHCO₃aq	溶解する	溶解する	溶解しない
用途	解熱鎮痛薬	医薬品の原料	消炎鎮痛用塗布薬

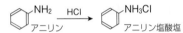

製法 C_6H_5ONa → (ONa) $\xrightarrow[高温・高圧]{CO_2}$ (OH, COONa) $\xrightarrow{H^+}$ (OH, COOH)

4 芳香族ニトロ化合物 R−NO₂（ニトロ基）

(NO₂)	①無色～淡黄色の有毒な液体（密度1.20 g/cm³）②水に難溶	(CH₃, O₂N, NO₂, NO₂)	①黄色の固体 ②爆薬 **製法** トルエンのニトロ化	(OH, O₂N, NO₂, NO₂)	①黄色の固体 ②爆薬・火傷薬 **製法** フェノールのニトロ化
ニトロベンゼン		**2,4,6-トリニトロトルエン（TNT）**		**ピクリン酸（2,4,6-トリニトロフェノール）**	

5 芳香族アミン R−NH₂（アミノ基）

アニリン ①特異臭のある有毒な無色の液体。空気中で酸化されて褐色に変化

②弱塩基。水に難溶であるが，塩酸には溶けてアニリン塩酸塩を生成

(NH₂) アニリン $\xrightarrow{HCl}$ (NH₃Cl) アニリン塩酸塩

③さらし粉水溶液で赤紫色に呈色（検出反応）

④硫酸酸性 $K_2Cr_2O_7$ 水溶液で黒色物質（アニリンブラック）を生成

⑤無水酢酸と反応してアミドを生成（アセチル化）

アミノ基 (NH₂) アニリン $\xrightarrow[アセチル化]{(CH_3CO)_2O}$ ─アミド結合 (H, N−C−CH₃, O) アセトアニリド

注 アミド結合（−NH−CO−）をもつ化合物をアミドという。

製法 ニトロベンゼンの還元 (NO₂) $\xrightarrow[還元]{Sn, HCl}$ (NH₃Cl) $\xrightarrow{NaOH}$ (NH₂)

$$2C_6H_5NO_2+3Sn+14HCl \longrightarrow 2C_6H_5NH_3Cl+3SnCl_4+4H_2O$$

6 アゾ化合物 R−N＝N−R′（アゾ基）

（a）ジアゾ化

(NH₂) + 2HCl + NaNO₂ $\xrightarrow[ジアゾ化]{低温}$ (N⁺≡NCl⁻) + NaCl + 2H₂O

アニリン　　　亜硝酸ナトリウム　　塩化ベンゼンジアゾニウム

（b）ジアゾカップリング（カップリング）

(−N₂Cl) + (ONa) $\xrightarrow{ジアゾカップリング}$ アゾ基 (N＝N, OH) + NaCl

塩化ベンゼン　ナトリウム　　　　　　　p−ヒドロキシアゾベンゼン（橙色）
ジアゾニウム　フェノキシド　　　　　　（p−フェニルアゾフェノール）

注 塩化ベンゼンジアゾニウムは水温が高いと水と反応して，フェノールと窒素になる。

(N₂Cl) + H₂O → (OH) + N₂ + HCl

7 置換基の配向性

配向性…ベンゼン1置換体への置換反応がどの位置でおこりやすいかを示す目安。

オルト・パラ配向性	−OH，−OCH₃，−NH₂，−NHCOCH₃，−CH₃，−Br，−Cl
メタ配向性	−NO₂，−SO₃H，−COOCH₃，−COCH₃，−CHO，−COOH

■8 混合物の分離（抽出）

有機化合物の混合物は，次の表の溶解性および酸・塩基の強弱を利用して分離できる。
一般に，水に溶けにくい有機化合物でも塩になると水に溶けやすくなる。

液体	溶解する有機化合物
ジエチルエーテル	ほとんどすべての化合物
塩酸	アミン
NaOH 水溶液	カルボン酸，スルホン酸，フェノール類
NaHCO₃ 水溶液	カルボン酸，スルホン酸

〈例〉 アニリン，サリチル酸，フェノールの分離

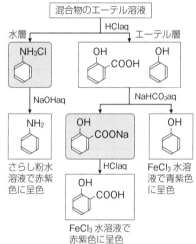

弱酸（弱塩基）の塩に強酸
（強塩基）を加えると，強
酸（強塩基）の塩が生じ，
弱酸（弱塩基）が遊離する。

酸 塩化水素，硫酸，
スルホン酸＞
カルボン酸＞炭酸
＞フェノール類

塩基 NaOH＞アミン

分液ろうと

分液ろうと
による抽出

第Ⅳ章　有機化合物

▶プロセス◀　次の文中の（　　）に適当な語句を入れよ。

1 芳香族炭化水素には，右の化学式で示される（　ア　），（　イ　），（　ウ　），（　エ　）などがある。
（ア）ベンゼン　（イ）CH₃ トルエン　（ウ）CH₃ CH₃ o-キシレン　（エ）ナフタレン

2 ベンゼンは付加反応よりも（　オ　）反応をおこしやすく，濃硫酸と反応して（　カ　）を生じ，鉄触媒下で塩素と反応して（　キ　）を生じる。

3 フェノールに（　ク　）の水溶液を加えると，青紫色を呈する。フェノールは，（　ケ　）法によって工業的に生産される。このとき，フェノールとともに（　コ　）が生成する。

4 サリチル酸にメタノールを反応させると（　サ　）が得られ，無水酢酸を反応させると（　シ　）が得られる。

5 アニリンは（　ス　）の還元によって得られる（　セ　）性の物質で，塩酸と反応して塩を生じる。アニリンに（　ソ　）水溶液を加えると，酸化されて赤紫色を呈する。

▶プロセスの解答◀ ·······

（ア）ベンゼン　（イ）トルエン　（ウ）o-キシレン　（エ）ナフタレン　（オ）置換
（カ）ベンゼンスルホン酸　（キ）クロロベンゼン　（ク）塩化鉄(Ⅲ)　（ケ）クメン
（コ）アセトン　（サ）サリチル酸メチル　（シ）アセチルサリチル酸　（ス）ニトロベンゼン
（セ）塩基　（ソ）さらし粉

ベンゼンの誘導体 →問題 290・291

次の(1)～(4)の反応によって生じる有機化合物の示性式と名称を記し，それぞれにあてはまる記述を下の(ア)～(エ)から選べ。また，(1)～(4)の各反応の名称を，下の①～④から選べ。

(1) ベンゼンに，鉄粉を触媒として臭素を反応させる。
(2) ベンゼンに，濃硝酸と濃硫酸の混合物を加えて加熱する。
(3) ベンゼンに，濃硫酸を加えて加熱する。
(4) ベンゼンに，白金を触媒として加圧した水素を反応させる。

(ア) 水によく溶け，強い酸性を示す。
(イ) 無色または淡黄色の油状物質である。
(ウ) 銅線につけてバーナーの外炎に入れると，青緑の炎色が観察できる。
(エ) 環状の飽和炭化水素である。

〔反応名〕 ① 付加 ② ハロゲン化 ③ ニトロ化 ④ スルホン化

考え方

各反応で導入または変換された官能基の性質を考える。

(1) ハロゲンを含む有機化合物を銅線につけてバーナーの炎の中に入れると，青緑色の炎になる(バイルシュタインテスト)。

(3) ベンゼンスルホン酸は強酸である。

解答

(1) C_6H_5Br　　ブロモベンゼン，(ウ)，②
(2) $C_6H_5NO_2$　　ニトロベンゼン，(イ)，③
(3) $C_6H_5SO_3H$　ベンゼンスルホン酸，(ア)，④
(4) C_6H_{12}　　シクロヘキサン，(エ)，①

基本例題35 フェノールの性質 →問題 295・296

次の文中の(　)に適当な物質名を入れ，下線部の変化を化学反応式で表せ。

　フェノールは水にあまり溶けないが，水酸化ナトリウム水溶液には(　ア　)となって溶ける。この水溶液に二酸化炭素を通じると，フェノールが遊離する。これはフェノールが(　イ　)よりも弱い酸であるためである。また，フェノールは(　ウ　)水溶液によって青紫色を呈する。

考え方

フェノールは酸としての性質を示す。水酸化ナトリウム水溶液と反応して，ナトリウムフェノキシド C_6H_5ONa を生じて溶ける。

$$C_6H_5OH + NaOH \longrightarrow C_6H_5ONa + H_2O$$

この水溶液に二酸化炭素を通じると，炭酸(二酸化炭素)よりも弱い酸であるフェノールが遊離し，炭酸水素ナトリウムが生じる(弱酸の遊離)。

解答

(ア) ナトリウムフェノキシド
　　　(フェノキシドイオン)
(イ) 炭酸(二酸化炭素)
(ウ) 塩化鉄(Ⅲ)

$$C_6H_5ONa + H_2O + CO_2$$
$$\longrightarrow C_6H_5OH + NaHCO_3$$

例題
解説動画

基本例題36 サリチル酸の合成と反応

→問題 297

次の反応経路図について，下の各問いに答えよ。

（ベンゼン環）-ONa →[CO₂ / 高温・高圧] [A] →[HCl] （ベンゼン環）-OH, COOH →[CH₃OH / a] [B]

(1) 化合物A，Bの構造式およびaの反応名を記せ。
(2) サリチル酸と炭酸水素ナトリウムの反応を，化学反応式で表せ。
(3) サリチル酸と無水酢酸の反応で生成する芳香族化合物の構造式と物質名を記せ。

■ 考え方

サリチル酸の分子内には，フェノール性ヒドロキシ基−OHとカルボキシ基−COOHがある。カルボキシ基はアルコールとエステルをつくる。

(2) 酸性の強さは，カルボン酸＞炭酸＞フェノール類の順である。

(3) ヒドロキシ基は，無水酢酸と反応して酢酸のエステルに変化する（アセチル化）。

■ 解 答

(1) A （ベンゼン環）-OH, COONa B （ベンゼン環）-OH, COOCH₃

a **エステル化**

(2) （ベンゼン環）-OH, COOH ＋NaHCO₃

⟶ （ベンゼン環）-OH, COONa ＋H₂O＋CO₂

(3) （ベンゼン環）-OCOCH₃, COOH **アセチルサリチル酸**

基本例題37 アニリンの性質

→問題 299・300

次の文を読み，下の各問いに答えよ。

ニトロベンゼンを，濃塩酸中でスズによって（　ア　）したのち，水酸化ナトリウム水溶液を加えると，アニリンが得られる。アニリンを無水酢酸と反応させると，Aが得られる。アニリンを塩酸に溶かし，氷冷しながら亜硝酸ナトリウム水溶液を加えると，（　イ　）がおこる。この水溶液にナトリウムフェノキシドを反応させると，（　ウ　）反応がおこり，橙色のBが生じる。

(1) 文中の（　）に適当な反応名を入れよ。
(2) 化合物A，Bの物質名と構造式を記せ。

■ 考え方

アニリンは，ニトロベンゼンの還元によって得られる。アニリンに無水酢酸を作用させるとアセチル化がおこり，アセトアニリドが生成する。また，アニリンを塩酸に溶かし，これを氷冷しながら，亜硝酸ナトリウムと反応させると，ジアゾ化がおこり，塩化ベンゼンジアゾニウム $C_6H_5N_2Cl$ を生じる。

■ 解 答

(1) （ア）**還元** （イ）**ジアゾ化**
　（ウ）**ジアゾカップリング（カップリング）**
(2) A…**アセトアニリド** （ベンゼン環）-NHCOCH₃

B…***p*-ヒドロキシアゾベンゼン**
　（***p*-フェニルアゾフェノール**）

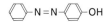

289. [知識] **ベンゼンの構造と性質**●文中の（　　）に適当な語句を入れ，下の問いに答えよ。

　　ベンゼンは分子式（　ア　）で表される炭化水素で，石油の改質や（　イ　）の3分子重合によって得られる無色・特異臭の液体である。ベンゼン分子中の原子はすべて同一（　ウ　）上にあり，分子は（　エ　）形の形状をしている。このため，ベンゼン分子は無極性分子である。ベンゼンは安定で，アルケンやアルキンに比べて付加反応をおこしにくく，（　オ　）反応がおこりやすい。空気中では多量のすすを出して燃焼する。

　　問　次の炭化水素を，炭素原子間の結合距離が長い順に並べよ。

　　　エタン，エチレン，アセチレン，ベンゼン

290. [知識] **ベンゼンの反応**●図に示したベンゼンの反応について，次の各問いに答えよ。

(1)　A～Dにあてはまる有機化合物の示性式と名称を記せ。

(2)　（ア）～（エ）にあてはまる反応名を記せ。

ベンゼン C_6H_6	Cl_2, Fe 触媒 （ア）	A
	Cl_2, 光 （イ）	B
	H_2SO_4 （ウ）	C
	HNO_3, H_2SO_4 （エ）	D

291. [知識] **芳香族化合物の性質**●ベンゼン環に，(1) 塩素原子，(2) スルホ基，(3) ニトロ基がそれぞれ1個結合した物質の性質として適当なものを，次から1つずつ選べ。

（ア）　水にわずかに溶け，水溶液は弱酸性を示す。塩化鉄(III)水溶液で紫色を呈する。

（イ）　水によく溶け，水溶液は強酸性を示す。

（ウ）　銅線につけてバーナーの炎に入れると，青緑色の炎色反応が観察できる。

（エ）　塩基性を示し，塩酸によく溶ける。

（オ）　無色または淡黄色，油状の液体で水よりも密度が大きい。

292. [思考] **芳香族化合物の異性体**●次の各問いに答えよ。

(1)　分子式 $C_6H_4Cl_2$ で表される芳香族化合物の構造式と名称をすべて記せ。

(2)　次の分子式で表される芳香族化合物には，何種類の構造異性体が存在するか。

　　① $C_6H_3Cl_3$　　② C_8H_{10}　　③ C_7H_8O

(3)　（ア）o-キシレン，（イ）m-キシレン，（ウ）p-キシレンのベンゼン環の水素原子1個を臭素原子で置換してできる化合物は，それぞれ何種類存在するか。

293. [思考] **芳香族化合物の異性体**●次の記述にあてはまる芳香族化合物の構造式を記せ。

(1)　分子式が C_7H_7Cl で表され，ベンゼン環に置換基を1つもつ。

(2)　分子式が C_9H_{12} で表され，2つの置換基をベンゼン環のパラ位にもつ。

(3)　分子式が $C_8H_{10}O$ で表され，不斉炭素原子をもつアルコールである。

(4)　分子式が $C_7H_6O_2$ で表され，エステル結合をもつ。

[知識]
294. フェノールの製法 フェノールの合成の流れを図に示す。図中のA〜Dにあてはまる化合物の構造式と名称を答えよ。また，(1)の工業的製法，および(2)の①の操作はそれぞれ何とよばれるか。

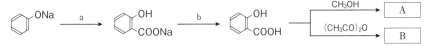

[知識]
295. フェノールの性質 次の文を読み，下の各問いに答えよ。

　ナトリウムフェノキシドの水溶液に二酸化炭素を通じると，フェノールが生じる。また，フェノールの水溶液に（　ア　）の水溶液を加えると，青紫色を呈する。

　フェノールを臭素水に加えると，（　イ　）の白色沈殿が生じる。また，フェノールをニトロ化すると，爆発性の（　ウ　）が得られる。

(1)　（ア）〜（ウ）にあてはまる化合物の物質名を記せ。

(2)　下線部の反応から，フェノールと炭酸の酸性は，どちらが強いと考えられるか。

[知識]
296. フェノールとアルコール フェノールとエタノールに関する次の記述のうちから，(1) フェノールのみにあてはまるもの，(2) エタノールのみにあてはまるもの，(3) 両方にあてはまるものをそれぞれすべて選べ。

（ア）　水にきわめてよく溶ける。　　　（イ）　酸性物質である。
（ウ）　ナトリウムと反応する。　　　（エ）　水酸化ナトリウム水溶液と反応する。
（オ）　塩化鉄(Ⅲ)水溶液で呈色する。　（カ）　酸化されてアルデヒドを生じる。
（キ）　常温で固体である。　　　　　（ク）　無水酢酸と反応して，エステルになる。

[思考]
297. サリチル酸 サリチル酸の反応に関わる経路図について，下の各問いに答えよ。

(1)　A，Bにあてはまる化合物の構造式と物質名を記せ。

(2)　a，bにあてはまる操作として，正しいものを選べ。
　（ア）　水溶液にして，二酸化炭素を通じる。　　（イ）　塩酸を加える。
　（ウ）　高温・高圧で二酸化炭素と反応させる。

(3)　次の化合物のうち，下の記述にあてはまるものをすべて選べ。
　（ア）　サリチル酸　　（イ）　化合物A　　（ウ）　化合物B
　　①　炭酸水素ナトリウム水溶液に，気体を発生しながら溶ける。
　　②　塩化鉄(Ⅲ)水溶液によって呈色する。

298. 芳香族カルボン酸 [知識] ●次の記述のうち，正しいものを2つ選べ。

(ア) トルエンを酸化すると，安息香酸を生じる。

(イ) 安息香酸は炭酸よりも弱い酸なので，炭酸水素ナトリウムとは反応しない。

(ウ) 安息香酸は無水酢酸と反応し，エステル結合をもつ化合物をつくる。

(エ) テレフタル酸は分子内で脱水し，酸無水物となる。

(オ) テレフタル酸とエチレングリコールからポリエチレンテレフタラートが得られる。

299. アニリンの性質 [知識] ●アニリンに関する次の記述のうち，誤っているものを2つ選べ。

(ア) アニリンに硫酸酸性の二クロム酸カリウム水溶液を反応させると，黒色の染料であるアニリンブラックが生じる。

(イ) アニリンを無水酢酸と反応させると，アセトアニリドが生じる。

(ウ) アニリン塩酸塩水溶液に希硝酸を加えると，塩化ベンゼンジアゾニウムが生じる。

(エ) アニリンに塩化鉄(III)水溶液を加えると，赤紫色になる。

(オ) アニリン塩酸塩水溶液に水酸化ナトリウム水溶液を加えると，弱塩基のアニリンが遊離する。

300. ジアゾ化とアゾ染料 [思考] [論述] ●次の文を読み，下の各問いに答えよ。

①アニリンは無水酢酸と反応して，解熱作用のある（　A　）を生じる。この反応は，アニリンの（　ア　）とよばれる。また，アニリンを塩酸に溶かしたのち，②氷冷しながら亜硝酸ナトリウム水溶液を加えると，（　B　）が生成する。この反応は，（　イ　）とよばれる。フェノールを水酸化ナトリウム水溶液に溶かし，(B)の水溶液に加えると（　ウ　）が進行し，橙色の（　C　）が生成する。

(1) 文中の空欄(ア)～(ウ)にあてはまる反応の名称を記せ。

(2) 文中の空欄(A)～(C)にあてはまる化合物を構造式で示せ。

(3) 化合物(C)の分子内には−N＝N−が存在する。この官能基の名称を記せ。

(4) 下線部①の変化を化学反応式で表せ。

(5) 下線部②の反応を冷却しながら行う理由を説明せよ。

301. 芳香族化合物の特徴 [思考] ●次の(1)～(5)の記述にあてはまる化合物を下から選べ。

(1) 加熱すると分子内で容易に脱水する。

(2) 水にはあまり溶けないが，塩酸には塩をつくってよく溶ける。

(3) 水酸化ナトリウム水溶液にはよく溶けるが，炭酸水素ナトリウム水溶液には溶けにくい。

(4) 水溶液を加熱すると，分解して窒素が発生する。

(5) 塩酸にも水酸化ナトリウム水溶液にもほとんど溶けない。

 (ア) o-クレゾール (イ) アニリン (ウ) 塩化ベンゼンジアゾニウム

 (エ) p-キシレン   (オ) フタル酸 (カ) アセチルサリチル酸

思考

302. 芳香族化合物の識別●次の(1)〜(4)の各組み合わせの化合物を識別できる試薬を下の(ア)〜(オ)から1つずつ選べ。

(1)　アニリンとニトロベンゼン　　　(2)　ベンゼンとベンズアルデヒド

(3)　フェノールとサリチル酸　　　(4)　サリチル酸とアセチルサリチル酸

　(ア)　水酸化ナトリウム水溶液　　(イ)　炭酸水素ナトリウム水溶液

　(ウ)　塩化鉄(Ⅲ)水溶液　　(エ)　アンモニア性硝酸銀水溶液　　(オ)　さらし粉水溶液

思考

303. 芳香族化合物の反応●次の各記述のうちから，下線をつけた部分が誤りであるものを2つ選び，下線部を正しい記述に改めよ。

(ア)　塩化ベンゼンジアゾニウムの水溶液を冷却して，フェノールの塩基性水溶液を加えると，下線_橙色の生成物_が得られる。

(イ)　サリチル酸のメタノール溶液に濃硫酸を加えて加熱すると，_アセチルサリチル酸_が生じる。

(ウ)　トルエンを濃硫酸と濃硝酸の混合物で十分にニトロ化すると，メチル基 $-CH_3$ はオルト・パラ配向性の官能基なので，_3,5-ジニトロトルエン_が生じる。

(エ)　フェノールと無水酢酸を反応させると，アセチル化して_酢酸フェニル_が生じる。

(オ)　ニトロベンゼンをニトロ化すると，ニトロ基 $-NO_2$ はメタ配向性の官能基なので，おもに_m-ジニトロベンゼン_が生じる。

思考

304. 解熱鎮痛剤●次の文中の化合物A〜Cの名称と構造式を記せ。

　市販の解熱鎮痛剤をよく砕き，水酸化ナトリウム水溶液中で加熱して反応させた。得られた水溶液に希硫酸を加えると，白色の結晶Aと酢酸が生成した。Aはナトリウムフェノキシドに高温・高圧で二酸化炭素を作用させて合成される化合物である。このことから，この解熱鎮痛剤の有効成分は，Aと酢酸とのエステルであるBと推定される。

　Aをメタノールに溶かし，濃硫酸を加えて加熱すると，芳香をもつ油状物質Cが得られた。この油状物質は消炎塗布剤として用いられる。

思考

305. 芳香族化合物の分離●次の(1)〜(4)の分離操作を行いたい。最も適当な操作を，(ア)〜(エ)から1つずつ選べ。ただし，同じものを繰り返し選んでもよい。

(1)　ニトロベンゼンとアニリンを含むエーテル溶液から，アニリンを除く。

(2)　フェノールとトルエンを含むエーテル溶液から，フェノールを除く。

(3)　安息香酸とフェノールを含むエーテル溶液から，安息香酸を除く。

(4)　サリチル酸とサリチル酸メチルを含むエーテル溶液から，サリチル酸を除く。

　(ア)　塩酸を加えて抽出する。

　(イ)　水酸化ナトリウム水溶液を加えて抽出する。

　(ウ)　塩化ナトリウム水溶液を加えて抽出する。

　(エ)　炭酸水素ナトリウム水溶液を加えて抽出する。

一般に，オルト位 $o-$ やパラ位 $p-$ で置換反応をおこしやすい官能基をもつ物質には次のものがある。

フェノール　　　　　アニリン　　　　　クロロベンゼン　　（オルト・パラ配向性）

一方，メタ位 $m-$ で置換反応をおこしやすい官能基をもつ物質には次のものがある。

ニトロベンゼン　　ベンゼンスルホン酸　　安息香酸　　（メタ配向性）

このことを利用すれば，目的の化合物を効率よくつくることができる。

この情報をもとに，除草剤の原料である $m-$ クロロアニリンを，次のようにベンゼンから化合物A，Bを経て合成する実験を計画した。

ベンゼン　→操作1→　化合物A　→操作2→　化合物B　→操作3→　$m-$ クロロアニリン

操作1～3として最も適当なものを，次の①～⑥のうちからそれぞれ1つずつ選べ。

① 濃硫酸を加えて加熱する。
② 固体の水酸化ナトリウムと混合して加熱融解する。
③ 鉄を触媒にして塩素を反応させる。
④ 光をあてて塩素を反応させる。
⑤ 濃硫酸と濃硝酸を加えて加熱する。
⑥ スズと濃塩酸を加えて反応させたのち，水酸化ナトリウム水溶液を加える。

■ 考え方

アミノ基はニトロ基を還元して生成するので，ニトロ基と−Clがメタ位になる条件を考える。
①～⑥の操作では次のような変化がおこる。
① スルホン化
② アルカリ融解
③ 塩素化（置換）
④ 塩素化（付加）
⑤ ニトロ化
⑥ 還元

■ 解答

クロロベンゼンは③の塩素化で生じる。アミノ基はニトロ基を還元すればよいので，⑤のニトロ化を行ったのち，⑥の還元をすればよい。−Clはオルト・パラ配向性なので，塩素化をしたのちにニトロ化を行うと，オルト位，パラ位に−NO$_2$が入ってしまう。そこで，まずベンゼンをニトロ化してニトロベンゼンとし，次に塩素化を行うと，ニトロ基はメタ配向性なので，$m-$ クロロニトロベンゼンが得られる。これを還元すると，$m-$ クロロアニリンとなる。

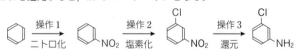

操作1：⑤　　　操作2：③　　　操作3：⑥

例題
解説動画

発展例題29　芳香族化合物の分離　　⇒問題309・310

図は，アニリン，サリチル酸，フェノールおよびニトロベンゼンの混合物を含むエーテル溶液から，各化合物を分離する手順を示したものである。下の各問いに答えよ。

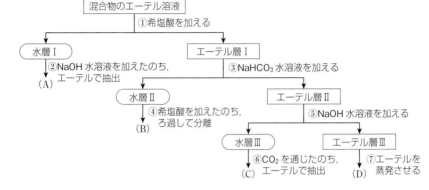

(1)　水層Ⅰ～Ⅲに含まれる芳香族化合物の塩の示性式を記せ。
(2)　(A)～(D)で分離される芳香族化合物の名称を記せ。

▌考え方

溶解性の差と，酸・塩基の強弱を利用して，芳香族化合物を分離していく。
水に溶けにくい化合物も，塩になると水に溶けやすくなる。
・アニリン…塩基性物質
　塩酸と塩をつくる
・サリチル酸…酸性物質
　NaOH，NaHCO₃と塩をつくる。
・フェノール…酸性物質
　NaOHと塩をつくる。しかし，炭酸よりも弱い酸なので，CO₂を通じると遊離する。
・ニトロベンゼン…中性物質
　塩をつくらない。
酸の強さは，塩化水素＞カルボン酸＞炭酸＞フェノールの順である。
塩基の強さは，NaOH＞アニリンの順である。

▌解答

操作①：塩基であるアニリンだけが塩酸と反応して塩をつくり，水層に溶解する。
$$C_6H_5NH_2 + HCl \longrightarrow C_6H_5NH_3Cl$$
操作②：NaOH水溶液を加えると，アニリンが遊離する。
$$C_6H_5NH_3Cl + NaOH \longrightarrow C_6H_5NH_2 + H_2O + NaCl$$
操作③：酸の強弱がカルボン酸＞炭酸＞フェノールなので，カルボキシ基だけが反応して塩をつくる。
$$C_6H_4(OH)COOH + NaHCO_3$$
$$\longrightarrow C_6H_4(OH)COONa + H_2O + CO_2$$
操作④：希塩酸を加えると，カルボン酸が遊離する。
$$C_6H_4(OH)COONa + HCl \longrightarrow C_6H_4(OH)COOH + NaCl$$
操作⑤：酸であるフェノールはNaOHと反応して，水に溶けやすいナトリウムフェノキシドを生じる。
$$C_6H_5OH + NaOH \longrightarrow C_6H_5ONa + H_2O$$
操作⑥：CO₂を通じると，フェノールが遊離する。
$$C_6H_5ONa + H_2O + CO_2 \longrightarrow C_6H_5OH + NaHCO_3$$

(1)　Ⅰ $C_6H_5NH_3Cl$　　Ⅱ $C_6H_4(OH)COONa$
　　　Ⅲ C_6H_5ONa

(2)　A アニリン　　　B サリチル酸
　　　C フェノール　　D ニトロベンゼン

306. 芳香族化合物の反応■次の反応経路図について，下の各問いに答えよ。

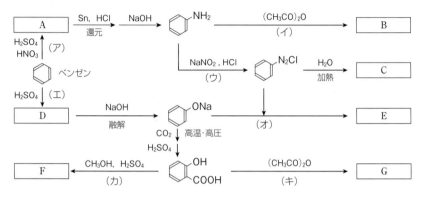

(1)　芳香族化合物 A ～ G の物質名と構造式を記せ。

(2)　(ア)～(キ)に適する反応の名称を記せ。　　　　　　　　　　(21　東京理科大)

307. フェノールとその誘導体■次の文章を読み，下の各問いに答えよ。

　　フェノールは，工業的にはベンゼンとプロペンを原料として合成されている。この合成法の最初の段階で得られる（　ア　）を酸素で酸化すると化合物 A が生成する。化合物 A を希硫酸で分解するとフェノールが生産される。このとき（　イ　）も一緒に生産される。このフェノール合成法は(ア)法とよばれ，(イ)の工業的製法でもある。

　　フェノールはベンゼンから別の方法によっても合成できる。 (a)ベンゼンに鉄粉を加え，塩素を作用させるとクロロベンゼンが生成する。クロロベンゼンを高温・高圧のもとで水酸化ナトリウムの水溶液と反応させるとナトリウムフェノキシドが生成する。 (b)ナトリウムフェノキシドの水溶液に二酸化炭素を通じるとフェノールが得られる。

　　ナトリウムフェノキシドの水溶液を（　ウ　）の水溶液に加えると，橙赤色の化合物 B が得られる。 (c)アニリンの希塩酸溶液に 0 ～ 5℃で亜硝酸ナトリウム水溶液を加えると，(ウ)の水溶液が得られる。(ウ)は 5℃以下の水溶液中では安定であるが， (d)温度が高いと分解してフェノールを生成する。

(1)　(ア)～(ウ)にあてはまる化合物の名称を答えよ。

(2)　化合物 A と化合物 B の構造式を記せ。

(3)　下線部(a)の反応では，鉄粉と塩素から生じた化合物 C が触媒として働いている。また，サリチル酸に化合物 C の水溶液を加えると赤紫色を呈する。化合物 C の化学式を記せ。

(4)　下線部(a)～(d)の反応を化学反応式で記せ。　　　　　　　(12　大阪市立大　改)

308. 思考 **置換基の配向性** 図の３段階の反応を行い，トルエンから化合物Cを合成した。図の操作１，２について最も適切な操作を，次の①〜⑥から１つずつ選べ。また，図の化合物AとBの構造式を記せ。ただし，−CH₃はオルト・パラ配向性を示し，−COOH，−NO₂はメタ配向性を示す。

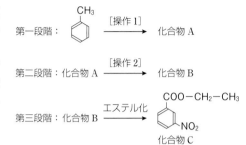

第一段階：　 $\xrightarrow{[操作1]}$ 　化合物 A

第二段階：化合物 A $\xrightarrow{[操作2]}$ 化合物 B

第三段階：化合物 B $\xrightarrow{エステル化}$ 化合物 C

① 白金を触媒に用いて水素を反応させる。
② 過マンガン酸カリウム水溶液を加えて加熱後，硫酸を加えて酸性にする。
③ 無水酢酸と反応させる。
④ エタノールと少量の濃硫酸を加えて加熱する。
⑤ 濃硝酸と濃硫酸を加えて加熱する。
⑥ スズと濃塩酸を加えて加熱後，塩基を加える。 (21 広島大 改)

309. 思考 **芳香族化合物の分離** 次の文を読み，下の各問いに答えよ。

トルエン，フェノール，アニリン，安息香酸が溶けているジエチルエーテル溶液がある。ここに，塩酸を加えてよく振り混ぜ，水層Ⅰとエーテル層Ⅰを得た。これを分離したのち，エーテル層Ⅰに炭酸水素ナトリウム水溶液を加えてよく振り混ぜ，水層Ⅱとエーテル層Ⅱを得た。これを分離したのち，エーテル層Ⅱに水酸化ナトリウム水溶液を加えて分離して，水層Ⅲとエーテル層Ⅲを得た。

(1) 分離に用いる図の器具の名称を答えよ。
(2) 水層Ⅰ〜Ⅲ，エーテル層Ⅲに含まれる各化合物の構造式を示せ。

(09 南山大 改)

310. 思考 **芳香族化合物の分離** 安息香酸，アニリン，ニトロベンゼン，フェノールを溶かしたエーテル溶液がある。この溶液に図のような操作を行ったところ，A〜Dにそれぞれ１種類ずつ芳香族化合物を分離できた。

(1) A〜Dに含まれる芳香族化合物の名称を記せ。
(2) 水層①および②に含まれる芳香族化合物の塩の名称と構造式を記せ。
(3) ナフタレンに図と同様の操作を行うと，A〜Dのどこに分離されるか。

(鳥取環境大 改)

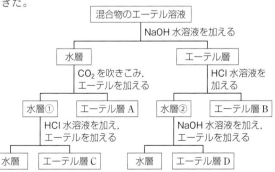

311. **医薬品の合成**■次の文を読み，下の各問いに答えよ。

　解熱・鎮痛作用を示すアセトアミノフェンは，次のように合成される。まず，①スズと濃塩酸を用いてp-ニトロフェノールの（　ア　）基を（　イ　）したのち，アンモニア水を加えると化合物Aが生じる。②Aに化合物Bを作用させると，アセトアミノフェンと有機化合物Cが生成する。なお，BはCの縮合によって得られる。

$$HO\!-\!\!\langle\ \rangle\!-\!NO_2 \xrightarrow[\text{反応1}]{\text{スズ, 濃塩酸}} \xrightarrow[\text{反応2}]{\text{アンモニア水}} A \xrightarrow[\text{反応3}]{B} HO\!-\!\!\langle\ \rangle\!-\!NHCOCH_3 \ + \ C$$

p-ニトロフェノール　　　　　　　　　　　　　　　　　　　　　アセトアミノフェン

(1)　文中の(ア)，(イ)に適切な語句を記せ。

(2)　下線部①の反応によって生成した有機化合物の構造式を記せ。

(3)　(2)の化合物とアンモニアから化合物Aが生成する反応を，化学反応式で表せ。

(4)　下線部②の反応の反応名を記せ。

(5)　有機化合物B，Cの名称と構造式を記せ。　　　　　　　　　　　　　　（摂南大　改）

312. **メチルレッドの合成**■次の文を読み，下の各問いに答えよ。

　ベンゼン C_6H_6 と混酸(濃硝酸と濃硫酸の混合物)の反応により，ニトロベンゼン $C_6H_5NO_2$ が得られた。ニトロベンゼンにスズと濃塩酸を加えて加熱し，反応が完結したことを確かめたのち，適切な実験操作を行うことでアニリン $C_6H_5NH_2$ が得られた。

　トルエン C_7H_8 と混酸の反応により，分子式 $C_7H_7NO_2$ の芳香族化合物Aとその構造異性体Bがおもに得られた。さらにAと混酸を反応させると，分子式 $C_7H_6N_2O_4$ の芳香族化合物Cとその構造異性体Dの混合物が得られた。一方，Bと混酸を反応させると，Dがおもに得られた。化合物CおよびDと混酸の反応では，いずれの場合も 2,4,6-トリニトロトルエンが生じた。化合物Aを中性の過マンガン酸カリウム水溶液中で加熱すると，化合物Eが得られた。化合物Eにスズと濃塩酸を加え，適切な処理を行うことで化合物Fが得られた。Fの希塩酸溶液を冷やしながら亜硝酸ナトリウム水溶液に加えると，化合物Gが得られ，その水溶液にジメチルアニリン $C_6H_5N(CH_3)_2$ を加えると，化合物Hが得られた。化合物Hはメチルレッドとよばれる合成染料である。

(1)　下線部について，以下の実験操作を(ⅰ)→(ⅱ)→(ⅲ)→(ⅳ)の順に行うことが適切である。ある日，操作(ⅰ)を行わずに，(ⅱ)→(ⅲ)→(ⅳ)の順で操作を行ったところ，アニリンはほとんど得られなかった。次の【　】内の語句をすべて用いてその理由を簡潔に記せ。　　　　【　溶解性，水，ジエチルエーテル　】

操作(ⅰ)：水酸化ナトリウム水溶液を反応液が塩基性になるまで加える。

操作(ⅱ)：ジエチルエーテルを加え，分液ろうとに入れて振り混ぜる。

操作(ⅲ)：水層を流し出してから，ジエチルエーテル層を蒸発皿に移す。

操作(ⅳ)：ジエチルエーテルを蒸発させる。

(2)　化合物D，FおよびHの構造式を記せ。　　　　　　　　　　　（20　名古屋大）

313. 思考 **二置換体の構造異性体**■次の文を読み，下の各問いに答えよ。

　芳香族化合物Aは炭素，水素，酸素からなり，ベンゼン環に2つの置換基が結合している。化合物Aのベンゼン環の水素原子のうち1つを塩素原子で置き換えた化合物は2種類存在する。化合物Aの分子量は200以下であることがわかっている。221 mgの化合物Aを完全燃焼させると，572 mgの二酸化炭素と117 mgの水が生成した。化合物Aに塩化鉄(Ⅲ)水溶液を加えると，紫色の呈色があった。化合物Aにヨウ素と水酸化ナトリウム水溶液を加えて温めると，①特有の臭いをもつ黄色沈殿が生じた。

　芳香族化合物BおよびCはいずれも化合物Aの構造異性体であり，ベンゼン環に2つの置換基が結合している。②化合物Bに炭酸水素ナトリウム水溶液を加えると，二酸化炭素が発生した。化合物Cにアンモニア性硝酸銀水溶液を加えて温めると，銀が析出した。化合物Cに塩化鉄(Ⅲ)水溶液を加えても呈色はなかった。化合物BおよびCそれぞれを，過マンガン酸カリウム水溶液で酸化すると，いずれの場合も二価カルボン酸であるDが得られた。化合物Dのベンゼン環の水素原子のうち1つを塩素原子で置き換えた化合物は3種類存在する。

(1)　化合物Aの分子式を記せ。

(2)　下線部①の化合物の分子式を記せ。

(3)　化合物A，C，Dの構造式をそれぞれ記せ。

(4)　下線部②について，構造式を使ってその化学反応式を記せ。　　　(20　立教大)

314. 思考 **芳香族化合物の構造推定**■次の文を読み，下の各問いに答えよ。

　分子式が $C_{18}H_{16}O_4$ である芳香族化合物Aを酸性条件下でおだやかに加水分解したところ，3種類の化合物(B，C，D)が得られた。BとCは同じ分子式をもち，ともにベンゼン環を含んでいた。また，Dは水溶性の化合物であり，その組成式はCHO(原子数の比C：H：O＝1：1：1)であった。これらの化合物を用いて以下の実験を行った。

実験1：化合物B(108 mg)を完全燃焼させると，308 mgの二酸化炭素と72 mgの水が得られた。

実験2：化合物Bを塩化鉄(Ⅲ)水溶液と反応させると，青色を呈した。一方，化合物Cを塩化鉄(Ⅲ)水溶液に加えても，呈色しなかった。

実験3：化合物Bを過マンガン酸カリウム水溶液で酸化すると，サリチル酸が得られた。

実験4：化合物D(116 mg)を160℃に加熱すると，18 mgの水が発生するとともに五員環構造を含む化合物Eが98 mg得られた。

(1)　化合物BとCの構造式を記せ。

(2)　加水分解後にBとCは混合物として得られる。BとCを，分液ろうとを使って確実に分離するには水層に何を加えればよいか，物質名を記せ。

(3)　化合物A，D，Eの構造式を記せ。　　　(20　大阪大　改)

特集　有機化合物の構造推定

1 有機化合物の構造推定

化合物の性質から，官能基や骨格を推定し，構造を決定していく。

2 分子式と構造・官能基

炭素の骨格，官能基の位置，官能基などが異なる異性体を考える。

❶単結合だけからなる化合物

C_nH_{2n+2}　アルカン。炭素数 4 以上（$n \geqq 4$）のものに構造異性体がある。

〈例〉　C_4H_{10}　$CH_3CH_2CH_2CH_3$　$CH_3CH(CH_3)CH_3$

$C_nH_{2n+2}O$　アルコールやエーテルなどが考えられる。

〈例〉　C_3H_8O　$CH_3CH_2CH_2OH$　$CH_3CH(OH)CH_3$　$CH_3CH_2OCH_3$

❷C＝C や C＝O 結合，環状の構造をもつ化合物

C_nH_{2n}　アルケンとシクロアルカンを考える。

〈例〉　C_3H_6　$CH_3CH=CH_2$　$\begin{array}{c} CH_2-CH_2 \\ \diagdown\quad / \\ CH_2 \end{array}$

$C_nH_{2n}O$　C＝C または C＝O 結合をもつ化合物，環状構造をもつ化合物を考える。

〈例〉　C_3H_6O

　①C＝C をもつ化合物（－OH や－O－をもつ）

　　$CH_2=CHCH_2-OH^*$　　　$CH_3-O-CH=CH_2$

　②C＝O をもつ化合物

　　$\underset{\underset{O}{\|}}{CH_3CH_2-C}-H$　　$\underset{\underset{O}{\|}}{CH_3-C}-CH_3$

　③環状構造をもつ化合物（－OH や－O－をもつ）

　　$\begin{array}{c} CH_2-CH-OH \\ \diagdown\quad / \\ CH_2 \end{array}$　　$\begin{array}{c} CH_2-CH_2 \\ \diagdown\quad\;/ \\ CH_2-O \end{array}$　　$\begin{array}{c} CH_3-CH-CH_2 \\ \diagdown\;/ \\ O \end{array}$

＊ $CH_3C(OH)=CH_2$ や $CH_3CH=CHOH$ も考えられるが，これらは C＝C に OH が結合しているため不安定である。

> 有機化合物の構造推定には,不飽和度（p.261 参照）を用いる場合もある。

$C_nH_{2n}O_2$　カルボン酸やエステルなどを考える。

〈例〉　$C_3H_6O_2$　C_2H_5COOH，$HCOOC_2H_5$，CH_3COOCH_3　など

注　二重結合を形成したり，環状の構造をとったりすると，同じ炭素数のアルカンよりも水素原子が 2 個少なくなる。

❸芳香族化合物

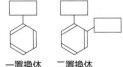

一置換体　　二置換体

□ の部分の構造を考えて，異性体を推定する。

< 例 >　C_7H_8O

一置換体　$C_6H_5-CH_3O$

ベンジル　　　アニソール
アルコール

二置換体　$C_6H_4-CH_4O$

o-クレ　　m-クレ　　p-クレ
ゾール　　　ゾール　　　ゾール

190

3 試薬に対する反応性と構造推定

試薬	操作	検出される結合や官能基，物質
Na	Na を加えると水素を発生	$-OH$，$-COOH$ をもつ化合物
NaOH	NaOH 水溶液にすみやかに溶解	酸性物質。$-COOH$ や $-OH$ をもつ化合物（カルボン酸，フェノール類など）
	NaOH 水溶液で加水分解される	$-COO-$ をもつ化合物（エステル） $R^1COOR^2 \longrightarrow R^1COONa + R^2OH$
	NaOH 水溶液で加水分解され，塩基性物質を生成	$-NHCO-$ をもつ化合物（アミド） $R^1NHCOR^2 \longrightarrow R^1NH_2 + R^2COONa$
	I_2 の NaOH 水溶液に加えて加熱すると黄色沈殿	ヨードホルム反応 $CH_3CH(OH)R$，CH_3COR の構造をもつ物質
NaHCO₃	NaHCO₃ を加えると，CO_2 を発生	炭酸よりも強い酸 $\longrightarrow$ $-COOH$ をもつ化合物
HCl	塩酸にすみやかに溶解	塩基性物質 $\longrightarrow$ $-NH_2$ をもつ化合物（アミン）
H₂SO₄	濃硫酸を加えて加熱すると，炭化水素を生成	分子内脱水（アルケンの生成） アルコール $ROH \longrightarrow$ アルケン$(>C=C<)$
	濃硫酸を加えて加熱すると，エーテルを生成	分子間脱水（エーテルの生成） アルコール $2ROH \longrightarrow R-O-R$
Br₂	臭素水を脱色 臭素水で白色沈殿	不飽和結合 $>C=C<$　$-C\equiv C-$ フェノール（2,4,6-トリブロモフェノールの白色沈殿）
K₂Cr₂O₇	K₂Cr₂O₇ 水溶液で酸化すると，還元作用を示す物質を経て酸性物質に変化	第一級アルコール $RCH_2OH \longrightarrow RCHO \longrightarrow RCOOH$
	K₂Cr₂O₇ 水溶液で酸化すると，還元作用を示さない中性の物質が生成	第二級アルコール $R^1CH(OH)R^2 \longrightarrow R^1COR^2$
	K₂Cr₂O₇ 水溶液で酸化しても酸化されない	第三級アルコールなど
	K₂Cr₂O₇ 水溶液で染料に用いられる黒色沈殿を生成	アニリン（アニリンブラックの黒色沈殿）
KMnO₄	KMnO₄ 水溶液の赤紫色を脱色	不飽和結合 $>C=C<$　$-C\equiv C-$
	KMnO₄ 水溶液で酸化すると安息香酸が生成	ベンゼン環に結合した炭素の酸化（炭素数にかかわらず安息香酸を生成）
	KMnO₄ 水溶液で酸化するとカルボン酸やケトンを生成	$C=C$ 二重結合の切断 $\underset{H}{\overset{R^1}{>}}C=C\overset{R^2}{\underset{R^3}{<}} \xrightarrow{KMnO_4} R^1COOH + R^2COR^3$
O₃	O₃で酸化するとアルデヒドやケトンを生成	$C=C$ 二重結合の切断（オゾン分解） $\underset{H}{\overset{R^1}{>}}C=C\overset{R^2}{\underset{R^3}{<}} \xrightarrow{O_3} R^1CHO + R^2COR^3$
AgNO₃	硝酸銀水溶液に通じると白色沈殿	アセチレン（$AgC\equiv CAg$ の白色沈殿）
	アンモニア性硝酸銀水溶液で銀鏡生成	$-CHO$ をもつ化合物（銀鏡反応）
フェーリング液	フェーリング液で赤色沈殿	$-CHO$ をもつ化合物（フェーリング液の還元）
FeCl₃	FeCl₃ 水溶液で青紫〜赤色に呈色	フェノール類
さらし粉	さらし粉水溶液で青紫色に呈色	アニリン
Cu	銅線につけて炎に入れると青緑色の炎色	ハロゲン（Cl, Br, I）の検出（バイルシュタインテスト）
	加熱した銅線で還元作用を示す物質	メタノール（ホルムアルデヒドの生成）
P₄O₁₀	P₄O₁₀ で脱水すると，無水物を生成	酸無水物の生成　酢酸 $\longrightarrow$ 無水酢酸
加熱	加熱によって脱水し，無水物を生成	酸無水物の生成　マレイン酸 $\longrightarrow$ 無水マレイン酸 フタル酸 $\longrightarrow$ 無水フタル酸

〈特有の用語で物質が推定できるもの〉

　　・還元作用を示す脂肪酸 → ギ酸　　・還元作用を示すエステル → ギ酸エステル

　　・消炎鎮痛剤 → サリチル酸メチル　　・解熱鎮痛剤 → アセチルサリチル酸

　　・ポリエステル(PET)の原料となる酸性物質 → テレフタル酸

❶ ザイツェフ則とマルコフニコフ則 [発展]

　(a)　ザイツェフ則　$R-CH_2-CH(OH)-CH_3$ の分子内脱水で生成する物質。

　　　　　$R-CH=CH-CH_3$（多）　　　$R-CH_2-CH=CH_2$（少）

　(b)　マルコフニコフ則　$R-CH=CH_2$ への H_2O の付加反応で生成する物質。

　　　　　$R-CH(OH)-CH_3$（多）　　　$R-CH_2-CH_2-OH$（少）

❷ 環式化合物の不斉炭素原子 [発展]

環式化合物でも，鎖式化合物と同様に不斉炭素原子を考えることができる。C1 の炭素原子に結合している原子，原子団を考える。C2→C3 と順に見たときの構造は $CHCl-CH_2$ となる。一方，C3→C2 と見たときは CH_2-CHCl となり，C2→C3 の構造とは異なる。したがって，C1 の炭素原子は不斉炭素原子となる。C2 の炭素原子についても同様に考えると，これも不斉炭素原子となる。

演習例題　C_4H_8O の化合物の構造推定

　有機化合物A，Bの分子式は C_4H_8O である。Aは環式化合物で，Bは鎖式化合物[❶]である。AとBにそれぞれナトリウムを加えたところ，Aから水素が発生[❷]した。AとBをそれぞれ臭素水に加えても，脱色しなかった[❸]。Aは不斉炭素原子をもたない化合物で，酸化すると環状構造を有するケトンになった[❹]。Bは水酸化ナトリウム水溶液とヨウ素を加えて加熱すると，黄色沈殿を生じた[❺]。化合物A，Bの構造式を記せ。

[読解]　❶A，Bの分子式から $C_nH_{2n}O$ 型である。Aは環式化合物なので，分子内の結合はすべて単結合，一方，Bは鎖式化合物なので，C＝C結合またはC＝O結合をもつ。

　　　　❷Aは－OHをもち，Bは－OHをもたない。

　　　　❸A，BにはC＝C結合が存在しない。

　　　　❹Aは環式の第二級アルコール $R^1CH(OH)R^2$ であり，不斉炭素原子をもたないので，R^1 と R^2 の構造は等しい。

　　　　❺Bはヨードホルム反応を示すので，CH_3CO- か $CH_3CH(OH)-$ の構造をもつ。

[解説]　❶，❷から，Aとして考えられるものは，次の4種類になる。

(a)　第二級アルコール　(b)　第一級アルコール　(c)　第二級アルコール　(d)　第三級アルコール（＊は不斉炭素原子）

❹から，Aは第二級アルコールで不斉炭素原子をもたないので，(a)である。❷，❸，❺から，BはCH₃CO－の構造をもつとわかるので，$CH_3COCH_2CH_3$ である。

[解答]　A　$\begin{array}{l} CH_2-CH_2 \\ CH_2-CH-OH \end{array}$　　B　$CH_3-\underset{O}{C}-CH_2-CH_3$

例題
解説動画

演習 問題

Ⓐ **$C_6H_{12}O$ の化合物の構造推定**●化合物Aは分子式が $C_6H_{12}O$ で，鏡像異性体が存在する。Aはヨードホルム反応には活性を示すが，フェーリング液を還元しない。また，Aにナトリウムを加えても，水素は発生しない。化合物Bは分子式が $C_6H_{12}O$ で，6つの炭素からなる環状の構造をもち，ナトリウムを加えると水素が発生する。Bを濃硫酸と加熱すると，分子式 C_6H_{10} で表される化合物Cと，分子式 $C_{12}H_{22}O$ で表される化合物Dが生じた。次の各問いに答えよ。

(1) 化合物Aの構造式を記せ。ただし，不斉炭素原子には*印をつけよ。

(2) 化合物B，C，Dの構造式をそれぞれ記せ。　　　　　　　　　(11　山口大)

Ⓑ **$C_{12}H_{14}O_2$ の芳香族化合物の構造推定**●分子式が $C_{12}H_{14}O_2$ である中性の芳香族化合物Aについて次の実験を行った。化合物A～Gの構造式を記せ。

実験1　化合物Aを加水分解したのち，その溶液を酸性にしたところ，$C_8H_8O_2$ の分子式をもつカルボン酸Bと中性の化合物Cを生じた。

実験2　化合物Cはナトリウムと反応し，水素を発生した。

実験3　化合物Cは臭素と反応し，臭素が付加した化合物Dを生じた。

実験4　化合物Dは $K_2Cr_2O_7$ と反応し，中性の化合物Eを生じた。化合物DおよびEは，いずれもヨードホルム反応に陽性であった。

実験5　カルボン酸Bを酸化すると，$C_8H_6O_4$ の分子式をもつ化合物Fを生じた。化合物Fを加熱したところ，分子内で脱水して化合物Gを生じた。　　　(11　東邦大　改)

発展 やや難

Ⓒ **C_6H_{10} のアルケンの構造推定**●次の文を読み，下の各問いに答えよ。

　化合物A～Dは，分子式がいずれも C_6H_{10} で，五員環と二重結合を1つずつもつ化合物である。AとBは，それぞれ非対称な構造をもち，Aは不斉炭素原子をもつ。一方，CとDは対称な構造をもつ。A～Dを加熱しながら過マンガン酸カリウムで酸化したところ，A～CはE～Gをそれぞれ生成した。一方，Dの酸化ではHとIを生成した。Hはさらに酸化されて二酸化炭素と水になった。E～Hは酸性を示す化合物であった。また，Fはヨードホルム反応に陽性で，GとIは対称な構造をもつ化合物であった。二重結合は上のような条件で酸化されると，式1のように結合が切れて，カルボニル基に変わる。生成物がアルデヒドの場合には，さらに酸化されてカルボン酸を生成する。

$$\begin{matrix} R^1 \\ R^2 \end{matrix} C=C \begin{matrix} R^3 \\ R^4 \end{matrix} \xrightarrow[\text{加熱}]{KMnO_4} \begin{matrix} R^1 \\ R^2 \end{matrix} C=O \ + \ O=C \begin{matrix} R^3 \\ R^4 \end{matrix} \quad \cdots 式1 \ \left(\begin{matrix} R^1 \sim R^4 \text{はアルキル基} \\ \text{または水素原子} \end{matrix} \right)$$

(1) 化合物A～Iの構造式を記せ。

(2) E～Iの中には，P_4O_{10} と反応して環状化合物JおよびKをそれぞれ生成するものが見られた。Jは不斉炭素原子をもつが，Kは不斉炭素原子をもたなかった。また，JとKは水と反応すると，もとの構造にもどる性質をもつ。

　(i)　JおよびKを生成するものはE～Iのどれか。該当するものを記号で答えよ。

　(ii)　JおよびKの構造式を記せ。　　　　　　　　　(12　お茶の水女子大　改)

19 **炭化水素の構造**◆有機化合物の構造に関する記述として下線部に**誤りを含むもの**を，次の①〜⑤のうちから１つ選べ。
① 炭素原子間の距離は，エタン，エチレン（エテン），アセチレンの順に<u>短くなる</u>。
② エタンの炭素原子間の結合は，その結合を軸として<u>回転できる</u>。
③ エチレン（エテン）の炭素原子間の結合は，その結合を軸として<u>回転することはできない</u>。
④ アセチレンでは，<u>すべての原子が同一直線上にある</u>。
⑤ シクロヘキサンでは，<u>すべての原子が同一平面上にある</u>。 (16 センター試験)

20 **異性体**◆異性体に関する記述として正しいものを，次の①〜⑤のうちから２つ選べ。
① 2-ブタノールには，鏡像異性体（光学異性体）が存在する。
② 2-プロパノール１分子から水１分子がとれると，互いに構造異性体である２種類のアルケンが生成する。
③ スチレンには，幾何異性体（シス-トランス異性体）が存在する。
④ 互いに異性体の関係にある化合物には，分子量の異なるものがある。
⑤ 分子式 C_3H_8O で表される化合物には，カルボニル基を含む構造異性体は存在しない。
(15 センター試験)

21 **カルボン酸の還元**◆カルボン酸を適当な試薬を用いて還元すると，第一級アルコールが生成することが知られている。いま，示性式 $HOOC(CH_2)_4COOH$ のジカルボン酸を，ある試薬Xで還元した。反応を途中で止めると，生成物として図に示すヒドロキシ酸と２価アルコールが得られた。ジカルボン酸，ヒドロキシ酸，２価アルコールの物質量の割合の変化をグラフに示す。グラフ中のA〜Cは，それぞれどの化合物に対応するか。A〜Cに該当するものを下の①〜③からそれぞれ選べ。

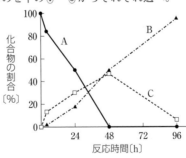

$CH_2-CH_2-CH_2-OH$
$|$
CH_2-CH_2-COOH
　　ヒドロキシ酸

$CH_2-CH_2-CH_2-OH$
$|$
$CH_2-CH_2-CH_2-OH$
　　２価アルコール

① ジカルボン酸
② ヒドロキシ酸
③ ２価アルコール

(22 共通テスト)

22 **ベンゼン環の反応**◆フェノールまたはナトリウムフェノキシドの反応に関して，実験操作と，その反応で新しくつくられる結合の組み合わせとして**適当でないもの**を，表の①～⑤のうちから1つ選べ。

	実験操作	新しくつくられる炭素との結合
①	フェノールに臭素水を加える。	C－Br
②	フェノールに濃硝酸と濃硫酸の混合物を加えて加熱する。	C－S
③	フェノールに無水酢酸を加える。	C－O
④	ナトリウムフェノキシドと二酸化炭素を高温・高圧のもとで混合する。	C－C
⑤	ナトリウムフェノキシド水溶液を冷却した塩化ベンゼンジアゾニウム水溶液に加える。	C－N

(16　センター試験)

23 **窒素を含む芳香族化合物**◆窒素原子を含む芳香族化合物に関する記述として下線部に誤りを含むものを，次の①～⑤のうちから1つ選べ。

①　5℃以下においてアニリンの希塩酸溶液に<u>亜硝酸ナトリウム水溶液</u>を加えると，<u>塩化ベンゼンジアゾニウム</u>が生成する。

②　塩化ベンゼンジアゾニウムが水と反応すると，<u>クロロベンゼン</u>が生成する。

③　アニリンに無水酢酸を反応させると，<u>アミド</u>結合をもつ化合物が生成する。

④　アニリンにさらし粉水溶液を加えると，<u>赤紫色</u>を呈する。

⑤　p-ヒドロキシアゾベンゼンには，窒素原子間に<u>二重結合</u>が存在する。

(16　センター試験追試)

24 **芳香族化合物の分離**◆3種の芳香族化合物を分離するため，次の操作Ⅰ～Ⅲを行った。

操作Ⅰ　分液ろうとに混合物のジエチルエーテル溶液と水酸化ナトリウム水溶液を入れてよく振り混ぜた後，しばらく静置すると上層Aと下層Bに分かれた。次に，上層Aを残し下層Bを取り出した。

操作Ⅱ　操作Ⅰで上層Aを残した分液ろうとに十分な量の塩酸を加え，よく振り混ぜた後，しばらく静置すると上層Cと下層Dに分かれた。

操作Ⅲ　操作Ⅰで取り出した下層Bに塩酸を加え，よくかき混ぜた後，弱酸性になったことを確認した。次いで十分な量の$NaHCO_3$水溶液を加え，よくかき混ぜた後，分液ろうとに入れた。次にジエチルエーテルを加え，よく振り混ぜた後，しばらく静置すると上層Eと下層Fに分かれた。

問　化合物がアニリン，安息香酸，フェノールのとき，各層に含まれる化合物（またはその塩）の組み合わせとして適当なものを選べ。

	下層D	上層E	下層F
①	アニリン	安息香酸	フェノール
②	アニリン	フェノール	安息香酸
③	安息香酸	フェノール	アニリン
④	安息香酸	アニリン	フェノール
⑤	フェノール	アニリン	安息香酸
⑥	フェノール	安息香酸	アニリン

(17　センター試験追試)

315. 環式化合物の不斉炭素原子　次の文を読み，下の各問いに答えよ。

[発展] [やや難]

不斉炭素原子が１つ存在する化合物には，それに結合した（　ア　）種の異なる基(原子または原子団)の（　イ　）配置が異なる（　ウ　）対の異性体が存在する。これらの異性体は人間の右手と左手の関係にあって，重ね合わせることが（　エ　）。このような異性体は鏡像異性体とよばれる。しかし，不斉炭素原子をもつすべての化合物に，その鏡像異性体が存在するとは限らない。

その１つの例として，ジブロモシクロプロパンがある。互いに鏡像の関係にない異性体を右に示す。

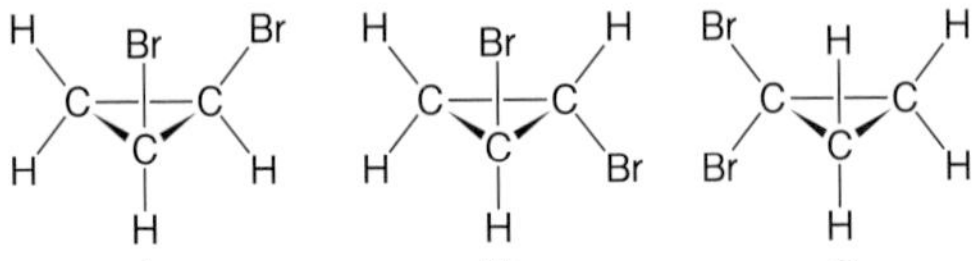

（1）　文中の（　）に，適切な語句または数値を入れよ。

（2）　鏡像異性体が存在する化合物をA～Cの中から選べ。

（3）　不斉炭素原子をもつが，鏡像異性体が存在しない化合物をA～Cの中から選べ。

（12　大阪大　改）

316. マルコフニコフ則　次の文を読み，化合物AおよびD～Fの構造式を記せ。

[発展]

アルケンに対する塩化水素の付加反応は，図に示すように進行する。まず，H^+ が二重結合の片方の炭素原子に結合する。その結果として，もう一方の炭素原子上に正電荷をもった炭素陽イオン(カルボカチオン)中間体が生成する。正電荷をもつ炭素原子に結合しているアルキル基が多いほど(水素原子が少ないほど)，カルボカチオン中間体は安定である。そして，より安定なカルボカチオン中間体を経る生成物が優先して得られる。

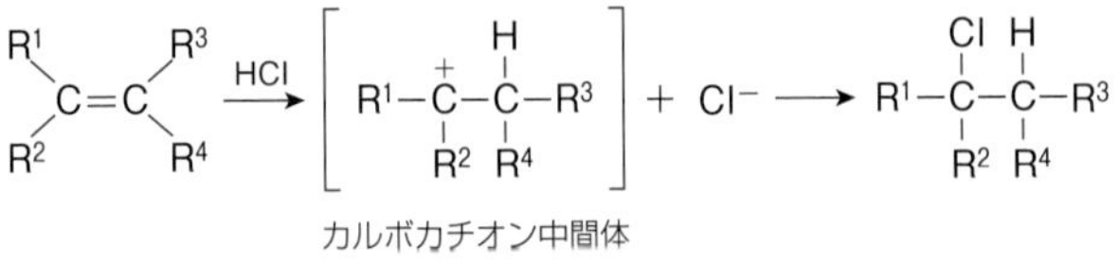

カルボカチオン中間体

(R^1, R^2, R^3, R^4 は，アルキル基または水素原子を示す)

分子式が C_5H_{10} で表される直鎖状のアルケンには，３種類の異性体(A～C)がある。Aを塩化水素と反応させたところ，２種の付加生成物DとEのうち，Dが優先して生成した。一方，BとCを塩化水素と反応させると，どちらからもDとFが生成した。

（名古屋大　改）

💡 **ヒント**　**315** (3) 実像と鏡像が重ね合わせることができるかを考える。
　　　　　　　316 H^+ が結合したときに生成するカルボカチオン中間体の構造を調べ，安定性を比較する。

317. 炭化水素の推定　分子式 $C_5H_{12}O$ の化合物 A～F について，次の実験 1 ～ 3 を行った。なお，各反応では二重結合の移動や炭素骨格の変化はおこらないものとする。

実験 1：化合物 A～F に濃硫酸を加えて加熱すると，いずれからも分子量が70の生成物が得られた。その生成物を調べたところ，化合物 A，F からは 1 種類のみが得られた。化合物 B，C，D からはそれぞれ 2 種類が得られ，化合物 B から得られた 2 種類はシス-トランス異性体であった。また，化合物 E からは 3 種類が得られ，それらのうち 2 つはシス-トランス異性体であった。

実験 2：実験 1 で化合物 A から得られた分子量70の生成物をオゾン分解したところ，アルデヒド G とケトン H が得られた。

オゾン分解
$$\underset{R^2}{\overset{R^1}{>}}C=C\underset{R^4}{\overset{R^3}{<}} \xrightarrow{\text{オゾン}} \underset{R^2}{\overset{R^1}{>}}C\underset{O-O}{\overset{O}{<}}C\underset{R^4}{\overset{R^3}{<}} \xrightarrow{\text{分解}} \underset{R^2}{\overset{R^1}{>}}C=O + O=C\underset{R^4}{\overset{R^3}{<}}$$
$R^1 \sim R^4$ はアルキル基や水素など

実験 3：化合物 A～F に対して，硫酸酸性の二クロム酸カリウム水溶液を十分な量加えたところ，化合物 C のみが反応しなかった。

(1) 化合物 C の構造式を記せ。

(2) 実験 2 で得られたアルデヒド G の物質名を記せ。

(3) 化合物 A～H の中で，不斉炭素原子を有する化合物をすべて選び，記号で答えよ。

(4) 化合物 A～H の中で，ヨウ素と水酸化ナトリウム水溶液を加えて加熱すると，黄色沈殿が生成する化合物をすべて選び，記号で答えよ。

(5) 化合物 F として考えられるすべての構造を構造式で記せ。　　　　(21　早稲田大)

318. 有機化合物の構造推定　C=C 結合は，オゾン分解によって切断される。

$$\underset{H}{\overset{H_3C}{>}}C=C\underset{CH_2-\bigcirc}{\overset{CH_3}{<}} \xrightarrow{\text{オゾン分解}} \underset{H}{\overset{H_3C}{>}}C=O + O=C\underset{CH_2-\bigcirc}{\overset{CH_3}{<}}$$

カルボニル基 $>C=O$ を 3 つもち，不斉炭素原子をもたず，分子式 $C_{16}H_{18}O_6$ で表される化合物 A の 10.0 g に白金触媒によって常圧で十分な量の水素を反応させると，0 ℃，1.013×10^5 Pa で 0.732 L の水素が消費されて化合物 B が生じた。一方，1 mol の A を水酸化ナトリウム水溶液で完全に加水分解し，中和したところ，化合物 C，D，E がそれぞれ 1 mol，2 mol，1 mol 生成した。C は粘性が高い液体であり，天然の油脂を加水分解して得られる分子量 92.0 の化合物と同じ物質であった。また，D と E は銀鏡反応を示さなかった。E をオゾン分解すると，ベンズアルデヒドと化合物 F が得られた。

(1) 化合物 B の分子式を記せ。

(2) 化合物 C の名称を記せ。

(3) 化合物 D および化合物 F の構造式を記せ。

(4) 化合物 E として考えられる構造は 2 つある。その 2 つの構造式を記せ。

(5) 化合物 A に水素を反応させて生じた化合物 B の構造式を記せ。　　　　(17　京都大)

319. 芳香族化合物の推定■化合物A～Gは，分子式が $C_9H_{10}O$ であり，エーテル結合およびベンゼン環以外に環状構造をもたない一置換ベンゼン誘導体（図1）である。次のⅠ～Ⅵの文章を読み，A～Gの構造式を記せ。ただし，立体異性体は区別しなくてよい。また，エノール構造（図2）は不安定であるので含まれない。

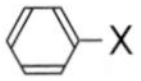

図1　一置換ベンゼン誘導体 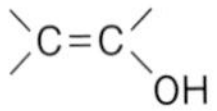　　図2　エノール構造

Ⅰ　Aは不斉炭素原子を1つもち，臭素と付加反応をする。また，ナトリウムと反応して気体を発生する。

Ⅱ　白金を触媒として，1分子のAに水素1分子を付加させたのちに酸化すると，Bが得られる。

Ⅲ　Cにヨウ素と水酸化ナトリウムを反応させると，黄色沈殿を生じる。

Ⅳ　Dでは側鎖－Xにおける炭素原子の結合に枝分かれがない。Dは臭素と付加反応をする。また，ナトリウムと反応して気体を発生する。Dに白金を触媒として水素を付加させて得られる化合物を酸化すると，Eが得られる。Eはフェーリング液と反応して赤色沈殿を生じる。

Ⅴ　Fは臭素と付加反応をする。また，ナトリウムと反応して気体を発生する。Fに白金を触媒として水素を付加させたのちに酸化すると，Gが得られる。

Ⅵ　Gは不斉炭素原子を1つもち，アンモニア性硝酸銀水溶液を還元する。

(16　昭和薬科大　改)

320. 医薬品の合成　解熱鎮痛剤である①化合物Aは，解熱鎮痛作用をもつ化合物Bの副作用を軽減するため，化合物Bをアセチル化したものである。Bは，ナトリウムフェノキシドと二酸化炭素を高温・高圧下で反応させ，処理して得られる。また，解熱鎮痛剤である②化合物Cは，化合物Dをアセチル化することで合成される弱酸性の物質である。Dは，p-ニトロフェノールをスズと塩酸によって還元し，中和して得られる。

　解熱鎮痛剤である③化合物Eは，不斉炭素原子をもち，ベンゼンの2つの水素原子をそれぞれ異なる置換基で置き換えたものである。この2つの置換基はパラ位にある。

(1)　化合物AおよびBの構造式をそれぞれ記せ。

(2)　下線部①について，690gの化合物Bを十分な量の無水酢酸と反応させたところ，720gの化合物Aが得られた。このとき，化合物Aの収率を百分率〔％〕で答えよ。有効数字は2桁とする。

(3)　下線部②について，化合物Dを無水酢酸と反応させると，化合物Cが生成する。この変化を化学反応式で記せ。

(4)　下線部③について，化合物Eのベンゼン環の2つの置換基のうち，1つは枝分かれ構造をもつ C_4H_9- である。この C_4H_9- をもつアルコール C_4H_9OH を酸化して得られる化合物は還元作用を示す。化合物Eは分子式 $C_{13}H_{18}O_2$ で表され，水に溶けにくいが，水酸化ナトリウム水溶液には溶ける酸性物質である。化合物Eの構造式を記せ。ただし，不斉炭素原子には＊印をつけよ。

(15　名古屋大　改)

節	目標	関連問題	チェック
⑬	有機化合物の特徴を3つあげられる。	240	
	官能基 $-OH$，$-COOH$，$-CHO$，$-COO-$の名称を答えられる。	241	
	生じた CO_2，H_2O の質量から，C，H の質量をそれぞれ求められる。	242	
	元素分析における塩化カルシウム管，ソーダ石灰管の役割を説明できる。	242	
	有機化合物の各元素の質量組成から組成式を求める方法を説明できる。	243	
	シス形とトランス形の違いを図示できる。	245・246	
	不斉炭素原子がどのようなものかを説明できる。	246	
⑭	炭素数6までのアルカンの名称を答えられる。	―	
	実験室におけるメタンの製法を説明することができる。	252	
	メタンと塩素の置換反応によって生成する物質をそれぞれ答えられる。	252	
	実験室におけるエチレンの製法を説明できる。	253	
	実験室におけるアセチレンの製法を説明でき，化学反応式で表すことができる。	254・256	
	C_5H_{12} および C_4H_8 の異性体をすべて表すことができる。	257	
	炭化水素の燃焼を一般式で表すことができる。	259	
	アルケン1 mol に付加する水素，臭素の物質量をそれぞれ答えられる。	260	
⑮	メタノール，エタノールとナトリウムの反応を化学反応式で表すことができる。	264・265	
	エタノールに濃硫酸を加えて加熱したときの，温度による生成物の違いを説明できる。	265	
	分子式 $C_4H_{10}O$ で表される物質の構造異性体をすべて示すことができる。	266	
	アルコールとエーテルについて，性質や構造の違いを説明できる。	267	
	第一級アルコールの酸化によって生成する化合物の一般名を2つ答えられる。	―	
	第二級アルコールの酸化によって生成する化合物の一般名を答えられる。	―	
	アルデヒドとケトンの構造の違いを説明でき，還元作用の有無を答えられる。	269	
	酢酸の性質を2つあげることができる。	270	
	エステルを加水分解してできる物質の一般名を2つ答えられる。	271	
	カルボン酸とエステルの性質の違いを2つあげられる。	271	
	塩基を用いたエステルの分解の反応名を答えられる。	273	
	脂肪と脂肪油の違いを例をあげて説明できる。	277	
	セッケンの親水性の部分，親油性の部分を示すことができる。	278	
	セッケンと合成洗剤の違いについて，合成洗剤の優位な点を説明できる。	279	
⑯	ベンゼンの分子構造を説明できる。	289	
	ベンゼンのニトロ化，スルホン化の生成物を答えられる。	290	
	ベンゼンの付加反応の例を1つあげられる。	290	
	クレゾールの3種類の異性体の構造式と名称を答えられる。	292	
	クメン法の工程を説明できる。	294	
	フェノールとアルコールの性質の相違点を2つあげられる。	296	
	実験室におけるサリチル酸の合成法を説明できる。	297	
	サリチル酸のエステル化，アセチル化による生成物をそれぞれ答えられる。	297	
	サリチル酸，サリチル酸メチル，アセチルサリチル酸の性質の違いを答えられる。	297	
	$KMnO_4$ によるトルエン，キシレンの酸化生成物を答えられる。	298・303	
	芳香族カルボン酸のうち，加熱によって容易に脱水するものを答えられる。	298・301	
	アニリンの性質を2つあげられる。	299	
	$C_6H_5-N_2Cl$ と C_6H_5-ONa のジアゾカップリングの生成物の構造式を書ける。	300	
	塩化ベンゼンジアゾニウム水溶液を氷冷しながら用いる理由を説明できる。	300	
	溶媒中のサリチル酸とフェノールを分離する操作について説明できる。	305	

第Ⅳ章　有機化合物

17 糖類

1 単糖

それ以上加水分解されない糖。無色の結晶で甘みがあり，還元作用を示す（銀鏡反応，フェーリング液の還元）。

ヘキソース（六炭糖）$C_6H_{12}O_6$	グルコース，フルクトース ガラクトース
ペントース（五炭糖）$C_5H_{10}O_5$	リボース，キシロース デオキシリボース （分子式は $C_5H_{10}O_4$）

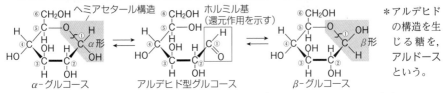

ガラクトース　　　　リボース

❶グルコース（ブドウ糖）　①動植物体内に存在　②水溶液中で，α型，アルデヒド型[*]，β型が平衡状態にある　③還元作用を示す　④結晶はα型

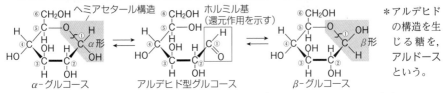

α-グルコース　　　アルデヒド型グルコース　　　β-グルコース

[*]アルデヒドの構造を生じる糖を，アルドースという。

ヘミアセタール構造　ホルミル基（還元作用を示す）

●**アルコール発酵**　酵母中の酵素の混合物チマーゼの作用でエタノールを生成。
$$C_6H_{12}O_6 \longrightarrow 2C_2H_5OH + 2CO_2$$

❷フルクトース（果糖）　①果実，ハチミツ中に存在し，最も甘みが強い

②水溶液中で，2種類の環状構造（α型，β型）とケトン型の5種類が平衡状態にある

③還元作用を示す　④結晶はβ型　　　　[*]ケトンの構造を生じる糖を，ケトースという。

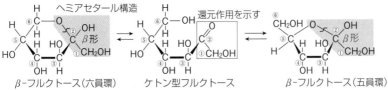

β-フルクトース（六員環）　ケトン型フルクトース　　β-フルクトース（五員環）

注 六員環をもつ糖をピラノース，五員環をもつ糖をフラノースという。

❸ガラクトース　寒天やラクトース（乳糖）の加水分解で得られる。

2 二糖 $C_{12}H_{22}O_{11}$

2分子の単糖が脱水縮合した構造の糖。無色の結晶で，甘みをもつ。

❶マルトース（麦芽糖）　①麦芽に含まれ，水あめの主成分　②還元作用を示す

③α-グルコース2分子が縮合した構造で，希硫酸や酵素マルターゼで加水分解される

④デンプンを酵素アミラーゼで加水分解して得られる　　$2(C_6H_{10}O_5)_n + nH_2O \longrightarrow nC_{12}H_{22}O_{11}$

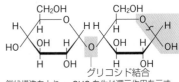

グリコシド結合

鎖状構造をとり，−CHOを生じ還元作用を示す。

❷スクロース(ショ糖)　①サトウキビやテンサイ中に存在。砂糖として利用　②還元作用を示さない　③α-グルコースとβ-フルクトースが縮合した構造で，希硫酸や酵素インベルターゼ，スクラーゼなどで加水分解される

鎖状構造をとれず，還元作用を示さない。

グリコシド結合

- **●転化糖**　スクロースの加水分解で得られるグルコースとフルクトースの混合物。甘みが強く，還元作用を示す。

❸ラクトース(乳糖)　①母乳や牛乳中に存在　②還元作用を示す　③α-グルコースとβ-ガラクトースが縮合した構造で，希硫酸や酵素ラクターゼで加水分解される

❹セロビオース　β-グルコース2分子が縮合した構造をもち，酵素セロビアーゼで加水分解される。

注　二糖にはトレハロースもあり，これは還元作用を示さない。

3 多糖$(C_6H_{10}O_5)_n$

多数の単糖が脱水縮合した構造の天然高分子。還元作用を示さない。

❶デンプン　多数のα-グルコースが縮合した構造で，分子はらせん状。

①デンプンは熱水に溶け，コロイド溶液(親水コロイド)となる

②ヨウ素液で濃青色～赤紫色(ヨウ素デンプン反応：ヨウ素分子I_2や三ヨウ化物イオンI_3^-などがデンプンのらせん構造内に入りこみ呈色する)

③デンプンは，希硫酸や酵素によってグルコースに加水分解される

$(C_6H_{10}O_5)_n$ —アミラーゼ→ $(C_6H_{10}O_5)_{n'}$ —アミラーゼ→ $C_{12}H_{22}O_{11}$ —マルターゼ→ $C_6H_{12}O_6$

デンプン(還元性無)　　デキストリン　　マルトース(還元性有)　　グルコース(還元性有)

- **●デンプンの加水分解**(希硫酸)

$$(C_6H_{10}O_5)_n + nH_2O \longrightarrow nC_6H_{12}O_6$$

(a)　アミロース…α-1,4-グリコシド結合だけで連なった直鎖状構造で，熱水に溶けやすい。

(b)　アミロペクチン…α-1,6-グリコシド結合による枝分かれ構造をもち，熱水に溶けにくい。

1,6-結合

アミロース　　アミロペクチン
(1,4-結合のみ)　(1,4-結合と1,6-結合)
1,4-結合，1,6-結合はそれぞれα-1,4-，
α-1,6-グリコシド結合を表す。

❷グリコーゲン　①動物の筋肉や肝臓に存在　②グルコースに分解され，エネルギー源になる

❸セルロース　①植物の細胞壁の主成分　②多数のβ-グルコースが縮合し，β-1,4-グリコシド結合で連なった繊維状構造　③ヨウ素デンプン反応を示さない

④希硫酸や酵素で加水分解される

$(C_6H_{10}O_5)_n$ —セルラーゼ→ $C_{12}H_{22}O_{11}$ —セロビアーゼ→ $C_6H_{12}O_6$
　　　　　　(希硫酸)　　　　　　　(希硫酸)
セルロース(還元性無)　セロビオース(還元性有)　グルコース(還元性有)

- **●セルロースのエステル化**
　分子内のヒドロキシ基がエステル化される。

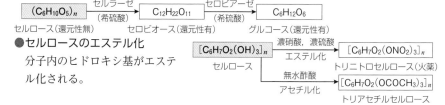

$[C_6H_7O_2(OH)_3]_n$ —濃硝酸, 濃硫酸 エステル化→ $[C_6H_7O_2(ONO_2)_3]_n$
セルロース　　　　　　　　　　　　　トリニトロセルロース(火薬)
　　　　　　　—無水酢酸 アセチル化→ $[C_6H_7O_2(OCOCH_3)_3]_n$
　　　　　　　　　　　　　　　　　　トリアセチルセルロース

4 再生繊維と半合成繊維

❶再生繊維　吸湿性があり，光沢を示す。

❶$[Cu(NH_3)_4]^{2+}$ を含む。

銅アンモニアレーヨン	セルロースをシュワイツァー試薬❶に溶かしたのち，希硫酸中で繊維に再生。
ビスコースレーヨン	セルロースを水酸化ナトリウムと二硫化炭素でビスコースにしたのち，希硫酸中で繊維に再生。

❷半合成繊維　次の反応で得られるアセテートには吸湿性があり，光沢を示す。

$$[C_6H_7O_2(OH)_3]_n \xrightarrow[\text{(CH}_3\text{CO)}_2\text{O}]{\text{アセチル化}} [C_6H_7O_2(OCOCH_3)_3]_n \xrightarrow[\text{H}_2\text{O}]{\text{加水分解}} [C_6H_7O_2(OH)(OCOCH_3)_2]_n$$

セルロース　　　　　　　　　　　　トリアセチルセルロース　　　　　　　　　　ジアセチルセルロース（アセテート）

▶▶プロセス　次の文中の（　　）に適当な語句，数値，分子式を入れよ。

1 それ以上加水分解されない糖を（　ア　）といい，炭素原子（　イ　）個からなるヘキソースや5個からなるペントースがあり，いずれもフェーリング液を（　ウ　）する。

2 マルトース，スクロース，ラクトースは，いずれも分子式（　エ　）で表され，加水分解すると1分子から単糖（　オ　）分子を生じる。

3 デンプンやセルロースなどの天然高分子化合物は（　カ　）とよばれ，多数の単糖が縮合した構造をもつ。直鎖状構造のデンプンを特に（　キ　）という。

4 デンプンを酵素アミラーゼで加水分解すると二糖の（　ク　）を生じ，これをさらに酵素（　ケ　）で加水分解すると（　コ　）になる。

5 セルロースに無水酢酸を作用させてアセチル化したのち，生成物を加水分解し，ジアセチルセルロースにした繊維は（　サ　）とよばれる。（サ）は（　シ　）繊維に分類される。

▶プロセスの解答

（ア）単糖　（イ）6　（ウ）還元　（エ）$C_{12}H_{22}O_{11}$　（オ）2　（カ）多糖　（キ）アミロース
（ク）マルトース　（ケ）マルターゼ　（コ）グルコース　（サ）アセテート　（シ）半合成

基本例題38　糖

➡問題 321・322・323・329

次の各糖について，下の各問いに答えよ。

　　　　アミロース　　　　　グルコース　　　　マルトース　　　　リボース
　　　　セルロース　　　　　スクロース

(1) ペントース（五炭糖）に属する単糖を選び，名称と分子式を記せ。

(2) 銀鏡反応を示す二糖を選び，名称と分子式を記せ。

(3) ヨウ素液で青紫色を呈する多糖を選び，名称と分子式を記せ。

■ 考え方	(3) アミロースはデンプンの1種であり，ヨウ素液で青紫色に呈色する（ヨウ素デンプン反応）。

■ 考え方
・単糖…グルコース，リボース
・二糖…マルトース，スクロース
・多糖…アミロース，セルロース
(2) マルトースは還元作用を示すが，スクロースは還元作用を示さない。

(3) アミロースはデンプンの1種であり，ヨウ素液で青紫色に呈色する（ヨウ素デンプン反応）。

■ 解答
(1) **リボース**　　$C_5H_{10}O_5$
(2) **マルトース**　$C_{12}H_{22}O_{11}$
(3) **アミロース**　$(C_6H_{10}O_5)_n$

例題
解説動画

321. 知識 **糖の分類** 次の文中の( )に適する語句を下から選び，番号で答えよ。

　糖は，単糖，二糖，多糖などに分類され，一般式 $C_mH_{2n}O_n$ で表される。それ以上加水分解されない糖を単糖といい，含まれる炭素原子が6個のものを（　ア　），5個のものを（　イ　）とよんで区別される。単糖2分子が脱水縮合した構造の糖を二糖といい，（　ウ　）や（　エ　）がある。また，デンプンは，多数の（　オ　）が脱水縮合した構造をしており，多糖に分類される。デンプンには枝分かれ構造をもつ（　カ　）などがある。

① α-グルコース　　② β-グルコース　　③ ヘキソース　　④ スクロース

⑤ アミロース　　⑥ ペントース　　⑦ アミロペクチン　　⑧ マルトース

322. 知識 **単糖** 次の文を読み，下の各問いに答えよ。

　グルコースやフルクトースなどの単糖は，同じ分子式（　ア　）で示される。これらの単糖は，いずれも水に溶けやすく，水溶液中では（　イ　）構造のほかに，図のような鎖状構造をもつ分子がそれぞれ存在する。このため，グルコースもフルクトースも（　ウ　）作用を示す。すなわち，<u>アンモニア性硝酸銀水溶液から銀を析出させる（　エ　）反応や，フェーリング液から（　オ　）色の酸化銅（I）を析出させる反応</u>などがみられる。

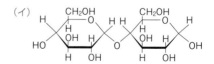
グルコース

フルクトース

(1) 文中の（ ）に適当な分子式や語句を入れよ。

(2) グルコースおよびフルクトースが，下線部のような性質を示すのは，図中のどの原子団にもとづくか。次の①〜⑤からそれぞれ選び，番号で答えよ。

① $-OH$　　② $-CH_2OH$　　③ $-CHO$　　④ $>CO$　　⑤ $-CO-CH_2OH$

323. 知識 **二糖の構造と性質** （ア）〜（ウ）の二糖に関して，次の各問いに答えよ。

(1) 各糖の名称を下から選べ。

① マルトース　　② ラクトース

③ スクロース　　④ セロビオース

(2) 次の性質をもつ糖をそれぞれ選び，（ア）〜（ウ）の記号で示せ。

① 水あめに含まれる。

② フェーリング液を還元しない。

③ セルロースの加水分解で生じる。

④ 加水分解するとフルクトースを生じる。

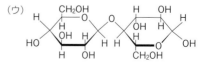
（ア）

（イ）

（ウ）

324. 二糖●次の記述について，誤っているものを2つ選び，番号で答えよ。

(ア) 二糖は単糖2分子からなり，その分子式は $C_{12}H_{24}O_{12}$ である。

(イ) マルトースとスクロースは，互いに異性体の関係にある。

(ウ) ラクトースは還元作用を示さない。

(エ) ラクトースを加水分解すると，ガラクトースが得られる。

(オ) マルトースもセロビオースも，加水分解によってグルコースを生じる。

325. グルコースとマルトース●次の文を読み，下の各問いに答えよ。

デンプン $(C_6H_{10}O_5)_n$ を希硫酸で加水分解するとグルコースを生じる。グルコースに酵母菌を加えると，(a) 酵素の混合物が作用して ① エタノールを生じる。

一方，デンプンを (b) 酵素で加水分解するとマルトースが得られる。マルトースに別の (c) 酵素を作用させると，② 加水分解がおこりグルコースを生じる。

(1) 下線部(a)～(c)の酵素名を記せ。

(2) 下線部①の変化を化学反応式で記せ。また，この反応は何というか。

(3) 下線部②の変化を化学反応式で記せ。

326. スクロース●次の文を読み，下の各問いに答えよ。

スクロースは，図に示すような単糖2分子が脱水縮合した構造をもつ二糖である。

スクロース水溶液を希硫酸で加水分解すると，2種類の単糖を含む混合物が得られる。

(1) スクロースを比較的多く含む植物の名称を1つ記せ。

(2) スクロース分子中で，縮合で生じた結合－O－を，特に何結合とよぶか。

(3) スクロースの加水分解を表す化学反応式を記せ。また，このとき生じる2種類の単糖の名称およびその混合物の名称をそれぞれ記せ。

(4) 下線部のスクロースおよび混合物の還元作用の有無を，それぞれ答えよ。

327. デンプン●次の文中の（　）に適当な語句を入れよ。

デンプンは，多数の（ ア ）が脱水縮合した構造で，長い鎖状の分子である。デンプン分子には，（ア）が α-1,4-グリコシド結合で連なった直鎖状構造の（ イ ）と，（ ウ ）結合による枝分かれ構造をもつ（ エ ）があり，前者は熱水に溶けやすい。デンプン水溶液は，横から強い光をあてると光の通路が輝いて見える（ オ ）現象が見られるので，（ カ ）溶液になっていることがわかる。また，デンプン水溶液に少量のヨウ素液を加えると（ キ ）色になる。この呈色反応は，デンプン分子の（ ク ）構造の内部に，ヨウ素が I_2 や I_3^- などの形で取り込まれることでおこり，（ ケ ）反応とよばれる。

デンプン水溶液を酵素アミラーゼで加水分解すると，（ コ ）とよばれる高分子を経て，二糖の（ サ ）を生じる。

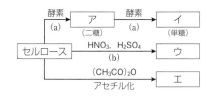

$H=1.0$ $C=12$ $O=16$

328. [知識] **セルロース** 図にセルロースの化学変化を示す。図中の □ には物質名，(a)，(b)には反応名を記せ。

図：

セルロース →（酵素 (a)）→ ア（二糖）→（酵素 (a)）→ イ（単糖）

セルロース →（HNO_3, H_2SO_4 (b)）→ ウ

セルロース →（$(CH_3CO)_2O$ アセチル化）→ エ

329. [知識] **再生繊維と半合成繊維** 次の文中の（　　）に適当な語句，物質名を記せ。

　木材から得られるセルロースを，シュワイツァー試薬に溶解し，希硫酸中に押し出して繊維にしたものが（　ア　）レーヨンである。この繊維はもとのセルロースと同じ構造をしており，（　イ　）繊維に分類される。

　これに対して，セルロースに（　ウ　），酢酸および濃硫酸を作用させると（　エ　）が得られる。この(エ)の構造の一部を変化させて得られるジアセチルセルロースが繊維として利用される。この繊維はもとのセルロースの構造の一部が変化しており，（　オ　）繊維に分類される。

発展例題30　デンプンの加水分解

➡問題330

デンプン$(C_6H_{10}O_5)_n$は，アミラーゼで加水分解されてマルトース$C_{12}H_{22}O_{11}$を生じ，マルトースはマルターゼでグルコース$C_6H_{12}O_6$になる。グルコースは，水溶液中では，α-グルコース（I）が鎖状構造の（II）を経て（III）になり，これらが平衡状態にある。

（構造式 (I)：α-グルコース）

$\rightleftarrows$（II）$\rightleftarrows$（III）

(1) 下線部の変化を化学反応式で表せ。

(2) （II），（III）の構造式を（I）にならってそれぞれ記せ。

(3) デンプン32.4gをすべてマルトースにすると，生じるマルトースは何gか。

■ 考え方

(3) デンプン$(C_6H_{10}O_5)_n$の分子量が$162n$なので，モル質量は$162n\,g/mol$となり，デンプン$w\,[g]$の物質量は，

$$\frac{w\,[g]}{162n\,g/mol}$$

である。反応式から，デンプン2 molからマルトースn molが生成することがわかる。

■ 解答

(1) $2(C_6H_{10}O_5)_n + nH_2O \longrightarrow nC_{12}H_{22}O_{11}$

　　または $(C_6H_{10}O_5)_n + \dfrac{n}{2}H_2O \longrightarrow \dfrac{n}{2}C_{12}H_{22}O_{11}$

(2) （II）（構造式）　　（III）（構造式）

(3) マルトースは $\dfrac{32.4\,g}{162n\,g/mol} \times \dfrac{n}{2} = 0.100\,mol$

　　$C_{12}H_{22}O_{11}=342$なので，$342\,g/mol \times 0.100\,mol = \mathbf{34.2\,g}$

第V章　高分子化合物

例題
解説動画

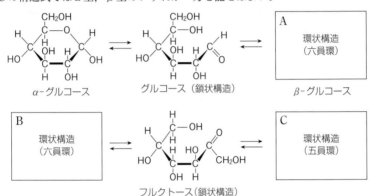

発|展|問|題

330. 思考 **単糖の構造と性質**■次の各問いに答えよ。

(1) グルコースおよびフルクトースでは，水溶液中で環状構造と鎖状構造の異性体が平衡状態で存在する。図のA～Cに該当する構造式を他にならって記せ。ただし，BとCの構造式では α 型，β 型のいずれか一方を記せばよい。

(2) グルコースとフルクトースの鎖状構造において，還元性を示す原因となる構造は何か。該当する構造を式で表せ。　　　　　　　　　　　　　　　(17　新潟大　改)

331. 思考 **二糖の性質**■二糖の種類を調べるための実験を行った。A～Eの試験管には，それぞれ1種類ずつの二糖を含む水溶液が入っている。実験1～3の結果から，A～Eのそれぞれに該当する二糖を下の選択肢から選び，名称で答えよ。

実験1　A～Eの水溶液にフェーリング液を加えて加熱したところ，A～Cの水溶液からは赤色沈殿が生じることがわかった。

実験2　A～Eを希酸で加水分解したところ，A，C，Eは2分子のグルコースで構成される二糖であることがわかった。

実験3　A～Eの水溶液にマルターゼを加え，温和な条件で反応させた。反応液にフェーリング液を加えて加熱したところ，Cの反応液からはAとBの反応液の2倍の量の赤色沈殿が生じることがわかった。

セロビオース　　　　　　ラクトース　　　　　　マルトース

トレハロース　　　　　　スクロース

(21　香川大　改)

332. 思考 **二糖の構造と性質**■糖類は，それ以上加水分解できない単糖，2つの単糖が脱水
（　ア　）した二糖，多数の単糖が（ア）して連なった多糖に分類される。たとえば，スク
ロース，ラクトース，マルトースは二糖であり，アミロースとグリコーゲンは多糖であ
る。スクロースを，酵素（　イ　）を用いて加水分解すると，（　ウ　）と（　エ　）の等量
混合物になる。この等量混合物を（　オ　）という。スクロース水溶液はフェーリング液
と反応しないが，（オ）は反応して酸化銅（Ⅰ）の（　カ　）色沈殿を生じる。

(1)　文中の（　）に適する語句を記せ。

(2)　文中の下線の物質を検出する反応名を記せ。

(3)　分子量が$2.43×10^5$のアミロース中のグルコース単位の個数はいくらか。

(4)　スクロース1.71gを水に溶かし，酵素を用いて加水分解した。この反応液に過剰
のフェーリング液を加えて反応させたところ，酸化銅（Ⅰ）の沈殿が0.409g生じた。
1molの単糖から1molの酸化銅（Ⅰ）が生成するものとして，スクロースの何％が加
水分解されたかを求めよ。　　　　　　　　　　　　　　　　　　　　　　（11　岩手医科大　改）

333. 思考 **多糖の構造**■植物は$α$-グルコースからなる高分子である（　ア　）を，養分として
根や茎に貯蔵する。（ア）には，比較的分子量が小さく直鎖状の構造をもつ（　イ　）と，
分子量が大きく枝分かれの多い（　ウ　）が混在する。（イ）と（ウ）の直鎖状の部分では，
隣り合った$α$-グルコースがC1原子とC4原子に結合している（　エ　）基どうしで脱
水縮合しており，（ウ）の分枝の部分では，さらにC1原子と［　a　］原子の(エ)基どう
しでも脱水縮合している。一方，$β$-グルコースがC1原子とC4原子の(エ)基どうしで
脱水縮合してできた高分子が（　オ　）で，植物の構造を支える（　カ　）の主成分である。
(オ)の平行に並んだ鎖は，分子間の（　キ　）結合によって束ねられている。

(1)　文中の(ア)〜(キ)に適する語句または記号を記せ。

(2)　文中の［ a ］にあてはまる記号を選び，番号で示せ。

　①　C1　　②　C2　　③　C3　　④　C4　　⑤　C5　　⑥　C6

（11　青山学院大　改）

334. 思考 **半合成繊維**■次の文中の（　）に適する語句や化学式を入れ，下の問いに答えよ。
　セルロースの示性式は$[C_6H_7O_2(OH)_3]_n$と表される。セルロースに無水酢酸，酢酸，
濃硫酸(触媒)を反応させると，ヒドロキシ基がアセチル化されたトリアセチルセルロー
ス$[C_6H_7O_2(　ア　)_3]_n$が得られ，これを部分的に加水分解し繊維状にしたものが
（　イ　）繊維である。また，セルロースに濃硫酸と濃硝酸の混合物を反応させると，ヒ
ドロキシ基の一部がエステル化された生成物が得られる。ヒドロキシ基のすべてをエス
テル化すると，トリニトロセルロース$[C_6H_7O_2(　ウ　)_3]_n$が得られ，無煙火薬の原料と
なる。

(問)　文中の下線部の反応によってセルロース(分子量$162n$)27gをトリアセチルセル
ロースにするのに必要な最少量の無水酢酸(分子量102)は何gか。整数値で求めよ。

（20　立命館大　改）

18 | アミノ酸とタンパク質，核酸

1 α-アミノ酸 R−CH(NH₂)COOH

❶ α-アミノ酸の性質

①同一の炭素原子に，アミノ基−NH₂ とカルボキシ基−COOH が結合した両性化合物

②タンパク質を構成する α-アミノ酸は約20種　③不斉炭素原子をもつ（グリシン以外）。

天然の α-アミノ酸は L 体　④結晶中では双性イオンの形で存在

⑤水溶液中では陽イオン，双性イオン，陰イオンが共存。水溶液の pH に応じて，これらのイオンの割合は変化

●**必須アミノ酸**　体内で合成できず，食物からの摂取が必要な α-アミノ酸。

アミノ基 $H_2N-\overset{\displaystyle R}{\underset{\displaystyle H}{C}}-COOH$ カルボキシ基
（塩基性）　　　　　　　　　　（酸性）

RはH−，CH₃−などを表す。

アミノ酸の名称		R−の種類	等電点
グリシン	Gly	H−	6.0
アラニン	Ala	CH₃−	6.0
フェニルアラニン 必 Phe		◯−CH₂−	5.5
チロシン	Tyr	HO−◯−CH₂−	5.7
セリン	Ser	HO−CH₂−	5.7
システイン	Cys	HS−CH₂−	5.1
メチオニン 必	Met	CH₃−S−(CH₂)₂−	5.7
グルタミン酸 酸	Glu	HOOC−(CH₂)₂−	3.2
リシン 必 塩	Lys	H₂N−(CH₂)₄−	9.7
ロイシン 必	Leu	CH₃−CH(CH₃)−CH₂−	6.0

必 ヒトの必須アミノ酸
酸 酸性アミノ酸 …Rの中に−COOH をもつ
塩 塩基性アミノ酸…Rの中に−NH₂をもつ

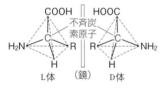

L体　（鏡）　D体

❷等電点と電気泳動

(a)　等電点

水溶液中で正，負の電荷がつり合い（[A⁺]＝[A⁻]），全体として電荷が0になるときのpHの値。

(h)　電気泳動

アミノ酸によって等電点の値が異なるので，アミノ酸の混合水溶液に適当な pH のもとで直流電圧をかけると，各アミノ酸を分離できる。

〈例〉　グリシン，グルタミン酸，リシンの分離

pH6.0の緩衝液で湿らせたろ紙の中央に混合水溶液をつけ，直流電圧をかける。

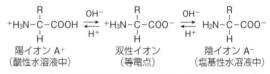

陽イオン A⁺　　　　双性イオン　　　　陰イオン A⁻
（酸性水溶液中）　　　（等電点）　　　（塩基性水溶液中）

pH	等電点よりも小	等電点	等電点よりも大
多いイオン	陽イオン	双性イオン	陰イオン
電気泳動	陰極側に移動	移動しない	陽極側に移動

グリシン：等電点 6.0（双性イオンが多く，移動しない）

リシン：等電点 9.7　　　グルタミン酸：等電点 3.2
（陽イオンが多く，陰極側へ移動）　（陰イオンが多く，陽極側へ移動）

❸ α-アミノ酸の反応

(a) **ニンヒドリン反応** ニンヒドリン溶液を加えて加熱すると赤紫色～青紫色に呈色（アミノ基の検出）。

ニンヒドリン

(b) **カルボキシ基，アミノ基の反応**

$$H_2N-\underset{\underset{H}{|}}{\overset{\overset{R}{|}}{C}}-COOCH_3 \xleftarrow[\text{エステル化}]{CH_3OH} H_2N-\underset{\underset{H}{|}}{\overset{\overset{R}{|}}{C}}-COOH \xrightarrow[\text{アセチル化}]{(CH_3CO)_2O} CH_3CONH-\underset{\underset{H}{|}}{\overset{\overset{R}{|}}{C}}-COOH$$

❹ ペプチド

α-アミノ酸の分子間で−NH_2と−COOHが脱水縮合して生じる化合物。

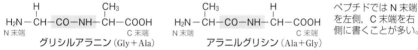

α-アミノ酸　　　　α-アミノ酸　　　　　　ジペプチド　ペプチド結合

注 アミノ酸2分子が縮合して生じたものをジペプチド，3分子が縮合して生じたものをトリペプチドという。多数のアミノ酸が縮合したものをポリペプチドという。ジペプチドは1個，トリペプチドは2個のペプチド結合をもつ。

● ペプチドの異性体　〈例〉　グリシンとアラニンからなるジペプチドには2種類ある。

$$\underset{\text{N末端}}{H_2N}-\underset{\underset{H}{|}}{CH}-CO-NH-\underset{\underset{H}{|}}{\overset{\overset{CH_3}{|}}{CH}}-COOH$$

グリシルアラニン（Gly＋Ala）

$$\underset{\text{N末端}}{H_2N}-\underset{\underset{H}{|}}{\overset{\overset{CH_3}{|}}{CH}}-CO-NH-\underset{\underset{H}{|}}{CH}-COOH$$

アラニルグリシン（Ala＋Gly）

ペプチドではN末端を左側，C末端を右側に書くことが多い。

2 タンパク質

❶ タンパク質　多数のα-アミノ酸がペプチド結合で連なったポリペプチド。

(a) **タンパク質の構造**　一次構造…ポリペプチド鎖中のα-アミノ酸の配列順序

二次構造（ポリペプチド鎖の形）

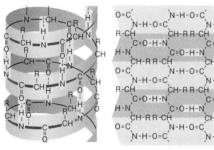

らせん状構造（α-ヘリックス）　ひだ状構造（β-シート）

　の部分で水素結合を形成している。

三次構造（二次構造の折れ重なり）

四次構造（三次構造の集合体）

イオン結合，ジスルフィド結合などが関与

ファンデルワールス力などが関与

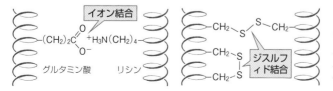

グルタミン酸　　リシン

タンパク質の結合
タンパク質の三次構造には，イオン結合やジスルフィド結合などが関与している。ジスルフィド結合はシステインを含む場合に生じる。

第Ⅴ章　高分子化合物

(b)　タンパク質の分類　タンパク質分子の形状や構成成分によって分類される。

形状	繊維状タンパク質	繊維状	ケラチン(毛髪，爪)，フィブロイン(絹) コラーゲン(骨，軟骨，けん)	繊維状タンパク質
	球状タンパク質	球状	アルブミン(卵白，水，食塩水に可溶) グロブリン(卵白，水に不溶。食塩水に可溶)	
構成成分	単純タンパク質	α-アミノ酸のみで構成	ケラチン，コラーゲン グルテリン(小麦)	
	複合タンパク質	α-アミノ酸のほか，糖，色素，リン酸などで構成	カゼイン(リン酸を含む，牛乳) ヘモグロビン(色素を含む，血液)	球状タンパク質

(c)　タンパク質の性質

①変性　熱，酸・塩基，重金属イオン(Cu^{2+}，Pb^{2+} など)，アルコールなどで性質が変化すること。水素結合の組み替えなど，タンパク質の高次構造(二次以上)の変化。

②塩析　水溶性のタンパク質は親水コロイドであり，溶液は多量の電解質で沈殿。

③加水分解　酸や塩基，酵素などによって加水分解され，ペプチド結合が切断される。

(d)　タンパク質の呈色反応

呈色反応	操作	呈色	検出
ビウレット反応	水酸化ナトリウム水溶液，さらに少量の硫酸銅(Ⅱ)水溶液を加える。	赤紫色	2つ以上のペプチド結合❶
キサントプロテイン反応	濃硝酸を加えて加熱する。	黄色	ニトロ化されやすいベンゼン環
	さらに濃アンモニア水を加える。	橙黄色	
酢酸鉛(Ⅱ)との反応	固体の水酸化ナトリウムを加えて加熱し，酢酸鉛(Ⅱ)水溶液を加える。	黒色(PbS)	硫黄元素S
ニンヒドリン反応	ニンヒドリン溶液を加えて加熱する。	赤紫色	アミノ基-NH_2

❶ビウレット反応は，Cu^{2+} とペプチド結合$-NH-CO-$中の窒素原子Nが配位結合を形成して錯イオンを生じる反応で，トリペプチド以上でみられる。

注　窒素元素Nの検出　NaOH(固)を加えて加熱し，HClを近づけると白煙 NH_4Cl を生成。

❷**酵素**　生物体内で，触媒として働くタンパク質。

(a)　基質特異性　特定の物質(基質)の特定の反応だけに働く。酵素-基質複合体を形成。

(例)　酵素(基質)：アミラーゼ*(デンプン)　*α-，β-，グルコアミラーゼなどがある。

ペプシン(タンパク質)，リパーゼ(油脂)，カタラーゼ(過酸化水素)

酵素阻害剤　酵素の活性部位に結合し，酵素反応を妨げる物質。

(b)　最適温度

一般に，体温付近でよく働く(低温では機能低下，高温では変性して失活する)。

(c)　最適pH

ペプシン pH2　　　(胃液)

α-アミラーゼ pH6.7 (だ液)

トリプシン pH8　　(すい液)

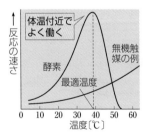

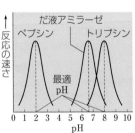

3 核酸

(a) **ヌクレオチド** 核酸の構成単位。炭素数5の糖に，環状の塩基とリン酸が結合。

(b) **デオキシリボ核酸 DNA**
　①**構造**　糖　：デオキシリボース

　　　　　　塩基：アデニン(A)，チミン(T)，グアニン(G)，シトシン(C)

　アデニンとチミン，グアニンとシトシンが水素結合によって相補的
　に結合し，2本のポリヌクレオチド鎖が二重らせん構造を形成。

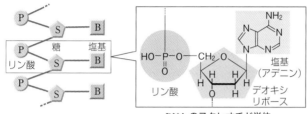

DNA のヌクレオチド単位

DNA の
二重らせん

(c) **リボ核酸 RNA**
　①**構造**　糖　：リボース

　　　　　　塩基：アデニン(A)，ウラシル(U)*，
　　　　　　　　　グアニン(G)，シトシン(C)

　　　　*DNA のチミンがウラシルに変わっている。

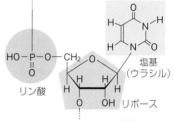

RNA のヌクレオチド単位

　②**タンパク質の合成**　DNA の遺伝情報(塩基配
　　列)を写し取りながら(転写)，RNA が合成され，
　　この情報にもとづき，タンパク質が合成される。

第Ⅴ章　高分子化合物

プロセス　次の文中の(　　)に適当な語句や数値を入れよ。

1 α-アミノ酸は，同一の炭素原子に酸性の(　ア　)基と塩基性の(　イ　)基をもつ
　(　ウ　)化合物で，一般式 $RCH(NH_2)COOH$ で表される。

2 α-アミノ酸2分子が縮合してできる化合物を(　エ　)という。

3 アミノ酸の水溶液に(　オ　)溶液を加えて加熱すると，赤～青紫色に呈色する。

4 タンパク質は，多数のα-アミノ酸が(　カ　)結合で連なった高分子化合物である。

5 タンパク質の水溶液を加熱すると凝固する。これをタンパク質の(　キ　)という。

6 タンパク質の水溶液に濃硝酸を加えて加熱すると(　ク　)色になる。さらに，濃アン
　モニア水を加えると(　ケ　)色になる。この反応を(　コ　)反応という。

7 酵素は，特定の物質の特定の反応にだけ作用する。これを酵素の(　サ　)性という。

8 核酸は，炭素数が(　シ　)個の糖，環状の塩基および(　ス　)からなる。

プロセスの解答
(ア) カルボキシ　(イ) アミノ　(ウ) 両性　(エ) ジペプチド　(オ) ニンヒドリン　(カ) ペプチド
(キ) 変性　(ク) 黄　(ケ) 橙黄　(コ) キサントプロテイン　(サ) 基質特異　(シ) 5　(ス) リン酸

⇒問題 335·338

α-アミノ酸 R−CH(NH₂)−COOH に関する次の記述のうち，下線部に誤りを含むもの
を 2 つ選び，正しく書き改めよ。
(ア)　Rの中に$\underline{-OH}$ を含むものを塩基性アミノ酸という。
(イ)　結晶中では$\underline{双性イオン}$として存在する。
(ウ)　体内で合成できず，食物からの摂取が必要な α-アミノ酸を$\underline{必須アミノ酸}$という。
(エ)　ジペプチドは，分子内にペプチド結合を$\underline{2つ}$もつ。

▌考え方

(ア)　(誤)　Rの中に−COOH を含むものを酸性アミノ酸，−NH₂ を含
　むものを塩基性アミノ酸という。
(イ)　(正)　結晶中では，双性イオン R−CH(NH₃⁺)−COO⁻ として存在
　する。
(ウ)　(正)　生物体内で合成できない α-アミノ酸を必須アミノ酸という。
(エ)　(誤)　ジペプチドは，2 つのアミノ酸が−COOH と−NH₂ との間で
　脱水縮合したものである。したがって，ジペプチドには，1 つのペプチ
　ド結合−CO−NH−が含まれる。

$$-CO \fbox{$-$OH} + \fbox{H$-$}NH- \longrightarrow -CO-NH- + H_2O$$
　　カルボキシ基　　　アミノ基　　　　ペプチド結合　　　水

▌解答

(ア)　−NH₂
(エ)　1つ

 ⇒問題 341·342

次の文中の(　)に適当な語句を入れよ。
(1)　タンパク質の水溶液を加熱したり，重金属イオンを加えたりすると，(　ア　)結合
　などによる立体的な構造が変化して凝固する。これをタンパク質の(　イ　)という。
(2)　タンパク質の水溶液にニンヒドリン溶液を加えて加熱すると，赤紫色になる。こ
　れは，タンパク質分子中の(　ウ　)基の検出に用いられる。
(3)　タンパク質の水溶液に，水酸化ナトリウム水溶液と硫酸銅(Ⅱ)水溶液を加えると，
　(　エ　)色になる。これはタンパク質分子中の(　オ　)結合の部分が銅(Ⅱ)イオンと
　錯イオンをつくることによる呈色であり，(　カ　)反応とよばれる。

▌考え方

(1)　タンパク質の変性であり，水素結合などによってつくられていた
　立体的な構造が壊れるためにおこる。
(2)　ニンヒドリン反応は，アミノ酸でも見られる反応であり，アミノ基
　−NH₂ の検出反応である。
(3)　ビウレット反応であり，ペプチド結合の部分が Cu²⁺ と配位結合
　して錯イオンを生じることによって赤紫色に呈色する。2 個以上のペ
　プチド結合をもつ分子であれば，この反応がみられる。

▌解答

(ア)　水素
(イ)　変性
(ウ)　アミノ
(エ)　赤紫
(オ)　ペプチド
(カ)　ビウレット

例題
解説動画

基本問題

知識 論述

335. α-アミノ酸◎次の(ア)～(カ)のα-アミノ酸について，下の各問いに答えよ。

(ア) $H-CH-COOH$
　　　$\quad | $
　　　NH_2

(イ) $CH_3-CH-COOH$
　　　$\quad |$
　　　NH_2

(ウ) 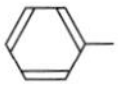 $-CH_2-CH-COOH$
　　　$\quad |$
　　　NH_2

(エ) $HOOC-(CH_2)_2-CH-COOH$
　　　$\quad |$
　　　NH_2

(オ) $HS-CH_2-CH-COOH$
　　　$\quad |$
　　　NH_2

(カ) $H_2N-(CH_2)_4-CH-COOH$
　　　$\quad |$
　　　NH_2

(1)　(ア)，(イ)の名称を答えよ。
(2)　酸性アミノ酸および塩基性アミノ酸をそれぞれ1つずつ選び，記号で答えよ。
(3)　(ウ)と(カ)は必須アミノ酸である。必須アミノ酸とは何か。簡潔に説明せよ。

知識

336. α-アミノ酸の立体構造◎次の文中の(　　)に適当な語句を入れ，(問)に答えよ。

(　ア　)以外のα-アミノ酸には(　イ　)炭素原子があり，(　ウ　)異性体(D体，L体)が存在する。天然に存在するα-アミノ酸は(　エ　)体である。

(問)　アラニン $CH_3-CH(NH_2)COOH$ の(ウ)異性体のD体の構造は，図のようになる。これにならって，アラニンのL体の構造を記せ。

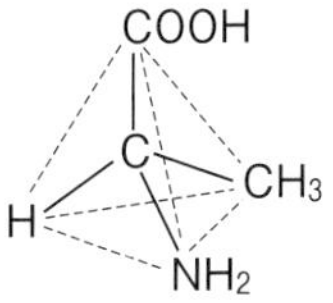

D体

知識

337. α-アミノ酸の水溶液◎グリシン $CH_2(NH_2)COOH$ の水溶液について，次の(1)～(3)にあてはまるものを下の(ア)～(エ)から選び，記号で答えよ。

(1)　等電点の水溶液中におもに存在するもの
(2)　水溶液を強酸性にしたとき，水溶液中におもに存在するもの
(3)　水溶液を強塩基性にしたとき，水溶液中におもに存在するもの

(ア)
　　H
$H_2N-C-COOH$
　　H

(イ)
　　H
$^+H_3N-C-COOH$
　　H

(ウ)
　　H
$H_2N-C-COO^-$
　　H

(エ)
　　H
$^+H_3N-C-COO^-$
　　H

知識

338. α-アミノ酸の反応◎アラニンの反応について，次の(1)～(4)の各問いに答えよ。

(1)　アラニンの化学式を(例)にならって記せ。
(2)　アラニンとメタノールの反応を化学反応式で記せ。
(3)　アラニンと無水酢酸の反応を化学反応式で記せ。
(4)　グリシン1分子とアラニン1分子からできる2種類のジペプチドの構造式を記せ。

(例)　グリシン
$H-CH-COOH$
　$\quad |$
　NH_2

339. 知識 **タンパク質の分類**●次の文中の（　）に適当な語句を入れよ。

　タンパク質は，多数のα-アミノ酸が（　ア　）結合で連なったポリペプチドである。タンパク質のうち，ケラチンなどのように，加水分解するとα-アミノ酸だけが得られるものを（　イ　）タンパク質という。一方，カゼインなどのように，α-アミノ酸のほかに糖やリン酸などを生じるものを（　ウ　）タンパク質という。

　また，絹を構成するタンパク質である（　エ　）は，平行に並んだり，ねじれ合ったりしており，（　オ　）状タンパク質に分類される。一方，卵白中の（　カ　）やグロブリンなどは，複雑にからみ合って球状になっており，（　キ　）状タンパク質に分類される。

340. 知識 **タンパク質の構造**●次の文中の（　）に適当な語句を入れよ。

　タンパク質を構成するα-アミノ酸の配列順序をタンパク質の（　ア　）構造という。さらに，タンパク質分子には図のような（　イ　）状構造やひだ状構造をとるものがある。このような分子鎖の立体的な構造をタンパク質の（　ウ　）構造という。

　また，タンパク質分子内および分子間には，（　エ　）結合（図中の‥‥‥），$-COO^-$と$-NH_3^+$による（　オ　）結合，$-S-S-$で表される（　カ　）結合などがつくられることがある。

341. 知識 実験 **タンパク質の呈色反応**●卵白水溶液を用いた実験(a)〜(d)について，下の各問いに答えよ。
- (a)　ニンヒドリン溶液を加えて加熱した。
- (b)　水酸化ナトリウム水溶液を加え，次に少量の硫酸銅(Ⅱ)水溶液を加えた。
- (c)　濃硝酸を加えて加熱した。さらに，アンモニア水を加えて塩基性にした。
- (d)　水酸化ナトリウムを加えて加熱し，酢酸鉛(Ⅱ)水溶液を加えた。

(1)　(a)〜(c)の各呈色反応の名称をそれぞれ記せ。

(2)　(a)〜(d)ではいずれも呈色がみられた。それぞれ何色か。ただし，(c)では2段階の変化を記せ。

(3)　(a)〜(d)の各反応で検出される元素や原子団は次のどれか。記号で答えよ。
　（ア）N　　（イ）S　　（ウ）$-NH_2$　　（エ）$-NH-CO-$　　（オ）〈benzene ring〉$-OH$

342. 思考 **タンパク質の性質**●タンパク質に関する次の記述のうち，正しいものを1つ選べ。
- （ア）　赤血球中のヘモグロビンは，単純タンパク質である。
- （イ）　タンパク質の変性は，ペプチド結合が切断される変化である。
- （ウ）　ビウレット反応は，トリペプチドではおこらない。
- （エ）　卵白の水溶液は疎水コロイドの水溶液なので，少量の電解質で凝析がおこる。
- （オ）　卵白の水溶液に固体の水酸化ナトリウムを加えて加熱したのち，発生した気体に濃塩酸を近づけると白煙が生じる。

343. 知識 **酵素** 酵素に関する次の文中の（　　）に適当な語句を記せ。

　酵素は，生体内の化学反応の（　ア　）として働き，特定の物質の特定の反応にだけ作用する。これを酵素の（　イ　）性という。このとき，酵素は，作用する物質と結合した（　ウ　）複合体を形成する。酵素反応の速さも温度の上昇に伴って大きくなるが，一定の温度をこえると急に小さくなる。これは，酵素がタンパク質であるため，熱によって（　エ　）し，(ア)作用を失うことが多いからである。これを酵素の（　オ　）という。

344. 知識 **酵素の反応** 酵素に関する次の表について，下の各問いに答えよ。

酵素	基質	生成物	最適pH	所在の例
アミラーゼ	（　ア　）	デキストリン，マルトース	6.6〜7.0	だ液
ペプシン	（　イ　）	ポリペプチド	[　A　]	胃液
リパーゼ	油脂	モノグリセリド，（　ウ　）	8.0	すい液
カタラーゼ	過酸化水素	水，（　エ　）		血液，肝臓

(1)　表の空欄(ア)〜(エ)にあてはまる物質名を記せ。

(2)　表の空欄[A]にあてはまる値を次の①〜⑤のうちから1つ選び，番号で答えよ。

　　① 1.6〜2.4　　② 4〜5　　③ 6.6〜7.0　　④ 10〜11　　⑤ 12〜13

345. 知識 **核酸の構造** 次の(1)，(2)にあてはまる核酸の名称を答え，その構成成分を(ア)〜(ク)からそれぞれすべて選べ。

(1)　遺伝子の本体で，遺伝情報をもつ。二重らせん構造をしている。

(2)　細胞の核の中で，遺伝情報(塩基配列)を写し取りながら合成される。

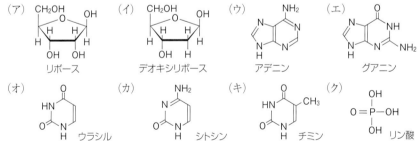

346. 知識 **核酸** 核酸に関する次の記述のうち，誤りを含むものを1つ選べ。

（ア）　核酸は，ヌクレオチドという単位が重合した高分子化合物である。

（イ）　ヌクレオチドは，炭素原子が5個の糖，塩基，リン酸から構成されている。

（ウ）　DNAとRNAのヌクレオチドを構成する糖は，どちらも同じものである。

（エ）　DNA分子間で，アデニンとチミン，グアニンとシトシンが水素結合によって選択的に引き合い，二重らせん構造が保たれている。

（オ）　RNAは，DNAの塩基配列を写し取りながら合成される。

グリシンは水溶液中で，$H_3N^+-CH_2-COOH$，$H_3N^+-CH_2-COO^-$，
$H_2N-CH_2-COO^-$ の形で存在し，①，②式の電離平衡が成り立つ。①，②の電離定数
をそれぞれ K_1，K_2 として，グリシンの等電点を小数第1位まで求めよ。

$$H_3N^+-CH_2-COOH \rightleftharpoons H_3N^+-CH_2-COO^- + H^+ \cdots ① \quad K_1 = 4.0 \times 10^{-3}\,mol/L$$
$$H_3N^+-CH_2-COO^- \rightleftharpoons H_2N-CH_2-COO^- + H^+ \quad \cdots ② \quad K_2 = 2.5 \times 10^{-10}\,mol/L$$

▎考え方

K_1，K_2 の式をつくる。等電点では，アミノ酸の陽イオンと陰イオンの濃度が等しいことを利用して，等電点の水素イオン濃度を求める。

▎解答

$H_3N^+-CH_2-COOH$，$H_3N^+-CH_2-COO^-$，$H_2N-CH_2-COO^-$ をそれぞれ X^+，$Y^\pm$，Z^- と表すと，K_1，K_2 は次のようになる。

$$K_1 = \frac{[Y^\pm][H^+]}{[X^+]} \qquad K_2 = \frac{[Z^-][H^+]}{[Y^\pm]}$$

$[Y^\pm]$ を消去すると，$K_1 \times K_2 = \dfrac{[Z^-]}{[X^+]} \times [H^+]^2$

等電点では $[X^+]=[Z^-]$ なので，$K_1 \times K_2 = [H^+]^2$ から，

$$[H^+] = \sqrt{K_1 \times K_2} = \sqrt{4.0 \times 10^{-3}\,mol/L \times 2.5 \times 10^{-10}\,mol/L}$$
$$= 1.0 \times 10^{-6}\,mol/L$$

$pH = -\log_{10}[H^+] = -\log_{10}(1.0 \times 10^{-6}) = \mathbf{6.0}$

グリシン$H-CH(NH_2)COOH$(Gly)，チロシン$HO-C_6H_4-CH_2-CH(NH_2)COOH$(Tyr)，
リシン$H_2N-(CH_2)_4-CH(NH_2)COOH$(Lys)からなるトリペプチドAがある。リシンの
カルボキシ基が形成したペプチド結合のみを加水分解する酵素を用いて，トリペプチド
Aを分解したところ，ジペプチドBとアミノ酸Cが得られた。Bはキサントプロテイン
反応を示した。また，アミノ酸Cには鏡像異性体が存在しなかった。トリペプチドA中の
グリシン，チロシン，リシンの結合順序を決定し，Aの構造を $H_2N-Gly-Tyr-Lys-COOH$ のように表せ。

▎考え方

ペプチド結合が加水分解されると，次のようになる。

$$-\overset{\displaystyle O}{\underset{\displaystyle \|}{C}}-\overset{\displaystyle H}{\underset{\displaystyle |}{N}}-$$

↓加水分解

$$-\overset{\displaystyle O}{\underset{\displaystyle \|}{C}}-OH + H_2N-$$

▎解答

トリペプチドAを $H_2N-X\overset{①}{-}Y\overset{②}{-}Z-COOH$ と表す。

リシンのカルボキシ基が形成したペプチド結合が分解されることから，リシンはXまたはYの位置にある。リシンがXの位置であれば，①の箇所で加水分解されるので，生じるアミノ酸Cはリシンとなり，Cに鏡像異性体がないことに矛盾する。このことから，リシンはYの位置にあり，②の箇所が加水分解され，生じるZ（アミノ酸C）がグリシンとわかる。したがって，Xがチロシンとわかり，ジペプチドBがキサントプロテイン反応を示す事実と一致する。Aの構造は次のようになる。

$H_2N-Tyr-Lys-Gly-COOH$

例題
解説動画

■■■■■■■■ 発 展 問 題 ■■■■■■■■

[知識]
347. アミノ酸 次の文中の( )に適当な語句を，[ ]に適当な構造式を入れよ。

生体の主要な成分であるタンパク質は，約(ア)種類のα-アミノ酸からできている。アミノ酸は，正と負の電荷のある構造が無機化合物の塩に似ているため，一般の有機化合物に比べて融点や沸点が(イ)く，有機溶媒に溶け(ウ)い。

(エ)を除くα-アミノ酸には(オ)体が存在する。(オ)体には(カ)体と(キ)体があり，天然のα-アミノ酸はほとんどが(キ)体である。

アラニンに無水酢酸を作用させると[A]が生成する。また，アラニンをメタノールに溶かし，少量の濃硫酸を加えて煮沸したのち，中和すると[B]が生成する。

(10 東京理科大 改)

[思考] [実験]
348. アミノ酸の電気泳動 グルタミン酸(等電点 3.2)，アラニン(等電点6.0)，リシン(等電点9.7)の混合水溶液中の各アミノ酸を，電気泳動によって分離することを試みた。

図の〈実験装置〉のように，pH6の緩衝液をしみこませたろ紙の中央部にアミノ酸の混合水溶液をしみこませた糸をのせ，電気泳動を行った。その後，糸を取り，ろ紙をアミノ酸指示薬で呈色させたところ，図の〈結果〉のように，3本の線(a)～(c)としてアミノ酸の分離が確認できた。

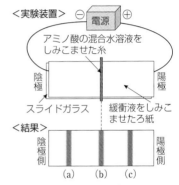

(1) pH6の緩衝液中で，各アミノ酸はそれぞれおもにどのようなイオンであるか。

　① 陽イオン　　② 陰イオン　　③ 双性イオン

(2) 3本の線(a)～(c)には，それぞれどのアミノ酸が含まれているか。

(11 甲南大 改)

[思考]
349. アミノ酸の電離平衡 アラニン(Ala)の陽イオンをAla^+，双性イオンを$Ala^\pm$，陰イオンをAla^-と表すと，水溶液中で次の平衡が成り立っている。下の各問いに答えよ。

$$Ala^+ \rightleftharpoons Ala^\pm + H^+ \quad \cdots(a)$$
$$Ala^\pm \rightleftharpoons Ala^- + H^+ \quad \cdots(b)$$

(1) (a)，(b)それぞれの平衡定数をK_1，K_2とする。K_1とK_2を，(a)と(b)に現れるイオンのモル濃度($[Ala^+]$，$[Ala^\pm]$，$[Ala^-]$，$[H^+]$)を用いた式で表せ。

(2) アラニンの等電点の水素イオン濃度をK_1とK_2を用いて表せ。

(3) $K_1=1.00\times10^{-2.3}\,\mathrm{mol/L}$，$K_2=1.00\times10^{-9.7}\,\mathrm{mol/L}$であるとき，等電点のpHを小数第1位まで求めよ。

(4) pHが10.0の水溶液における$[Ala^+]$と$[Ala^-]$は，各々$[Ala^\pm]$の何倍か。$10^{0.3}=2.0$として有効数字2桁で求めよ。

(20 工学院大 改)

思考

350. ペプチドの異性体■グリシンとフェニルアラニンからなるジペプチドX，アラニンとシステインからなるジペプチドY，グリシン1分子とアラニン2分子からなる鎖状のトリペプチドZについて，下の各問いに答えよ。

グリシン　H−CH(NH₂)−COOH　　フェニルアラニン　C₆H₅−CH₂−CH(NH₂)−COOH

アラニン　CH₃−CH(NH₂)−COOH　　システイン　HS−CH₂−CH(NH₂)−COOH

(1)　Xについて，考えられる構造式をすべて記せ。鏡像異性体を考慮しなくてよい。

(2)　鏡像異性体を考慮すると，X〜Zにはそれぞれ何種類の化合物が考えられるか。

(10　立命館大　改)

思考 **論述**

351. タンパク質の呈色反応■次の文を読み，下の各問いに答えよ。

　タンパク質は，約20種類のα−アミノ酸が（　ア　）結合とよばれるアミド結合によって連なった高分子であり，特有の呈色反応を示す。その例として，①タンパク質水溶液を塩基性にしたのち，硫酸銅(Ⅱ)水溶液を加えると（　イ　）色を呈する反応，②濃硝酸を加えて加熱すると（　ウ　）色を呈する反応などがある。また，加熱，重金属や有機溶媒の添加などによって，タンパク質の立体構造が変化することをタンパク質の（　エ　）という。

(1)　（ア）〜（エ）に適切な語句を入れよ。

(2)　下線部①と②について，これらの反応の名称と，どのような化学反応の結果として呈色が現れるのかを，それぞれについて述べよ。

(愛媛大　改)

思考

352. テトラペプチドの構造決定■α−アミノ酸 R−CH(NH₂)COOH のうち，グリシン（R=H），フェニルアラニン（R=C₆H₅−CH₂），アスパラギン酸（R=HOOC−CH₂）およびシステイン（R=HS−CH₂）の各1分子からなる鎖状のペプチドAがある。Aに酵素Xを作用させると，ペプチドBとC末端のアミノ酸Cが得られた。Aに酵素Yを作用させると，ペプチドDと鏡像異性体がないアミノ酸Eが得られた。Aに酵素Zを作用させると，ペプチドFとGが得られた。次に，B〜Gに対して，Ⅰ〜Ⅲの実験を行った。

実験Ⅰ：B〜Gに水酸化ナトリウム水溶液を加えて塩基性にして加熱した後，硫酸銅(Ⅱ)水溶液を少量加えると，BおよびDは赤紫色を呈した。

実験Ⅱ：B〜Gに濃硝酸を加えて加熱した後，アンモニア水で処理するとB，DおよびGは橙黄色を呈した。

実験Ⅲ：B〜Gに水酸化ナトリウム水溶液を加えて加熱した後，酸で中和し，酢酸鉛(Ⅱ)水溶液を加えるとC，DおよびGは黒色沈殿を生じた。

(1)　実験Ⅱの結果からB，DおよびGに共通に含まれるアミノ酸の名称を記せ。

(2)　実験Ⅲの結果からC，DおよびGに共通に含まれるアミノ酸の名称を記せ。

(3)　ペプチドAを構成するアミノ酸の名称を，N末端から順番に記せ。

(4)　ペプチドAが繰り返し結合した構造をもつタンパク質Hの分子量は8458である。Hには何個のAが含まれるか。なお，各アミノ酸の分子量は，グリシンが75，フェニルアラニンが165，アスパラギン酸が133，システインが121である。　(20　摂南大　改)

思考 論述 グラフ

353. 酵素の特性 図1のア，イは，酵素反応および無機触
媒反応のいずれかの反応速度と温度の関係を，図2のウ〜
オは3種類の酵素(だ液アミラーゼ，ペプシン，トリプシ
ン)のいずれかの反応速度とpHの関係を表している。だ
液アミラーゼはだ液に，ペプシンは胃液に，トリプシンは
すい液に多く存在する。次の各問いに答えよ。

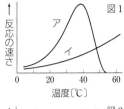

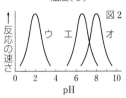

(1) ア，イのうち酵素反応を表すものはどちらか。

(2) 図1のグラフで，アは高温になると反応速度が急激
に減少している。その理由を簡単に記せ。

(3) ウ〜オのうち，ペプシンの反応を表すものはどれか。
理由とともに記せ。　　　　　(21 神戸学院大 改)

思考 論述

354. 核酸 核酸は，生体内に存在する高分子化合物の一種である。環状構造の塩基(核
酸塩基)と(ア)が，炭素数が(イ)個の単糖に結合した物質を(ウ)とよび，核
酸の繰り返し単位となっている。デオキシリボ核酸(DNA)に含まれる塩基は，アデニン，
シトシン，グアニン，チミンの4種類である。アデニンはチミンと，グアニンはシトシ
ンと水素結合を介して，それぞれ塩基対を形成する。このような塩基どうしの関係を相
補性といい，相補的な2本のDNAは二重らせん構造をつくる。二重らせん構造をとる
DNA(二重鎖DNA)の水溶液をゆっくり加熱すると，ある温度で1本ずつのDNAに解
離する。この温度を融解温度とよび，二重鎖DNAの安定性を示す指標となる。

(1) 文中の(ア)〜(ウ)に適切な語句または数字を記せ。

(2) 下線部について，二重鎖DNAにおける各塩基対の水素結合のようすを示せ。核
酸塩基の化学構造は，下図の表記を用いること。なお，図中のRは単糖を示す。

アデニン

シトシン

グアニン

チミン

(3) 二重鎖DNAに含まれるアデニンを次のA〜Dで置き換えたとき，融解温度が上
昇するものはどれか。また，融解温度が上昇する理由を60字以内で説明せよ。

A

B

C

D

(21 大阪大 改)

219

第Ⅴ章

高分子化合物

19 | 合成繊維

1 合成高分子化合物

合成繊維，合成樹脂（プラスチック），合成ゴムなどの合成高分子化合物は，単量体（モノマー）を多数重合させて得られる重合体（ポリマー）で，さまざまな形状に加工して利用される。重合体中の繰り返し単位の数を重合度という。

❶重合の種類

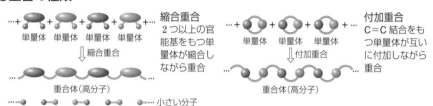

縮合重合
2つ以上の官能基をもつ単量体が縮合しながら重合

付加重合
C＝C結合をもつ単量体が互いに付加しながら重合

注 このほか，環状構造の単量体が環を開きながら重合する開環重合，2種類以上の単量体が連なる共重合，単量体が付加や縮合を繰り返しながら立体網目状に連なる付加縮合などがある。

❷合成高分子化合物の特徴

①重合度や分子量の異なる高分子が混在するため，平均重合度や平均分子量を用いる。

②一定の融点を示さず，加熱すると軟化する。この温度を軟化点（ガラス転移点）という。

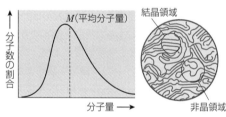

③分子が規則的に配列した結晶領域と，不規則に配列した非晶領域をもつ。

2 合成繊維

合成繊維は糸状に引きのばして利用される合成高分子。

❶ポリアミド　多数のアミド結合－CO－NH によって連なった合成高分子。

ナイロン66（6,6-ナイロン） 弾力性に富み，摩擦に強い。吸湿性に乏しく，熱に弱い。

ナイロン6（6-ナイロン） 弾力性に富み，摩擦に強い。

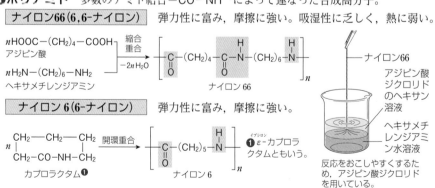

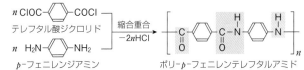

アラミド繊維

強度が大きく，弾力性・耐熱性にすぐれる。

❷**ポリエステル**　多数のエステル結合－CO－O－によって連なった合成高分子。

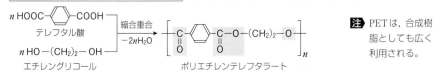

ポリエチレンテレフタラート(PET)　摩擦や熱に強い。吸湿性に乏しく，帯電しやすい。

注 PETは，合成樹脂としても広く利用される。

❸**アクリル繊維**

軽く，やわらかい。保湿性がよい。

注 一般には，アクリロニトリルとアクリル酸メチル $CH_2=CHCOOCH_3$ を共重合させている。

❹**ビニロン**　高強度で，適度な吸湿性をもつ。

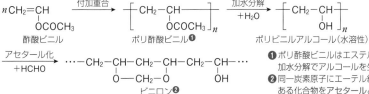

❶ポリ酢酸ビニルはエステルであり，加水分解でアルコールを生じる。
❷同一炭素原子にエーテル結合が2つある化合物をアセタールという。

第Ⅴ章　高分子化合物

プロセス　次の文中の(　　)に適当な語句を入れよ。

1 合成高分子化合物は，単量体を多数重合させて得られる(　ア　)で，さまざまな形状に加工して利用される。(ア)中の繰り返し単位の数を(　イ　)という。

2 多数の(　ウ　)結合－NH－CO－によって連なった合成高分子を(　エ　)という。(エ)には，ヘキサメチレンジアミンとアジピン酸から合成される(　オ　)やカプロラクタムから合成される(　カ　)などがある。

3 多数の(　キ　)結合－CO－O－によって連なった合成高分子を(　ク　)という。(ク)の代表的なものに(　ケ　)(PETとも表される)がある。

4 多数のアクリロニトリルの(　コ　)重合によって得られるポリアクリロニトリルは，一般に(　サ　)繊維とよばれる。

プロセスの解答

(ア) 重合体(ポリマー)　(イ) 重合度　(ウ) アミド　(エ) ポリアミド　(オ) ナイロン66
(カ) ナイロン6　(キ) エステル　(ク) ポリエステル　(ケ) ポリエチレンテレフタラート　(コ) 付加
(サ) アクリル

221

基本例題41　繊維の原料　　　　　　　　　　　　　　　　　　⇒問題360

次の各繊維を合成するときに用いる物質を下の(ア)～(ケ)からすべて選び，記号で記せ。

(1)　ナイロン66　　　(2)　アクリル繊維　　　(3)　ポリエチレンテレフタラート

(4)　ビニロン

(ア)　ホルムアルデヒド　　　　(イ)　無水酢酸　　　(ウ)　アジピン酸

(エ)　アクリロニトリル　　　　(オ)　酢酸ビニル　　(カ)　エチレングリコール

(キ)　ヘキサメチレンジアミン　(ク)　セルロース　　(ケ)　テレフタル酸

考え方

(1)　アジピン酸とヘキサメチレンジアミンの縮合重合で合成される。

(2)　アクリロニトリルの付加重合でおもに合成される。

(3)　テレフタル酸とエチレングリコールの縮合重合で合成される。

(4)　酢酸ビニルの付加重合で得たポリ酢酸ビニルを加水分解してポリビニルアルコールにし，ホルムアルデヒドを反応させ，一部をアセタール化して合成される。

解答

(1)　**(ウ)と(キ)**

(2)　**(エ)**

(3)　**(カ)と(ケ)**

(4)　**(ア)と(オ)**

▌基│本│問│題▐

355. ［知識］**合成高分子化合物の特徴** 次のうちから，正しいものを2つ選べ。

(ア)　合成高分子化合物は，構成単位の単量体が分子間力で結びつき，多数集まったものである。

(イ)　合成高分子化合物の分子量は分布をもつため，平均値で表される。

(ウ)　合成高分子化合物は，固有の融点を示す。

(エ)　合成高分子化合物の固体は，結晶領域と非晶領域をもつことが多い。

356. ［知識］**重合の種類** 次の(1)～(3)に示す重合反応の名称を下から選び，記号で記せ。

(1)　C＝C 結合をもつ1種類の単量体が多数重合する反応。

(2)　2つ以上の官能基をもつ単量体が水などを脱離しながら多数重合する反応。

(3)　環状構造をもつ1種類の単量体が環を開きながら多数重合する反応。

(ア)　縮合重合　　(イ)　付加重合　　(ウ)　開環重合

357. ［知識］**ポリアミド** 次の文中の(　)に適当な語句，物質名を記せ。

多数の(　ア　)結合－CO－NH－によって連なった合成高分子を(　イ　)という。(イ)には，アジピン酸と(　ウ　)との(　エ　)重合で合成されるナイロン66がある。ナイロン6も(イ)に分類されるが，単量体は(　オ　)であり，(　カ　)重合で合成される。p-フェニレンジアミンとテレフタル酸ジクロリドを(エ)重合させると，(　キ　)繊維が合成される。

例題
解説動画

358. 思考 **ポリエステル**⬤次の文中の（　　）に適当な語句，物質名，数字を記せ。

　多数の（　ア　）結合−CO−O−によって連なった合成高分子を（　イ　）という。（イ）の代表的な例がポリエチレンテレフタラート（PET）であり，（　ウ　）と（　エ　）の2種類の単量体の（　オ　）重合で合成される。

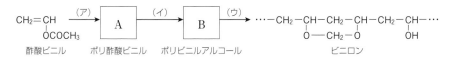

　図のような構造をもつPETの平均分子量が$3.84×10^4$のとき，重合度nは（　カ　）であり，（ア）結合は（　キ　）個含まれる。

359. 知識 **ビニロン**⬤ビニロンは，酢酸ビニルを原料にして，ポリ酢酸ビニル，ポリビニルアルコールを経て合成される。この合成反応の流れは，次のようになる。下の各問いに答えよ。

$$CH_2＝CH \xrightarrow{(ア)} \boxed{A} \xrightarrow{(イ)} \boxed{B} \xrightarrow{(ウ)} \cdots CH_2−CH−CH_2−CH−CH_2−CH \cdots$$

$$\underset{OCOCH_3}{|} \qquad\qquad\qquad\qquad\qquad O−CH_2−O \qquad OH$$

酢酸ビニル　　　ポリ酢酸ビニル　　ポリビニルアルコール　　　　　　　ビニロン

(1)　図中のA，Bに構造式を記せ。

(2)　図中の（ア）〜（ウ）に反応名を記せ。

(3)　図中の化合物のうち，エステルをすべて選び，物質名で記せ。

(4)　反応（ウ）で，ポリビニルアルコールに作用させる低分子量の物質は何か。物質名および構造式を記せ。

360. 知識 **合成繊維と単量体**⬤次の(1)〜(4)は，合成繊維の構造の一部を示している。これらの合成繊維の名称，および原料となる単量体の名称を記せ。

(1)　$\cdots−\underset{O}{\overset{\|}{C}}−\bigcirc−\underset{O}{\overset{\|}{C}}−O−(CH_2)_2−O−\cdots$　　　(2)　$\cdots−\underset{O}{\overset{\|}{C}}−(CH_2)_5−NH−\cdots$

(3)　$\cdots−CH_2−\underset{CN}{\overset{|}{CH}}−\cdots$　　　(4)　$\cdots−\underset{O}{\overset{\|}{C}}−(CH_2)_4−\underset{O}{\overset{\|}{C}}−NH−(CH_2)_6−NH−\cdots$

361. 知識 **繊維の特徴**⬤次の(1)〜(5)の各記述にあてはまる繊維を下から選び，記号で記せ。

(1)　アミド結合を多数もつ合成繊維で，摩擦に強く，弾力性に富むが，熱には弱い。

(2)　エステル結合を多数もつ合成繊維で，摩擦や熱には強いが，帯電しやすい。

(3)　ヒドロキシ基の一部が残る合成繊維で，適度な吸湿性をもつ。強度が大きい。

(4)　付加重合によって合成される繊維で，羊毛に似て，軽くてやわらかい。

(5)　縮合重合によって合成される繊維で，強度が大きく，耐熱性にすぐれる。分子内にベンゼン環をもつ。

　　（ア）　アクリル繊維　　　（イ）　アラミド繊維　　　（ウ）　ビニロン

　　（エ）　ポリエチレンテレフタラート　　　（オ）　ナイロン66

発展例題33　ナイロンの合成　　　　　　　　　　⇒問題362

ヘキサメチレンジアミン $H_2N-(CH_2)_6-NH_2$ を NaOH 水溶液に溶かした溶液Aと，アジピン酸ジクロリド $ClOC-(CH_2)_4-COCl$ をヘキサンに溶かした溶液Bを調製し，両者を2層になるようにビーカーに入れると，両液が接触した界面に膜状のナイロンが生成した。

(1)　このナイロンが生成する反応を，化学反応式で表せ。

(2)　このナイロンの名称を記せ。

(3)　この実験における NaOH の役割を次から選べ。

（ア）　溶液の pH を調整する。　　　（イ）　触媒となる。

（ウ）　アジピン酸を中和する。

（エ）　反応で生じる塩化水素を中和する。

■ 考え方

(2)　ヘキサメチレンジアミン，アジピン酸には，炭素原子が6個ずつ含まれる。

(3)　この反応で生じる HCl は，塩基であるヘキサメチレンジアミンと反応しやすい。

▌ 解 答

(1)　$nH_2N-(CH_2)_6-NH_2+nClOC-(CH_2)_4-COCl \longrightarrow$
　　$+NH-(CH_2)_6-NH-OC-(CH_2)_4-CO+_n+2nHCl$

(2)　**ナイロン66**

(3)　反応で生じる HCl を中和して取り除くために加える。
　（**エ**）

発展問題

362. **思考** **ナイロン610** 次のナイロン610の合成に関する文章を読み，下の各問いに答えよ。

$$nH-\underset{H}{\underset{|}{N}}-(CH_2)_6-\underset{H}{\underset{|}{N}}-H + nHO-\underset{O}{\underset{\|}{C}}-(CH_2)_8-\underset{O}{\underset{\|}{C}}-OH \xrightarrow{重合} \left[-\underset{H}{\underset{|}{N}}-(CH_2)_6-\underset{H}{\underset{|}{N}}-\underset{O}{\underset{\|}{C}}-(CH_2)_8-\underset{O}{\underset{\|}{C}}-\right]_n$$

ヘキサメチレンジアミン　　　　　セバシン酸　　　　　　　　　　ナイロン610

　2.00 mol のヘキサメチレンジアミンと 2.00 mol のセバシン酸を（（ア）　A：開環　B：縮合）重合させると，ナイロン610が得られた。このようなアミド結合によって多数連なった高分子化合物を，一般に（（イ）　A：ポリアミド　B：ポリイミド）という。このポリマーは（（ウ）　A：分子内　B：分子間）に水素結合が多数形成され，高い強度を示す。

(1)　文中の（ア）～（ウ）に入る適切な語句を選び，それぞれAかBの記号で答えよ。

(2)　2.00 mol のヘキサメチレンジアミンと 2.00 mol のセバシン酸の質量は何 g か。

(3)　ヘキサメチレンジアミンとセバシン酸がすべて重合した場合に得られるナイロン610の質量は何 g か。ただし，得られたナイロン610の平均分子量は十分に大きいものとする。

(4)　分子量 $8.46×10^4$ のナイロン610の1分子中には，何個のアミド結合が含まれるか。有効数字2桁で答えよ。

(20　富山県立大　改)

例題
解説動画

363. 思考 論述 **合成繊維**■ナイロン6は化合物Aが（　ア　）重合してできた高分子である。また，ナイロン66は化合物Bと化合物Cが等しい物質量で（　イ　）重合し，ナイロン6と同様に（　ウ　）結合によって化合物Bと化合物Cどうしが結合した高分子である。この（ウ）結合はタンパク質のアミノ酸の間の結合にもみられる。上記の（ウ）結合によって連なったベンゼン環を含む高分子Xは，パラ2置換ベンゼンである化合物DおよびEを1.0 mol ずつ用いて合成できる。この高分子Xは，炭素，水素，窒素，酸素のみからなり，元素分析によって成分元素の質量百分率は，炭素70.6％，水素4.2％，窒素11.8％である。高分子Xは（ア）重合では合成できず，ナイロン66と同じ（イ）重合で合成できる。この高分子Xの繊維を（　エ　）という。

(1)　化合物A～Eの構造式を記せ。

(2)　（ア）～（エ）にあてはまる最も適切な語句を記せ。

(3)　高分子Xの構造式を記せ。

(4)　重合度が異なる高分子 X1 と X2 の重合度を測定したところ，350と500であった。X1 と X2 を同じ質量で混ぜた高分子材料の平均分子量を，有効数字2桁で答えよ。

(5)　高分子Xはロープや防護服などに利用され，ナイロンよりも物理的強度にすぐれている。その理由を説明せよ。
（20　九州工業大　改）

364. 思考 **ビニロン**■酢酸亜鉛を触媒として，アセチレンに酢酸を付加させると，化合物Aを生じる。化合物Aを付加重合させたのち，<u>①水酸化ナトリウム水溶液と反応させると，ポリビニルアルコールを生じる。</u><u>②ポリビニルアルコールにホルムアルデヒド水溶液を作用させると，ホルミル基がヒドロキシ基2個と反応して水分子を分離し，合成繊維B</u>ができる。

(1)　化合物Aおよび合成繊維Bの名称をそれぞれ記せ。

(2)　下線部①の反応は次のいずれに該当するか。（a）～（e）の中から選び，記号で記せ。

(a)　けん化　　(b)　脱水　　(c)　還元　　(d)　縮合　　(e)　酸化

(3)　下線部①で得られたポリビニルアルコールの平均分子量は 2.20×10^4 であった。

(ⅰ)　このポリビニルアルコールの1分子中にヒドロキシ基は平均何個あるか。整数で答えよ。

(ⅱ)　このポリビニルアルコールを用いて下線部②の反応を行った。この反応は下に示すように，ポリビニルアルコールの隣り合ったヒドロキシ基の一部でおこり，得られた合成繊維Bの平均分子量は 2.29×10^4 であった。ポリビニルアルコールのヒドロキシ基の何％がホルムアルデヒドと反応したか。有効数字2桁で答えよ。

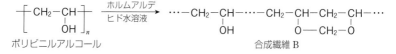

（17　大阪市立大　改）

225

20 合成樹脂とゴム

1 合成樹脂

❶熱可塑性樹脂 付加重合で生成するものが多い。直鎖状の分子構造をもつ合成高分子からなる固体であり，加熱によってやわらかくなる性質(熱可塑性)をもつ。

$$n\ CH_2=CH \xrightarrow{\text{付加重合}} \left[CH_2-CH \right]_n$$
$$\qquad\quad X \qquad\qquad\qquad\quad X$$

合成樹脂❶	略号	単量体	特性	用途
ポリエチレン❶	PE	$CH_2=CH_2$	透明で，薬品に強い	包装材，容器
ポリプロピレン	PP	$CH_2=CHCH_3$	熱に強い	繊維，容器
ポリスチレン	PS	$CH_2=CHC_6H_5$	透明で，かたい	台所用品，梱包材
ポリ塩化ビニル	PVC	$CH_2=CHCl$	耐水性，薬品に強い	パイプ，建材
塩化ビニル・塩化ビニリデン共重合体	—	$CH_2=CHCl$ $CH_2=CCl_2$	熱や摩擦，薬品に強い	漁網 食品用ラップ
ポリ酢酸ビニル	PVAc	$CH_2=CHOCOCH_3$	融点が低い	塗料，接着剤
ポリメタクリル酸メチル	PMMA	$CH_2=C(CH_3)COOCH_3$	透明度が高い	ガラス，透明板

❶ポリエチレンには，高密度ポリエチレン(HDPE)と低密度ポリエチレン(LDPE)がある。高密度ポリエチレンは，塩化チタン(IV)を中心とするチーグラー・ナッタ触媒を用いて合成される。

注 ポリテトラフルオロエチレン$\left[CF_2-CF_2 \right]_n$ のようなフッ素樹脂などもある。

❷熱硬化性樹脂 単量体が付加と縮合を繰り返す付加縮合で生成するものが多い。立体網目状の分子構造をもつ合成高分子で，加熱によって重合がさらに進行し，硬化する性質(熱硬化性)をもつ。

合成樹脂	単量体	重合体	特性	用途
フェノール樹脂	C_6H_5OH HCHO		かたくて，電気絶縁性がよい	配電盤 ソケット
尿素樹脂 (ユリア樹脂)	$CO(NH_2)_2$ HCHO		接着力にすぐれ，着色しやすい	合板の接着剤 成形品
メラミン樹脂	$C_3N_3(NH_2)_3$ HCHO		耐久性・耐熱性にすぐれ，高い強度をもつ	化粧板，塗料 木材の接着剤

このほか，熱硬化性樹脂にはエポキシ樹脂，アルキド樹脂，シリコーン樹脂などがある。尿素樹脂やメラミン樹脂などはアミノ樹脂と総称される。

❸処理 合成樹脂の廃棄にはさまざまな社会的な課題があり，リサイクル技術や自然界で分解されやすいポリ乳酸などの生分解性樹脂(生分解性プラスチック)が研究されている。

$$\left[O-\underset{\underset{H}{|}}{\overset{\overset{CH_3}{|}}{C}}-\overset{\overset{O}{\|}}{C} \right]_n$$

ポリ乳酸

2 機能性高分子化合物

❶イオン交換樹脂　スチレンと *p*-ジビニルベンゼンの共重合体に適当な官能基を導入させた合成樹脂。

(a)　陽イオン交換樹脂

スルホ基やカルボキシ基をもち，陽イオンを交換する。

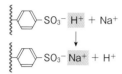

$$\text{—SO}_3^- \ \boxed{\text{H}^+} \ + \ \text{Na}^+$$
$$\downarrow$$
$$\text{—SO}_3^- \ \boxed{\text{Na}^+} \ + \ \text{H}^+$$

(b)　陰イオン交換樹脂

トリメチルアンモニウム基をもち，陰イオンを交換する。

$$\text{—CH}_2\text{N}^+(\text{CH}_3)_3 \ \boxed{\text{OH}^-} \ + \ \text{Cl}^-$$
$$\downarrow$$
$$\text{—CH}_2\text{N}^+(\text{CH}_3)_3 \ \boxed{\text{Cl}^-} \ + \ \text{OH}^-$$

❷高吸水性樹脂　ポリアクリル酸ナトリウム $\text{+CH}_2-\text{CH(COONa)}\text{+}_n$ は，水に溶解せず，多量の水を吸収してふくらむ。紙おむつ，生理用品，土壌保水剤などに利用。

3 合成ゴム

❶生ゴム（天然ゴム）　イソプレン $\text{CH}_2=\text{C(CH}_3)\text{CH}=\text{CH}_2$ が重合した構造をもち，イソプレン単位ごとに1個のシス形の二重結合がある。乾留によってイソプレンを生じる。

❷ゴムの弾性　引き伸ばされたゴムは，力を加えるのをやめると，分子の熱運動によってもとの状態に戻る。そのため，弾性を生じる。

加硫された生ゴム

❸加硫　ゴムと硫黄を反応させ，ゴム分子間に硫黄原子で橋かけ（架橋）させ，弾性のあるゴムをつくる操作。

❹合成ゴム　付加重合や共重合によって合成される。

合成ゴム	原料（単量体）	重合体	用途
イソプレンゴム IR	$\text{CH}_2=\overset{\text{CH}_3}{\text{C}}-\text{CH}=\text{CH}_2$	$-\!\!\left[\text{CH}_2-\overset{\text{CH}_3}{\text{C}}=\text{CH}-\text{CH}_2\right]_n$	タイヤ，防振ゴム
ブタジエンゴムBR	$\text{CH}_2=\text{CHCH}=\text{CH}_2$	$\text{+CH}_2-\text{CH}=\text{CH}-\text{CH}_2\text{+}_n$	タイヤ
クロロプレンゴム CR	$\text{CH}_2=\text{CClCH}=\text{CH}_2$	$\text{+CH}_2-\text{CCl}=\text{CH}-\text{CH}_2\text{+}_n$	コンベアーベルト
スチレンブタジエンゴム SBR	$\text{CH}_2=\text{CHCH}=\text{CH}_2$ $\text{CH}_2=\text{CHC}_6\text{H}_5$	$\cdots-\text{CH}_2-\text{CH}=\text{CH}-\text{CH}_2-\text{CH}_2-\underset{\bigcirc}{\text{CH}}-\cdots$	タイヤ，くつ底
アクリロニトリルブタジエンゴムNBR	$\text{CH}_2=\text{CHCH}=\text{CH}_2$ $\text{CH}_2=\text{CHCN}$	$\cdots-\text{CH}_2-\text{CH}=\text{CH}-\text{CH}_2-\underset{\text{CN}}{\text{CH}}-\cdots$	ホース，パッキング
シリコーンゴム❶	$(\text{CH}_3)_2\text{SiCl}_2$（ジクロロジメチルシラン） H_2O	$\cdots-\text{O}-\underset{\text{CH}_3}{\overset{\text{CH}_3}{\text{Si}}}-\text{O}-\underset{\text{CH}_2}{\overset{\text{CH}_3}{\text{Si}}}-\text{O}-\underset{\text{CH}_3}{\overset{\text{CH}_3}{\text{Si}}}-\text{O}-\underset{\text{CH}_3}{\overset{\text{CH}_3}{\text{Si}}}-\cdots$	医療用チューブ

❶シリコーンゴムには炭素原子間の二重結合 $\text{C}=\text{C}$ がなく，酸化されにくい。

1 合成樹脂のうち，加熱すると軟化し，冷却すると再び硬化するものを（ ア ）樹脂という。一方，合成するとき，加熱によって反応が進み，硬化する合成樹脂を（ イ ）樹脂という。

2 エチレンを（ ウ ）重合させると得られるポリエチレンや，塩化ビニルを(ウ)重合させて得られる（ エ ）は熱可塑性樹脂である。

3 フェノール樹脂は，フェノールとホルムアルデヒドの（ オ ）縮合によって合成される。尿素樹脂は，（ カ ）とホルムアルデヒドの(オ)縮合によって合成される。

4 合成樹脂は自然界で分解されにくいが，自然界で分解されやすいポリ乳酸などの合成樹脂が開発されており，これを（ キ ）樹脂という。

5 イオン交換樹脂は，（ ク ）と p-ジビニルベンゼンの共重合体に適当な官能基を導入した合成樹脂で，スルホ基を導入したものは（ ケ ）交換樹脂とよばれる。

6 ゴムと硫黄を反応させて，ゴム分子間に硫黄原子で橋かけし，弾性のあるゴムをつくる操作を（ コ ）という。1,3-ブタジエンにスチレンを約25％混合し，触媒を用いて（ サ ）重合させると，（ シ ）を生じる。

▶プロセスの解答
(ア) 熱可塑性　(イ) 熱硬化性　(ウ) 付加　(エ)ポリ塩化ビニル　(オ) 付加　(カ)尿素
(キ) 生分解性　(ク) スチレン　(ケ) 陽イオン　(コ) 加硫　(サ) 共　(シ) スチレンブタジエンゴム

基本例題42　合成樹脂の構造　　　　　　　➡問題365

次の(1)～(5)の構造をもつ合成樹脂とその原料の名称をそれぞれ記せ。また，熱硬化性を示すものを2つ選べ。

(1) $\left[\begin{array}{c} CH_2-CH \\ | \\ CH_3 \end{array}\right]_n$

(2) ···$\begin{array}{c} OH \\ | \\ \end{array}$ CH_2 $\begin{array}{c} OH \\ | \\ \end{array}$ ···

(3) $\left[\begin{array}{c} CH_2-CH \\ | \\ \bigcirc \end{array}\right]_n$

(4) $\left[\begin{array}{c} CH_2-CH \\ | \\ OCOCH_3 \end{array}\right]_n$

(5) ···$-CH_2-N-CH_2-$···
$\qquad\qquad\quad | $
$\qquad\qquad\quad C=O$
$\qquad\qquad\quad | $
···$-CH_2-N-CH_2-$···

▌考え方
直鎖状の分子構造をもち，付加重合で合成される高分子は熱可塑性を示す。
立体網目状の分子構造をもつ高分子は熱硬化性樹脂である。

▌解答
(1) **ポリプロピレン**　（原料）**プロペン(プロピレン)**
(2) **フェノール樹脂**　（原料）**フェノール，ホルムアルデヒド**
(3) **ポリスチレン**　　（原料）**スチレン**
(4) **ポリ酢酸ビニル**　（原料）**酢酸ビニル**
(5) **尿素樹脂**　　　　（原料）**尿素，ホルムアルデヒド**
熱硬化性を示すもの…**(2)，(5)**

例題
解説動画

基本例題43　天然ゴムと合成ゴム

→問題370

生ゴムは，イソプレンが付加重合してできたポリイソプレンの構造（図）をもち，イソプレン単位ごとに（　　）形の二重結合が1個ある。イソプレンに似た構造の単量体を付加重合させると，合成ゴムが得られる。

$$\cdots-CH_2 \quad CH_2-CH_2 \quad CH_2-\cdots$$
$$CH_3 \quad C=C \quad H \qquad CH_3 \quad C=C \quad H$$

(1)　イソプレンの構造式を記せ。

(2)　文中の（　　）に適当な語句を入れよ。

(3)　1,3-ブタジエンの付加重合で得られる合成ゴムの名称と構造式を記せ。

▌考え方

(1)　単量体の繰り返し単位を見つけ，二重結合が外に開いた部分と内側にたたまれた部分をもとの場所に戻す。

(2)　炭素の鎖$-CH_2-CH_2-$が二重結合をはさんで同じ側（図では上側）にあるのでシス形である。

(3)　1,3-ブタジエン $CH_2\overset{1}{=}CH\overset{2}{-}CH\overset{3}{=}CH_2$ の付加重合では，両端の $C=C$ が開いて別の分子と結合し，中央に $C=C$ を形成する。

▌解答

(1)
$$CH_3$$
$$CH_2=C-CH=CH_2$$

(2)　**シス**

(3)　**ブタジエンゴム**
$$+CH_2-CH=CH-CH_2+_n$$

第Ⅴ章　高分子化合物

基本問題

365. 合成樹脂の構造〔知識〕　次の(a)〜(e)は，合成樹脂の構造の一部を示したものである。それぞれの名称を下の①〜⑤から選び，原料となる単量体の化学式をすべて記せ。

(a)
$$-CH_2 \overset{OH}{\diagdown} CH_2 \overset{OH}{\diagdown} CH_2-$$

(b)
$$-CH-CH_2-CH-CH_2-$$

(c)
$$+CH_2-C(CH_3) \atop COOCH_3 +_n$$

(d)
$$+CH_2-CH_2 +_n$$

(e)
$$+CH_2-CHCl +_n$$

①　ポリ塩化ビニル　　　　②　ポリエチレン　　　③　フェノール樹脂

④　ポリメタクリル酸メチル　　　⑤　ポリスチレン

366. 合成樹脂の性質と用途〔知識〕　次の合成樹脂(a)〜(f)について，下の各問いに答えよ。

(a)　ポリエチレン　　　　(b)　フェノール樹脂　　　　(c)　尿素樹脂

(d)　ポリ塩化ビニル　　　(e)　ポリメタクリル酸メチル　　(f)　ポリ酢酸ビニル

(1)　熱可塑性樹脂をすべて選べ。

(2)　次の(ア)〜(エ)にあてはまるものを，それぞれ1つずつ選べ。

　(ア)　かたくて電気絶縁性がよいので，ソケットに用いられている。

　(イ)　透明度が高いので，有機ガラスとして用いられている。

　(ウ)　透明な袋や容器などに最もよく用いられる。

　(エ)　銅線につけて炎に入れると，青緑色の炎がみられる。

例題
解説動画

$H=1.0 \quad C=12 \quad N=14$

367. 機能性高分子1 ●次の文中の（　）に適切な語句を記入せよ。

スチレンと少量の（ ア ）を（ イ ）重合させると，架橋構造をもつ合成樹脂Aができ，これを濃硫酸で（ ウ ）化すると，（ エ ）交換樹脂が得られる。この樹脂をカラムにつめて塩化ナトリウム水溶液を流すと，流出液は（ オ ）性を示す。使用後は，濃塩酸を流すことで再生させることが可能である。

また，合成樹脂Aにトリメチルアンモニウム基 $-CH_2-N^+(CH_3)_3OH$ を導入したものは（ カ ）交換樹脂とよばれる。（エ）交換樹脂と（カ）交換樹脂にイオンを含む水溶液を連続して通すことで，イオン交換水（脱イオン水）を得ることができる。

368. 機能性高分子2 ●次の空欄（ア），（イ）に適切な語句を入れ，下の問いに答えよ。

アクリル酸メチル（$CH_2＝CH-COOCH_3$）を（ ア ）重合して得られたポリアクリル酸メチルを水酸化ナトリウムでけん化するとポリアクリル酸ナトリウムが得られる。ポリアクリル酸ナトリウムが架橋された立体網目状構造の樹脂は，自重の10～1000倍の質量の水を吸収・保持することができ，（ イ ）樹脂として，紙おむつなどの衛生用品や土壌保水材などに用いられている。

（問）　下線部の構造式を記せ。

369. 機能性高分子3 ●次の文を読み，下の各問いに答えよ。

合成高分子による自然環境の汚染などが問題となっているので，ポリ乳酸のように自然界で分解されやすい合成高分子が研究されるようになった。

(1)　乳酸 $CH_3CH(OH)COOH$ を縮合重合させた構造のポリ乳酸の構造式を記せ。

(2)　下線部のような合成高分子は，何とよばれるか。

370. ゴム ●次の文中の（　）に適切な語句を記入し，下の各問いに答えよ。

ゴムはゴムノキの樹液から得られる天然ゴムと，人工的につくり出された合成ゴムに大別される。天然ゴムは，イソプレン $CH_2＝C(CH_3)CH＝CH_2$ が付加重合した（ ア ）形の構造をもつ(a)ポリイソプレンである。合成ゴムとしては，1,3-ブタジエンを付加重合させて得られる(b)ブタジエンゴムや，クロロプレン（イソプレンのメチル基が塩素原子に置き換わった分子）から得られる(c)クロロプレンゴム，スチレンとブタジエンを（ イ ）重合して得られる(d)スチレンブタジエンゴムなどが挙げられる。

(1)　下線部(a)～(c)の構造式を記せ。重合度はnとする。

(2)　ゴムに5～8％の硫黄を加えて，140℃に加熱する処理を何というか。

(3)　次の合成ゴムの原料となっている単量体の名称をすべて記せ。

　　　…$-CH_2-CH＝CH-CH_2-CH_2-CH(CN)-$…

(4)　下線部(d)について，物質量比1：1のスチレン（分子量104）とブタジエン（分子量54）からなる，15.8gのスチレンブタジエンゴムに付加する臭素 Br_2（分子量160）は何gか。ただし，臭素はブタジエン構造中の $C＝C$ とのみ反応するものとする。

230

371. <u>知識</u> **さまざまな高分子化合物** ⬤下の記述のうちから，誤りを含むものを１つ選べ。

（ア） フェノール樹脂は，加熱すると分子間に立体網目状の結合が生成して硬化する熱硬化性樹脂であり，電気絶縁性にすぐれ，電気部品などに使用されている。

（イ） ポリアクリル酸ナトリウムに適当な架橋剤を加えて網目状にした高分子化合物は，吸水性が大きく，紙おむつなどに利用されている。

（ウ） 生ゴム（天然ゴム）中のイソプレン単位にある二重結合はトランス形なので，分子鎖が折れ曲がり，ゴム弾性が生じる。

（エ） スチレンとブタジエンを共重合させて生じるゴムは，自動車のタイヤなどに用いられている。

（オ） シリコーンゴムには炭素原子間の二重結合がなく，酸素によって酸化されにくい。

発展例題34　イオン交換樹脂 ➡問題374

ポリスチレンにスルホ基が結合した化合物が，イオン交換樹脂Aとして利用されるが，もう１つのイオン交換樹脂Bと組み合わせることによって，イオンを含む水溶液を純粋な水にすることができる。たとえば，硝酸カリウム水溶液をAとBに接触させると，次のように変化して純粋な水が得られる。

A.　CH——⟨　⟩—SO₃H ＋ （ ア ） ⟶ CH——⟨　⟩—① ＋ （ イ ）

B.　CH——⟨　⟩—CH₂N(CH₃)₃OH ＋ （ ウ ） ⟶ CH——⟨　⟩—② ＋ （ エ ）

イオン交換は完全に行われるものとして，次の各問いに答えよ。

(1) （ア）〜（エ）には化学式を，①および②には適当な構造を入れよ。

(2) 硝酸カリウム水溶液の濃度を知るために，その 10mL をとり，イオン交換樹脂Aをつめた円筒を通過させた。次に，樹脂を十分に水で洗い，流出液と水洗液を合わせて，0.010mol/L の水酸化ナトリウム水溶液で滴定したところ，15mL を要した。この硝酸カリウム水溶液のモル濃度はいくらか。

■ 考え方

陽イオン交換樹脂によって，1 mol の K^+ と 1 mol の H^+ が交換される。この H^+ を中和滴定することによって，硝酸カリウムの濃度を求める。

■ 解答

(1) （ア）K^+　（イ）H^+　（ウ）NO_3^-　（エ）OH^-
① —SO_3K　② —$CH_2N(CH_3)_3NO_3$

(2) 硝酸カリウム水溶液の濃度を x [mol/L] とすると，K^+ と交換された H^+ の物質量は等しいので，次式が成り立つ。

$$x\,[\text{mol/L}] \times \frac{10}{1000}\,\text{L} = 0.010\,\text{mol/L} \times \frac{15}{1000}\,\text{L}$$

$$x = \textbf{0.015\,mol/L}$$

例題
解説動画

発展問題

思考

372. 合成高分子 ■ 次の合成高分子について，下の各問いに答えよ。

(ア) ポリ塩化ビニル　　(イ) ポリプロピレン　　(ウ) ポリスチレン

(エ) 尿素樹脂　　　　　(オ) フェノール樹脂　　(カ) イソプレンゴム

(キ) ポリエチレンテレフタラート

(1) (ア)，(イ)，(ウ)の高分子の原料である化合物(単量体)の構造式を記せ。

(2) (エ)と(オ)の高分子に共通する原料である化合物(単量体)の名称を記せ。

(3) (カ)の高分子の構造式を次から選び，合成するときの化学反応式を示せ。

(a) $+CH_2-CCl=CH-CH_2+_n$　　　　(b) $+CH_2-CH=CH-CH_2+_n$

(c) $+CH_2-C(CH_3)=CH-CH_2+_n$

(4) (キ)に関する次の文中の(a)，(b)に適切な語句を記せ。

テレフタル酸と，分子内に2個のヒドロキシ基をもつ(a)の縮合重合で生じ，分子内に多数の(b)結合をもつ。ポリ(b)に分類される合成高分子化合物である。

(5) 平均分子量 1.0×10^4 のポリスチレンの平均重合度はいくらか。

(6) 次の①，②に該当する高分子を(ア)〜(キ)からすべて選び，記号で答えよ。

①銅線につけてガスバーナーの炎に入れると，青緑色の炎色反応を示すもの。

②付加縮合によって合成されるもの。

(大阪工業大　改)

思考

373. 合成樹脂 ■ 次の文を読み，下の各問いに答えよ。

合成樹脂は，熱可塑性樹脂と(ア)樹脂に大別される。発泡スチロールとして利用される(イ)や，塗料や接着剤に利用され，ポリビニルアルコールの原料ともなる(ウ)，有機ガラスとして利用される(a)ポリメタクリル酸メチルや，銅線の被覆や農業用シートなどに用いられる(b)ポリ塩化ビニルなどは，熱可塑性樹脂の例である。

一方，(ア)樹脂にもさまざまなものが知られている。フェノールと(エ)を(c)酸または塩基を触媒として加熱し合成されるフェノール樹脂，メラミンや尿素を(エ)と加熱して合成される(オ)，ビスフェノール類とエピクロロヒドリンから合成される(カ)などが例である。また，分子内にケイ素を含む(キ)は，その耐熱性，耐水性などから防水剤や医療材料として使われている。

(1) (ア)に適する語句を，(イ)〜(エ)に適切な化合物名を記せ。

(2) (オ)〜(キ)に入る最も適切な合成樹脂名をそれぞれ下の①〜⑤から選べ。

① アミノ樹脂　　② アルキド樹脂　　③ シリコーン樹脂

④ エポキシ樹脂　　⑤ フッ素樹脂

(3) 下線部(a)，(b)の合成樹脂の単量体の構造式をそれぞれ記せ。

(4) 下線部(c)の樹脂の合成において，酸を触媒としてフェノールと(エ)を加熱したときに生成する縮合生成物，塩基を触媒としたときの縮合生成物の名称を記せ。

(12　秋田大　改)

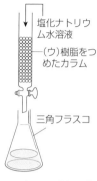

塩化ナトリウム水溶液

（ウ）樹脂をつめたカラム

三角フラスコ

思考　論述

374. **イオン交換樹脂**▊次の文中の（　　）に適切な語句を記入し，下の各問いに答えよ。

　スチレンに少量の p-ジビニルベンゼンを混ぜて（　ア　）重合させると，網目状構造を有したポリスチレン樹脂ができる。これに（　イ　）を作用させて合成したポリスチレンスルホン酸樹脂には，多くのスルホ基－SO_3H が存在するため，（　ウ　）樹脂として利用できる。<u>この樹脂をビーカーに入れ，塩化ナトリウム水溶液を加えると，水溶液は中性から酸性に変化する。</u>

(1)　下線部の理由を60字以内で説明せよ。

(2)　濃度不明の塩化ナトリウム水溶液 20 mL を，十分な量の（ウ）樹脂をつめた図のような装置に通じ，さらに十分な量の蒸留水を流して流出液を集めた。この流出液を，0.010 mol/L の水酸化ナトリウム水溶液で滴定すると，30 mL を要した。もとの塩化ナトリウム水溶液の濃度は何 mol/L か。

(11　三重大　改)

思考

375. **ゴム**▊次の文中の空欄（　　）に適する語句を入れ，下の各問いに答えよ。

　生ゴムの主成分はポリイソプレンであり，これを乾留するとイソプレン（分子式 C_5H_8）が得られる。生ゴムの弾性を高めるために数％の（　ア　）を加えて加熱すると弾性ゴムが得られるが，加える（ア）が30％程度になると弾性を失い，黒色の（　イ　）が得られる。

　1,3-ブタジエン $CH_2=CH-CH=CH_2$（分子量54）とアクリロニトリル $CH_2=CH-CN$（分子量53）を（　ウ　）すると，アクリロニトリルブタジエンゴム（NBR）が得られる。NBR は耐油性にすぐれているため，石油用のゴムホースなどに利用されている。

(1)　3.4 g のポリイソプレンに完全に水素を付加させると，得られる高分子は何 g か。

(2)　質量比で7.0％の窒素を含む NBR 中に含まれるアクリロニトリル単位の数は，ブタジエン単位の数の何倍か。有効数字2桁で答えよ。

(20　芝浦工業大)

思考

376. **生分解性樹脂**▊次の文を読み，下の各問いに答えよ。

　合成高分子は医療分野でも広範囲に利用されている。たとえば，生分解性高分子を利用した抜糸の必要がない縫合糸の開発なども最近の機能性高分子化学の発展によるものである。生分解性高分子であるポリ乳酸は乳酸 $C_3H_6O_3$ を原料として合成されるが，単量体の乳酸から直接重合反応によって高分子量のポリ乳酸を合成することは困難である。そこで，乳酸2分子を脱水縮合させた環状二量体（ジラクチド）を合成し，これを開環重合させると高分子量のポリ乳酸ができる。

(1)　ジラクチドの構造式を記せ。

(2)　重合度 n のポリ乳酸の構造式を記せ。

(3)　重合度500のポリ乳酸に含まれる炭素の質量百分率[％]を求め，整数で記せ。

(20　愛知医科大)

25 **糖類**◆天然に存在する有機化合物の構造に関連する記述として**誤りを含むもの**を，次の①〜⑤のうちから1つ選べ。

① グリコーゲンは，多数のグルコースが縮合した構造をもつ。

② グルコースは，水溶液中で環状構造と鎖状構造の平衡状態にある。

③ アミロースは，アミロペクチンより枝分かれが多い構造をもつ。

④ DNAの糖部分は，RNAの糖部分とは異なる構造をもつ。

⑤ 核酸は，窒素を含む環状構造の塩基をもつ。

（15 センター試験）

26 **二糖**◆次の記述（a・b）のいずれにもあてはまる化合物を，下の①〜④のうちから1つ選べ。

a 左側の単糖部分（灰色部分）が α−グルコース構造（α−グルコース単位）であるもの

b 水溶液にアンモニア性硝酸銀水溶液を加えてあたためると，銀が析出するもの

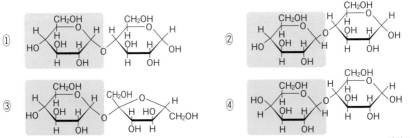

（16 センター試験追試）

27 **アミノ酸**◆不斉炭素原子をもち，塩基性アミノ酸と酸性アミノ酸のいずれにも分類されないアミノ酸（中性アミノ酸）を，次の①〜⑤のうちから1つ選べ。

① H_2N-CH_2-COOH　② $H_2N-CH_2-CH_2-COOH$　③ $HO-CH_2-\underset{NH_2}{CH}-COOH$

④ $HOOC-CH_2-\underset{NH_2}{CH}-COOH$　⑤ $H_2N(CH_2)_4-\underset{NH_2}{CH}-COOH$

（15 センター試験）

28 **タンパク質**◆タンパク質に関する記述として**誤りを含むもの**を，次の①〜⑥のうちから1つ選べ。

① 絹の主成分はタンパク質である。

② 二次構造は，水素結合によって安定に保たれている。

③ タンパク質の変性は，高次構造（立体構造）が変化することによる。

④ アミノ酸以外に糖を含むものがある。

⑤ 水溶性のタンパク質を水に溶かすとコロイド溶液になる。

⑥ ペプチド結合部分は，酸素−窒素（O−N）結合を含む。

（16 センター試験追試）

29 **ポリペプチド鎖の長さ**◆分子量 2.56×10^4 のポリペプチドAは，アミノ酸B(分子量89)のみを脱水縮合して合成されたものである。図のようにAがらせん構造をとるとすると，Aのらせんの全長 L は何 nm か。最も適当な数値を，下の①～⑥のうちから1つ選べ。ただし，らせんのひと巻きはアミノ酸の単位3.6個分であり，ひと巻きとひと巻きの間隔を $0.54\,\text{nm}(1\,\text{nm}=1\times10^{-9}\,\text{m})$ とする。

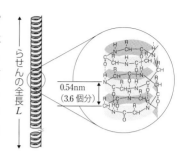

らせんの全長 L

0.54nm (3.6個分)

① 43 　② 54 　③ 72 　④ 1.6×10^2 　⑤ 1.9×10^2 　⑥ 2.6×10^2

(21 共通テスト)

30 **高分子の性質と用途**◆高分子化合物に関する記述として下線部に**誤りを含むもの**を，次の①～⑤のうちから1つ選べ。

① 高密度ポリエチレンは低密度ポリエチレンより枝分かれが少なく，透明度が低い。

② フェノール樹脂は，ベンゼン環の間をメチレン基－CH_2－で架橋した構造をもつ。

③ イオン交換樹脂がイオンを交換する反応は，可逆反応である。

④ 二重結合の部分がシス形の構造をもつポリイソプレンは，トランス形の構造をもつものに比べて室温で硬く弾性に乏しい。

⑤ ポリ乳酸は，微生物によって分解される。

(20 センター試験)

31 **高分子の合成**◆次の記述(**ア**～**ウ**)のいずれにも**あてはまらない**高分子化合物を，下の①～⑦のうちから1つ選べ。

ア 合成に HCHO を用いる。　**イ** 縮合重合で合成される。　**ウ** 窒素原子を含む。

① 尿素樹脂 　　② ビニロン 　　③ ナイロン66 　　④ ポリスチレン

⑤ フェノール樹脂 　　⑥ ポリエチレンテレフタラート(PET)

⑦ ポリアクリロニトリル

(16 センター試験追試)

32 **ビニロンの合成**◆図のように，ポリビニルアルコール(繰り返し単位 $+CHOH-CH_2+$ の式量44)をホルムアルデヒドの水溶液で処理すると，ヒドロキシ基の一部がアセタール化されて，ビニロンが得られる。ヒドロキシ基の50%がアセタール化される場合，ポリビニルアルコール

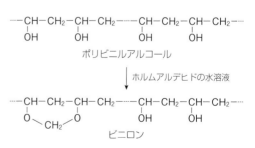

ポリビニルアルコール

↓ ホルムアルデヒドの水溶液

ビニロン

88g から得られるビニロンは何 g か。最も適当な数値を，①～⑥のうちから1つ選べ。

① 91 　　② 94 　　③ 96 　　④ 98 　　⑤ 100 　　⑥ 102

(15 センター試験)

総合問題

377. 糖類の反応　6種類の糖類A～Fに関する記述を読み，下の各問いに答えよ。

デンプン，セルロース，フルクトース，グルコース，スクロース，マルトース

［ア］　Aは冷水にも温水にも溶けないが，希硫酸中で長時間煮沸するとBを生じた。

［イ］　Cの水溶液に濃硫酸を少量加えて加熱すると，BとDを生じた。

［ウ］　Eの水溶液にヨウ素溶液を加えると，青紫色に変化した。

［エ］　硝酸銀水溶液にアンモニア水を加えると (a)褐色沈殿が生じたが，さらに加え続けると沈殿は消失した。その後，(b)この溶液に対して各糖類の水溶液を加えて加温したところ，B，D，Fの水溶液を加えたものに変化が見られた。

［オ］　Eの水溶液に希硫酸を加え長時間加熱すると，Bが生じた。

［カ］　(c)Fの水溶液にマルターゼを作用させると，Bが生じた。

(1)　A，C，Fは何か。それぞれ名称を記せ。

(2)　A～Fの中で最も甘みの強いものはどれか。記号で記せ。

(3)　下線部(a)の沈殿の化学式を記せ。

(4)　下線部(b)の反応の名称を記せ。

(5)　下線部(c)の方法でF 200 gをすべてBにすると，得られるBは何 gか。

(10　星薬科大　改)

378. グリコーゲンとアミロペクチン やや難　次の文を参考にして，下の①～⑥の記述のうち，正しいものをすべて選べ。

グリコーゲンの構造は，デンプンに含まれるアミロペクチンと似ているが，アミロペクチンよりも，はるかに枝分かれが多い。また，グリコーゲンの重合度は数万，アミロペクチンの重合度は10万～100万に達する。グリコーゲンは，細胞内の酵素によって，1つのグルコース単位ずつ末端から切り出される。

①　アミロペクチンはすべて α-グルコースが縮合したものであるが，グリコーゲンには β-グルコースも含まれる。

②　アミロペクチンもグリコーゲンも，枝分かれ部分にグルコースのC1位の-OHとC6位の-OHが縮合した結合が含まれる。

③　グリコーゲンには枝分かれが多いので，細胞内の酵素によって速やかに大量のグルコースを供給することができる。

④　アミロペクチンはフェーリング液を還元しないが，グリコーゲンは末端の数が多いのでフェーリング液を還元する。

⑤　ヨウ素デンプン反応では，アミロペクチンは呈色し，グリコーゲンは呈色しない。

⑥　グリコーゲンの方が，アミロペクチンよりも平均分子量が小さい。

(11　青山学院大　改)

ヒント　377 (5) Fの加水分解反応の化学反応式から考える。
378 ③ 酵素は末端のグルコース単位に作用する。

$\boxed{\text{論述}}$
379. タンパク質の性質 次の各問いに答えよ。

(1) イクラ(鮭の卵)と人工イクラ(多糖をイクラそっくりに成形したもの)をそれぞれ熱湯に入れると，イクラは表面が白色に変化したが，人工イクラでは何もおきなかった。この違いが生じる理由を30字程度で記せ。

(2) 胃液および中和した胃液に，それぞれ肉片を加えて室温で一晩放置したところ，胃液中では肉片の形状が崩れたが，中和した胃液中では何もおきなかった。この違いが生じる理由は，酵素のどのような性質によるものか。その性質(10文字以内)と胃液中に含まれる酵素名を記せ。

(3) 0℃および40℃に保温したうすい過酸化水素水に，それぞれニワトリの肝臓片を加えると，40℃では激しく発泡したが，0℃ではほとんど何もおきなかった。この違いが生じる理由は，酵素のどのような性質によるものか。その性質(10文字以内)と肝臓中に含まれる酵素名を記せ。 (11 富山県立大 改)

$\boxed{\text{論述}}$
380. 酵素反応の速さ 次の文を読み，下の各問いに答えよ。

酵素が関わる反応では，酵素(E)は，基質(S)と結合して酵素-基質複合体(ES)となり，生成物(P)がつくられる。これは次の2つの素反応からなる。

$$E+S \rightleftharpoons ES$$
$$ES \longrightarrow E+P$$

1つ目の素反応は十分に速く，平衡状態を保つとみなしてよい。2つ目の素反応は1つ目と比べて非常に遅く，(ア)段階である。1つ目の反応の平衡定数Kは，Eの濃度$[E]$，Sの濃度$[S]$，ESの濃度$[ES]$を用いて(イ)と表される。また，酵素はEもしくはESとして存在しているため，酵素の全濃度$[E]_0$は$[E]$と$[ES]$を用いて$[E]_0$ $=[E]+[ES]$と表される。平衡定数Kの逆数をK_Mとすると，$[ES]$はK_M，$[E]_0$，$[S]$を用いて(ウ)と表される。2つ目の反応式より，Pの生成速度vは速度定数kと$[ES]$を用いて$v=k[ES]$と表される。したがってvはk，K_M，$[E]_0$，$[S]$を用いて(エ)と表される。

(1) (ア)にあてはまる語句を記せ。

(2) (イ)～(エ)にあてはまる式を記せ。

(3) 基質濃度$[S]$が十分に小さいとき，生成速度vはほぼ$[S]$に比例する。一方，基質濃度$[S]$が十分に大きいとき，生成速度vは$[S]$によらずほぼ一定(v_{max})になる。これらの理由を，式(エ)を用いて簡潔に説明せよ。

(4) Pの生成速度vがv_{max}の1/2となるときの$[S]$を求めよ。 (21 東京女子大 改)

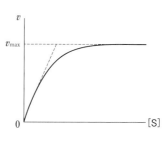

381. 高吸水性樹脂 アクリル酸 $CH_2=CHCOOH$ は酢酸と同様に弱酸である。アクリル酸を（　ア　）重合することによりポリアクリル酸 $+CH_2-CH(COOH)+_n$ が得られる。一方，（　イ　）体としてアクリル酸のナトリウム塩を用いると，ポリアクリル酸ナトリウムが得られる。その際もう1つの（イ）体成分として，分子内に2つの（　ウ　）基を有する化合物を少量用いて共重合することで，立体的網目構造を有する合成樹脂が得られる。この樹脂は水を吸収すると，分子中に存在するほとんどすべての $-COONa$ が電離して浸透圧が大きくなり，ゲル状の形態を保持したままで非常に多くの水を吸収できる。これを高吸水性樹脂といい，砂漠の土壌保水剤や紙おむつなどに利用される。

(1)　文中の（ア）〜（ウ）に適切な語句を記せ。

(2)　モル濃度 6.0×10^{-2} mol/L のアクリル酸水溶液におけるアクリル酸の電離度は，3.0×10^{-2} であった。このときのアクリル酸の電離定数 K_a[mol/L] を求めよ。

(3)　アクリル酸 144 g の完全燃焼では 4.26×10^3 kJ の熱が，ポリアクリル酸 144 g の完全燃焼では 4.08×10^3 kJ の熱が発生した。下線部の方法で 1 mol のアクリル酸からポリアクリル酸が生成する反応を，化学反応式に ΔH を添えて表せ。

(4)　平均分子量が 3.6×10^4 であるポリアクリル酸 w[g] を水に溶かし，全量 3.0 L の溶液として 300 K で浸透圧を測定したところ 415 Pa であった。このポリアクリル酸の平均重合度と w の値を求めよ。ただし，ポリアクリル酸の電離は無視できるとする。

(5)　このポリアクリル酸と同一重合度のポリアクリル酸ナトリウム水溶液の浸透圧は，同じモル濃度のポリアクリル酸水溶液の浸透圧の何倍になるか。ポリアクリル酸ナトリウムの電離度を 1 とする。

(20 東邦大 改)

382. 生分解性樹脂 乳酸 $CH_3CH(OH)COOH$ とグリコール酸 $CH_2(OH)COOH$ の共重合体 PLGA（poly（lactic/glycolic acid））は生分解性が高く，生体内で乳酸とグリコール酸に加水分解されたのち，代謝反応により水と二酸化炭素に分解されて体外へ排出されるため，生体には安全な材料である。そのため，PLGA は，手術用縫合糸や骨折時の骨接合材，歯周組織の再生膜などとして医療分野で使われている。

　　PLGA の合成において，乳酸やグリコール酸の直接的な縮合重合では低分子量の重合体しか得られない。そこで，(a)乳酸2分子の脱水縮合によって環状二量体であるラクチドを，グリコール酸2分子の脱水縮合によって環状二量体であるグリコリドをつくり，(b)これらを開環重合させることによって，高分子量の PLGA が得られている。

(1)　下線部(a)について，ラクチドの構造式を示し，不斉炭素原子を丸で囲め。

(2)　下線部(a)について，ラクチドの立体異性体はいくつ存在するか。

(3)　下線部(b)について，乳酸の重合度を m，グリコール酸の重合度を n として，PLGA の構造式を記せ。

(4)　下線部(b)について，ラクチドとグリコリドを物質量比 3:1 の割合で共重合させた PLGA の平均分子量が 5.5×10^4 であった。この分子中には，平均して何個のエステル結合が含まれるか。

(15 東京医科歯科大 改)

☑ **セルフチェックシート**

節	目標	関連問題	チェック
⑰	糖を単糖，二糖，多糖に分類できる。	321	
	単糖の分子式を示すことができる。	322	
	グルコース，フルクトースの鎖状構造で還元作用を示す部分を示すことができる。	322	
	スクロース，マルトース，セロビオースの構造から，その名称を判断できる。	323	
	二糖の分子式を示すことができる。	324	
	アルコール発酵，およびデンプン・マルトースの加水分解酵素を答えられる。	325	
	マルトースの加水分解を化学反応式で示すことができる。	325	
	スクロースの加水分解で生じる単糖を答えられる。	326	
	スクロースの還元作用の有無を答えられる。	326	
	デンプン分子の種類を2つ答え，それぞれの構造を説明できる。	327	
	セルロースの加水分解，エステル化，アセチル化で生じる物質を答えられる。	328	
⑱	グリシン，アラニンの構造式を示すことができる。	335	
	アミノ酸の構造から，酸性アミノ酸，塩基性アミノ酸に分類できる。	335	
	アラニンの鏡像異性体を図で示すことができる。	336	
	アミノ酸の等電点の意味を理解している。	337	
	アミノ酸水溶液の液性から，おもに存在するイオンを判断できる。	337	
	タンパク質の分類ができる。	339	
	タンパク質の一次構造，二次構造を説明できる。	339	
	タンパク質の構造に含まれる化学結合を説明できる。	340	
	キサントプロテイン反応，ニンヒドリン反応，ビウレット反応における呈色を説明できる。	341	
	キサントプロテイン反応，ニンヒドリン反応，ビウレット反応で検出される構造を説明できる。	341	
	酵素の働きを説明できる。	343	
	アミラーゼ，ペプシン，リパーゼが作用する物質を答えられる。	344	
	DNA，RNA を構成する成分を答えられる。	345	
	DNA，RNA の働きを答えられる。	346	
⑲	合成高分子化合物の特徴を3つあげることができる。	355	
	合成高分子の重合の名称を3つあげ，説明することができる。	356	
	ナイロン66，ナイロン6の単量体を答えられる。	357	
	PET の単量体を答えられる。	358	
	高分子化合物の平均分子量から，重合度を求められる。	358	
	ポリエステルの平均分子量から，含まれるエステル結合の数を答えられる。	358	
	ビニロンの合成を説明できる。	359	
	PET，ナイロンの構造から，繊維の名称や原料となる単量体を示すことができる。	360	
	レーヨン，ビニロン，ナイロンの特徴をそれぞれ説明できる。	361	
⑳	ポリ塩化ビニル，フェノール樹脂，尿素樹脂の単量体を示すことができる。	365	
	熱可塑性樹脂を3つあげ，その用途を説明できる。	366	
	熱硬化性樹脂を2つあげ，その用途を説明できる。	366	
	イオン交換樹脂の製法と働きを説明できる。	367	
	高吸水性樹脂の働きを説明できる。	368	
	生分解性樹脂の構造を示すことができる。	369	
	天然ゴムの単量体の名称を示すことができる。	370	
	合成ゴムの構造の一部から単量体が答えられる。	370	

第 V 章　高分子化合物

論述

B **地球温暖化と大気中の CO_2 濃度◆**次の文章を読み，以下の各問いに答えよ。

近年，大気中の a 二酸化炭素濃度は増加の一途をたどっており，現在は0.04%を超えている。近代以降の人間活動が b 地球温暖化という地球環境問題を引きおこしたことには疑いがないように思われる。大気中の二酸化炭素濃度の増大は，それと c 平衡にある海洋中の二酸化炭素濃度をも増加させ，このことは d 別の地球環境問題の引き金にもなりかねない。一方で，アメリカの産業界などを中心に， e 二酸化炭素濃度の増大が地球温暖化をもたらしているのではない，とする懐疑的な考えも根強く残っている。

(1) 下線部 a に関して，二酸化炭素は炭素の燃焼(酸化)によって生じるが，二酸化炭素を赤熱したコークス(炭素)と反応させると，逆に還元されて一酸化炭素を生じる。この反応の平衡定数として最も適当なものを1つ選び，番号で答えよ。

① $\dfrac{[CO]}{[CO_2][C]}$ ② $\dfrac{[CO]^2}{[CO_2][C]}$

③ $\dfrac{[CO]}{[CO_2]^2[C]}$ ④ $\dfrac{[CO]}{[CO_2]}$

⑤ $\dfrac{[CO]^2}{[CO_2]}$ ⑥ $\dfrac{[CO]}{[CO_2]^2}$

⑦ $\dfrac{[CO]}{[CO_2][C]^2}$

(2) 下線部 b に関して，地球温暖化の原因のひとつとして温室効果が挙げられる。異なる元素からなる分子は赤外線を吸収するため，その気体は温室効果を引きおこすが，単原子分子の気体および同じ元素からなる二原子分子の気体は，赤外線をあまり吸収しないので温室効果にそれほど寄与しない。大気の組成と，人間活動などによって大気に放出される気体の種類を考えた場合に，二酸化炭素以外にどのような気体が温室効果を引きおこすと考えられるか。窒素，酸素，アルゴン，水蒸気，窒素酸化物，メタンのうち，温室効果を引きおこす気体を過不足なく含むものを1つ選び，番号で答えよ。

① 窒素，酸素，アルゴン

② 窒素，酸素，アルゴン，水蒸気

③ アルゴン，窒素酸化物，水蒸気

④ アルゴン，窒素酸化物，メタン

⑤ アルゴン，窒素酸化物，メタン，水蒸気

⑥ 窒素酸化物，メタン

⑦ 窒素酸化物，メタン，水蒸気

(3) 下線部 c に関して，溶媒に気体が溶ける量に影響する条件と，増加させると気体が溶ける量が増える条件を過不足なく含むものを，それぞれ1つ選び，番号で答えよ。

① 圧力　　　　　　　　　　② 温度

③ 溶媒の量　　　　　　　　④ 圧力，温度

⑤ 圧力，溶媒の量　　　　　⑥ 温度，溶媒の量

⑦ 圧力，温度，溶媒の量

(4) 下線部 d に関して，海洋の地球環境問題についての以下の文章中の(ア)～(ウ)に当てはまる最も適当な物質名を，次のうちからそれぞれ1つずつ選び，番号で答えよ。ただし，同じ物質名を繰り返し選んでもよい。

海洋生態系において，その多様性の維持に大きな役割を果たしているサンゴ礁の骨格は，炭酸カルシウムを主成分とする。炭酸カルシウムは水に溶けにくいが二酸化炭素を含む水には（　ア　）を生じて溶ける。この反応のしくみは，（　イ　）水溶液に二酸化炭素を通じると白濁し，さらに（　ウ　）を通じると再び透明になる現象からも理解できる。このように，海洋の二酸化炭素の濃度の増大は，サンゴ礁の破壊につながる。

① 二酸化炭素　　　　　　　② 塩化水素

③ 炭酸カルシウム　　　　　④ 水酸化カルシウム

⑤ 炭酸水素カルシウム　　　⑥ 酸化カルシウム

⑦ 塩化カルシウム

(5) 下線部 e に関して，大気中の二酸化炭素の増大と地球の温暖化の2つの現象の間には明確な相関関係がみられる。しかし，二酸化炭素の動態を考える上では，大気だけでなく海洋や生物圏をも考慮する必要がある。また，2つの現象の間の相関関係が明らかだったとしても，そこからだけでは，

> （ ⅰ ）　二酸化炭素の増大　→　地球の温暖化
>
> （ ⅱ ）　地球の温暖化　　　→　二酸化炭素の増大

という全く逆の2つの因果関係のどちらが正しいかは判断できない。

① （ⅱ）の因果関係を主張する立場に立ち，その因果関係が2つの現象の間の相関関係をもたらすメカニズムをひとつ考えて，簡潔に説明せよ。

② そのメカニズムを前提に，地球のどのような測定データを用いれば，（ⅰ），（ⅱ）どちらの因果関係が正しいかを判断できるかを考えて，その判断の方法を答えよ。

(21 早稲田大)

1 原子軌道

❶原子軌道　電子殻を構成する，エネルギーが異なるいくつかの軌道。原子軌道には s 軌道（1種類），p 軌道（3種類），d 軌道（5種類），f 軌道（7種類）などがある。

> **注**　電子はどこに存在するかを正確に示せず，電子が存在する確率（存在確率）で表す。原子軌道は電子の通り道ではなく，電子の存在確率が一定の値以上の領域を表している。

❷電子殻と原子軌道

内側から n 番目の電子殻を構成する原子軌道を ns 軌道，np 軌道…のように表す。

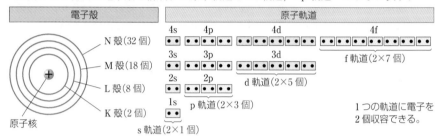

❸原子軌道の形

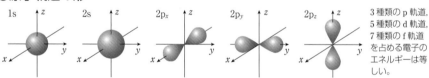

3種類の p 軌道，5種類の d 軌道，7種類の f 軌道を占める電子のエネルギーは等しい。

2 原子の電子配置

❶原子軌道に収容される電子のエネルギー　原子軌道における電子のエネルギーは，1s<2s<2p<3s<3p<4s<3d<4p…の順に高くなる。

❷原子の電子配置　電子は次の規則にしたがって収容される。

　①エネルギーの低い原子軌道から順に収容される。

　②3種類の p 軌道のようにエネルギーの同じ軌道には，できるだけ対をつくらないように分散しながら収容される。

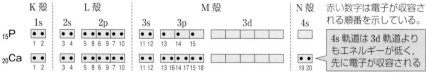

＊$_{20}$Ca の電子配置は，$(1s)^2(2s)^2(2p)^6(3s)^2(3p)^6(4s)^2$ とも表される。

3 混成軌道

❶混成軌道 炭素原子が結合するとき，状況に応じてエネルギーが近い 2s 軌道と 2p 軌道の電子が混ざり合って新しい軌道(混成軌道)を形成する。

(a) **sp³ 混成軌道** 4 個の軌道が四面体の重心から各頂点方向に向けてのびる軌道。

(b) **sp² 混成軌道** 3 個の軌道が正三角形の重心から各頂点方向に向けてのびる軌道。

(c) **sp 混成軌道** 2 個の軌道が 180° の角をなして反対方向にのびる軌道。

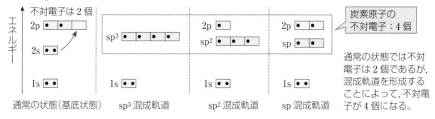

通常の状態では不対電子は 2 個であるが，混成軌道を形成することによって，不対電子が 4 個になる。

4 混成軌道と分子の形

❶σ結合とπ結合

(a) **σ結合** 結合軸方向を向いた原子軌道間で形成される強い共有結合。

(b) **π結合** 結合軸方向を向いていない原子軌道間の結合。原子間の結合を軸とした回転がおこりにくい。

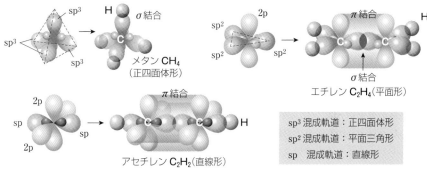

メタン CH_4（正四面体形）

エチレン C_2H_4（平面形）

アセチレン C_2H_2（直線形）

sp³ 混成軌道：正四面体形
sp² 混成軌道：平面三角形
sp 混成軌道：直線形

❷電子の非局在化

6 個の炭素原子は sp² 混成軌道を形成し，隣接する炭素原子，水素原子とσ結合を形成する。混成軌道に使われなかった 2p 軌道は，互いに重なり合いπ結合を形成する。

電子の非局在化 ベンゼンのπ結合のように，電子が特定の原子間に固定されず均等に広がっている状態。

＊ベンゼンの炭素原子間の結合距離はすべて等しい。

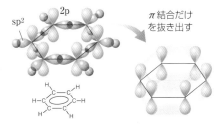

π結合だけを抜き出す

383. **原子軌道と電子の数**■次の文の空欄に適切な語句または数字を記せ。

K殻，L殻，M殻などの電子殻は，原子軌道とよばれるいくつかの軌道から構成される。K殻は（ ア ）軌道，L殻は（ イ ）軌道と3個の（ ウ ）軌道，M殻は（ エ ）軌道と3個の（ オ ）軌道および5個の（ カ ）軌道からなる。各原子軌道には最大（ キ ）個の電子が収容されるので，K殻には（ ク ）個，L殻には（ ケ ）個，M殻には（ コ ）個までの電子を収容することができる。

384. **原子の電子配置**■$_7N$ の電子配置は，図のように表すことができる。次の各問いに答えよ。

$$_7N \quad \boxed{1s \ \bullet\bullet} \quad \boxed{2s \ \bullet\bullet} \quad \boxed{2p \ \bullet\,|\,\bullet\,|\,\bullet}$$

(1)　(a)～(d)の原子の電子配置を，同様な表記法で表せ。

　　(a)　$_8O$　　　(b)　$_{11}Na$　　　(c)　$_{15}P$　　　(d)　$_{19}K$

(2)　(a)～(c)の原子を，不対電子の数が多い順に並べよ。

385. **電子配置と原子の性質**■次の電子配置をもつ原子について，下の各問いに答えよ。

　　(a)　$(1s)^2(2s)^2(2p)^4$　　　　(b)　$(1s)^2(2s)^2(2p)^5$　　　(c)　$(1s)^2(2s)^2(2p)^6$

　　(d)　$(1s)^2(2s)^2(2p)^6(3s)^1$　　　(e)　$(1s)^2(2s)^2(2p)^6(3s)^2(3p)^4$

　　(f)　$(1s)^2(2s)^2(2p)^6(3s)^2(3p)^5$

(1)　(a)～(f)の原子を元素記号で表せ。

(2)　イオン化エネルギーが最も大きい原子はどれか。(a)～(f)の記号で答えよ。

(3)　電気陰性度が最も大きい原子はどれか。(a)～(f)の記号で答えよ。

(4)　周期表の同族元素はどれとどれか。(a)～(f)の記号で答えよ。

論述

386. **原子軌道とイオン化エネルギー**■原子番号2のヘリウム原子 He では 1s 軌道に2個の電子があり，その電子雲は球形である。この電子配置は安定であり，He のイオン化エネルギーは極めて大きい。原子番号3のリチウム原子 Li では，さらに（ ア ）軌道に電子が1個あり，これを取り去ると He と同じ電子配置になる。したがって，Li のイオン化エネルギーは He に比べて著しく小さく，Li は Li^+ になりやすい。また，原子番号4のベリリウム原子 Be では，最外殻である L殻の（ア）軌道に電子が（ イ ）個ある。

(1)　文中の（ア），（イ）に適切な語句または数字を記せ。

(2)　リチウムの第2イオン化エネルギー（Li^+ から電子1個を取り去るのに必要なエネルギー）は 7298 kJ/mol で，リチウムの第1イオン化エネルギーよりも著しく大きい。その理由を70字程度で説明せよ。

(3)　ホウ素原子 $_5B$ の第1イオン化エネルギーが，$_4Be$ のものよりも小さい理由を100字程度で説明せよ。

原子	第1イオン化エネルギー
$_2He$	2372 kJ/mol
$_3Li$	520 kJ/mol
$_4Be$	900 kJ/mol
$_5B$	801 kJ/mol

387. sp³ 混成軌道■次の文の（　　）に適切な語句または数字を記せ。

エネルギーの低い原子軌道から電子を充填すると，炭素原子では 1s 軌道に（　ア　）個，2s 軌道に（　イ　）個，2p 軌道に（　ウ　）個の電子があり，不対電子は（　エ　）個になる。しかし，実際には，炭素原子の不対電子は 4 個である。炭素原子が 4 個の原子と共有結合を形成するときには（　オ　）軌道の電子の 1 個が（　カ　）軌道に移り，等価な 4 個の（　キ　）混成軌道を形成する。この混成軌道は空間的に対称になるように配置される。したがって，メタン分子 CH_4 の形は（　ク　）形である。

388. sp³ 混成軌道と分子の形■文中の（　　）に適切な語句，数字を記し，問いに答えよ。

L 殻に価電子をもつ窒素原子と酸素原子は，水素原子と結合するときに sp³ 混成軌道を形成する。窒素原子の sp³ 混成軌道には（　ア　）個，酸素原子の sp³ 混成軌道には（　イ　）個の電子があり，窒素原子の不対電子は（　ウ　）個，酸素原子の不対電子は（　エ　）個である。メタン分子 CH_4 には C−H 結合の共有電子対が 4 組あり，分子の形は正四面体形になる。このとき，C−H 結合どうしのなす角は 109.5° である。アンモニア分子 NH_3 には共有電子対が（　オ　）組，非共有電子対が（　カ　）組あり，分子の形は（　キ　）形になる。また，水分子 H_2O には共有電子対が（　ク　）組，非共有電子対が（　ケ　）組あり，分子の形は（　コ　）形になる。

問　CH_4 の C−H 結合はすべて同じであり，電子対どうしの反発の大きさが等しい。NH_3 の場合，非共有電子対には何も結合していないので，N−H 結合の共有電子対と非共有電子対の反発の大きさは，共有電子対どうしの反発の大きさと異なる。N−H 結合どうしのなす角を θ とすると，θ と 109.5° の関係は次のうちどれか。

(a)　$\theta < 109.5°$　　　(b)　$\theta = 109.5°$　　　(c)　$\theta > 109.5°$

389. エチレンとアセチレン■次の文の（　　）に適切な語句または数字を記せ。

エチレン分子における各炭素原子は（　ア　）混成軌道を形成し，3 個の原子と結合する。このとき（ア）混成軌道にある不対電子を使って，隣接する炭素原子および 2 個の水素原子と（　イ　）結合を形成する。また，炭素原子の，混成軌道に使われなかった p 軌道の不対電子どうしは（　ウ　）結合を形成する。

アセチレン分子における各炭素原子は（　エ　）混成軌道を形成し，2 個の原子と結合する。アセチレン分子内には（　オ　）個の（イ）結合と（　カ　）個の（ウ）結合があり，分子の形は（　キ　）形である。

論述
390. ベンゼン■ベンゼンを a のように C−C 間に二重結合が固定されていると考えると，o-ジクロロベンゼンには，b，c の 2 通りの構造が考えられる。しかし，o-ジクロロベンゼンにはこのような異性体は存在しない。その理由を説明せよ。

総｜合｜演｜習

① 論述問題

●論述問題を解答するにあたって

「論述問題」を解答する際には，次の事項に注意する。

① 「〜字以内」と指示がある場合には，その字数をこえないように留意する。字数は少なすぎてもいけない。指示された字数に対して，少なくとも8〜9割程度の字数で解答したい。また，「〜字程度」と指示された場合は，字数を多少こえてもかまわないが，大幅にこえると減点されることもある。字数制限のない場合にも，だらだらと長い文章を書かず，的確かつ簡潔に表現することが大切である。

② 句点や読点は，1文字と数える。

③ アルファベットを用いて化学式などを記述する場合，特に指定がなければ，アルファベット2文字で1文字と数える。また，算用数字を用いて数値を表す場合も，2桁以上は2つの数値を1文字と数える。

④ 達筆である必要はないが，丁寧に読みやすい字を書くことによって，記述内容が正確に相手に伝わるように配慮する。

⑤ キーワードとなる化学の専門用語は，可能な限り盛りこむ。

⑥ 誤字・脱字に注意する。特に，化学用語や化学式については，表現を正確にすることが大切である。よく見られる誤りを次に挙げる。

（例）　×適定→○滴定　　×環元→○還元　　×凝折→○凝析　　×電地→○電池
　　　　×畜電池→○蓄電池　　×平衝→○平衡　　×緩衝液→○緩衝液
　　　　×製練(精練)→○製錬(精錬)　　×幾可異性体→○幾何異性体

◆ 「論述問題」の利用法

国公立大学や私立大学の入試で出題される「論述問題」を章ごとに取り上げました。
各節の問題に加えて学習することで，「化学」の理解をさらに深めることができます。

・問題を章ごとにまとめ，学習内容の順に配列しました。

・各問題に付した★の数は，問題の難易度を示しています。

　　　★…基本的な問題。定義や物質の性質など，基礎・基本的な事項を論述させる
　　　　　問題です。

　　★★…標準的な問題。

　★★★…発展的な問題。総合的な問題のほか，「発展的な学習内容」を含む問題も取り上げています。

・別冊解答編には，解答のポイントとなる Key⦿Word を示しています。

391. ★★ **水と油**◆高温のてんぷら油に水滴を落としたら，油が激しく飛び散った。この現象がおきた理由を75字以内で説明せよ。

392. ★ **沸騰**◆次の文は，現象を記述した下線部①と，その現象が生じる理由を説明した下線部②から成り立っており，下線部①または②，あるいは両方に間違いがある。間違っているものを番号で選び，正しい記述を簡潔に記せ。

「水を加熱して沸騰させると，<u>液体内部から気泡が発生する</u>。このおもな理由は，<u>水に溶けていた空気が，温度が高くなることによって溶解度が減少し，気体となって水中から外に出ていくため</u>である。」

(08　静岡大)

393. ★★ **ボイル・シャルルの法則**◆次の各問いに答えよ。

(1)　ボイル・シャルルの法則の意味を簡潔に説明せよ。

(2)　ボイルの法則とシャルルの法則が成立すれば，ボイル・シャルルの法則が一般的に成立することを証明せよ。

(長岡技術科学大　改)

394. ★★ **実在気体**◆気体の状態方程式について，実在気体では，理想気体の状態方程式 $(PV=nRT)$ が厳密には成り立たない。圧力，温度の条件をどのようにすれば，実在気体を理想気体に近づけることができるか。下記から選び，記号で答えよ。また，温度，圧力それぞれについて，その理由を述べよ。

(a)　低温・低圧　　(b)　低温・高圧　　(c)　高温・低圧　　(d)　高温・高圧

(15　奈良県立医科大)

395. ★★ **状態変化**◆図はそれぞれ 1 mol の理想気体(点線)と，ある実在の物質(実線)について，圧力 $1.013×10^5$ Pa のもとでの温度と体積の関係を示したものである。

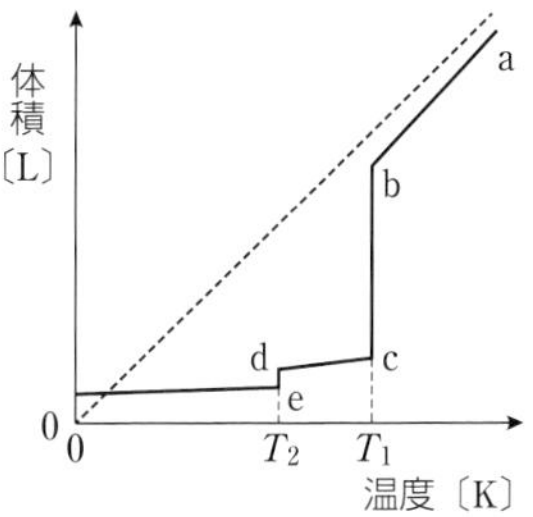

(1)　点 b よりも点 a の方が理想気体の状態に近い。このように圧力一定のとき，温度が高くなると実在気体のふるまいが理想気体に近づく理由を 2 つ答えよ。

(2)　図のように圧力一定のまま，実在の物質を点 b の状態から点 c の状態にするには，どのようにすればよいか答えよ。

(3)　図から，この実在の物質は水ではないことがわかる。その理由を図中の記号を用いて説明せよ。

(10　大阪教育大)

★
396. 結晶の性質◆次の表について下の各問いに答えよ。

	融点〔℃〕	固体の電気伝導性	機械的性質
A	113.7	無	やわらかく，砕けやすい
B	97.9	有	延性，展性を示す
C	661.4	無	かたくてもろい

(1) A，B，Cは次の物質のどれかである。それぞれがどの物質かを答えよ。

　　ナトリウム　　ヨウ化ナトリウム　　ヨウ素

(2) Cの融点は，Aの融点に比べて高い。この理由を50字以内で説明せよ。

(3) Cは電気伝導性を示さないが，Bには電気伝導性がある。この理由を50字以内で
　　説明せよ。

(4) ヨウ化ナトリウムはかたくてもろいが，ナトリウムには延性，展性がある。この理
　　由を120字以内で説明せよ。　　　　　　　　　　　　　　　　　　　(09　鶴見大　改)

★
397. ヨウ素の溶解性◆ヨウ素は蒸留水には溶けにくいが，ヨウ化カリウム水溶液には溶
けやすい。この理由を述べよ。

★★
398. 浸透圧と凝固点降下◆高分子化合物の分子量決定には，希薄溶液の浸透圧を測定す
る方法が用いられている。一方，凝固点降下は適さない。その理由を記せ。

(11　京都工芸繊維大)

★
399. 浸透圧◆図に示すような装置を利用して，海水から
純粋な水を取り出すにはどのような操作をしたらよいか
を45字以内で説明せよ。　　　　　　　　(11　長崎大)

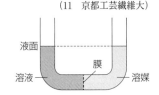

液面
膜
溶液
溶媒

★
400. チンダル現象◆チンダル現象は，コロイド溶液に強い光線をあてると光の通路が輝
いて見える現象であり，一般の溶液では見られないものである。コロイド溶液でチンダ
ル現象が見られる理由を50字程度で答えよ。　　　　　　　　　　　　　(11　琉球大)

★
401. コロイド溶液の性質◆デンプン溶液にアミラーゼ溶液を加えようとしたところ，誤
って飽和濃度の硫酸アンモニウム水溶液を加えてしまった。すると，デンプン溶液が白
濁し，沈殿が生じた。このときの硫酸アンモニウムの作用を35字以内で記せ。

(11　京都大　改)

★★★
402. 溶液の見分け方◆質量パーセント濃度がともに3％のデンプン水溶液と食塩水があ
る。これらを見分ける方法を，下の例にならって4つ示せ。ただし，薬品を加える方法，
および味を確認する方法は除く。

(例)　沸点上昇度を測定すると，食塩水では沸点上昇が観測されるが，デンプン水溶液
　　ではほとんど観測されない。　　　　　　　　　　　　　　　　　(08　富山県立大　改)

403. ★★★
溶解エンタルピーと乱雑さ◆NaCl と比べて，同じ結晶構造の AgCl の水への溶解度は著しく小さい。一般に，反応によってエンタルピーが低下するとき，および乱雑さが増大するとき，その反応は進みやすい。NaCl と AgCl の溶解において，乱雑さ増大の寄与が同程度であるとすると，AgCl の溶解エンタルピーは NaCl のそれ（$\Delta H = +3.9$ kJ/mol）と比べ，どのように異なると考えられるか。30字程度で理由とともに述べよ。

（12　埼玉大　改）

404. ★
活性化エネルギー◆エタン C_2H_6 を酸素と混合しても常温では燃焼することはないが，点火すると爆発的に燃焼する。点火の役割について，40字以内で述べよ。

（11　静岡大　改）

405. ★★
ボンベと液化ブタン◆カセットコンロのボンベには液化したブタンが入っている。ボンベを断熱材でおおい，ボンベの出口をあけると，はじめは気体のブタンが出るが，時間が経過すると，ボンベ内にブタンが半分以上残っていても，気体のブタンが出なくなる。その理由を40字以内で答えよ。

（14　首都大学東京）

406. ★
電池◆表のユニット A，B の組み合わせで作成する電池では，どちらかが不適切であるため，電流を取り出すことができないものが含まれている。該当するものを1つ選び，その記号と不適切である理由を簡単に記せ。

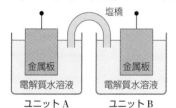

記号	ユニットA		ユニットB	
	金属	水溶液中の溶質	金属	水溶液中の溶質
(a)	Al	硫酸アンモニウム	Fe	硫酸鉄（Ⅱ）
(b)	Al	エタノール	Fe	硫酸鉄（Ⅱ）
(c)	Fe	硫酸	Cu	硫酸銅（Ⅱ）
(d)	Pt	ベンゼンスルホン酸	Fe	硫酸鉄（Ⅱ）

（12　名古屋大　改）

407. ★★★
燃料電池◆燃料電池には，電解質としてリン酸を用いるリン酸形燃料電池，水酸化カリウムを用いるアルカリ形燃料電池などがある。図のアルカリ形燃料電池について，次の各問いに答えよ。

(1) 水を生成する電極は，正極，負極のどちらか。

(2) リン酸形燃料電池とアルカリ形燃料電池において，起電力に差は生じるか生じないか。また，そのように答えた理由を簡潔に記せ。ただし，電解質以外の条件はすべて同じものとする。

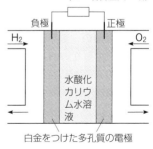

（08　静岡大）

408. ★ **塩化ナトリウムの電気分解**◆次の(1)，(2)を簡単に説明せよ。
(1) 電気分解によってナトリウムの単体を得るにはどのようにしたらよいか。
(2) 食塩水の電気分解でナトリウムの単体を得ることができないのはなぜか。

409. ★ **反応速度**◆過酸化水素の分解反応について，次の各問いに答えよ。
(1) 過酸化水素の分解の反応速度は，酸化マンガン(IV)を加えると大きくなる。このように，触媒を加えることによって反応速度が大きくなる理由を，簡潔に記せ。
(2) この反応の反応温度を高くすると，反応速度はどうなるかを記せ。また，その理由を簡潔に記せ。　　　　　　　　　　　　　　　　　　　　　　(11　山形大　改)

410. ★★ **化学平衡と反応生成物**◆銅と硝酸の反応について，次の各問いに答えよ。
(1) 銅に濃硝酸，または，希硝酸を作用させたとき，それぞれ異なる気体がおもに生成する。それぞれの場合におこるおもな化学反応を，化学反応式で記せ。
(2) (1)において，濃硝酸と希硝酸の場合でおもに生成する気体が異なる理由を，次の可逆反応をもとに，化学平衡の考え方を用いて説明せよ。
$$3NO_2+H_2O \rightleftharpoons NO+2HNO_3$$
　　　　　　　　　　　　　　　　　　　　　　　　　(11　京都教育大　改)

411. ★ **化学平衡と反応条件**◆窒素と水素からアンモニアが生成する反応は可逆反応であり，次のように表される。下の各問いに答えよ。
$$N_2+3H_2 \rightleftharpoons 2NH_3 \quad \Delta H=-92.1\,kJ$$
(1) 圧力が一定の条件で，窒素や水素を加えずにアンモニアの生成量を増加させたい。どのようにすればよいか，その理由とともに述べよ。
(2) 温度が一定の条件で，窒素や水素を加えずにアンモニアの生成量を増加させたい。どのようにすればよいか，その理由とともに述べよ。
(3) 平衡に達したのち，圧力一定の条件でさらに温度を高くすると，平衡定数の値はどのように変化するか，その理由とともに述べよ。　　　　(11　大阪教育大　改)

412. ★★ **弱酸の電離平衡**◆水溶液中で酸 AH の電離平衡($AH+H_2O \rightleftharpoons A^-+H_3O^+$)が成り立っており，AH の電離定数を K_a，その $-\log$ 値($-\log_{10}K_a$)を pK_a とする。AH と A^- の濃度が等しくなるときの水溶液の pH の値は AH の pK_a の値と等しくなることを証明せよ。　　　　　　　　　　　　　　　　　　　　　　　　(11　大阪大)

413. ★★ **溶解度積**◆溶液中の銀イオンのモル濃度$[Ag^+]$と塩化物イオンのモル濃度$[Cl^-]$の積を溶解度積 K_{sp} と比較すると，沈殿が析出するかどうかがわかる。20℃で 1.0×10^{-5} mol/L 塩化銀水溶液と 4.0×10^{-5} mol/L 塩化ナトリウム水溶液とを 10 mL ずつとって混合したとき，沈殿が生成するかどうか，理由も含めて記せ。ただし，$K_{sp}=[Ag^+][Cl^-]$ $=1.8\times10^{-10}(mol/L)^2$ とする。　　　　　　　　　　(13　宮崎大　改)

414. 大気の組成◆大気から酸素，二酸化炭素，水蒸気を化学反応によって除いた気体Aは，純粋な窒素化合物から作成した窒素Bよりも，同温・同圧における密度がわずかに大きい。この理由を30字以内で記せ。　　　　　　　　　　　　　　　　　　（11　金沢大　改）

415. 水素の製造法◆水素の製造法として，<u>メタンを水蒸気と反応させて水素を得る方法（水蒸気改質）</u>が工業的に広く使用されている。このとき，副生成物として二酸化炭素が生じる。水素は，発電や熱エネルギーに利用する際，二酸化炭素を排出しないので，次世代エネルギーの１つとして注目されている。しかし，現在使われている水素の多くは，地球温暖化防止に対して完全にクリーンなガスとはいいがたい。下線部の反応を踏まえて，その理由を説明せよ。　　　　　　　　　　　　　　　　　　（20　公立鳥取環境大　改）

416. ハロゲン単体の酸化力◆17族元素の単体の酸化力は，原子番号が小さくなるほど大きい。その一例として，17族の第３周期および第４周期の元素の単体の酸化力の大小関係がわかる反応を化学反応式で表し，その反応について簡単に説明せよ。　　　　　　　　　　　　　　　　　　（20　学習院大　改）

417. フッ化水素酸◆フッ化水素酸は弱酸であるが，皮膚に付着すると体内に侵入しやすく，重大な害を引きおこす。しかし，その害は，カルボン酸のカルシウム塩を用いて処置することで抑制することができる。フッ化水素酸の処置に，カルボン酸のカルシウム塩が有効である理由を40字以内で記せ。　　　　　　　　　　　　　　（20　大阪大　改）

418. オゾンの検出◆湿ったヨウ化カリウムデンプン紙（以降，検査紙）にオゾンを通じると，検査紙が青色に変色することでオゾンが検出される。検査紙でどのような反応がおこり，オゾンが検出されるかを60字以内で説明せよ。　　　　　　　　（20　京都産業大　改）

419. 濃硫酸の希釈◆濃硫酸は水への溶解の際の発熱が大きいので，希釈するときには注意が必要となる。濃硫酸の水での希釈方法を簡潔に答えよ。　　　（21　長崎県立大　改）

420. 硫酸の性質◆希硫酸が木綿の布（主成分は$(C_6H_{10}O_5)_n$）についたときに，そのままにしておくと布がこげて，穴があくことがある。その理由を100字程度で記せ。

（11　名古屋工業大）

421. シリカゲル◆アンモニアを高収量で得るためには，乾燥剤として通常用いられるシリカゲルは適していない。図のシリカゲルの部分構造を参考にして，アンモニアとシリカゲルの相互作用を考え，その理由を説明せよ。

（13　東京海洋大）

422. ★★ **アンモニアソーダ法◆**塩化ナトリウムの飽和水溶液にアンモニアと二酸化炭素を吹きこむと，比較的溶解度の小さい炭酸水素ナトリウムが沈殿する。この反応では，塩化ナトリウムの飽和水溶液には先にアンモニア NH_3 を吹きこんだのち，二酸化炭素 CO_2 を吹きこむ必要がある。この順番で加える理由を簡潔に答えよ。ただし，「溶解度」，「酸性」，「塩基性」，「NH_3」，「CO_2」の用語を必ず用いること。　　　　(20　立命館大　改)

423. ★★ **硬水◆**硬水中の Ca^{2+} が炭酸水素塩から生じたものである場合，煮沸することによって Ca^{2+} の含有量を下げることができる。この理由を，化学反応式を用いて説明せよ。
　　　　　　　　　　　　　　　　　　　　　　　　　　　　(14　大阪教育大)

424. ★★ **硫酸バリウムの利用◆**バリウム塩はX線の吸収能が大きく，胃の造影剤に用いられるが，バリウムイオンは毒性が強いことでも知られる。造影剤として炭酸バリウムではなく，硫酸バリウムが用いられる理由について述べよ。　　　(08　福島県立医科大　改)

425. ★★ **鉄の酸化防止◆**屋外で使用される鋼では表面に亜鉛をめっきした「トタン」が用いられる。トタンは屋外で使用されるため，しばしばめっき層に傷がついて，内部の鋼が露出する。その場合に鋼がさびから守られる仕組みをイオン化傾向にもとづいて60字以内で説明せよ。　　　　　　　　　　　　　　　　　　(21　東京医科歯科大　改)

426. ★★ **銀の反応◆**銀と塩酸の反応から塩化銀を得るのは困難である。銀から塩化銀を合成する方法を50字以内で記せ。　　　　　　　　　　　　　　　(10　群馬大　改)

427. ★★★ **金属イオンの分離◆**Cu^{2+}，Zn^{2+}，Ca^{2+} が混合した水溶液が三角フラスコに入っている。それぞれの金属イオンを Cu^{2+}，Zn^{2+}，Ca^{2+} の順に沈殿として分離したい。どのような手順で行えばよいか，説明せよ。ただし，試薬と器具は，下に挙げたものを必要なだけ用いることができるものとする。

試薬：アンモニア水，エーテル，炭酸アンモニウム水溶液，希塩酸，硫化鉄(Ⅱ)

器具：ふたまた試験管，分液ろうと，こまごめピペット，薬さじ，ろ紙，三角フラスコ，
　　　リービッヒ冷却器，ろうと，ゴム栓，ガラス管，ゴム管

428. ★★★ **金属と人間生活◆**金，銅，鉄，アルミニウムなどの金属は，われわれの生活の中でも，さまざまな形で利用されている。次の各問いに答えよ。

(1)　人類は金属を利用していろいろな道具をつくり文明を発達させてきた。歴史的にみると，金，銅，鉄，アルミニウムの順で，その利用が進んできた。このような順で利用された理由について，化学的に説明せよ。

(2)　省エネルギーのため，アルミニウムのリサイクルが行われている。「電気の缶詰」といわれるアルミニウムが，金，銅，鉄に比べてリサイクルの必要性が高い理由について，化学的な立場から説明せよ。
　　　　　　　　　　　　　　　　　　　　　　　　　　　　(10　京都教育大)

429. ★ **構造式**◆ジクロロメタンの構造式として，図のAとBのどちらを用いてもよい理由を，立体構造を描いて説明せよ。

(12　宇都宮大)

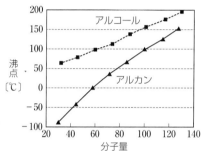

430. ★ **元素分析**◆分子式が未知である有機化合物の元素分析実験において，生成した気体を塩化カルシウム管，ソーダ石灰管の順番で通じる。この順序を逆にすると，正確な結果が得られない。その理由を50字以内で記せ。

(龍谷大　改)

431. ★ **シス-トランス異性体**◆一般に，アルケンにおいて，二重結合を形成している炭素原子上にそれぞれ異なる原子，原子団が結合した場合，シス-トランス異性体が存在する。この異性体が存在する理由を30字以内で記せ。

(20　法政大)

432. ★★★ **アルカンとアルコールの沸点**◆直鎖状のアルカン(C_nH_{2n+2}, $n = 2$, 3, …, 9)と直鎖状のアルコール($C_mH_{2m+1}OH$, $m = 1$, 2, …, 8)の分子量と沸点の関係を図に示す。

(1)　プロパン(分子量44)とエタノール(分子量46)の分子量はほぼ同じであるが，沸点はそれぞれ $-42℃$ と $78℃$ で，大きく異なる。この理由を述べよ。

(2)　図から，アルカンとアルコールの沸点は，いずれも分子量が大きくなるとともに高くなっている。この理由を述べよ。

(3)　図から，アルカンとアルコールの沸点の差は，分子量が大きくなるにつれて小さくなっている。この理由を，(1)と(2)を参考にして述べよ。

(13　大阪教育大)

433. ★★ **分留の操作**◆メタノールとエタノールの混合物から，エタノールを精製するために，図のような装置を組み立てた。

(1)　図中の器具A～Eの名称を，それぞれ記せ。

(2)　図の装置には明らかに不適切な点が6カ所あると指摘された。指摘された誤りは何であったか。それぞれの誤りを訂正せよ。

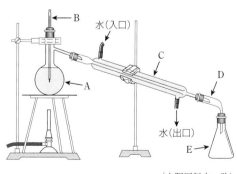

(大阪医科大　改)

434. 分液ろうと◆分液ろうとを使用するときには，分液ろうとを振った後，脚部を上向きにして活栓を開く。活栓を開く必要がある理由を簡潔に説明せよ。（15　首都大学東京）

★

435. アルコールの溶解性◆1価アルコールは，一般に炭化水素基の炭素原子の数が多いほど水に溶けにくい。その理由を50字以内で述べよ。（08　茨城大）

★

436. アルコールとエーテルの沸点◆構造異性体の関係にあるアルコールとエーテルの沸点を比べた場合，アルコールの方が高い沸点を示す理由を30字以内で記せ。

（20　昭和薬科大）

★★

437. エタノールの反応◆次の実験に関する記述を読み，下の各問いに答えよ。

実験1：図のような装置を組む。試験管Aにエタノール10mLをとり，濃硫酸6mLを少しずつ混合して，沸騰石を入れ，弱火で加熱する。130℃付近から試験管Bに液体が4mLほどたまる。140℃をこえると急に温度が上がり，

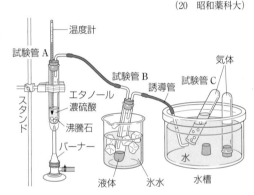

160℃になると試験管Cに気体が捕集される。170℃をこえたところで加熱をやめる。

実験2：試験管Bにたまった液体のにおいをかぎ，試験管を50℃の温水につける。

(1)　実験1で加熱を終了するとき，バーナーの火を消すと同時に誘導管を水槽から引き上げることが必要である。その理由を25字以内で記せ。

(2)　試験管B中の液体および試験管C中の気体の主成分をそれぞれ記せ。また，実験2ではどのような現象が見られるか。次のうちから，適切なものを選べ。

① 爆鳴がおこる　　② 淡黄色沈殿を生じる　　③ 色が消える

④ 液体が沸騰する　　⑤ 赤紫色になる　　　　⑥ 特に変化は見られない

（立命館大　改）

★

438. メチルエステルの性質◆メチルエステルは，一般的に，もとのカルボン酸と比べて沸点が低く，揮発性が大きい。カルボン酸とそのメチルエステルの間で，このような性質の違いが生じる理由を記せ。（20　鳥取大）

★

439. 官能基の識別◆2本の試験管に，安息香酸とフェノールを0.5gずつはかり取った。次に各試験管に，1mol/Lの炭酸水素ナトリウム水溶液を2mLずつ加えて，軽く振った。

(1)　2本の試験管にどのような違いが見られたかを記せ。

(2)　上記の違いが見られた理由を簡潔に記せ。（11　名城大　改）

440. ★★★ 油脂の反応◆リノール酸 $C_{18}H_{32}O_2$ のトリグリセリド（グリセリンとのエステル）である油脂 10.0 g から，ステアリン酸 $C_{18}H_{36}O_2$ を合成したい。

(1) どのような実験操作を行えばよいか。実験に使用する試薬と溶媒，実験操作，および生成物（ステアリン酸）の分離方法がわかるように，実験の概要を150字程度で説明せよ。なお，試薬の量，器具，装置および反応時間に関する記述は不要である。

(2) この実験で得られるステアリン酸は最大で何 g か。 (11 九州大)

441. ★★ セッケンの作用◆油脂に水酸化ナトリウム水溶液を加えて熱すると，図に示した脂肪酸のナトリウム塩であるセッケンを生じた。

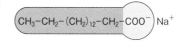

(1) セッケンの界面活性剤としての働きを示した図①～③には，間違いを含むものがある。間違っているものを選び，図を正しく描きなおせ。

①
②
③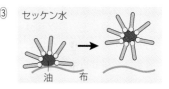

(2) セッケンを酸性水溶液で使うと，洗浄作用を失う。どのような変化がおこるかを，図のセッケンの化学式を用いて化学反応式で示せ。また，洗浄作用を失う理由を記せ。

(20 大阪府立大 改)

442. ★★ 注射液◆大豆から抽出した大豆油は，1分子のグリセリンに対して3分子の高級脂肪酸がエステル結合した油脂（トリグリセリド）である。大豆油は，水に溶けにくい液体で，水と混ぜてもすぐに二層にもどってしまう。一方，卵黄から抽出したレシチンは，1分子のグリセリンに対して2分子の脂肪酸と1分子のリン酸化合物がエステル結合している。医薬品として，水性の液体に油脂とレシチンが混合された注射液（静脈注射用脂肪乳剤）がある。これは，牛乳のような白濁した均一な分散液で，二層にわかれていない。この理由を100字程度で説明せよ。 (14 奈良県立医科大)

443. ★ ベンジルアルコールとフェノール◆ベンジルアルコールとフェノールを区別したい。試薬によって呈色する方法を説明せよ。 (12 高知工科大)

444. ★★ 芳香族化合物の識別◆3本の試験管に，それぞれアニリン，アセトアニリド，アセトアミノフェンを入れておいたが，化合物名が書かれていない。呈色反応を用いて，どれがどの化合物かを識別する方法を記せ。 (20 お茶の水女子大 改)

アニリン

アセトアニリド

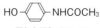
アセトアミノフェン

445. ★★　**糖類の識別**◆グルコース水溶液，スクロース水溶液，デンプン水溶液を簡単な実験を行って識別したい。実験操作と結果について，簡単に説明せよ。　　　　（埼玉大　改）

446. ★★　**セルロースの分解**◆ヒトはデンプンを体の中で消化してエネルギーに変えることができるが，セルロースを消化することができない。その理由を説明せよ。ただし，「酵素」という言葉を必ず用いること。　　　　　　　　　　　　　　　（13　高知工科大）

447. ★　**セルロース**◆セルロースはアミラーゼで加水分解されず，デンプンのようにヨウ素と呈色反応を示さない。アミラーゼがセルロースに作用しない理由と，セルロースがヨウ素と呈色反応を示さない理由を記せ。　　　　　　　　　　　　　（20　鳥取大）

448. ★★★　**グリコーゲン**◆ヒトの筋肉や肝臓の細胞では，グリコーゲンが蓄えられる。その目的は，必要なとき，グリコーゲンの構成成分であるグルコースをエネルギー源として使ったり，他の細胞に供給したりするためである。細胞および体にとって，単糖をそのまま蓄えるよりも，高分子化合物であるグリコーゲンとして蓄えることにどのような利点があると考えられるか，「浸透圧」という用語を用いて記せ。　　　　　（11　福井大）

449. ★　**アミノ酸の特徴**◆α-アミノ酸は分子量が同程度の他の有機化合物に比べて融点が高い。また，有機化合物であるにもかかわらず，ジエチルエーテルのような有機溶媒には溶けにくい。このように，α-アミノ酸はイオン性物質と似た特徴をもつが，なぜこのような特徴がみられるのか，理由を説明せよ。　　　　　　　　（14　奈良女子大）

450. ★　**タンパク質の呈色反応**◆あるタンパク質を加水分解した溶液がある。この加水分解の完了を確認するのに適した呈色反応は，次のどちらか。適する番号と，その理由を記せ。

呈色反応1：水酸化ナトリウム水溶液と硫酸銅（Ⅱ）水溶液を添加する。
呈色反応2：濃硝酸を加えて加熱後，冷却してからアンモニア水を添加する。

（11　鹿児島大　改）

451. ★　**タンパク質の変性**◆水溶液中のタンパク質が沈殿する現象には，「塩析」以外に「変性」がある。タンパク質の「変性」が，「塩析」と異なる点を100字以内で記せ。（08　京都大）

452. ★★　**パイナップルゼリー**◆ゼリーはゼラチン（主成分：タンパク質）を加えて冷やし固めた食べ物である。切ったばかりの生のパイナップルを入れてゼリーをつくろうとしたところ，冷やしても固まらなかった。パイナップル入りのゼリーを固めるにはどうすればよいか。その方法について，固まらなかった理由も含め，100字程度で述べよ。

（13　九州大）

453. ★★★ **ペプチドの反応**◆表に示したアミノ酸のうち，異なる3種類の

アミノ酸を用いてできたトリペプチドがある。このトリペプチドに

ついて，次の実験を行った。

$$\overset{\displaystyle R}{\underset{\displaystyle |}{H_2N-CH-COOH}}$$
アミノ酸の構造式

〈実験〉 このトリペプチド水溶液に水酸化ナトリ

ウム水溶液を加えて加熱した。その後，酢酸に

よって中和して，酢酸鉛(Ⅱ)水溶液を加えたが，

変化は見られなかった。

アミノ酸	−R
グリシン	−H
アスパラギン酸	−CH$_2$−COOH
システイン	−CH$_2$−SH
チロシン	−CH$_2$−◯−OH

(1) このトリペプチドとして考えられる構造は

何種類存在するか。ただし，鏡像異性体は考慮

しなくてよい。

(2) このトリペプチド水溶液は，酸性，中性，塩基性のいずれを示すか。また，その理

由を答えよ。 (13 慶應義塾大 改)

454. ★★ **合成高分子化合物**◆合成高分子化合物について，次の各問いに答えよ。

(1) 付加重合と縮合重合の違いがわかるようにそれぞれを説明せよ。

(2) 高圧下で合成されるポリエチレン(A)と，触媒を用いて常圧に近い条件で合成さ

れるポリエチレン(B)の違いを立体構造に着目して説明せよ。 (12 信州大 改)

455. ★★ **合成高分子の熱的性質**◆ポリエチレンを加熱すると，ある温度以上でやわらかくな

りはじめるが，明確な融点は示さない。同じアルカン類のブタン，ヘキサンなどと比較

して，なぜそうなるかを説明せよ。 (11 奈良県立医科大)

456. ★ **熱硬化性樹脂**◆熱硬化性樹脂の例を1つあげ，熱硬化性樹脂を熱すると固くなる理

由を説明せよ。 (10 大阪教育大)

457. ★ **プラスチックのリサイクル**◆プラスチックの再利用(リサイクル)には様々な処理が

行われている。このうち，サーマルリサイクルについて説明せよ。 (20 熊本県立大)

458. ★ **ポリビニルアルコールの合成**◆ビニロンの合成に用いるポリビニルアルコールを得

るために，ビニルアルコールを直接重合させない理由を記せ。 (09 千葉大 改)

459. ★ **染色の難易**◆繊維の染色は，繊維と染料の分子が結びつくことによっておこる。こ

の結びつきは，繊維分子の官能基と染料分子の官能基の間のさまざまな結合によって形

成される。たとえば，①繊維の−NH$_3^+$と染料の−SO$_3^-$の間のイオン結合や，②繊維の

≧C＝O と染料の−OH の間の水素結合などである。下線部①の繊維と②の繊維を洗濯

したとき，色落ちしやすいのはどちらか。理由とともに60字以内で答えよ。

(08 群馬大)

257

2 英文読解を要する問題

460. 化学平衡◆次の英文を読み，下の各問いに答えよ。

　Nitrogen and hydrogen will sit happily together in a sealed vessel without reacting to form ammonia,with the equilibriurn for the reaction being completely over to the left hand side of the equation under ambient conditions :

$$N_2+3H_2 \longrightarrow 2NH_3 \quad \Delta H=-92\,kJ \tag{1}$$

　According to Le Chatelier's principle the equilibrium will be shifted to the right hand side by high pressures and since the reaction is exothermic, by low temperatures.　Indeed early work by Haber showed that at 200℃ and 300 atmospheres pressure the equilibrium mix would contain 90% ammonia, whilst at the same pressure but at 700℃ the percentage of ammonia at equilibrium would be less than 5%.　Unfortunately, the activation energy is such that temperatures well in excess of 1000℃ are needed to overcome this energy barrier.　(a)The conclusion from this is that direct reaction is not a commercially viable option.

　In the early 1900s Haber and, later Bosch discovered that the reaction did, however, proceed at reasonable temperatures (around 500℃) in the presence of osmium compound subsequently iron based materials.　These catalysts acted by lowering the activation energy of the reaction, in other words by interacting with the starting materials they altered the reaction pathway to one of lower energy.　(b)Catalysts do not however alter the equilibrium position of a reaction : therefore, high pressures are needed to force the reaction.　Hence a catalyst is commonly defined as :

　A material which changes (usually increases) the rate of attainment of chemical equilibrium without itself being changed or consumed in the process.

vessel：容器　ambient condition：常温常圧条件　Le Chatelier：ルシャトリエ
exothennic：発熱的　Haber：ハーバー　whilst：一方で　Bosch：ボッシュ
osmium：オスミウム　catalyst：触媒　activation energy：活性化エネルギー
alter：変える　rate：速度　chemical equilibrium：化学平衡

問1　(1)式について，以下の反応条件(i)と(ii)において，平衡に達したときのアンモニアの生成率をそれぞれ答えよ。
　(i)　300気圧，200℃　　(ii)　300気圧，700℃
問2　(1)式について，平衡状態において，アンモニアの生成率を高める条件を本文にもとづいて2つ述べよ。また，その条件をとる理由をルシャトリエの原理から簡潔に述べよ。
問3　下線部(a)において，窒素と水素を直接反応させてアンモニアを生成するのは工業的に採算が合わないと述べられている。その理由を本文にもとづいて簡潔に記せ。
問4　下線部(b)を日本語に訳せ。
問5　触媒の定義を本文にもとづいて説明せよ。
　　　　　　　　　　　　　　　　　　　　　　　　　　　　　　　　　(21　広島大)

461. 水素の利用◆次の英文を読み，下の各問いに答えよ。

Hydrogen is the most abundant element in the universe accounting for 89% of all atoms. These atoms were formed in the first few seconds after the Big Bang, the event that marked the beginning of the universe.　However, there is little free hydrogen on Earth because H_2 molecules, being very light, move at such high average speeds that they escape from the Earth's gravity. Most of the Earth's hydrogen is present as water, either in the oceans or trapped inside minerals and clays.　Hydrogen is also found in the hydrocarbons[*1] that make up the fossil fuels: coal, [　A　], and natural gas.　①It takes energy to release hydrogen from these compounds.　If we want to use hydrogen as a fuel, we must produce the gas using less energy than it generates when it is burned.

Because water is its only combustion[*2] product, hydrogen burns without polluting the air or contributing significantly to the greenhouse effect[*3]. Coal, [　A　], and natural gas are becoming increasingly rare, but there is enough water in the oceans to generate all the hydrogen fuel we shall ever need.　Hydrogen is obtained from water by electrolysis[*4], but that process requires electricity that has been generated elsewhere.　Chemists are currently ②seeking ways of using sunlight to drive the water-splitting reaction, the photochemical[*5] decomposition[*6] of water into its elements:

Water-splitting reaction：$2H_2O\,(liquid) \longrightarrow 2H_2\,(gas) + O_2\,(gas)$

At present, most commercial hydrogen is obtained as a by-product[*7] of [　A　] refining[*8] in a sequence of two catalyzed reactions[*9].　The first is a reforming reaction[*10], in which a hydrocarbon and steam are converted into carbon monoxide[*11] and hydrogen over a nickel catalyst[*12]:

③Reforming reaction：$CH_4\,(gas) + H_2O\,(gas) \longrightarrow CO\,(gas) + 3H_2\,(gas)$

The mixture of products, called synthesis gas[*13], is the starting point for manufacture of many other compounds, including ④methanol.　The reforming reaction is followed by the shift reaction[*14], in which the carbon monoxide in the synthesis gas reacts with more water:

⑤Shift reaction：$CO\,(gas) + H_2O\,(gas) \longrightarrow CO_2\,(gas) + H_2\,(gas)$

⑥Hydrogen is also prepared in small amounts in the laboratory by reducing hydrogen ions from a strong acid with a metal.

(P. Atkins and L. Jones, Chemical Principles : The Quest for Insight, 2004, W. H. Freeman & Co. から一部変更して引用)

1. hydrocarbon：炭化水素　　2. combustion：燃焼　　3. greenhouse effect：温室効果
4. electrolysis：電気分解　　5. photochemical：光化学的な　　6. decomposition：分解
7. by-product：副生成物　　8. refining：精製　　9. catalyzed reaction：触媒反応
10. reforming reaction：改質反応　　11. carbon monoxide：一酸化炭素　　12. catalyst：触媒
13. synthesis gas：合成ガス　　14. shift reaction：シフト反応

問1　水素分子が地球上に少ない理由を本文の内容に沿って述べよ。

問2　下線部①を和訳せよ。

問3　文中の空欄Aに入る最も適した fossil fuel を日本語で答えよ。

問4　化学者が下線部②を目指している理由を本文の内容に沿って述べよ。

問5　fossil fuel から水素を製造する方法を本文の内容に沿って具体的に述べよ。

問6　下線部④を工業的に合成する場合の反応式を記せ。

問7　ガスバーナーで加熱した銅線を，試験管に入れた methanol の液面に近づけることを繰り返す実験を行った。次の設問(あ)，(い)に答えよ。

(あ)　このとき生成する物質を化合物名で答えよ。

(い)　(あ)で答えた化合物を生成させるのに加熱した銅線を用いる理由を述べよ。

問8　下線部⑥に該当する化学反応式の一例を示し，発生する水素を捕集する方法と水素を簡便に確認する方法を述べよ。

問9　下線部③および下線部⑤に伴う ΔH を，次の(1)～(5)から必要な式を用いてそれぞれ求めよ。

$$C(\text{solid})+2H_2(\text{gas}) \longrightarrow CH_4(\text{gas}) \qquad \Delta H=-74\,\text{kJ} \qquad (1)$$

$$2C(\text{solid})+O_2(\text{gas}) \longrightarrow 2CO(\text{gas}) \qquad \Delta H=-220\,\text{kJ} \qquad (2)$$

$$2H_2(\text{gas})+O_2(\text{gas}) \longrightarrow 2H_2O(\text{liquid}) \quad \Delta H=-572\,\text{kJ} \qquad (3)$$

$$H_2O(\text{liquid}) \longrightarrow H_2O(\text{gas}) \quad \Delta H=+44\,\text{kJ} \qquad (4)$$

$$2CO(\text{gas})+O_2(\text{gas}) \longrightarrow 2CO_2(\text{gas}) \quad \Delta H=-566\,\text{kJ} \qquad (5)$$

問10　密閉された容器内において，水素と窒素からアンモニアが生成して平衡状態となった。このとき，圧平衡定数 $K_p=1.0\times10^{-11}(\text{Pa}^{-2})$，水素および窒素の分圧がそれぞれ $2.0\times10^3\,\text{Pa}$ および $1.0\times10^3\,\text{Pa}$ であった。$\sqrt{2}=1.41$，$\sqrt{3}=1.73$，$\sqrt{5}=2.24$ として，アンモニアの分圧を求めよ。

（12　埼玉大　推薦入試）

炭素数 n のアルカン(飽和炭化水素)は分子式 C_nH_{2n+2} で表される。C=C 結合をもつアルケンでは，その分子式は C_nH_{2n} となり，水素原子が2個減少する。また，環状構造をもつシクロアルカンの分子式も C_nH_{2n} と表される。このように，C=C 結合を形成したり，環状構造をとったりすると，同じ炭素数のアルカンよりも水素原子が2個少なくなる。同様に，C≡C 結合を形成すると，水素原子は4個少なくなる。また，シクロアルケンのように，環状構造と C=C 結合をもつ場合も水素原子は4個少なくなる。このように，水素原子の数と不飽和結合や環状構造の数の合計は密接に関連する。この関係は，次式で示される不飽和度を用いて表される(炭化水素を C_nH_m とする)。

$$不飽和度＝\frac{鎖式飽和のときの水素原子の数－分子中の水素原子の数}{2}＝\frac{2n+2-m}{2} \quad \cdots ①$$

アルケンやシクロアルカンの不飽和度は1，すなわち C=C 結合や環状構造をもつと不飽和度は1増加する。C≡C 結合を形成している化合物では，不飽和度は2増加する。また，ベンゼン環は1つの環状構造と，3つの C=C 結合をもつと考え，不飽和度を4とする。

酸素原子Oを含む有機化合物 $C_nH_mO_x$ の場合も，酸素原子は分子中の水素原子の数に影響を与えないため，①式から不飽和度を求められる。

炭素数が4の有機化合物の不飽和度とその構造の関係を次に示す。

結合・構造	不飽和度
C=C 結合	1
環状構造	1
C=O 結合	1
C≡C 結合	2
ベンゼン環	4

分子式	不飽和度	炭素骨格の例
C_4H_{10}	$\frac{2\times4+2-10}{2}=0$	C-C-C-C　　C-C-C （単結合のみ）　　C
C_4H_8	$\frac{2\times4+2-8}{2}=1$	C=C-C-C　C-C=C-C　C=C-C　　C-C　C-C-C （二重結合1つ）　　C　　C-C　　C（環状構造1つ）
C_4H_6	$\frac{2\times4+2-6}{2}=2$	C≡C-C-C　C-C≡C-C　C=C=C-C　C=C-C=C （三重結合1つ）　　（二重結合2つ） C-C　C=C-C　C=C　C-C=C　C C-C　　C　　C-C　　C　C-C （環状構造1つ，二重結合1つ）　C（環状構造2つ）

炭素数の多い有機化合物のように，構造が容易にわからない場合には，不飽和度を求めることによって，二重結合(C=C, C=O)や三重結合(C≡C)の数，環状構造，ベンゼン環の有無など，骨格の推定に役立つ情報を得ることができる。

注 $C_nH_mN_xO_y$ のような，窒素原子Nを含む化合物の不飽和度は，右式のように求められる。　　　$$不飽和度＝\frac{2n+2+x-m}{2}$$

ドリル　次の各分子式について，不飽和度を求めよ。

(1) C_5H_{12}　　(2) C_5H_8　　(3) C_6H_{12}　　(4) C_6H_8　　(5) C_6H_6　　(6) C_3H_8O

(7) C_3H_6O　　(8) C_8H_{10}　　(9) $C_{14}H_{14}O$　　(10) C_2H_7N　　(11) $C_3H_7NO_2$

付録2 ベンゼンの求電子置換反応 発展

　ベンゼン分子の各炭素原子は sp^2 混成軌道を形成しているとみなされる。ベンゼンの正六角形を形成する炭素原子間の単結合は，sp^2 混成軌道で構成されている。これは σ結合とよばれ，強い結合である。一方，上下に伸びる 2p 軌道は互いに重なり合い，π結合を形成する。π結合は σ結合よりも弱い結合であり，π結合を形成する電子は π電子とよばれる。ベンゼンの置換反応のうち，この π電子が攻撃されることによっておこるものを求電子置換反応という。求電子置換反応は，次のような反応機構であると説明される。

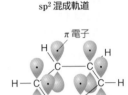

sp² 混成軌道

π電子

ベンゼン分子 C_6H_6

①NO_2^+ や SO_3H^+ などの，不安定で，電子を求める基がベンゼンに近づくと，ベンゼンの π電子を共有して，結合を形成する。

②ベンゼンの安定な構造がくずれ，不安定になる(遷移状態)。

③水素イオンが脱離し，ベンゼン環の構造にもどる。

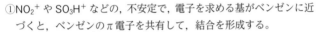

不安定　（反応に関与しない H は省略している）

　求電子置換反応を行う基は，NO_2^+ や SO_3H^+，Cl^+ などの不安定な陽イオンが多い。これらの陽イオンは単独では安定に存在できないが，次のような場合に存在すると考えられる。

$$H_2SO_4 + HO-NO_2 \longrightarrow HSO_4^- + NO_2^+ + H_2O \quad (濃硝酸)$$

$$H_2SO_4 + HO-SO_3H \longrightarrow HSO_4^- + SO_3H^+ + H_2O \quad (濃硫酸)$$

$$FeCl_3 + Cl_2 \longrightarrow [FeCl_4]^- + Cl^+ \quad (塩素)$$

したがって，ベンゼンの求電子置換反応では，濃硫酸と濃硝酸を作用させるとニトロベンゼン $C_6H_5-NO_2$ を生じ，濃硫酸を作用させるとベンゼンスルホン酸 $C_6H_5-SO_3H$，塩化鉄(Ⅲ)を触媒として塩素を作用させるとクロロベンゼン C_6H_5-Cl を生じる。

付録3 ベンゼン環の配向性

　ベンゼンの置換反応(ハロゲン化，ニトロ化，スルホン化など)では，6個の炭素原子に結合した水素原子の反応性に区別はない。しかし，フェノールのように，ベンゼン環に置換基が結合している場合は，残りの5つの水素原子の置換反応に対する反応性に差が現れる。たとえば，フェノールでは，ヒドロキシ基に対して o 位と p 位に優先して置換反応がおこる。この性質をオルト・パラ配向性とよぶ。一方，ベンゼンにニトロ基−NO_2 が結合したニトロベンゼンでは，ニトロ基に対して m 位の水素原子が置換反応を受けやすくなる。この性質をメタ配向性とよぶ。このようなベンゼン環の置換基による配向性を表に示す。

配向性	置換基
オルト・パラ配向性	−OH, −CH_3, −NH_2, −Cl, −Br, −NHCOCH_3
メタ配向性	−NO_2, −SO_3H, −CHO, −COOH, −COOCH_3

3. 5.5×10^2kJ　**6.** (1) 760mm

　　(2) B：60mmHg，C：540mmHg

13. (3) 49kJ　**14.** (1) 1.99×10^4Pa　(2) ②

15. (1) 2.5L　(2) 2.0×10^5Pa　(3) 16L

　　(4) -73℃　**16.** (4) $V_0 = \dfrac{273V}{273+t}$

17. (1) 7.0×10^4Pa　(2) 0.33L　(3) 2.4×10^2K

18. (1) 0.60mol　(2) 3.3×10^5Pa

　　(3) 2.5×10^2mL　(4) 28

19. (1) 16　(2)（ア）　(3)（オ）　**21.** (2) 28

22. (1) 0.83g　(2) 1.0×10^5Pa，77℃　(3) 80

23. (1) 1.5×10^5Pa　(2) A…0.60，B…0.40

　　(3) A…9.0×10^4Pa，B…6.0×10^4Pa

24. (1) N_2：4.0×10^4Pa，O_2：3.0×10^4Pa

　　(2) 7.0×10^4Pa　**25.** (1) 29　(2) 1.7×10^5Pa

26. (2) 1.4×10^{-2}mol　**28.** $P_4V/(RT_3)$〔mol〕

30. (1) 1.3×10^5Pa

　　(2) CO_2：0.50，N_2：0.50　(3) 1.9g/L

31. (1) 22　(2) 1.7×10^5Pa　(3) 1.9×10^5Pa

32. (1) 1.5×10^3Pa　(2) 3.6×10^{-2}g

34. (1) 6.3×10^{-2}mol　(2) Ar：3.9×10^4Pa，

　　C_6H_6：3.9×10^4Pa　(3) 約50℃

40. (4) 0.18nm　**44.**（イ）23

45. (3) 0.200nm　(4) 74

46. (X) 0.41　(Y) 0.73　**47.**（イ）$\dfrac{40A}{3.0xyz}$

48. (2) 7.7×10^{-9}cm　(3) $\dfrac{a^3dN_A}{8}$

50. (1) 23%　(2) 46g　(3) 38g　(4) 91g

51. （イ）0.12　（ウ）5.4×10^{-3}　（エ）0.45

　　（オ）0.12

52. (1) 7.0×10^{-2}g　(2) 2.4×10^{-2}g　(3) 9.8mL

53. (1) 100.17℃　(2) 2.6×10^2

54. (1) 4.5℃　(2) 1.8×10^2　(3) 1.8×10^2

55. (4) -0.108℃　**56.** (2) 8.3×10^4Pa

57. 7.0×10^4　**62.** (1) 15%　(2) 45g　(3) 25g

63. (1) 147mL，49.0mL　(2) 2.90L，0.967L

64. (1) 8.0×10^{-4}mol，7.5×10^4Pa　(2) 12mL

　　(3) 68mg

65. （イ）0.52　（ウ）4.2×10^{-2}　（エ）1.800

66. (4) 343　(5) 0.80　(6) 0.83

67. (1) 52g　(2) 87%

68. (2) 6.6×10^2Pa　(3) 13.4mL

　　(4) 3.8×10^5g/mol

69. （ア）0.19　（イ）4.2×10^{-2}　（ウ）2.7×10^4

　　（エ）8.1　（オ）4.0　《A》②

70. (2) （ア）2.9×10^5　（イ）3.0×10^4

　　（ウ）2.0×10^4　(3) 2.7×10^4Pa

71. (1) （ア）8　（イ）41.7

72. (1) CO_2：4.2×10^4Pa，N_2：1.0×10^5Pa

　　(2) CO_2：1.2×10^{-2}mol，N_2：6.7×10^{-4}mol

　　(3) 1.4×10^5Pa

73. (1) 分子量：8.10×10^6，重合度n：5.00×10^4

　　(3) 3.80×10^{-4}g

74. (1) $\dfrac{c_1/M}{(100-c_1)/m + c_1/M}p_0$

　　(2) $x = \dfrac{100(c_2-c_1)}{c_1+c_2}$

78. (1) 3.9×10^2kJ　(2) 8.96L　(3) 27.0g

79. (1) 30kJ　(2) 2.8kJ

80. (1) 1.4×10^2m^3　(2) 2.9×10^6kJ

　　(3) 1.4×10^2kg　**81.** 13g

82. (1) 30℃　(2) 2.2kJ　(3) -44kJ/mol

84. $+206$　**85.** (1) 2.4kJ　(2) -240kJ/mol

86. (3) -2219kJ

89. (1) -1299.5kJ/mol　(2) ③

90. (1) 3.7×10^5kJ　(2) 0.40mol

91. (1) 10.5℃　(2) 4.6×10^3J　(3) -46kJ/mol

　　(4) -57kJ/mol

92. （ア）-47　（イ）-241

93. (1) -74.5kJ/mol　(2) -394kJ/mol

　　(3) 417kJ/mol

94. 3.5×10^2kJ/mol　**96.** （イ）-420　（ウ）502

97. (1) スクロース：-5.65×10^3kJ/mol

　　　ラウリン酸：-7.43×10^3kJ/mol

　　(2) 20.6kJ/g

106. (1) 3.9×10^3C　(2) 4.0×10^{-2}mol　(4) 4.3g

　　(5) 2.2×10^2mL

107. (2) 5.79×10^3C，3.00A　(3) 1.92g

108. (2) 3.86×10^4C　(3) 1.93×10^4秒

　　(4) 3.60g

109. (1) 0.50mol　(2) （イ）　(3) 2.8L

110. (3) 11L　(4) 40g　**111.** 問 3.86×10^3C

112. (3) 1.0×10^3kg

113. (2) 54.8g，1.45×10^4C　(3) 26.7%

114. (A) 2.0　(B) 27　(C) 47

115. (1) $+3$ (2) $1.9\times10^3\,\text{mA}\cdot\text{h}$

116. (3) $9.6\times10^4\,\text{C/mol}$, $-1.6\times10^{-19}\,\text{C}$

117. (2) $+0.48\,\text{g}$ (3) 9.7×10^3 秒 (4) $-0.80\,\text{g}$

118. (2) $1.44\times10^3\,\text{C}$
(3) $A：3.86\times10^2\,\text{C}$, $B：1.05\times10^3\,\text{C}$
(4) $8.19\times10^{-3}\,\text{mol}$

119. (1) $42\,\text{mL}$ (2) ア槽：$7.5\times10^{-3}\,\text{mol}$
イ槽：$2.5\times10^{-3}\,\text{mol}$
ウ槽：$2.5\times10^{-3}\,\text{mol}$ (3) $28\,\text{mL}$

120. (1) $5.72\,\text{g}$ (3) 3.5% **121.** (2) $176\,\text{kg}$

122. (1) 2倍 (2) $0.70\,\text{mol/L}$
(3) $5.0\times10^{-3}\,\text{mol/(L·s)}$

123. (3) 27倍 **126.** (2) 2.5分

131. (1) $3.3\times10^{-3}\,\text{mol/(L·s)}$ (3) $3.7\times10^{-3}/\text{s}$

132. (ア) 5.1×10^{-2} (イ) 14

133. $k=0.10\,\text{L/(mol·s)}$

134. (1) $1.83\times10^2\,\text{kJ/mol}(183\,\text{kJ/mol})$ (2) 2.4

136. (1) $[\text{H}_2]：1.0\times10^{-3}\,\text{mol/L}$
$[\text{I}_2]：5.0\times10^{-3}\,\text{mol/L}$
$[\text{HI}]：1.8\times10^{-2}\,\text{mol/L}$ (3) 65

137. (1) 9.0 (2) $0.50\,\text{mol}$

138. (1) $2n\alpha\,[\text{mol}]$ (2) $\dfrac{1-\alpha}{1+\alpha}P\,[\text{Pa}]$

(3) $K=\dfrac{4n\alpha^2}{(1-\alpha)V}\,[\text{mol/L}]$

142. (1) $-\log_{10}c\alpha$ (2) 2.77 (3) $-\log_{10}\dfrac{K_\text{W}}{c\alpha}$
(4) 11.11

143. (1) 4 (2) 3 (3) 2 (4) 12

144. (2) 2.0×10^{-2} (3) $1.4\times10^{-3}\,\text{mol/L}$
(4) 2.85

145. (1) $\sqrt{K_\text{b}/c}$ (2) $6.0\times10^{-3}\,\text{mol/L}$ (3) 11.78

148. (オ) 1.8×10^{-5}

149. (1) $25\,\text{L}$, $1.8\times10^5\,\text{Pa}$ (2) $20\,\text{L/mol}$
(3) $2.1\,\text{mol}$

150. (1) $K_\text{p}=\dfrac{p_{\text{N}_2\text{O}_4}}{(p_{\text{NO}_2})^2}$ (2) $K_\text{p}=\dfrac{K_\text{c}}{RT}$

(3) $3.1\times10^{-6}/\text{Pa}$ (4) $\text{NO}_2：\text{N}_2\text{O}_4=4.0：5.0$

152. (2) 80%

153. (2) $(c+x)x\,(\text{mol/L})^2$ (3) 6.8

154. (2) K_W/K_b (3) 5.7

155. (1) $[\text{CO}_3{}^{2-}]=\dfrac{K_{\text{a}1}K_{\text{a}2}[\text{H}_2\text{CO}_3]}{[\text{H}^+]^2}$ (2) 4.0

(3) $2.8\times10^{-6}\,\text{mol/L}$

156. 実験2：4.52, 実験3：1.40, 実験4：4.18,
実験5：4.85

157. (1) 2.6 (3) 点ウ：9.0, 点エ：12.9

158. (3) (A) 6.1, (B) 8.1

159. (1) $[\text{S}^{2-}]\leqq3.0\times10^{-17}\,\text{mol/L}$ (2) $K=K_1K_2$
(3) $2.0\times10^{-3}\,\text{mol/L}$

160. (1) (a) $1.7\times10^{-8}\,\text{mol/L}$, $3.3\times10^{-5}\,\text{mol/L}$
(b) $5.2\times10^{-6}\,\text{mol/L}$
(2) (b) $0.135\,\text{mol/L}$, (c) $4.1\times10^{-4}\,\text{mol}$

161. (1) $8.9\times10^{-2}\,\text{mol/L}$
(2) $Q_1：51$, $Q_2：20$

162. (2) $0.12\,\text{mol}$ (3) $1.3\,\text{A}$
(4) ③槽：4.3%, ④槽：1.6%

163. (1) $6.4\times10^{-3}\,\text{mol}$ (2) 0.37
(3) $6.0\times10^{-2}\,\text{mol}$ (4) $74\,\text{Wh}$

164. (1) $3.3\times10^{-3}\,\text{mol/(L·s)}$
(2) $1.1\times10^5\,\text{Pa}$ (3) 16 (4) $5.08\,\text{mol}$

165. (1) $2.4\times10^{-2}\,\text{mol/L}$ (2) $\text{pH}=12$
(3) $\text{pH}=7.5$ (4) $18\,\text{mL}$

166. (1) $x=7.7$, $y=4.0$ (4) 8.3

186. (5) $1\,\text{mol}$ **189.** (1) (ア) 1.43

193. (4) $8.5\,\text{kg}$ (5) $19\,\text{g}$ **206.** (4) $10.6\,\text{t}$

207. (2) $27\,\text{kg}$ **224.** (2) $3.00\,\text{kg}$ (3) $7.72\times10^6\,\text{C}$

242. (4) 炭素原子：80.0%, 水素原子：20.0%

248. (1) 60.1 **260.** (1) ③ (2) ②

261. (2) $19\,\text{g}$ **281.** (4) $9.2\,\text{g}$

286. (1) 849 (2) $14.1\,\text{g}$ (3) $108\,\text{g}$

287. (1) 884 (2) 3 **320.** (2) 80%

332. (3) 1.50×10^3個 (4) 28.6% **334.** 問 $51\,\text{g}$

349. (1) $K_1=\dfrac{[\text{Ala}^\pm][\text{H}^+]}{[\text{Ala}^+]}$, $K_2=\dfrac{[\text{Ala}^-][\text{H}^+]}{[\text{Ala}^\pm]}$

(2) $\sqrt{K_1K_2}$ (3) 6.0
(4) $[\text{Ala}^+]：2.0\times10^{-8}$倍, $[\text{Ala}^-]：2.0$倍

352. (4) 20 **358.** (カ) 200 (キ) 400

362. (2) ヘキサメチレンジアミン：$232\,\text{g}$
セバシン酸：$404\,\text{g}$
(3) $564\,\text{g}$ (4) 6.0×10^2 個

363. (4) 9.8×10^4

364. (3) (ⅰ) 500個 (ⅱ) 30% **370.** (4) $16.0\,\text{g}$

372. (5) 96 **374.** (2) $1.5\times10^{-2}\,\text{mol/L}$

375. (1) $3.5\,\text{g}$ (2) 0.37倍 **376.** (3) 50%

377. (5) $211\,\text{g}$ **381.** (2) $5.6\times10^{-5}\,\text{mol/L}$
(4) 平均重合度：5.0×10^2, $w=18\,\text{g}$
(5) 5.0×10^2 倍

新課程版 セミナー化学

2023年1月10日	初版	第1刷発行	編　者	第一学習社編集部
2025年1月10日	初版	第3刷発行		

発行者　松本 洋介

発行所　株式会社 第一学習社

広島：広島市西区横川新町7番14号　〒733-8521　☎082-234-6800
東京：東京都文京区本駒込5丁目16番7号　〒113-0021　☎03-5834-2530
大阪：吹田市広芝町8番24号　〒564-0052　☎06-6380-1391

札　幌☎011-811-1848	仙台☎022-271-5313	新　潟☎025-290-6077
つくば☎029-853-1080	横浜☎045-953-6191	名古屋☎052-769-1339
神　戸☎078-937-0255	広島☎082-222-8565	福　岡☎092-771-1651

訂正情報配信サイト 47255-03
利用に際しては，一般に，通信料が発生します。

https://dg-w.jp/f/3b1e8

47255－03　　　　　■落丁，乱丁本はおとりかえいたします。

ISBN978-4-8040-4725-6

ホームページ
https://www.daiichi-g.co.jp/

表紙写真提供：Digital Vision/Getty Images

重要事項のまとめ

| 状態変化 | ●三態変化の名称 | 固体→液体：融解　　液体→気体：蒸発　　固体→気体：昇華 |
| | | 気体→液体：凝縮　　液体→固体：凝固　　気体→固体：凝華 |

<table>
<tr><td rowspan="7">結晶</td><td colspan="2">●結晶の種類　　　　金属結晶，イオン結晶，分子結晶，共有結合の結晶</td></tr>
<tr><td colspan="2">●金属結晶　　　　　体心立方格子，面心立方格子,* 六方最密構造*　　＊は最密充填構造</td></tr>
<tr><td colspan="2">●単位格子中に含　　単位格子の中心：1個，面の中心：1/2個，辺の中心：1/4個</td></tr>
<tr><td colspan="2">まれる粒子の数　　単位格子の頂点：1/8個</td></tr>
<tr><td colspan="2">●イオン結晶　　　　　　　　　　　陽イオンの数　陰イオンの数　配位数</td></tr>
<tr><td colspan="2">　　　　　　塩化ナトリウム型　　　4個　　　　　4個　　　　　6</td></tr>
<tr><td colspan="2">　　　　　　塩化セシウム型　　　　1個　　　　　1個　　　　　8</td></tr>
</table>

熱化学	●反応エン	注目する物質 1 mol あたりのエンタルピー変化で表す。
	タルピー	燃焼エンタルピー・生成エンタルピー・中和エンタルピー・溶解エンタルピー
		（状態変化）融解エンタルピー・蒸発エンタルピー
	●ヘスの法則	反応の経路にかかわらず，全体のエンタルピー変化は一定
	●結合エネルギー	6.0×10^{23} 個の共有結合の切断に必要なエネルギー
		反応エンタルピー＝反応物の結合エネルギーの総和－生成物の結合エネルギーの総和

電池・電気分解

●金属のイオン化列　　（大）Li K Ca Na Mg Al Zn Fe Ni Sn Pb (H_2) Cu Hg Ag Pt Au　（小）

●電池　　　　　　　正極：還元（電子 e^- の受け取り）　　負極：酸化（電子 e^- の放出）

●電気分解　　　　　陽極：酸化（電子 e^- の放出）　　　　陰極：還元（電子 e^- の受け取り）

（酸化されやすさ）$Cl^- > OH^- > H_2O > SO_4^{2-}$, NO_3^-

（還元されやすさ）Ag^+, $Cu^{2+} > H^+ > H_2O > Na^+$, Ca^{2+}

●電気量〔C〕＝電流の大きさ〔A〕×電流を流した時間〔s〕

　　　　　　　電子 1 mol のもつ電気量＝9.65×10^4 C

気体

●ボイルの法則　　$P_1V_1 = P_2V_2$　　　　　P_1, P_2：圧力〔Pa〕

●シャルルの法則　$\dfrac{V_1}{T_1} = \dfrac{V_2}{T_2}$　　　　V_1, V_2：体積〔L〕

　　　　　　　　　　　　　　　　　　T_1, T_2：絶対温度〔K〕　T の数値＝273＋t の数値

●ボイル・シャルルの法則　　$\dfrac{P_1V_1}{T_1} = \dfrac{P_2V_2}{T_2}$

●気体の状態方程式　$PV = nRT = \dfrac{w}{M}RT$　　$R = 8.3 \times 10^3$ Pa・L/(K・mol)＝83 hPa・L/(K・mol)

　　　　　　　　　　　　　　　　　　　　　＝0.082 atm・L/(K・mol)＝8.3 J/(K・mol)：気体定数

　　　　　　　　　$M = \dfrac{wRT}{PV} = \dfrac{dRT}{P}$　　n：物質量〔mol〕　　M：モル質量〔g/mol〕

　　　　　　　　　　　　　　　　　　　　　w：質量〔g〕　　d：気体の密度〔g/L〕

●モル分率　　$x_A = \dfrac{n_A}{n_A + n_B}$　　$x_B = \dfrac{n_B}{n_A + n_B}$　　n_A, n_B：成分気体の物質量〔mol〕

●体積分率　　$y_A = \dfrac{v_A}{v_A + v_B}$　　$y_B = \dfrac{v_B}{v_A + v_B}$　　v_A, v_B：成分気体の体積〔L〕

●ドルトンの分圧の法則　$P_0 = p_A + p_B$　　P_0：全圧〔Pa〕　　p_A, p_B：成分気体の分圧〔Pa〕

●混合気体の分圧　　分圧＝全圧×モル分率＝全圧×体積分率

●平均分子量　　$M = M_A x_A + M_B x_B = M_A y_A + M_B y_B$　　M_A, M_B：成分気体のモル質量〔g/mol〕

　　　　　　　　　　　　　　　　　　　　　　　　　　　x_A, x_B：成分気体のモル分率

　　　　　　　　　　　　　　　　　　　　　　　　　　　y_A, y_B：成分気体の体積分率

濃度	● 質量パーセント濃度　$P(\%)=\dfrac{\text{溶質の質量}(g)}{\text{溶液の質量}(g)}\times100=\dfrac{\text{溶質の質量}(g)}{\text{溶質の質量}(g)+\text{溶媒の質量}(g)}\times100$

● 質量パーセント濃度　$P(\%)=\dfrac{\text{溶質の質量}(g)}{\text{溶液の質量}(g)}\times100=\dfrac{\text{溶質の質量}(g)}{\text{溶質の質量}(g)+\text{溶媒の質量}(g)}\times100$

● モル濃度　$c\,(\text{mol/L})=\dfrac{\text{溶質の物質量}(\text{mol})}{\text{溶液の体積}(L)}=\dfrac{\text{溶質の物質量}(\text{mol})}{\text{溶液の体積}(\text{mL})/1000}$

● 質量モル濃度　$m\,(\text{mol/kg})=\dfrac{\text{溶質の物質量}(\text{mol})}{\text{溶媒の質量}(\text{kg})}$

溶液

● ヘンリーの法則　$n=n_0\times\dfrac{P}{1.0\times10^5}$　　　n：溶解量〔mol〕　　P：圧力〔Pa〕
n_0：1.0×10^5 Pa における溶解量〔mol〕

● 沸点上昇・凝固点降下　$\Delta t=Km=K\times\dfrac{w/M}{a}$　　Δt：沸点上昇度，凝固点降下度〔K〕

$M=\dfrac{Kw}{\Delta t\times a}$　　K：モル沸点上昇，モル凝固点降下〔K・kg/mol〕
m：質量モル濃度〔mol/kg〕

● ファントホッフの法則　$\Pi=cRT$　　M：モル質量〔g/mol〕　w：非電解質の質量〔g〕

$\Pi V=nRT=\dfrac{w}{M}RT$　　a：溶媒の質量〔kg〕　　Π：浸透圧〔Pa〕

● 電解質水溶液中の粒子数

MX の場合　　$MX\longrightarrow M^+ + X^-$　　…$(1+\alpha)$倍　　　α：電離度

MX_2 の場合　　$MX_2\longrightarrow M^{2+} + 2X^-$　　…$(1+2\alpha)$倍

反応の速さ

● 反応速度　$v=\left|\dfrac{\Delta[A]}{\Delta t}\right|$　　v：反応速度〔mol/(L・s)〕　　$\Delta[A]$：物質Aの濃度変化〔mol/L〕
Δt：反応時間〔s〕

● 反応速度式　化学反応 $aA+bB\longrightarrow cC$　k：反応速度定数
$v=k[A]^x[B]^y$　　　　$x+y$：反応の反応次数

化学平衡

● 平衡状態　正反応と逆反応の速さが等しい状態

● 平衡定数　$aA+bB\rightleftharpoons cC+dD$　　　　　　K：平衡定数

$K=\dfrac{[C]^c[D]^d}{[A]^a[B]^b}$　$K_p=\dfrac{p_C{}^c p_D{}^d}{p_A{}^a p_B{}^b}=K\times(RT)^{(c+d)-(a+b)}$　K_p：圧平衡定数
$p_A\sim p_D$：各気体の分圧

● 水のイオン積　$K_W=[H^+][OH^-]=1.0\times10^{-14}(\text{mol/L})^2$　$(25℃)$

● 水素イオン指数　$pH=-\log_{10}[H^+]$，$pOH=-\log_{10}[OH^-]$，$pH+pOH=14$

● 酸の電離定数　$HA\rightleftharpoons H^+ + A^-$　（1価の弱酸）

$K_a=\dfrac{[H^+][A^-]}{[HA]}=\dfrac{c\alpha^2}{1-\alpha}=c\alpha^2$　$(\alpha\ll1)$　　$\alpha=\sqrt{\dfrac{K_a}{c}}$　K_a：酸の電離定数
K_b：塩基の電離定数

● 塩基の電離定数　$BOH\rightleftharpoons B^+ + OH^-$　（1価の弱塩基）　c：モル濃度〔mol/L〕

$K_b=\dfrac{[B^+][OH^-]}{[BOH]}=\dfrac{c\alpha^2}{1-\alpha}=c\alpha^2$　$(\alpha\ll1)$　　$\alpha=\sqrt{\dfrac{K_b}{c}}$　α：電離度
K_1：第1段階の電離定数

● 弱酸の二段階電離　$K=K_1\times K_2$　　　　　　　　　　　　　　K_2：第2段階の電離定数

● 加水分解定数　酢酸ナトリウム CH_3COONa 水溶液　　K_h：加水分解定数
K_a：酸の電離定数

$K_h=\dfrac{[CH_3COOH][OH^-]}{[CH_3COO^-]}=\dfrac{K_W}{K_a}$　　K_W：水のイオン積

● 溶解度積　$A_mB_n(固)\rightleftharpoons mA^{n+} + nB^{m-}$

$K_{sp}=[A^{n+}]^m[B^{m-}]^n$　　　　　　　　　　　K_{sp}：溶解度積